普通高等教育“十三五”规划教材
普通高等院校数学精品教材

# 数值分析(第5版)

## ——数值算法分析与高效算法设计

李庆扬　王能超　易大义　编



华中科技大学出版社
中国·武汉

## 内 容 提 要

本书是为理工科院校各专业普遍开设的“数值分析”课程而编写的教材. 其上篇内容包括插值与逼近、数值积分与数值微分、常微分方程与线性方程组的数值解法、矩阵的特征值与特征向量计算等. 每章附有习题并在书末给出部分答案.

本书下篇(高效算法设计)以讲座形式介绍快速算法、并行算法与加速算法方面的几个典型案例, 力图普及推广超级计算方面的基础知识. 全书阐述严谨, 脉络分明, 深入浅出, 便于教学.

本书可作为理工科院校应用数学、力学、物理、计算机等专业的教材, 也可供从事科学计算的科技工作者参考.

**图书在版编目(CIP)数据**

数值分析/李庆扬, 王能超, 易大义编. —5 版. —武汉:华中科技大学出版社, 2018.4(2025.1 重印)
ISBN 978-7-5680-3946-8

Ⅰ. ①数… Ⅱ. ①李… ②王… ③易… Ⅲ. ①数值分析-高等学校-教材 Ⅳ. ①O241

中国版本图书馆 CIP 数据核字(2018)第 060527 号

**数值分析**(第 5 版)
Shuzhi Fenxi

李庆扬 王能超 易大义 编

策划编辑: 王汉江
责任编辑: 王汉江
封面设计: 原色设计
责任校对: 张会军
责任监印: 周治超
出版发行: 华中科技大学出版社(中国 · 武汉) 电话: (027)81321913
武汉市东湖新技术开发区华工科技园 邮编: 430223
录 排: 武汉市洪山区佳年华文印部
印 刷: 武汉市洪林印务有限公司
开 本: 710mm×1000mm 1/16
印 张: 20
字 数: 415 千字
版 次: 2025 年 1 月第 5 版第 9 次印刷
定 价: 46.00 元

# 第 5 版前言

本书于 1981 年由华中科技大学出版社出版，至今已有 42 年. 本书 1988 年获国家教委优秀教材二等奖，在国内为许多高校所选用.

今天，数值计算已进入超级计算的新时代，科技革命迅猛发展的新形势迫切要求普及推广高性能计算方面的新知识，鉴于这一认识本书推出第 5 版.

作为高效算法设计的关键技术，二分演化技术具有深邃的文化内涵，其设计思想新奇而玄妙，这方面内容可能尚未为人们所熟悉，笔者深信它处于算法设计学的前沿，因此选取快速算法设计、并行算法设计和加速算法设计方面的几个典型案例，汇集成讲座资料作为本书第 10～13 章，奉献给立志于从事高性能计算的读者参考.

本书中的第 10～13 章(讲座资料)由王能超撰写，错误与不当之处请读者不吝指正.

本书的再版，得到华中科技大学出版社的鼎力支持，在此表示衷心的感谢！

作者

2023 年 12 月

# 第 2 版前言

1980 年 7 月在大连召开的工科院校"应用数学专业教学学术会议",根据教育部直属工科院校"应用数学专业教学计划"制定了"数值分析"课大纲,并决定由清华大学、华中工学院、浙江大学合编试用教材.本书就是根据这次会议的决定编写的.全书共分 9 章,第 1~3 章由李庆扬编写,第 4~6 章由王能超编写,第 7~9 章由易大义编写.教材初稿于 1980 年 12 月投交华中工学院出版社.

1981 年元月在杭州召开的工科院校计算数学第一次教材审稿会,对本书初稿进行了审查,1982 年元月在上海交通大学召开的第二次计算数学教材审稿会,又对本书第 1 版提出了修改意见.会议考虑到理工科院校各专业普遍开设"数值分析"课的情况,重新修订了大纲(72 学时).本书第 2 版就是根据新大纲的要求修改的,它保持了第 1 版的主要内容及特点,但选材更注意基本要求,减少了部分内容,增加了部分习题答案.本书可作为理工科院校应用数学、力学、物理、计算机软件等专业大学生及其他专业研究生"数值分析"(或"计算方法")课的教材,也可供学习"计算方法"的科技工作者参考.

我们对参加两次审稿会的同志表示衷心感谢,他们以认真负责的态度对本书提出了许多宝贵意见,对提高教材质量起了很大作用.

编　者

1982 年 7 月

# 目　　录

## 上篇　数值算法分析

## 下篇　高效算法设计

# 上篇　数值算法分析

## 第1章　绪　　论

### 1.1　数值分析研究的对象与特点

数值分析是研究各种数学问题求解的数值计算方法.在电子计算机成为数值计算的主要工具以后,人们迫切要求研究适合于计算机使用的数值计算方法.为了更具体地说明数值分析的研究对象,我们来考察用计算机解决科学计算问题时所经历的过程(见图1.1).

实际问题 → 数学模型 → 数值计算方法 → 程序设计 → 上机计算求得结果

图 1.1

由实际问题的提出到上机计算求得结果,整个过程都可看作应用数学的研究对象.如果细分的话,针对实际问题应用有关科学知识和数学理论建立数学模型这一过程,通常作为应用数学的研究对象,而根据数学模型提出求解的数值计算方法直到编出程序上机算出结果这一过程,则是计算数学的研究对象,也是数值分析的研究对象.因此,数值分析就是研究用计算机解决数学问题的数值方法及其理论,它的内容包括函数的数值逼近、数值微分与数值积分、非线性方程数值解、数值线性代数、微分方程数值解等,它们都是以数学问题为研究对象的.因此,数值分析是数学的一个分支,只是它不像纯数学那样只研究数学本身的理论,而是把理论与计算紧密结合起来,着重研究数学问题的数值方法及其理论.

数值分析也称为计算方法,但不应片面地将它理解为各种数值方法的简单罗列和堆积.同数学分析一样,它内容丰富,研究方法深刻,有自身理论体系的课程,既有纯数学的高度抽象性与严密科学性的特点,又有应用的广泛性与实际试验的高度技术性的特点,是一门与计算机应用密切结合的、实用性很强的数学课程.它与纯数学课程不同,例如,在考虑线性方程组数值解时,“线性代数”中只介绍解存在的唯一性及有关理论和精确解法,运用这些理论和方法,无法在计算机上求解上百个未知数的方程组,更不用说求解十几万个未知数的方程组了.求解这类问题还应根据方程特点,研究适合计算机使用的、满足精度要求的、计算省时间的有效算法及其相关的理论；在实现这些算法时往往还要根据计算机容量、字长、速度等指标，研究具体求解步骤和程序设计技巧；有的方法在理论上虽不够严格，但通过实际计算、对比分析等手段，只要能证明它们是行之有效的方法，也应采用. 这些就是数值分析具有的特点，概括起来有四点.

第一，面向计算机，要根据计算机特点提供实际可行的有效算法，即算法只能包括加、减、乘、除运算和逻辑运算，它们都是计算机能直接处理的.

第二，有可靠的理论分析，能任意逼近并达到精度要求，对近似算法要保证收敛性和数值稳定性，还要对误差进行分析. 这些都要建立在相应数学理论的基础上.

第三，有好的计算复杂性. 时间复杂性好是指节省时间，空间复杂性好是指节省存储量，这也是建立算法要研究的问题，它关系到算法能否在计算机上实现.

第四，有数值实验. 任何一个算法，除了从理论上要满足上述三点外，还要通过数值实验证明它是行之有效的.

根据“数值分析”的特点，学习时首先要注意掌握方法的基本原理和思想，要注意方法处理的技巧及其与计算机的结合，要重视误差分析、收敛性及稳定性的基本理论；其次，要通过例子，学习使用各种数值方法解决实际计算问题；最后，为了掌握本课程的内容，还应做一定数量的理论分析与计算练习. 由于本课程内容包括了微积分、代数、常微分方程的数值方法，读者必须掌握这几门课的基本内容才能学好这一课程.

## 1.2 误差来源与误差分析的重要性

用计算机解决科学计算问题首先要建立数学模型，它是对被描述的实际问题进行抽象、简化而得到的，因而是近似的. 我们把数学模型与实际问题之间出现的这种误差称为**模型误差**. 只有实际问题提法正确，建立数学模型时又抽象、简化得合理，才能得到好的结果. 由于这种误差难以用数量表示，通常都假定数学模型是合理的，这种误差可忽略不计，在“数值分析”中不予讨论. 在数学模型中往往还有一些根据观测得到的物理量，如温度、长度、电压等，这些参量显然也包含误差. 这种由观测产生的误差称为**观测误差**，在“数值分析”中也不讨论这种误差. 数值分析只研究用数值方法求解数学模型产生的误差.

当数学模型不能得到精确解时，通常要用数值方法求它的近似解，其近似解与精确解之间的误差称为**截断误差**或**方法误差**. 例如，当函数 $f(x)$用 Taylor 多项式

$$P_n(x)=f(0)+\frac{f'(0)}{1!}x+\frac{f''(0)}{2!}x^2+\cdots+\frac{f^{(n)}(0)}{n!}x^n$$

近似代替时，数值方法的截断误差是

$$R_n(x)=f(x)-P_n(x)=\frac{f^{(n+1)}(\xi)}{(n+1)!}x^{n+1},\quad \xi\text{在}x\text{与}0\text{之间}.$$

有了求解数学问题的计算公式以后，用计算机进行数值计算时，由于计算机的字长有限，原始数据在计算机上表示会产生误差，计算过程又可能产生新的误差，这种误差称为**舍入误差**，例如，用 3.141 59 近似代替 $\pi$，产生的误差

$$R=\pi-3.141\,59=0.000\,002\,6\cdots$$

就是舍入误差.

在“数值分析”中除了研究数学问题的算法外，还要研究计算结果的误差是否满足精度要求，这就是误差估计问题. 本书主要讨论算法的截断误差与舍入误差，对舍入误差通常只作一些定性分析. 下面举例说明误差分析的重要性.

**例 1.1** 计算 $I_n = e^{-1}\int_0^1 x^n e^x \mathrm{d}x \ (n = 0,1,\cdots)$，并估计误差.

**解** 由分部积分可得计算 $I_n$ 的递推公式

$$I_n = 1 - nI_{n-1} \quad (n = 1,2,\cdots), \tag{1.2.1}$$

$$I_0 = e^{-1}\int_0^1 e^x \mathrm{d}x = 1 - e^{-1}.$$

若计算出 $I_0$，代入式(1.2.1)，可逐次求出 $I_1, I_2, \cdots$ 的值. 要算出 $I_0$ 就要先计算 $e^{-1}$，若用 Taylor 多项式展开部分和

$$e^{-1} \approx 1 + (-1) + \frac{(-1)^2}{2!} + \cdots + \frac{(-1)^k}{k!},$$

并取 $k=7$，用四位小数计算，则得 $e^{-1}\approx 0.367\,9$，截断误差

$$R_7 = |e^{-1} - 0.367\,9| \leqslant \frac{1}{8!} < \frac{1}{4}\times 10^{-4}.$$

计算过程中小数点后第五位的数字按四舍五入原则舍入，由此产生的舍入误差这里先不讨论. 当初值取为 $I_0\approx 0.632\,1=\tilde{I}_0$ 时，用式(1.2.1)递推的计算公式为

$$\text{方案(A)} \quad \begin{cases} \tilde{I}_0 = 0.632\,1, \\ \tilde{I}_n = 1 - n\tilde{I}_{n-1} \quad (n = 1,2,\cdots). \end{cases}$$

计算结果如表 1.1 的 $\tilde{I}_n$ 列所示. 用 $\tilde{I}_0$ 近似 $I_0$ 产生的误差 $E_0 = I_0 - \tilde{I}_0$ 就是初值误差，它对后面计算结果是有影响的.

**表 1.1**

| $n$ | $\tilde{I}_n$(用方案(A)计算) | $I_n^*$(用方案(B)计算) | $n$ | $\tilde{I}_n$(用方案(A)计算) | $I_n^*$(用方案(B)计算) |
|---|---|---|---|---|---|
| 0 | 0.632 1 | 0.632 1 | 5 | 0.148 0 | 0.145 5 |
| 1 | 0.367 9 | 0.367 9 | 6 | 0.112 0 | 0.126 8 |
| 2 | 0.264 2 | 0.264 3 | 7 | 0.216 0 | 0.112 1 |
| 3 | 0.207 4 | 0.207 3 | 8 | −0.728 | 0.103 5 |
| 4 | 0.170 4 | 0.170 8 | 9 | 7.552 | 0.068 4 |

从表 1.1 可以看到,$\widetilde{I}_8$ 出现负值,这与一切 $I_n>0$ 相矛盾.实际上,由积分估值得

$$\frac{e^{-1}}{n+1}=e^{-1}\left(\min_{0\leqslant x\leqslant 1}e^x\right)\int_0^1 x^n\mathrm{d}x<I_n<e^{-1}\left(\max_{0\leqslant x\leqslant 1}e^x\right)\int_0^1 x^n\mathrm{d}x=\frac{1}{n+1}. \tag{1.2.2}$$

因此,当 $n$ 较大时,用 $\widetilde{I}_n$ 近似 $I_n$ 显然是不正确的.这里,计算公式与每步计算都是正确的,那么,是什么原因使计算结果错误呢?主要就是初值 $\widetilde{I}_0$ 有误差 $E_0=I_0-\widetilde{I}_0$,由此引起以后各步计算的误差 $E_n=I_n-\widetilde{I}_n$ 满足关系 $E_n=-nE_{n-1}(n=1,2,\cdots)$.容易推得

$$E_n=(-1)^n n!E_0,$$

这说明 $\widetilde{I}_0$ 有误差 $E_0$,则 $\widetilde{I}_n$ 就是 $E_0$ 的 $n!$ 倍误差.例如,$n=8$,若 $|E_0|=\frac{1}{2}\times 10^{-4}$,则 $|E_8|=8!\times|E_0|>2$.这就说明 $\widetilde{I}_8$ 完全不能近似 $I_8$ 了.

我们现在换一种计算方案.由式(1.2.2)取 $n=9$,得

$$\frac{e^{-1}}{10}<I_9<\frac{1}{10},$$

粗略取

$$I_9\approx\frac{1}{2}\left(\frac{1}{10}+\frac{e^{-1}}{10}\right)=0.068\ 4=I_9^*,$$

然后将式(1.2.1)倒过来算,即由 $I_9^*$ 算出 $I_8^*,I_7^*,\cdots,I_1^*$,公式为

方案(B)
$$\begin{cases}I_9^*=0.068\ 4,\\ I_{n-1}^*=\dfrac{1}{n}(1-I_n^*)\quad(n=9,8,\cdots,1).\end{cases}$$

计算结果如表 1.1 中的 $I_n^*$ 列所示.可以发现,$I_0^*$ 与 $I_0$ 的误差不超过 $10^{-4}$.由于 $|E_0^*|=\frac{1}{n!}|E_n^*|$,$E_0^*$ 比 $E_n^*$ 缩小了 $n!$ 倍,因此,尽管 $E_9^*$ 较大,但由于误差逐步缩小,故可用 $I_n^*$ 近似 $I_n$.反之,当用方案(A)计算时,尽管初值 $\widetilde{I}_0$ 相当准确,但由于误差传播是逐步扩大的,因而计算结果不可靠.此例说明,在数值计算中如不注意误差分析,用了类似于方案(A)的计算公式,就会出现"差之毫厘,失之千里"的错误结果.尽管数值计算中估计误差比较困难,但仍应重视计算过程中的误差分析.

## 1.3 误差的基本概念

### 1.3.1 误差与误差限

**定义 1.1** 设 $x$ 为准确值,$x^*$ 为 $x$ 的一个近似值,称 $e^*=x^*-x$ 为近似值的绝

对误差,简称**误差**.

注意,这样定义的误差 $e^*$ 可正可负,当绝对误差为正时近似值偏大,叫做**强近似值**;当绝对误差为负时近似值偏小,叫做**弱近似值**.

通常,我们不能算出准确值 $x$,也不能算出误差 $e^*$ 的准确值,只能根据测量工具或计算情况估计出误差的绝对值不超过某正数 $\varepsilon^*$,也就是误差绝对值的一个上界. $\varepsilon^*$ 叫做近似值的**误差限**,它总是正数. 例如,用毫米刻度的米尺测量一长度 $x$(单位:mm,下同),读出和该长度接近的刻度 $x^*$,$x^*$ 是 $x$ 的近似值,它的误差限是 0.5,于是 $|x^*-x|\leqslant 0.5$;如读出的长度为 765,则有 $|765-x|\leqslant 0.5$. 从该不等式仍不知道准确的 $x$ 是多少,但知道 $764.5\leqslant x\leqslant 765.5$,说明 $x$ 在区间[764.5,765.5]上.

对于一般情形,$|x^*-x|\leqslant\varepsilon^*$,即 $x^*-\varepsilon^*\leqslant x\leqslant x^*+\varepsilon^*$,这个不等式有时也表示为

$$x=x^*\pm\varepsilon^*.$$

### 1.3.2 相对误差与相对误差限

误差限的大小还不能完全表示近似值的好坏. 例如,有两个量 $x=10\pm1$,$y=1\ 000\pm5$,则

$$x^*=10,\quad \varepsilon_x^*=1,\quad y^*=1\ 000,\quad \varepsilon_y^*=5.$$

虽然 $\varepsilon_y^*$ 比 $\varepsilon_x^*$ 大 4 倍,但 $\dfrac{\varepsilon_y^*}{y^*}=\dfrac{5}{1\ 000}=0.5\%$ 比 $\dfrac{\varepsilon_x^*}{x^*}=\dfrac{1}{10}=10\%$ 要小得多,这说明 $y^*$ 近似 $y$ 的程度比 $x^*$ 近似 $x$ 的程度要好得多. 所以,除考虑误差的大小外,还应考虑准确值 $x$ 本身的大小. 近似值的误差 $e^*$ 与准确值 $x$ 的比值

$$\frac{e^*}{x}=\frac{x^*-x}{x}$$

称为近似值 $x^*$ 的**相对误差**,记作 $e_r^*$.

在实际计算中,由于真值 $x$ 总是不知道的,通常取

$$e_r^*=\frac{e^*}{x^*}=\frac{x^*-x}{x^*}$$

作为 $x^*$ 的相对误差,条件是 $e_r^*=\dfrac{e^*}{x^*}$ 较小,此时

$$\frac{e^*}{x}-\frac{e^*}{x^*}=\frac{e^*(x^*-x)}{x^*x}=\frac{(e^*)^2}{x^*(x^*-e^*)}=\frac{(e^*/x^*)^2}{1-(e^*/x^*)}$$

是 $e_r^*$ 的二次方项级,故可忽略不计.

相对误差也可正可负,它的绝对值上界叫做**相对误差限**,记作 $\varepsilon_r^*$,$\varepsilon_r^*=\dfrac{\varepsilon^*}{|x^*|}$.

根据定义,$\dfrac{\varepsilon_x^*}{|x^*|}=10\%$ 与 $\dfrac{\varepsilon_y^*}{|y^*|}=0.5\%$ 分别为 $x$ 与 $y$ 的相对误差限,可见 $y^*$ 近似 $y$ 的程度比 $x^*$ 近似 $x$ 的程度好.

### 1.3.3 有效数字

当准确值 $x$ 有多位数时，常常按四舍五入的原则得到 $x$ 的前几位近似值 $x^*$. 例如

$$x = \pi = 3.141\,592\,65\cdots,$$

取前三位，$x_3^* = 3.14$，$\varepsilon_3^* \leqslant 0.002$；取前五位，$x_5^* = 3.141\,6$，$\varepsilon_5^* \leqslant 0.000\,008$：它们的误差都不超过末位数字的半个单位，即

$$|\pi - 3.14| \leqslant \frac{1}{2} \times 10^{-2}, \quad |\pi - 3.141\,6| \leqslant \frac{1}{2} \times 10^{-4}.$$

若近似值 $x^*$ 的误差限是某一位的半个单位，该位到 $x^*$ 的第一位非零数字共有 $n$ 位，就说 $x^*$ 有 $n$ 位**有效数字**. 如取 $x^* = 3.14$ 作 $\pi$ 的近似值，$x^*$ 就有三位有效数字；取 $x^* = 3.141\,6$ 作 $\pi$ 的近似值，$x^*$ 就有五位有效数字. $x^*$ 有 $n$ 位有效数字可写成标准形式

$$x^* = \pm 10^m \times (a_1 + a_2 \times 10^{-1} + \cdots + a_n \times 10^{-(n-1)}), \tag{1.3.1}$$

其中，$a_1$ 是 1 到 9 中的一个数字；$a_2, \cdots, a_n$ 是 0 到 9 中的一个数字；$m$ 为整数，且

$$|x - x^*| \leqslant \frac{1}{2} \times 10^{m-n+1}. \tag{1.3.2}$$

**例 1.2** 按四舍五入原则写出下列各数具有五位有效数字的近似数：

187.932 5， 0.037 855 51， 8.000 033， 2.718 281 8.

**解** 按定义，上述各数具有五位有效数字的近似数分别是

187.93， 0.037 856， 8.000 0， 2.718 3.

**注意** $x = 8.000\,033$ 的五位有效数字近似数是 8.000 0 而不是 8，因为 8 只有一位有效数字.

**例 1.3** 重力常数 $g$，如果以 $\mathrm{m/s^2}$ 为单位，$g \approx 9.80\ \mathrm{m/s^2}$；若以 $\mathrm{km/s^2}$ 为单位，$g \approx 0.009\,80\ \mathrm{km/s^2}$，它们都具有三位有效数字. 按第一种写法，有

$$|g - 9.80| \leqslant \frac{1}{2} \times 10^{-2},$$

据式(1.3.1)，这里 $m=0$，$n=3$；按第二种写法，有

$$|g - 0.009\,80| \leqslant \frac{1}{2} \times 10^{-5},$$

这里 $m=-3$，$n=3$. 它们虽然写法不同，但都具有三位有效数字. 至于绝对误差限，由于单位不同，结果也不同，$\varepsilon_1^* = \frac{1}{2} \times 10^{-2}\ \mathrm{m/s^2}$，$\varepsilon_2^* = \frac{1}{2} \times 10^{-5}\ \mathrm{km/s^2}$，而相对误差都是

$$\varepsilon_r^* = 0.005/9.80 = 0.000\,005/0.009\,80.$$

**注意** 相对误差与相对误差限是无量纲的，而绝对误差与误差限是有量纲的.

例 1.3 说明有效位数与小数点后有多少位数无关. 然而，从式(1.3.2)可得到具

有 $n$ 位有效数字的近似数 $x^*$，其绝对误差限为

$$\varepsilon^* = \frac{1}{2} \times 10^{m-n+1},$$

在 $m$ 相同的情况下，$n$ 越大，$10^{m-n+1}$ 越小，故有效位数越多，绝对误差限越小.

关于有效数字与相对误差限的关系，有如下定理.

**定理 1.1** 对于用式(1.3.1)表示的近似数 $x^*$，若 $x^*$ 具有 $n$ 位有效数字，则其相对误差限为

$$\varepsilon_r^* \leqslant \frac{1}{2a_1} \times 10^{-(n-1)};$$

反之，若 $x^*$ 的相对误差限 $\varepsilon_r^* \leqslant \frac{1}{2(a_1+1)} \times 10^{-(n-1)}$，则 $x^*$ 至少具有 $n$ 位有效数字.

**证明** 由式(1.3.1)可得 $a_1 \times 10^m \leqslant |x^*| \leqslant (a_1+1) \times 10^m$，当 $x^*$ 有 $n$ 位有效数字时，有

$$\varepsilon_r^* = \frac{|x - x^*|}{|x^*|} \leqslant \frac{0.5 \times 10^{m-n+1}}{a_1 \times 10^m} = \frac{1}{2a_1} \times 10^{-n+1};$$

反之，有

$$|x - x^*| = |x^*| \varepsilon_r^* \leqslant (a_1+1) \times 10^m \times \frac{1}{2(a_1+1)} \times 10^{-n+1} = 0.5 \times 10^{m-n+1},$$

故 $x^*$ 有 $n$ 位有效数字. 证毕.

定理 1.1 说明，有效位数越多，相对误差限越小.

**例 1.4** 要使 $\sqrt{20}$ 的近似值的相对误差限小于 0.1%，要取几位有效数字?

**解** 由定理 1.1 知 $\varepsilon_r^* \leqslant \frac{1}{2a_1} \times 10^{-n+1}$.

由 $\sqrt{20} = 4.4\cdots$ 知，$a_1 = 4$，故只要取 $n = 4$，就有

$$\varepsilon_r^* \leqslant 0.125 \times 10^{-3} < 10^{-3} = 0.1\%,$$

即只要对 $\sqrt{20}$ 的近似值取四位有效数字，其相对误差限就小于 0.1%，此时

$$\sqrt{20} \approx 4.472.$$

### 1.3.4 数值运算的误差估计

两个近似数 $x_1^*$ 与 $x_2^*$，其误差限分别为 $\varepsilon(x_1^*)$ 及 $\varepsilon(x_2^*)$，它们进行加、减、乘、除运算得到的误差限分别为

$$\varepsilon(x_1^* \pm x_2^*) = \varepsilon(x_1^*) + \varepsilon(x_2^*),$$

$$\varepsilon(x_1^* x_2^*) \approx |x_1^*| \varepsilon(x_2^*) + |x_2^*| \varepsilon(x_1^*),$$

$$\varepsilon\left(\frac{x_1^*}{x_2^*}\right) \approx \frac{|x_1^*| \varepsilon(x_2^*) + |x_2^*| \varepsilon(x_1^*)}{|x_2^*|^2} \quad (x_2^* \neq 0).$$

更一般的情况是，当自变量有误差时，计算函数值也会产生误差，其误差限可利

用函数的 Taylor 展开式进行估计. 设 $f(x)$是一元函数，$x$ 的近似值为 $x^*$，以 $f(x^*)$ 近似$f(x)$，其误差限记作 $\varepsilon(f(x^*))$，可用 Taylor 展开

$$f(x)-f(x^*)=f'(x^*)(x-x^*)+\frac{f''(\xi)}{2}(x-x^*)^2,$$

$\xi$ 介于 $x,x^*$ 之间. 取绝对值得

$$|f(x)-f(x^*)|\leqslant|f'(x^*)|\varepsilon(x^*)+\frac{|f''(\xi)|}{2}\varepsilon^2(x^*).$$

假定 $f'(x^*)$与 $f''(x^*)$的比值不太大，可忽略 $\varepsilon(x^*)$的高阶项，于是可得计算函数的误差限为

$$\varepsilon(f(x^*))\approx|f'(x^*)|\varepsilon(x^*).$$

当 $f$ 为多元函数时计算 $A=f(x_1,x_2,\cdots,x_n)$，如果 $x_1,x_2,\cdots,x_n$ 的近似值为 $x_1^*,x_2^*\cdots,x_n^*$，则 $A$ 的近似值为 $A^*=f(x_1^*,x_2^*,\cdots,x_n^*)$，于是函数值 $A^*$ 的误差 $e(A^*)$由 Taylor 展开，得

$$\begin{aligned}e(A^*)&=A^*-A=f(x_1^*,x_2^*,\cdots,x_n^*)-f(x_1,x_2,\cdots,x_n)\\&\approx\sum_{k=1}^{n}\left(\frac{\partial f(x_1^*,x_2^*,\cdots,x_n^*)}{\partial x_k}\right)(x_k^*-x_k)=\sum_{k=1}^{n}\left(\frac{\partial f}{\partial x_k}\right)^*e_k^*,\end{aligned}$$

于是误差限为

$$\varepsilon(A^*)\approx\sum_{k=1}^{n}\left|\left(\frac{\partial f}{\partial x_k}\right)^*\right|\varepsilon(x_k^*);\tag{1.3.3}$$

而 $A^*$ 的相对误差限为

$$\varepsilon_r^*=\varepsilon_r(A^*)=\frac{\varepsilon(A^*)}{|A^*|}\approx\sum_{k=1}^{k}\left|\left(\frac{\partial f}{\partial x_k}\right)^*\right|\frac{\varepsilon(x_k^*)}{|A^*|}.\tag{1.3.4}$$

**例 1.5** 已测得某场地长 $l$ 的值为 $l^*=110$ m，宽 $d$ 的值为 $d^*=80$ m，已知 $|l-l^*|\leqslant0.2$ m，$|d-d^*|\leqslant0.1$ m，试求面积 $S=ld$ 的绝对误差限与相对误差限.

**解** 因 $S=ld,\dfrac{\partial S}{\partial l}=d,\dfrac{\partial S}{\partial d}=l$，由式(1.3.3)知

$$\varepsilon(S^*)\approx\left|\left(\frac{\partial S}{\partial l}\right)^*\right|\varepsilon(l^*)+\left|\left(\frac{\partial S}{\partial d}\right)^*\right|\varepsilon(d^*),$$

其中 $$\left(\frac{\partial S}{\partial l}\right)^*=d^*=80\text{ m},\quad\left(\frac{\partial S}{\partial d}\right)^*=l^*=110\text{ m},$$

而 $$\varepsilon(l^*)=0.2\text{ m},\quad\varepsilon(d^*)=0.1\text{ m},$$

于是绝对误差限为

$$\varepsilon(S^*)\approx(80\times0.2+110\times0.1)\text{ m}^2=27\text{ m}^2;$$

相对误差限为 $$\varepsilon_r(S^*)=\frac{\varepsilon(S^*)}{|S^*|}=\frac{\varepsilon(S^*)}{l^*d^*}\approx\frac{27}{8\,800}=0.31\%.$$

# 1.4 数值运算中误差分析的方法与原则

数值运算中的误差分析是个很重要而复杂的问题，上节讨论了不精确数据运算结果的误差限，它只适用于简单情形. 然而实际工程或科学计算问题往往要运算千万次，而且每步运算都有误差，但是每步都作误差分析是不可能的，也是不科学的. 这是因为，误差积累有正有负，绝对值有大有小，都按最坏情况估计误差限得到的结果比实际误差大得多，这种保守的误差估计不反映实际误差积累. 考虑到误差分布的随机性，有人用概率统计方法，将数据和运算中的舍入误差视为适合某种分布的随机变量，然后确定计算结果的误差分布，这样得到的误差估计更接近实际，这种方法称为**概率分析法**.

20 世纪 60 年代以后，有人对舍入误差分析提出了一些新方法，但都不是十分有效. 目前解决这一问题的办法，常常是针对不同类型问题逐个进行分析. 由于定量分析常常是很困难的，因此对误差积累问题进行定性分析就有重要意义，这就要引入数值稳定性概念. 运算过程舍入误差不增长的计算公式是**数值稳定**的，否则是不稳定的. 如在例 1.1 给出的两种计算方案中，方案(A)由于初值有误差，在计算过程中这一误差逐渐增大，故是数值不稳定的；而方案(B)虽然初值也有误差，但计算过程误差不增长，故是数值稳定的. 研究一个计算公式是否稳定，只要假定初始值有误差 $\varepsilon_0$，中间不再产生新误差，考察由 $\varepsilon_0$ 引起的误差积累是否增长，如不增长就认为是稳定的，否则是不稳定的. 对于稳定的计算公式，不具体估计舍入误差积累也可相信它是可用的，误差限不会太大；而不稳定的公式通常就不能使用，如要使用，其计算步数也只能很少，并且注意对误差积累进行控制. 在本课程中，对各种计算过程都只研究它的稳定性，而不具体估计舍入误差. 这里只提出数值运算中应注意的若干原则，它有助于鉴别计算结果的可靠性并防止误差危害现象的产生.

## 1.4.1 要避免除数绝对值远远小于被除数绝对值的除法

用绝对值小的数作除数，舍入误差会增大，如计算 $\frac{x}{y}$，若 $0<|y|\ll|x|$，则可能对计算结果带来严重影响，应尽量避免.

**例 1.6** 线性方程组 $\begin{cases}0.000\,01x_1+x_2=1\\ 2x_1+x_2=2\end{cases}$ 的准确解为

$$x_1=\frac{200\,000}{399\,999}=0.500\,001\,25,$$

$$x_2=\frac{199\,998}{199\,999}=0.999\,995.$$

现在四位浮点十进制数(仿机器实际计算)下用消去法求解,上述方程组写成

$$\begin{cases}10^{-4}\times 0.100\,0x_1+10^1\times 0.100\,0x_2=10^1\times 0.100\,0,\\ 10^1\times 0.200\,0x_1+10^1\times 0.100\,0x_2=10^1\times 0.200\,0.\end{cases}$$

若用$(10^{-4}\times 0.100\,0)/2$除以第一个方程然后减去第二个方程,则出现了用小数除以大数的现象,得

$$\begin{cases}10^{-4}\times 0.100\,0x_1+10^1\times 0.100\,0x_2=10^1\times 0.100\,0,\\ 10^6\times 0.200\,0x_2=10^6\times 0.200\,0,\end{cases}$$

由此解出 $x_1=0,x_2=10^1\times 0.100\,0=1$,显然严重失真.

若反过来用第二个方程消去第一个方程中含 $x_1$ 的项,则避免了大数被小数除的现象,得

$$\begin{cases}10^6\times 0.100\,0x_2=10^6\times 0.100\,0,\\ 10^1\times 0.200\,0x_1+10^1\times 0.100\,0x_2=10^1\times 0.200\,0,\end{cases}$$

由此求得相当好的近似解 $x_1=0.500\,0,\ x_2=10^1\times 0.100\,0.$

### 1.4.2 要避免两相近数相减

在数值计算中,两相近数相减会导致有效数字严重损失.例如,$x=532.65$,$y=532.52$都有五位有效数字,但 $x-y=0.13$ 只有两位有效数字.必须尽量避免出现这类运算,最好是改变计算方法,防止这种现象产生.现举例说明.

**例 1.7** 计算 $A=10^7(1-\cos 2^\circ)$.

**解** 由于 $\cos 2^\circ=0.999\,4$,直接计算,得

$$A=10^7(1-\cos 2^\circ)=10^7(1-0.999\,4)=6\times 10^3,$$

只有一位有效数字;若利用 $1-\cos x=2\sin^2\dfrac{x}{2}$计算,则有

$$A=10^7(1-\cos 2^\circ)=2\times(\sin 1^\circ)^2\times 10^7=6.13\times 10^3,$$

具有三位有效数字(这里 $\sin 1^\circ=0.017\,5$).

例 1.7 说明,可通过改变计算公式避免或减少有效数字的损失.类似地,如果 $x_1$ 和 $x_2$ 很接近,则

$$\lg x_1-\lg x_2=\lg\frac{x_1}{x_2}.$$

用右端算式,有效数字就不会损失.当 $x$ 很大时,有

$$\sqrt{x+1}-\sqrt{x}=\frac{1}{\sqrt{x+1}+\sqrt{x}},$$

都用右端算式代替左端.一般情况下,当 $f(x)\approx f(x^*)$时,可用 Taylor 展开

$$f(x)-f(x^*)=f'(x^*)(x-x^*)+\frac{f''(x^*)}{2}(x-x^*)^2+\cdots,$$

取右端的有限项近似左端.如果无法改变算式,则采用增加有效位数进行运算;在计算机上则采用双倍字长运算,但这要增加机器计算时间和多占内存单元.

### 1.4.3　要防止大数“吃掉”小数

在数值运算中,参加运算的数有时数量级相差很大,而计算机位数有限,如不注意运算次序就可能出现大数“吃掉”小数的现象,影响计算结果的可靠性.

**例 1.8**　在五位十进制计算机上,计算

$$A = 52\ 492 + \sum_{i=1}^{1\ 000} \delta_i,$$

其中 $0.1 \leqslant \delta_i \leqslant 0.9$.

**解**　把运算的数写成规格化形式,有

$$A = 0.524\ 92 \times 10^5 + \sum_{i=1}^{1\ 000} \delta_i.$$

由于在计算机上计算时要对阶,若取 $\delta_i = 0.9$,对阶时 $\delta_i = 0.000\ 009 \times 10^5$,在五位的计算机中表示为机器数 0,因此

$$A = 0.524\ 92 \times 10^5 + 0.000\ 009 \times 10^5 + \cdots + 0.000\ 009 \times 10^5$$

$$\triangleq 0.524\ 92 \times 10^5 \quad (\text{符号} \triangleq \text{表示机器中相等}),$$

结果显然不可靠,这是由运算中出现了大数 52 492“吃掉”小数 $\delta_i$ 所造成的.如果计算时先把数量级相同的 1 000 个 $\delta_i$ 相加,最后再加 52 492,就不会出现大数“吃”小数的现象,这时有

$$0.1 \times 10^3 \leqslant \sum_{i=1}^{1\ 000} \delta_i \leqslant 0.9 \times 10^3,$$

$$0.001 \times 10^5 + 0.524\ 92 \times 10^5 \leqslant A \leqslant 0.009 \times 10^5 + 0.524\ 92 \times 10^5,$$

$$52\ 592 \leqslant A \leqslant 53\ 392.$$

### 1.4.4　注意简化计算步骤,减少运算次数

同样一个计算问题,若能减少运算次数,不但可节省计算机的计算时间,还能减小舍入误差.这是数值计算必须遵从的原则,也是“数值分析”要研究的重要内容.

**例 1.9**　计算 $x^{255}$ 的值.

**解**　如果逐个相乘要用 254 次乘法,但若写成

$$x^{255} = x \cdot x^2 \cdot x^4 \cdot x^8 \cdot x^{16} \cdot x^{32} \cdot x^{64} \cdot x^{128},$$

只要做 14 次乘法运算即可.又如计算多项式

$$P_n(x) = a_n x^n + a_{n-1} x^{n-1} + \cdots + a_1 x + a_0$$

的值时,若直接计算 $a_k x^k$ 再逐项相加,一共需做

$$n + (n-1) + \cdots + 2 + 1 = \frac{n(n+1)}{2}$$

次乘法和 $n$ 次加法. 若采用秦九韶算法

$$\begin{cases} S_n = a_n, \\ S_k = xS_{k+1} + a_k \quad (k = n-1, n-2, \cdots, 0), \\ P_n(x) = S_0, \end{cases} \tag{1.4.1}$$

只要做 $n$ 次乘法和 $n$ 次加法就可算出 $P_n(x)$ 的值.

在"数值分析"中,这种节省计算次数的算法还有不少. 本书第 3 章介绍的 FFT 算法,就是一个最成功的范例.

## 小　　结

误差问题是"数值分析"中重要而又困难的课题. 本章只介绍误差基本概念与分析误差的若干原则,这对学习本课程是必需的. 但作为工程或科学计算的误差问题则要复杂得多,人们往往根据不同问题分门别类进行研究. 这里不作详细介绍,有兴趣的读者请参看有关文献,例如文献[1]、[2]等.

## 习　　题

**1.** 设 $x>0$,$x$ 的相对误差为 $\delta$,求 $\ln x$ 的误差.

**2.** 设 $x$ 的相对误差为 2%,求 $x^n$ 的相对误差.

**3.** 下列各数都是经过四舍五入得到的近似数,即误差限不超过最后一位的半个单位,试指出它们是几位有效数字:

$$x_1^* = 1.1021,\quad x_2^* = 0.031,\quad x_3^* = 385.6,\quad x_4^* = 56.430,\quad x_5^* = 7 \times 1.0.$$

**4.** 利用式(1.3.3)求下列近似值的误差限:

(1) $x_1^* + x_2^* + x_4^*$,　(2) $x_1^* x_2^* x_3^*$,　(3) $x_2^* / x_4^*$,

其中 $x_1^*, x_2^*, x_3^*, x_4^*$ 均为习题 3 所给的数.

**5.** 计算球体积要使相对误差限为 1%,问度量半径为 $R$ 时允许的相对误差限是多少.

**6.** 设 $Y_0 = 28$,按递推公式

$$Y_n = Y_{n-1} - \frac{1}{100}\sqrt{783} \quad (n = 1, 2, \cdots)$$

计算到 $Y_{100}$. 若取 $\sqrt{783} \approx 27.982$(五位有效数字),试问计算 $Y_{100}$ 将有多大误差.

**7.** 求方程 $x^2 - 56x + 1 = 0$ 的两个根,使它至少具有四位有效数字($\sqrt{783} \approx 27.982$).

**8.** 当 $N$ 充分大时,怎样求 $\int_N^{N+1} \frac{1}{1+x^2}\,dx$?

**9.** 正方形的边长大约为 100 cm,应怎样测量才能使其面积误差不超过 1 $cm^2$?

**10.** 设 $s = \frac{1}{2}gt^2$,假定 $g$ 是准确的,而对 $t$ 的测量有 ±0.1 s 的误差,证明:当 $t$ 增加时 $s$ 的绝对误差增大,而相对误差却减小.

**11.** 序列 $\{y_n\}$ 满足递推关系 $y_n = 10y_{n-1} - 1$ $(n = 1, 2, \cdots)$,若 $y_0 = \sqrt{2} \approx 1.41$(三位有效数字),

计算到 $y_{10}$ 时误差有多大？这个计算过程稳定吗？

**12.** 计算$(\sqrt{2}-1)^6$，取$\sqrt{2}\approx 1.4$，利用下式计算，哪一个得到的结果最好？

$$\frac{1}{(\sqrt{2}+1)^6},\quad (3-2\sqrt{2})^3,\quad \frac{1}{(3+2\sqrt{2})^3},\quad 99-70\sqrt{2}.$$

**13.** $f(x)=\ln(x-\sqrt{x^2-1})$，求 $f(30)$的值.求对数时误差有多大？若改用另一等价公式

$$\ln(x-\sqrt{x^2-1})=-\ln(x+\sqrt{x^2+1})$$

计算，求对数时误差有多大？

**14.** 试用消元法解方程组$\begin{cases}x_1+10^{10}x_2=10^{10},\\ x_1+x_2=2,\end{cases}$假定只用三位数计算，结果是否可靠？

**15.** 已知三角形面积 $S=\frac{1}{2}ab\sin c$，其中 $c$ 为弧度，$0<c<\frac{\pi}{2}$，且测量 $a,b,c$ 的误差分别为 $\Delta a$，$\Delta b$，$\Delta c$. 证明面积的误差 $\Delta S$ 满足

$$\left|\frac{\Delta S}{S}\right|\leqslant\left|\frac{\Delta a}{a}\right|+\left|\frac{\Delta b}{b}\right|+\left|\frac{\Delta c}{c}\right|.$$

# 第2章 插 值 法

## 2.1 引言

许多实际问题都要用函数 $y=f(x)$来表示某种内在规律的数量关系，其中相当一部分函数是通过实验或观测得到的. 虽然 $f(x)$在某个区间$[a,b]$上是存在的，有的还是连续的，但却只能给出$[a,b]$上一系列点 $x_i$ 的函数值 $y_i=f(x_i)$ $(i=0,1,\cdots,n)$，这只是一张函数表. 有的函数虽有解析表达式，但由于计算复杂，使用不方便，通常也造一个函数表，如大家熟悉的三角函数表、对数表、平方根和立方根表等. 为了研究函数的变化规律，往往需要求出不在表上的函数值. 因此，我们希望根据给定的函数表构造一个既能反映函数 $f(x)$的特性、又便于计算的简单函数 $P(x)$，用 $P(x)$近似 $f(x)$. 通常选一类较简单的函数如代数多项式或分段代数多项式作为 $P(x)$，并使 $P(x_i)=f(x_i)$对于 $i=0,1,\cdots,n$ 成立，这样确定的 $P(x)$就是我们希望得到的插值函数. 例如，在现代机械工业中用计算机程序控制加工机械零件，根据设计可给出零件外形曲线的某些型值点$(x_i,y_i)$ $(i=0,1,\cdots,n)$，加工时为控制每步走刀方向及步数，就要算出零件外形曲线其他点的函数值，才能加工出外表光滑的零件，这就是求插值函数的问题. 下面给出有关插值法的定义.

**定义 2.1** 设函数 $y=f(x)$在区间$[a,b]$上有定义，且已知在点 $a\leqslant x_0<x_1<\cdots<x_n\leqslant b$ 上的值 $y_0,y_1,\cdots,y_n$，若存在一简单函数 $P(x)$，使

$$P(x_i)=y_i \quad (i=0,1,\cdots,n) \tag{2.1.1}$$

成立，就称 $P(x)$为 $f(x)$的**插值函数**，点 $x_0,x_1,\cdots,x_n$ 称为**插值节点**，包含插值节点的区间$[a,b]$称为**插值区间**，求插值函数 $P(x)$的方法称为**插值法**. 若 $P(x)$是次数不超过 $n$ 的代数多项式，即

$$P(x)=a_0+a_1x+\cdots+a_nx^n, \tag{2.1.2}$$

其中 $a_i$ 为实数，就称 $P(x)$为**插值多项式**，相应的插值法称为**多项式插值**；若 $P(x)$为分段的多项式，就称之为**分段插值**；若 $P(x)$为三角多项式，就称之为**三角插值**. 本章只讨论多项式插值与分段插值.

从几何图形上看，插值法就是求曲线 $y=P(x)$，使其通过给定的 $n+1$ 个点$(x_i,y_i)$，$i=0,1,\cdots,n$，并用它近似已知曲线 $y=f(x)$，如图 2.1 所示.

插值法是一种古老的数学方法，它来自生产实践. 早在一千多年前，我国科学家在研究历法中就应用了线性插值与二次插值，但它的基本理论和结果却是在微积分

产生以后才逐步完善的，其应用也日益增多．特别是在电子计算机广泛使用以后，由于航空、造船、精密机械加工等实际问题的需要，插值法在实践上和理论上显得更为重要，由此得到进一步发展，尤其是近几十年发展起来的样条(spline)插值，获得了更为广泛的应用．

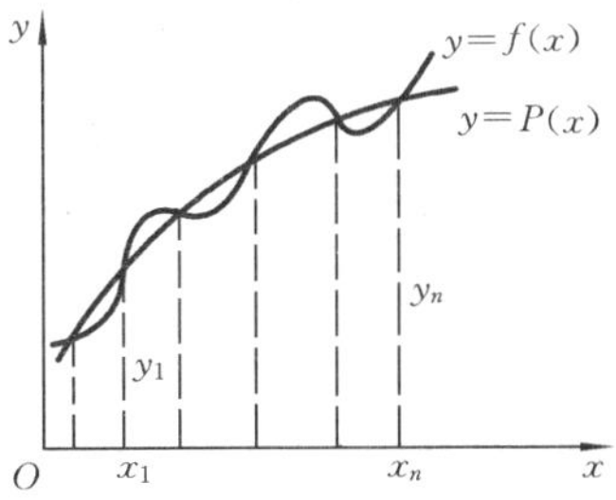


图 2.1

本章主要研究如何求出插值函数(包括分段插值函数及样条插值函数)，并讨论插值函数 $P(x)$ 的存在唯一性、收敛性及误差估计等．

## 2.2 Lagrange 插值

### 2.2.1 插值多项式的存在唯一性

设 $P(x)$ 是形如式(2.1.2)的插值多项式，用 $H_n$ 代表所有次数不超过 $n$ 的多项式集合，于是 $P(x)\in H_n$(符号 $\in$ 表示属于)．所谓插值多项式 $P(x)$ 存在唯一，就是指在集合 $H_n$ 中有且只有一个 $P(x)$ 满足式(2.1.1)．由式(2.1.1)可得

$$\begin{cases} a_0+a_1x_0+\cdots+a_nx_0^n=y_0, \\ a_0+a_1x_1+\cdots+a_nx_1^n=y_1, \\ \qquad\vdots \\ a_0+a_1x_n+\cdots+a_nx_n^n=y_n. \end{cases} \tag{2.2.1}$$

这是一个关于 $a_0,a_1,\cdots,a_n$ 的 $n+1$ 元线性方程组．要证明插值多项式的存在唯一，只要证明方程组(2.2.1)的解存在唯一，也就是证明方程组(2.2.1)的系数行列式

$$V_n(x_0,x_1,\cdots,x_n)=\begin{vmatrix} 1 & x_0 & x_0^2 & \cdots & x_0^n \\ 1 & x_1 & x_1^2 & \cdots & x_1^n \\ \vdots & \vdots & \vdots & & \vdots \\ 1 & x_n & x_n^2 & \cdots & x_n^n \end{vmatrix} \tag{2.2.2}$$

不为零，其中 $V_n(x_0,x_1,\cdots,x_n)$ 称为 Vandermonde **行列式**．利用行列式性质可得

$$V_n(x_0,x_1,\cdots,x_n)=\prod_{i=1}^{n}\prod_{j=0}^{i-1}(x_i-x_j),$$

由于 $i\neq j$ 时 $x_i\neq x_j$，上式所有因子 $x_i-x_j\neq 0$，于是 $V_n(x_0,x_1,\cdots,x_n)\neq 0$，故方程组(2.2.1)存在唯一的一组解 $a_0,a_1,\cdots,a_n$．以上论述可写成如下定理．

**定理 2.1** 满足条件式(2.1.1)的插值多项式(2.1.2)存在唯一．

### 2.2.2 线性插值与抛物插值

从定理2.1的证明可看到，要求插值多项式 $P(x)$，可以通过求方程组(2.2.1)的解 $a_0,a_1,\cdots,a_n$ 得到. 但这样做不但计算复杂，且难以得到 $P(x)$ 的简单表达式. 为了求得便于使用的简单的插值多项式 $P(x)$，先讨论 $n=1$ 的情形.

假定已知区间 $[x_k,x_{k+1}]$ 的端点处的函数值 $y_k=f(x_k)$，$y_{k+1}=f(x_{k+1})$，要求线性插值多项式 $L_1(x)$，使它满足

$$L_1(x_k)=y_k,\quad L_1(x_{k+1})=y_{k+1}.$$

$y=L_1(x)$ 的几何意义就是通过两点 $(x_k,y_k)$ 和 $(x_{k+1},y_{k+1})$ 的直线，如图2.2所示. $L_1(x)$ 的表达式可由几何意义直接给出，即

$$L_1(x)=y_k+\frac{y_{k+1}-y_k}{x_{k+1}-x_k}(x-x_k)\text{（点斜式）},\tag{2.2.3}$$

$$L_1(x)=\frac{x_{k+1}-x}{x_{k+1}-x_k}y_k+\frac{x-x_k}{x_{k+1}-x_k}y_{k+1}\text{（两点式）}.\tag{2.2.4}$$

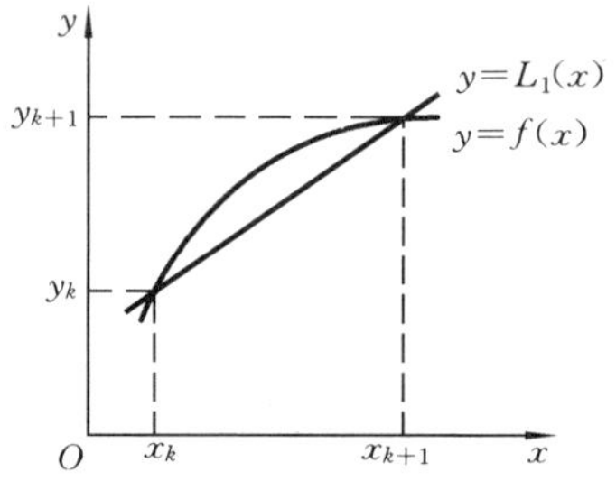


图 2.2

由两点式方程看出，$L_1(x)$ 是由两个线性函数

$$l_k(x)=\frac{x-x_{k+1}}{x_k-x_{k+1}},\quad l_{k+1}(x)=\frac{x-x_k}{x_{k+1}-x_k}$$

的线性组合得到的，其系数分别为 $y_k$ 及 $y_{k+1}$，即

$$L_1(x)=y_kl_k(x)+y_{k+1}l_{k+1}(x).\tag{2.2.5}$$

显然，$l_k(x)$ 及 $l_{k+1}(x)$ 也是线性插值多项式，在节点 $x_k$ 及 $x_{k+1}$ 上满足条件

$$l_k(x_k)=1,\quad l_k(x_{k+1})=0,\quad l_{k+1}(x_k)=0,\quad l_{k+1}(x_{k+1})=1.$$

称函数 $l_k(x)$ 及 $l_{k+1}(x)$ 为**一次插值基函数或线性插值基函数**，它们的图形分别如图2.3(a)、(b)所示.

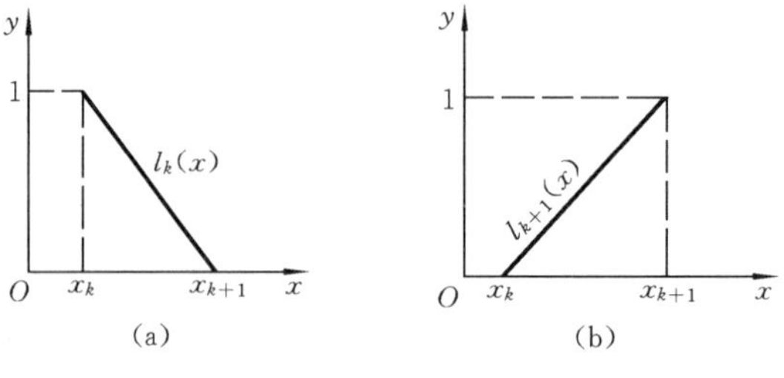


图 2.3

下面讨论 $n=2$ 的情况. 假定插值节点为 $x_{k-1},x_k,x_{k+1}$，要求二次插值多项式 $L_2(x)$，使它满足

$$L_2(x_j) = y_j \quad (j = k-1, k, k+1).$$

我们知道，$y=L_2(x)$在几何上就是通过三点$(x_{k-1}, y_{k-1})$，$(x_k, y_k)$，$(x_{k+1}, y_{k+1})$的抛物线. 为了求出 $L_2(x)$的表达式，可采用基函数方法，此时基函数 $l_{k-1}(x)$，$l_k(x)$及 $l_{k+1}(x)$是二次函数，且在节点上满足条件

$$\begin{cases} l_{k-1}(x_{k-1}) = 1, & l_{k-1}(x_j) = 0 \quad (j = k, k+1), \\ l_k(x_k) = 1, & l_k(x_j) = 0 \quad (j = k-1, k+1), \\ l_{k+1}(x_{k+1}) = 1, & l_{k+1}(x_j) = 0 \quad (j = k-1, k). \end{cases} \tag{2.2.6}$$

满足条件式(2.2.6)的插值基函数是很容易求出的，例如求 $l_{k-1}(x)$，因它有两个零点 $x_k$ 及 $x_{k+1}$，故可表示为

$$l_{k-1}(x) = A(x - x_k)(x - x_{k+1}),$$

其中 $A$ 为待定系数，可由条件 $l_{k-1}(x_{k-1})=1$ 定出，即

$$A = \frac{1}{(x_{k-1} - x_k)(x_{k-1} - x_{k+1})},$$

故

$$l_{k-1}(x) = \frac{(x - x_k)(x - x_{k+1})}{(x_{k-1} - x_k)(x_{k-1} - x_{k+1})}.$$

同理，

$$l_k(x) = \frac{(x - x_{k-1})(x - x_{k+1})}{(x_k - x_{k-1})(x_k - x_{k+1})}, \quad l_{k+1}(x) = \frac{(x - x_{k-1})(x - x_k)}{(x_{k+1} - x_{k-1})(x_{k+1} - x_k)}.$$

函数 $l_{k-1}(x)$，$l_k(x)$，$l_{k+1}(x)$称为**二次插值基函数或抛物插值基函数**，它们在区间$[x_{k-1}, x_{k+1}]$上的图形分别如图 2.4(a)、(b)、(c)所示.

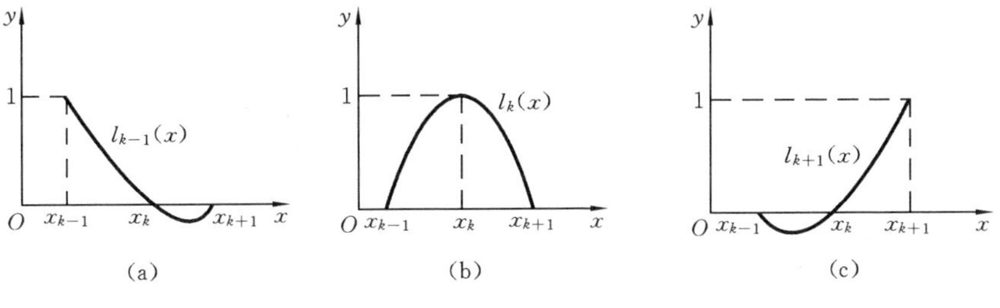


图 2.4

利用二次插值基函数 $l_{k-1}(x)$，$l_k(x)$，$l_{k+1}(x)$，立即可得到二次插值多项式

$$L_2(x) = y_{k-1}l_{k-1}(x) + y_k l_k(x) + y_{k+1}l_{k+1}(x), \tag{2.2.7}$$

显然，它满足条件

$$L_2(x_j)=y_j \quad (j=k-1, k, k+1).$$

将上面求得的 $l_{k-1}(x)$，$l_k(x)$，$l_{k+1}(x)$代入式(2.2.7)，得

$$L_2(x)=y_{k-1}\frac{(x-x_k)(x-x_{k+1})}{(x_{k-1}-x_k)(x_{k-1}-x_{k+1})}+y_k\frac{(x-x_{k-1})(x-x_{k+1})}{(x_k-x_{k-1})(x_k-x_{k+1})}$$
$$+y_{k+1}\frac{(x-x_{k-1})(x-x_k)}{(x_{k+1}-x_{k-1})(x_{k+1}-x_k)}.$$

### 2.2.3 Lagrange 插值多项式

上面对 $n=1$ 及 $n=2$ 的情况，得到了一次与二次插值多项式 $L_1(x)$ 及 $L_2(x)$，它们分别由式(2.2.5)和式(2.2.7)表示. 这种用插值基函数表示的方法容易推广到一般情形. 下面讨论通过 $n+1$ 个节点 $x_0<x_1<\cdots<x_n$ 的 $n$ 次插值多项式 $L_n(x)$，假定它满足条件

$$L_n(x_j)=y_j \quad (j=0,1,\cdots,n). \tag{2.2.8}$$

为了构造 $L_n(x)$，先定义 $n$ 次插值基函数.

**定义 2.2** 若 $n$ 次多项式 $l_j(x)$ $(j=0,1,\cdots,n)$ 在 $n+1$ 个节点 $x_0<x_1<\cdots<x_n$ 上满足条件

$$l_j(x_k)=\begin{cases}1, & k=j,\\ 0, & k\neq j\end{cases} \quad (j,k=0,1,\cdots,n), \tag{2.2.9}$$

就称这 $n+1$ 个 $n$ 次多项式 $l_0(x),l_1(x),\cdots,l_n(x)$ 为节点 $x_0,x_1,\cdots,x_n$ 上的 **$n$ 次插值基函数**.

$n=1$ 及 $n=2$ 时的情况前面已经讨论. 用类似的推导方法，可得到 $n$ 次插值基函数为

$$l_k(x)=\frac{(x-x_0)\cdots(x-x_{k-1})(x-x_{k+1})\cdots(x-x_n)}{(x_k-x_0)\cdots(x_k-x_{k-1})(x_k-x_{k+1})\cdots(x_k-x_n)} \quad (k=0,1,\cdots,n). \tag{2.2.10}$$

显然它满足条件(2.2.9). 于是，满足条件(2.2.8)的插值多项式 $L_n(x)$ 可表示为

$$L_n(x)=\sum_{k=0}^{n}y_kl_k(x). \tag{2.2.11}$$

由 $l_k(x)$ 的定义知

$$L_n(x_j)=\sum_{k=0}^{n}y_kl_k(x_j)=y_j \quad (j=0,1,\cdots,n).$$

形如式(2.2.11)的插值多项式 $L_n(x)$ 称为 Lagrange **插值多项式**，而式(2.2.5)和式(2.2.7)是其 $n=1$ 和 $n=2$ 的特殊情形. 若引入记号

$$\omega_{n+1}(x)=(x-x_0)(x-x_1)\cdots(x-x_n), \tag{2.2.12}$$

容易求得

$$\omega'_{n+1}(x_k)=(x_k-x_0)\cdots(x_k-x_{k-1})(x_k-x_{k+1})\cdots(x_k-x_n),$$

于是式(2.2.11)可改写成

$$L_n(x)=\sum_{k=0}^{n}y_k\frac{\omega_{n+1}(x)}{(x-x_k)\omega'_{n+1}(x_k)}. \tag{2.2.13}$$

注意，$n$ 次插值多项式 $L_n(x)$ 通常是次数为 $n$ 的多项式，特殊情况次数可能小于 $n$. 例如，通过三点 $(x_0,y_0)$，$(x_1,y_1)$，$(x_2,y_2)$ 的二次插值多项式 $L_2(x)$，如果三点共线，则 $y=L_2(x)$ 就是一直线，而不是抛物线，这时 $L_2(x)$ 是一次式.

### 2.2.4 插值余项

若在 $[a,b]$ 上用 $L_n(x)$ 近似 $f(x)$，则其截断误差为 $R_n(x)=f(x)-L_n(x)$，$R_n(x)$ 也称为插值多项式的**余项**或插值余项. 关于插值余项估计有以下定理.

**定理 2.2** 设 $f^{(n)}(x)$ 在 $[a,b]$ 上连续，$f^{(n+1)}(x)$ 在 $(a,b)$ 内存在，节点 $a\leqslant x_0<x_1<\cdots<x_n\leqslant b$，$L_n(x)$ 是满足条件式(2.2.8)的插值多项式，则对于任何 $x\in[a,b]$，插值余项

$$R_n(x)=f(x)-L_n(x)=\frac{f^{(n+1)}(\xi)}{(n+1)!}\omega_{n+1}(x). \tag{2.2.14}$$

这里，$\xi\in(a,b)$ 且依赖于 $x$，$\omega_{n+1}(x)$ 是式(2.2.12)所定义的.

**证明** 由给定条件知，$R_n(x)$ 在节点 $x_k$ $(k=0,1,\cdots,n)$ 上为零，即

$$R_n(x_k)=0\quad(k=0,1,\cdots,n),$$

于是

$$R_n(x)=K(x)(x-x_0)(x-x_1)\cdots(x-x_n)=K(x)\omega_{n+1}(x), \tag{2.2.15}$$

其中 $K(x)$ 是与 $x$ 有关的待定函数.

现把 $x$ 看成 $[a,b]$ 上一个固定点，作函数

$$\varphi(t)=f(t)-L_n(t)-K(x)(t-x_0)(t-x_1)\cdots(t-x_n),$$

根据插值条件及余项定义，可知 $\varphi(t)$ 在点 $x_0,x_1,\cdots,x_n$ 及 $x$ 处均为零，故 $\varphi(t)$ 在 $[a,b]$ 上有 $n+2$ 个零点，根据 Rolle 定理，$\varphi'(t)$ 在 $\varphi(t)$ 的两个零点间至少有一个零点，故 $\varphi'(t)$ 在 $[a,b]$ 上至少有 $n+1$ 个零点. 对 $\varphi'(t)$ 再应用 Rolle 定理，可知 $\varphi''(t)$ 在 $[a,b]$ 上至少有 $n$ 个零点. 依此类推，$\varphi^{(n+1)}(t)$ 在 $(a,b)$ 内至少有一个零点，记作 $\xi\in(a,b)$，使

$$\varphi^{(n+1)}(\xi)=f^{(n+1)}(\xi)-(n+1)!K(x)=0,$$

于是

$$K(x)=\frac{f^{(n+1)}(\xi)}{(n+1)!},\quad \xi\in(a,b)\text{ 且依赖于 }x.$$

将上式代入式(2.2.15)，就得到余项表达式(2.2.14). 证毕.

应当指出，余项表达式只有在 $f(x)$ 的高阶导数存在时才能应用. $\xi$ 在 $(a,b)$ 内的具体位置通常不可能给出，如果可以求出 $\max\limits_{a\leqslant x\leqslant b}|f^{(n+1)}(x)|=M_{n+1}$，那么插值多项式 $L_n(x)$ 逼近 $f(x)$ 的截断误差限是

$$|R_n(x)|\leqslant\frac{M_{n+1}}{(n+1)!}|\omega_{n+1}(x)|. \tag{2.2.16}$$

当 $n=1$ 时，线性插值余项为

$$R_1(x)=\frac{1}{2}f''(\xi)\omega_2(x)=\frac{1}{2}f''(\xi)(x-x_0)(x-x_1),\quad \xi\in[x_0,x_1];\tag{2.2.17}$$

当 $n=2$ 时，抛物插值的余项为

$$R_2(x)=\frac{1}{6}f'''(\xi)(x-x_0)(x-x_1)(x-x_2),\quad \xi\in[x_0,x_2].\tag{2.2.18}$$

**例 2.1** 已知 sin0.32=0.314 567，sin0.34=0.333 487，sin0.36=0.352 274，用线性插值及抛物插值计算 sin0.336 7 的值，并估计截断误差.

**解** 由题意取 $x_0=0.32$，$y_0=0.314\ 567$，$x_1=0.34$，$y_1=0.333\ 487$，$x_2=0.36$，$y_2=0.352\ 274$.

用线性插值计算，取 $x_0=0.32$ 及 $x_1=0.34$，由式(2.2.3)得

$$\begin{aligned}\sin 0.336\ 7\approx L_1(0.336\ 7)&=y_0+\frac{y_1-y_0}{x_1-x_0}(0.336\ 7-x_0)\\&=0.314\ 567+\frac{0.018\ 92}{0.02}\times 0.016\ 7\\&=0.330\ 365.\end{aligned}$$

其截断误差由式(2.2.17)得

$$|R_1(x)|\leqslant\frac{M_2}{2}|(x-x_0)(x-x_1)|,$$

其中

$$M_2=\max_{x_0\leqslant x\leqslant x_1}|f''(x)|.$$

因

$$f(x)=\sin x,\quad f''(x)=-\sin x,$$

可取

$$M_2=\max_{x_0\leqslant x\leqslant x_1}|\sin x|=\sin x_1\leqslant 0.333\ 5,$$

于是

$$\begin{aligned}|R_1(0.336\ 7)|&=|\sin 0.336\ 7-L_1(0.336\ 7)|\\&\leqslant\frac{1}{2}\times 0.333\ 5\times 0.016\ 7\times 0.003\ 3\\&\leqslant 0.92\times 10^{-5}.\end{aligned}$$

若取 $x_1=0.34$，$x_2=0.36$ 为节点，则线性插值为

$$\begin{aligned}\sin 0.336\ 7\approx \tilde{L}_1(0.336\ 7)&=y_1+\frac{y_2-y_1}{x_2-x_1}(0.336\ 7-x_1)\\&=0.333\ 487+\frac{0.018\ 787}{0.02}\times(-0.003\ 3)\\&=0.330\ 387,\end{aligned}$$

其截断误差为

$$|\tilde{R}_1(x)|\leqslant\frac{M_2}{2}|(x-x_1)(x-x_2)|,$$

其中

$$M_2=\max_{x_0\leqslant x\leqslant x_2}|f''(x)|\leqslant 0.352\ 3.$$

于是

$$|\tilde{R}_1(0.336\ 7)|=|\sin 0.336\ 7-\tilde{L}_1(0.336\ 7)|$$

$$\leqslant \frac{1}{2} \times 0.3523 \times 0.0033 \times 0.0233$$
$$\leqslant 1.36 \times 10^{-5}.$$

用抛物插值计算 sin0.336 7 时，由式(2.2.7)得

$$\begin{aligned}\sin 0.3367 &\approx y_0 \frac{(x-x_1)(x-x_2)}{(x_0-x_1)(x_0-x_2)} + y_1 \frac{(x-x_0)(x-x_2)}{(x_1-x_0)(x_1-x_2)} \\ &\quad + y_2 \frac{(x-x_0)(x-x_1)}{(x_2-x_0)(x_2-x_1)} \\ &= L_2(0.3367) \\ &= 0.314567 \times \frac{0.7689 \times 10^{-4}}{0.0008} + 0.333487 \times \frac{3.89 \times 10^{-4}}{0.0004} \\ &\quad + 0.352274 \times \frac{-0.5511 \times 10^{-4}}{0.0008} \\ &= 0.330374.\end{aligned}$$

这个结果与六位有效数字的正弦函数表完全一样，这说明查表时用二次插值精度已相当高了. 其截断误差限由式(2.2.18)得

$$|R_2(x)| \leqslant \frac{M_3}{6} |(x-x_0)(x-x_1)(x-x_2)|,$$

其中 $$M_3 = \max_{x_0 \leqslant x \leqslant x_2} |f'''(x)| = \cos x_0 < 0.828,$$

于是 $$\begin{aligned}|R_2(0.3367)| &= |\sin 0.3367 - L_2(0.3367)| \\ &\leqslant \frac{1}{6} \times 0.828 \times 0.0167 \times 0.0033 \times 0.0233 \\ &\leqslant 0.178 \times 10^{-7}.\end{aligned}$$

## 2.3 逐次线性插值法

用 Lagrange 插值多项式 $L_n(x)$ 计算函数近似值时，如需增加插值节点，那么原来算出的数据均不能利用，必须重新计算. 为克服这个缺点，通常可用逐次线性插值方法求得高次插值. 如例 2.1 中 $L_2(0.3367)$ 是由式(2.2.7)计算的，它也可由 $L_1(0.3367)$ 和 $\widetilde{L}_1(0.3367)$ 按类似线性插值的方法计算，即

$$\begin{aligned}L_2(0.3367) &= L_1(0.3367) + \frac{\widetilde{L}_1(0.3367) - L_1(0.3367)}{0.36 - 0.32} \times (0.3367 - 0.32) \\ &= 0.330365 + \frac{0.000022}{0.04} \times 0.0167 \\ &= 0.330374.\end{aligned}$$

现令 $I_{i_1,i_2,\cdots,i_n}(x)$ 表示函数 $f(x)$ 关于节点 $x_{i_1},x_{i_2},\cdots,x_{i_n}$ 的 $n-1$ 次插值多项式，$I_{i_k}(x)$ 是零次多项式，记 $I_{i_k}(x)=f(x_{i_k})$，$i_1,i_2,\cdots,i_n$ 均为非负整数. 一般情况，两个 $k$ 次插值多项式可通过线性插值得到 $k+1$ 次插值多项式

$$I_{0,1,\cdots,k,l}(x)=I_{0,1,\cdots,k}(x)+\frac{I_{0,1,\cdots,k-1,l}(x)-I_{0,1,\cdots,k}(x)}{x_l-x_k}(x-x_k).\quad(2.3.1)$$

这是关于节点 $x_0,\cdots,x_k,x_l$ 的插值多项式. 显然

$$I_{0,1,\cdots,k,l}(x_i)=I_{0,1,\cdots,k}(x_i)=f(x_i)$$

对于 $i=0,1,\cdots,k-1$ 成立. 当 $x=x_k$ 时，有

$$I_{0,1,\cdots,k,l}(x_k)=I_{0,1,\cdots,k}(x_k)=f(x_k),$$

当 $x=x_l$ 时，有

$$I_{0,1,\cdots,k,l}(x_l)=I_{0,1,\cdots,k}(x_l)+\frac{f(x_l)-I_{0,1,\cdots,k}(x_l)}{x_l-x_k}(x_l-x_k)=f(x_l).$$

这就证明了式(2.3.1)的插值多项式满足插值条件，称式(2.3.1)为 Aitken **逐次线性插值公式**. 当 $k=0$ 时为线性插值. 当 $k=1$ 时插值节点为 $x_0,x_1,x_l$，插值多项式为

$$I_{0,1,l}(x)=I_{0,1}(x)+\frac{I_{0,l}(x)-I_{0,1}(x)}{x_l-x_1}(x-x_1).$$

计算时可由 $k=0$ 到 $k=n-1$ 逐次求得所需的插值多项式，计算过程如表 2.1 所示.

**表 2.1**

| | | | | | | |
|---|---|---|---|---|---|---|
| $x_0$ | $f(x_0)=I_0$ | | | | | $x-x_0$ |
| $x_1$ | $f(x_1)=I_1$ | $I_{0,1}$ | | | | $x-x_1$ |
| $x_2$ | $f(x_2)=I_2$ | $I_{0,2}$ | $I_{0,1,2}$ | | | $x-x_2$ |
| $x_3$ | $f(x_3)=I_3$ | $I_{0,3}$ | $I_{0,1,3}$ | $I_{0,1,2,3}$ | | $x-x_3$ |
| $x_4$ | $f(x_4)=I_4$ | $I_{0,4}$ | $I_{0,1,4}$ | $I_{0,1,2,4}$ | $I_{0,1,2,3,4}$ | $x-x_4$ |

式(2.3.1)也可改为以下计算公式：

$$I_{0,1,\cdots,k+1}(x)=I_{0,1,\cdots,k}(x)+\frac{I_{1,2,\cdots,k+1}(x)-I_{0,1,\cdots,k}(x)}{x_{k+1}-x_0}(x-x_0),\quad(2.3.2)$$

并称它为 Neville **算法**，其计算过程如表 2.2 所示.

**表 2.2**

| | | | | | | |
|---|---|---|---|---|---|---|
| $x_0$ | $f(x_0)=I_0$ | | | | | $x-x_0$ |
| $x_1$ | $f(x_1)=I_1$ | $I_{0,1}$ | | | | $x_1-x_0$ |
| $x_2$ | $f(x_2)=I_2$ | $I_{1,2}$ | $I_{0,1,2}$ | | | $x_2-x_0$ |
| $x_3$ | $f(x_3)=I_3$ | $I_{2,3}$ | $I_{1,2,3}$ | $I_{0,1,2,3}$ | | $x_3-x_0$ |
| $x_4$ | $f(x_4)=I_4$ | $I_{3,4}$ | $I_{2,3,4}$ | $I_{1,2,3,4}$ | $I_{0,1,2,3,4}$ | $x_4-x_0$ |

从表 2.2 看到：每增加一个节点就计算一行，斜线上是 1 次到 4 次插值多项式的

值;如精度不满足要求,再增加一个节点,前面计算完全有效.这个算法适用于在计算机上计算,且具有自动选取节点并逐步比较精度的特点,程序也较简单.

**例 2.2** 已知 $f(x)=\text{sh}x$ 的值在表 2.3 左端,用 Aitken 插值求 sh0.23 的近似值.

**解** 表 2.3 右端是各次插值的计算结果,由于 3 次插值的两个结果相同,因而不需再计算 4 次插值,故求得 $f(0.23)=0.232\ 034$.

**表 2.3**

| $x_i$ | $f(x_i)$ | 插值结果 | | |
|---|---|---|---|---|
| 0.00 | 0.000 0 | | | |
| 0.20 | 0.201 34 | 0.231 54 | | |
| 0.30 | 0.304 52 | 0.233 465 | 0.232 118 | |
| 0.50 | 0.521 10 | 0.239 706 | 0.232 358 | 0.232 034 |
| 0.60 | 0.636 65 | 0.244 049 | 0.232 479 | 0.232 034 |

## 2.4 差商与 Newton 插值公式

### 2.4.1 差商及其性质

Lagrange 插值公式可以看作直线方程两点式的推广,如果从点斜式直线方程

$$P_1(x)=f_0+\frac{f_1-f_0}{x_1-x_0}(x-x_0)$$

出发,将它推广到具有 $n+1$ 个插值点 $(x_0,f_0),(x_1,f_1),\cdots,(x_n,f_n)$ 的情况,则可把插值多项式表示为

$$\begin{aligned}P_n(x)=&a_0+a_1(x-x_0)+a_2(x-x_0)(x-x_1)+\cdots\\&+a_n(x-x_0)\cdots(x-x_{n-1}),\end{aligned}\tag{2.4.1}$$

其中 $a_0,a_1,\cdots,a_n$ 为待定系数,可由插值条件 $P_n(x_j)=f_j(j=0,1,\cdots,n)$ 确定.

当 $x=x_0$ 时,$P_n(x_0)=a_0=f_0$;当 $x=x_1$ 时,$P_n(x_1)=a_0+a_1(x-x_0)=f_1$,推得

$$a_1=\frac{f_1-f_0}{x_1-x_0};$$

当 $x=x_2$ 时,$P_n(x_2)=a_0+a_1(x_2-x_0)+a_2(x_2-x_0)(x_2-x_1)=f_2$,

推得

$$a_2=\frac{\dfrac{f_2-f_0}{x_2-x_0}-\dfrac{f_1-f_0}{x_1-x_0}}{x_2-x_1}.$$

依此递推,可得到 $a_3,a_4,\cdots,a_n$.为写出系数 $a_k$ 的一般表达式,先引进如下差商定义.

**定义 2.3** 称 $f[x_0,x_k]=\dfrac{f(x_k)-f(x_0)}{x_k-x_0}$ 为函数 $f(x)$ 关于点 $x_0,x_k$ 的**一阶差商**,称

$$f[x_0,x_1,x_k]=\frac{f[x_0,x_k]-f[x_0,x_1]}{x_k-x_1}$$

为 $f(x)$ 关于点 $x_0,x_1,x_k$ 的**二阶差商**. 一般地,称

$$f[x_0,x_1,\cdots,x_k]=\frac{f[x_0,x_1,\cdots,x_{k-2},x_k]-f[x_0,x_1,\cdots,x_{k-1}]}{x_k-x_{k-1}} \tag{2.4.2}$$

为 $f(x)$ 的 $k$ **阶差商**.

差商有如下的基本性质:

(1) $k$ 阶差商可表示为函数值 $f(x_0),f(x_1),\cdots,f(x_k)$ 的线性组合,即

$$f[x_0,x_1,\cdots,x_k]=\sum_{j=0}^{k}\frac{f(x_j)}{(x_j-x_0)\cdots(x_j-x_{j-1})(x_j-x_{j+1})\cdots(x_j-x_k)}. \tag{2.4.3}$$

这个性质可用归纳法证明. 这个性质也表明差商与节点的排列次序无关,称为差商的对称性,即

$$f[x_0,x_1,\cdots,x_k]=f[x_1,x_0,x_2,\cdots,x_k]=\cdots=f[x_1,x_2,\cdots,x_k,x_0].$$

(2) 由性质(1)及式(2.4.2)可得

$$f[x_0,x_1,\cdots,x_k]=\frac{f[x_1,x_2,\cdots,x_k]-f[x_0,x_1,\cdots,x_{k-1}]}{x_k-x_0}. \tag{2.4.4}$$

(3) 若 $f(x)$ 在 $[a,b]$ 上存在 $n$ 阶导数,且节点 $x_0,x_1,\cdots,x_n\in[a,b]$,则 $n$ 阶差商与导数关系为

$$f[x_0,x_1,\cdots,x_n]=\frac{f^{(n)}(\xi)}{n!},\quad \xi\in[a,b]. \tag{2.4.5}$$

这个公式可直接用 Rolle 定理证明.

差商的其他性质还可见本章习题. 差商计算可列差商表如表 2.4 所示.

**表 2.4**

| $x_k$ | $f(x_k)$ | 一阶差商 | 二阶差商 | 三阶差商 | 四阶差商 |
|---|---|---|---|---|---|
| $x_0$ | $\underline{f(x_0)}$ | | | | |
| $x_1$ | $f(x_1)$ | $\underline{f[x_0,x_1]}$ | | | |
| $x_2$ | $f(x_2)$ | $f[x_1,x_2]$ | $\underline{f[x_0,x_1,x_2]}$ | | |
| $x_3$ | $f(x_3)$ | $f[x_2,x_3]$ | $f[x_1,x_2,x_3]$ | $\underline{f[x_0,x_1,x_2,x_3]}$ | |
| $x_4$ | $f(x_4)$ | $f[x_3,x_4]$ | $f[x_2,x_3,x_4]$ | $f[x_1,x_2,x_3,x_4]$ | $\underline{f[x_0,x_1,x_2,x_3,x_4]}$ |
| ⋮ | ⋮ | ⋮ | ⋮ | ⋮ | ⋮ |

### 2.4.2 Newton 插值公式

根据差商定义,把 $x$ 看成 $[a,b]$ 上一点,可得

$$f(x)=f(x_0)+f[x,x_0](x-x_0),$$

$$f[x,x_0]=f[x_0,x_1]+f[x,x_0,x_1](x-x_1),$$

$$\vdots$$

$$f[x,x_0,\cdots,x_{n-1}]=f[x_0,x_1,\cdots,x_n]+f(x,x_0,\cdots,x_n](x-x_n).$$

只要把后一式代入前一式，就可得到

$$\begin{aligned}f(x)&=f(x_0)+f[x_0,x_1](x-x_0)+f[x_0,x_1,x_2](x-x_0)(x-x_1)+\cdots\\&\quad+f[x_0,x_1,\cdots,x_n](x-x_0)\cdots(x-x_{n-1})+f[x,x_0\cdots,x_n]\omega_{n+1}(x)\\&=N_n(x)+R_n(x),\end{aligned}$$

其中

$$\begin{aligned}N_n(x)&=f(x_0)+f[x_0,x_1](x-x_0)+f[x_0,x_1,x_2](x-x_0)(x-x_1)+\cdots\\&\quad+f[x_0,x_1,\cdots,x_n](x-x_0)(x-x_1)\cdots(x-x_{n-1}),\end{aligned}\tag{2.4.6}$$

$$R_n(x)=f(x)-N_n(x)=f[x,x_0,\cdots,x_n]\omega_{n+1}(x).\tag{2.4.7}$$

$\omega_{n+1}(x)$是由式(2.2.12)定义的．由式(2.4.6)确定的多项式 $N_n(x)$显然满足插值条件，且次数不超过 $n$，它就是形如式(2.4.1)的多项式，其系数为

$$a_k=f[x_0,x_1,\cdots,x_k]\quad(k=0,1,\cdots,n).$$

称 $N_n(x)$为 Newton **差商插值多项式**．系数 $a_k$ 就是差商表 2.4 中加横线的各阶差商，它比 Lagrange 插值节省计算量，且便于程序设计．

式(2.4.7)为插值余项，由插值多项式的唯一性知，它与式(2.2.14)是等价的，事实上，利用差商与导数关系式(2.4.5)，可由式(2.4.7)推出式(2.2.14)．但式(2.4.7)更有一般性，它对于 $f$ 是由离散点给出的情形或 $f$ 导数不存在时均适用．

**例 2.3** 给出 $f(x)$的函数表(见表 2.5 左边两列)，求 4 次 Newton 插值多项式，并由此计算$f(0.596)$的近似值．

**表 2.5**

| $x_k$ | $f(x_k)$ | 一阶差商 | 二阶差商 | 三阶差商 | 四阶差商 | 五阶差商 |
|---|---|---|---|---|---|---|
| 0.40 | 0.410 75 | | | | | |
| 0.55 | 0.578 15 | 1.116 00 | | | | |
| 0.65 | 0.696 75 | 1.186 00 | 0.280 00 | | | |
| 0.80 | 0.888 11 | 1.275 73 | 0.358 93 | 0.197 33 | | |
| 0.90 | 1.026 52 | 1.384 10 | 0.433 48 | 0.213 00 | 0.031 34 | |
| 1.05 | 1.253 82 | 1.515 33 | 0.524 93 | 0.228 63 | 0.031 26 | −0.000 12 |

**解** 首先根据给定函数表造出差商表(见表 2.5 的右边五列)．

从差商表看到，四阶差商近似常数．故取 4 次插值多项式 $N_4(x)$作近似即可．

$$\begin{aligned}N_4(x)&=0.410\,75+1.116(x-0.4)+0.28(x-0.4)(x-0.55)\\&\quad+0.197\,33(x-0.4)(x-0.55)(x-0.65)\\&\quad+0.031\,34(x-0.4)(x-0.55)(x-0.65)(x-0.8),\end{aligned}$$

于是 $$f(0.596) \approx N_4(0.596) = 0.631\,95.$$
截断误差 $$|R_4(x)| \approx |f[x_0, x_1, \cdots, x_5]\omega_5(0.596)| \leqslant 3.63 \times 10^{-9}.$$
这说明截断误差很小,可忽略不计.

## 2.5 差分与等距节点插值公式

上面讨论了节点任意分布的插值公式,但实际应用时经常遇到等距节点的情形,这时插值公式可以进一步简化,计算也简单得多. 为了得到等距节点的插值公式,下面先介绍差分的概念.

### 2.5.1 差分及其性质

设函数 $y=f(x)$ 在等距节点 $x_k=x_0+kh$ $(k=0,1,\cdots,n)$ 上的值 $f_k=f(x_k)$ 为已知,这里 $h$ 为常数,称为**步长**.

**定义 2.4** 偏差

$$\Delta f_k = f_{k+1} - f_k, \tag{2.5.1}$$

$$\nabla f_k = f_k - f_{k-1}, \tag{2.5.2}$$

$$\delta f_k = f(x_k + h/2) - f(x_k - h/2) = f_{k+\frac{1}{2}} - f_{k-\frac{1}{2}} \tag{2.5.3}$$

分别称为 $f(x)$ 在 $x_k$ 处以 $h$ 为步长的**向前差分**、**向后差分**及**中心差分**. 符号 $\Delta$,$\nabla$,$\delta$ 分别称为**向前差分算子**、**向后差分算子**及**中心差分算子**.

利用一阶差分可定义二阶差分为

$$\Delta^2 f_k = \Delta f_{k+1} - \Delta f_k = f_{k+2} - 2f_{k+1} + f_k.$$

一般地,可定义 $m$ **阶差分**为

$$\Delta^m f_k = \Delta^{m-1} f_{k+1} - \Delta^{m-1} f_k, \quad \nabla^m f_k = \nabla^{m-1} f_k - \nabla^{m-1} f_{k-1}.$$

因中心差分 $\delta f_k$ 用到 $f_{k+\frac{1}{2}}$ 及 $f_{k-\frac{1}{2}}$ 这两个值,实际上不是函数表上的值. 如果用函数表上的值,一阶中心差分应写成

$$\delta f_{k+\frac{1}{2}} = f_{k+1} - f_k, \quad \delta f_{k-\frac{1}{2}} = f_k - f_{k-1};$$

二阶中心差分为 $\delta^2 f_k = \delta f_{k+\frac{1}{2}} - \delta f_{k-\frac{1}{2}}$;等等.

除了已引入的差分算子外,常用算子符号还有**不变算子** I 及**移位算子** E,定义如下:

$$\mathrm{I} f_k = f_k, \quad \mathrm{E} f_k = f_{k+1},$$

于是,由 $\Delta f_k = f_{k+1} - f_k = \mathrm{E} f_k - \mathrm{I} f_k = (\mathrm{E}-\mathrm{I}) f_k$,可得 $\Delta = \mathrm{E} - \mathrm{I}$.

同理,可得 $$\nabla = \mathrm{I} - \mathrm{E}^{-1}, \quad \delta = \mathrm{E}^{\frac{1}{2}} - \mathrm{E}^{-\frac{1}{2}}.$$

由差分定义并应用算子符号运算可得下列基本性质.

**性质 1** 各阶差分均可用函数值表示. 例如

$$\Delta^n f_k = (\mathrm{E}-\mathrm{I})^n f_k = \sum_{j=0}^{n}(-1)^j\binom{n}{j}\mathrm{E}^{n-j}f_k = \sum_{j=0}^{n}(-1)^j\binom{n}{j}f_{n+k-j},\tag{2.5.4}$$

$$\nabla^n f_k = (\mathrm{I}-\mathrm{E}^{-1})^n f_k = \sum_{j=0}^{n}(-1)^{n-j}\binom{n}{j}\mathrm{E}^{j-n}f_k = \sum_{j=0}^{n}(-1)^{n-j}\binom{n}{j}f_{k+j-n},\tag{2.5.5}$$

其中$\binom{n}{j}=\dfrac{n(n-1)\cdots(n-j+1)}{j!}$为二项式展开系数.

**性质 2** 可用各阶差分表示函数值,例如,可用向前差分表示 $f_{n+k}$,即

$$f_{n+k} = \mathrm{E}^n f_k = (\mathrm{I}+\Delta)^n f_k = \sum_{j=0}^{n}\binom{n}{j}\Delta^j f_k.\tag{2.5.6}$$

**性质 3** 差商与差分有以下关系,例如,对于向前差分,由定义

$$f[x_k,x_{k+1}] = \frac{f_{k+1}-f_k}{x_{k+1}-x_k} = \frac{\Delta f_k}{h},$$

$$f[x_k,x_{k+1},x_{k+2}] = \frac{f[x_{k+1},x_{k+2}]-f[x_k,x_{k+1}]}{x_{k+2}-x_k} = \frac{1}{2h^2}\Delta^2 f_k,$$

一般地有

$$f[x_k,x_{k+1},\cdots,x_{k+m}] = \frac{1}{m!}\frac{1}{h^m}\Delta^m f_k \quad (m=1,2,\cdots,n).\tag{2.5.7}$$

同理,对于向后差分,有

$$f[x_k,x_{k-1},\cdots,x_{k-m}]=\frac{1}{m!}\frac{1}{h^m}\nabla^m f_k.\tag{2.5.8}$$

利用式(2.5.7)及式(2.4.5)又可得到

$$\Delta^n f_k = h^n f^{(n)}(\xi),\tag{2.5.9}$$

其中 $\xi\in(x_k,x_{k+n})$,这是差分与导数的关系.差分的其他性质可参看习题 10~12.

计算差分可列差分表,表 2.6 是向前差分表.

**表 2.6**

| $x_k$ | $\Delta$ | $\Delta^2$ | $\Delta^3$ | $\Delta^4$ |
|---|---|---|---|---|
| $f_0$ | $\Delta f_0$ | $\Delta^2 f_0$ | $\Delta^3 f_0$ | $\Delta^4 f_0$ |
| $f_1$ | $\Delta f_1$ | $\Delta^2 f_1$ | $\Delta^3 f_1$ | $\vdots$ |
| $f_2$ | $\Delta f_2$ | $\Delta^2 f_2$ | $\vdots$ | |
| $f_3$ | $\Delta f_3$ | $\vdots$ | | |
| $f_4$ | $\vdots$ | | | |
| $\vdots$ | | | | |

### 2.5.2 等距节点插值公式

将 Newton 差商插值多项式(2.4.6)中各阶差商用相应差分代替，就可得到各种形式的等距节点插值公式. 这里只推导常用的前插公式与后插公式.

如果节点 $x_k=x_0+kh\ (k=0,1,\cdots,n)$，要计算 $x_0$ 附近点 $x$ 的函数 $f(x)$的值，可令 $x=x_0+th,\ 0\leqslant t\leqslant 1$，于是

$$\omega_{k+1}(x)=\prod_{j=0}^{k}(x-x_j)=t(t-1)\cdots(t-k)h^{k+1}.$$

将此式及式(2.5.7)代入式(2.4.6)，得

$$N_n(x_0+th)=f_0+t\Delta f_0+\frac{t(t-1)}{2!}\Delta^2 f_0+\cdots+\frac{t(t-1)\cdots(t-n+1)}{n!}\Delta^n f_0. \tag{2.5.10}$$

式(2.5.10)称为 Newton **前插公式**，其余项由式(2.2.14)得

$$R_n(x)=\frac{t(t-1)\cdots(t-n)}{(n+1)!}h^{n+1}f^{(n+1)}(\xi),\quad \xi\in(x_0,x_n). \tag{2.5.11}$$

如果要求表示函数在 $x_n$ 附近的值 $f(x)$，此时应用 Newton 插值公式(2.4.6)，插值点应按 $x_n,x_{n-1},\cdots,x_0$ 的次序排列，有

$$\begin{aligned}N_n(x)=&f(x_n)+f[x_n,x_{n-1}](x-x_n)+f[x_n,x_{n-1},x_{n-2}](x-x_n)(x-x_{n-1})\\&+\cdots+f[x_n,x_{n-1},\cdots,x_0](x-x_n)\cdots(x-x_1).\end{aligned}$$

作变换 $x=x_n+th\ (-1\leqslant t\leqslant 0)$，并利用式(2.5.8)，代入上式得

$$\begin{aligned}N_n(x_n+th)=&f_n+t\nabla f_n+\frac{t(t+1)}{2!}\nabla^2 f_n+\cdots\\&+\frac{t(t+1)\cdots(t+n-1)}{n!}\nabla^n f_n.\end{aligned} \tag{2.5.12}$$

式(2.5.12)称为 Newton **后插公式**，其余项

$$R_n(x)=f(x)-N_n(x_n+th)=\frac{t(t+1)\cdots(t+n)h^{n+1}f^{(n+1)}(\xi)}{(n+1)!},\quad \xi\in(x_0,x_n).$$

利用 Newton 前插公式(2.5.10)计算函数值时，其系数就是 $f(x)$在 $x_0$ 的各阶向前差分(见表 2.6). 若用 Newton 后插公式(2.5.12)求 $f(x)$的值，因 $x$ 在 $x_n$ 附近，则其系数为$f(x)$在点 $x_n$ 的各阶向后差分.

等距节点插值公式有不少实际应用，例如，很多工程设计计算都需要查各种函数表，用计算机计算时就必须解决计算机查表问题. 如果把整个函数表存入内存，往往占用单元太多；如果用一个解析表达式近似该函数，又可能达不到精度要求. 因此，采用存放大间隔函数表，并用插值公式计算函数近似值，是一种可行的方案.

**例 2.4** 在微电机设计计算中需要查磁化曲线表，通常给出的表(见表 2.7)是磁密 $B$ 每间隔 100 高斯磁路每厘米长所需安匝数 $at$ 的值，下面要解决 $B$ 从 4 000 至

11 000区间的查表问题.

**解** 为节省计算机存储单元,采用每 500 高斯存入一个 $at$ 值. 为了分析使用几阶插值公式合适,应先列出差分表. 表 2.7 是以硅钢片的磁化曲线为例所造的差分表.

从差分表中看到三阶差分近似于 0,因此计算时只需用二阶差分,当 $4\ 000 \leqslant B \leqslant 10\ 500$ 时用 Newton 前插公式,当 $10\ 500 < B \leqslant 11\ 000$ 时用 Newton 后插公式. 例如,求 $f(5\ 200)$ 时取 $B_0 = 5\ 000$, $f_0 = 1.58$, $\Delta f_0 = 0.11$, $\Delta^2 f_0 = 0.01$, $h = 500$, $B = 5\ 200$, $t = 0.4$,于是由式(2.5.10),取 $n=2$,得

$$f(5\ 200) \approx 1.58 + 0.4 \times 0.11 + \frac{0.4 \times (-0.6)}{2} \times 0.01 \approx 1.62.$$

这个结果与直接查表得到的值相同,说明用此法在计算机上求 $at$ 值是可行的. 具体的查表程序作为练习由读者完成.

**表 2.7**

| $k$ | $B_k$ | $at_k = f(B_k)$ | $\Delta f_k$ | $\Delta^2 f_k$ | $\Delta^3 f_k$ |
|---|---|---|---|---|---|
| 0 | 4 000 | 1.38 | 0.10 | 0 | 0.01 |
| 1 | 4 500 | 1.48 | 0.10 | 0.01 | 0 |
| 2 | 5 000 | 1.58 | 0.11 | 0.01 | 0 |
| 3 | 5 500 | 1.69 | 0.12 | 0.01 | 0.02 |
| 4 | 6 000 | 1.81 | 0.13 | 0.03 | −0.01 |
| 5 | 6 500 | 1.94 | 0.16 | 0.02 | 0.02 |
| 6 | 7 000 | 2.10 | 0.18 | 0.04 | 0 |
| 7 | 7 500 | 2.28 | 0.22 | 0.04 | 0 |
| 8 | 8 000 | 2.50 | 0.26 | 0.04 | 0.01 |
| 9 | 8 500 | 2.76 | 0.30 | 0.05 | 0.02 |
| 10 | 9 000 | 3.06 | 0.35 | 0.07 | 0.01 |
| 11 | 9 500 | 3.41 | 0.42 | 0.08 | 0.02 |
| 12 | 10 000 | 3.83 | 0.50 | 0.10 | |
| 13 | 10 500 | 4.33 | 0.60 | | |
| 14 | 11 000 | 4.93 | | | |

## 2.6 Hermite 插值

不少实际问题不但要求在节点上函数值相等,而且还要求它的导数值相等,甚至

要求高阶导数值也相等. 满足这种要求的插值多项式就是 Hermite **插值多项式**. 下面只讨论函数值与导数值个数相等的情况. 设在节点 $a\leqslant x_0<x_1<\cdots<x_n\leqslant b$ 上，$y_j=f(x_j)$，$m_j=f'(x_j)$ $(j=0,1,\cdots,n)$，要求插值多项式 $H(x)$，满足条件

$$H(x_j)=y_j,\quad H'(x_j)=m_j\quad (j=0,1,\cdots,n).\tag{2.6.1}$$

这里给出的 $2n+2$ 个条件，可唯一确定一个次数不超过 $2n+1$ 的多项式

$$H_{2n+1}(x)=H(x),$$

其形式为

$$H_{2n+1}(x)=a_0+a_1x+\cdots+a_{2n+1}x^{2n+1}.$$

如根据条件(2.6.1)来确定 $2n+2$ 个系数 $a_0,a_1,\cdots,a_{2n+1}$，显然非常复杂，因此，仍采用求 Lagrange 插值多项式的基函数方法. 先求插值基函数 $\alpha_j(x)$ 及 $\beta_j(x)$ $(j=0,1,\cdots,n)$，共有 $2n+2$ 个，每一个基函数都是 $2n+1$ 次多项式，且满足条件

$$\begin{cases}\alpha_j(x_k)=\delta_{jk}=\begin{cases}0, & j\neq k,\\ 1, & j=k,\end{cases} & \alpha_j'(x_k)=0\quad (j,k=0,1,\cdots,n),\\ \beta_j(x_k)=0, & \beta_j'(x_k)=\delta_{jk}.\end{cases}\tag{2.6.2}$$

于是满足条件(2.6.1)的插值多项式 $H(x)=H_{2n+1}(x)$ 可写成用插值基函数表示的形式，即

$$H_{2n+1}(x)=\sum_{j=0}^{n}\left[y_j\alpha_j(x)+m_j\beta_j(x)\right].\tag{2.6.3}$$

由条件(2.6.2)，显然有

$$H_{2n+1}(x_k)=y_k,\quad H_{2n+1}'(x_k)=m_k\quad (k=0,1,\cdots,n).$$

下面的问题就是求满足条件(2.6.2)的基函数 $\alpha_j(x)$ 及 $\beta_j(x)$. 为此，可利用 Lagrange 插值基函数 $l_j(x)$. 令

$$\alpha_j(x)=(ax+b)l_j^2(x),$$

其中 $l_j(x)$ 是式(2.2.10)所表示的基函数. 由条件式(2.6.2)，有

$$\alpha_j(x_j)=(ax_j+b)l_j^2(x_j)=1,$$

$$\alpha_j'(x_j)=l_j(x_j)\left[al_j(x_j)+2(ax_j+b)l_j'(x_j)\right]=0,$$

整理，得

$$\begin{cases}ax_j+b=1,\\ a+2l_j'(x_j)=0.\end{cases}$$

解得

$$a=-2l_j'(x_j),\quad b=1+2x_jl_j'(x_j).$$

由于

$$l_j(x)=\frac{(x-x_0)\cdots(x-x_{j-1})(x-x_{j+1})\cdots(x-x_n)}{(x_j-x_0)\cdots(x_j-x_{j-1})(x_j-x_{j+1})\cdots(x_j-x_n)},$$

两端取对数再求导，得

$$l_j'(x_j)=\sum_{\substack{k=0\\k\neq j}}^{n}\frac{1}{x_j-x_k},$$

于是
$$\alpha_j(x) = \left[1 - 2(x - x_j)\sum_{\substack{k=0\\k\neq j}}^{n} \frac{1}{x_j - x_k}\right] l_j^2(x). \tag{2.6.4}$$

同理可得
$$\beta_j(x) = (x - x_j) l_j^2(x). \tag{2.6.5}$$

还可证明满足条件(2.6.1)的插值多项式是唯一的.用反证法,假设 $H_{2n+1}(x)$及$\overline{H}_{2n+1}(x)$均满足条件(2.6.1),于是
$$\varphi(x) = H_{2n+1}(x) - \overline{H}_{2n+1}(x)$$
在每个节点 $x_k$ 上均有二重根,即 $\varphi(x)$有 $2n+2$ 重根.但 $\varphi(x)$是不高于 $2n+1$ 次的多项式,故 $\varphi(x) \equiv 0$.唯一性得证.

仿照 Lagrange 插值余项的证明方法,若 $f(x)$在$(a,b)$内的 $2n+2$ 阶导数存在,则其插值余项
$$R(x) = f(x) - H_{2n+1}(x) = \frac{f^{(2n+2)}(\xi)}{(2n+2)!}\omega_{n+1}^2(x), \tag{2.6.6}$$
其中 $\xi \in (a,b)$且与 $x$ 有关.具体证明请读者自行完成.

作为带导数插值多项式(2.6.3)的重要特例是 $n=1$ 的情形.这时可取节点为 $x_k$ 及 $x_{k+1}$,插值多项式为 $H_3(x)$,满足条件
$$\begin{cases} H_3(x_k) = y_k, \quad H_3(x_{k+1}) = y_{k+1}, \\ H_3'(x_k) = m_k, \quad H_3'(x_{k+1}) = m_{k+1}. \end{cases} \tag{2.6.7}$$
相应的插值基函数为 $\alpha_k(x)$,$\alpha_{k+1}(x)$,$\beta_k(x)$,$\beta_{k+1}(x)$,它们满足条件
$$\alpha_k(x_k) = 1, \quad \alpha_k(x_{k+1}) = 0, \quad \alpha_k'(x_k) = \alpha_k'(x_{k+1}) = 0,$$
$$\alpha_{k+1}(x_k) = 0, \quad \alpha_{k+1}(x_{k+1}) = 1,$$
$$\alpha_{k+1}'(x_k) = \alpha_{k+1}'(x_{k+1}) = 0, \quad \beta_k(x_k) = \beta_k(x_{k+1}) = 0,$$
$$\beta_k'(x_k) = 1, \quad \beta_k'(x_{k+1}) = 0, \quad \beta_{k+1}(x_k) = \beta_{k+1}(x_{k+1}) = 0,$$
$$\beta_{k+1}'(x_k) = 0, \quad \beta_{k+1}'(x_{k+1}) = 1.$$
根据式(2.6.4)及式(2.6.5)的一般表达式,可得
$$\begin{cases} \alpha_k(x) = \left(1 + 2\dfrac{x - x_k}{x_{k+1} - x_k}\right)\left(\dfrac{x - x_{k+1}}{x_k - x_{k+1}}\right)^2, \\ \alpha_{k+1}(x) = \left(1 + 2\dfrac{x - x_{k+1}}{x_k - x_{k+1}}\right)\left(\dfrac{x - x_k}{x_{k+1} - x_k}\right)^2; \end{cases} \tag{2.6.8}$$
$$\begin{cases} \beta_k(x) = (x - x_k)\left(\dfrac{x - x_{k+1}}{x_k - x_{k+1}}\right)^2, \\ \beta_{k+1}(x) = (x - x_{k+1})\left(\dfrac{x - x_k}{x_{k+1} - x_k}\right)^2. \end{cases} \tag{2.6.9}$$
于是满足条件(2.6.7)的插值多项式是
$$H_3(x) = y_k\alpha_k(x) + y_{k+1}\alpha_{k+1}(x) + m_k\beta_k(x) + m_{k+1}\beta_{k+1}(x), \tag{2.6.10}$$
其余项 $R_3(x) = f(x) - H_3(x)$,由式(2.6.6)得

$$R_3(x) = \frac{1}{4!}f^{(4)}(\xi)(x-x_k)^2(x-x_{k+1})^2.$$

**例 2.5** 求满足 $P(x_j)=f(x_j)$ $(j=0,1,2)$ 及 $P'(x_1)=f'(x_1)$ 的插值多项式及其余项表达式.

**解** 由给定条件，可确定次数不超过 3 的插值多项式. 由于此多项式通过点 $(x_0,f(x_0))$，$(x_1,f(x_1))$ 及 $(x_2,f(x_2))$，故其形式为

$$\begin{aligned}P(x) &= f(x_0)+f[x_0,x_1](x-x_0)+f[x_0,x_1,x_2](x-x_0)(x-x_1)\\ &\quad +A(x-x_0)(x-x_1)(x-x_2),\end{aligned}$$

其中 $A$ 为待定常数，可由条件 $P'(x_1)=f'(x_1)$ 确定，通过计算可得

$$A=\frac{f'(x_1)-f[x_0,x_1]-(x_1-x_0)f[x_0,x_1,x_2]}{(x_1-x_0)(x_1-x_2)}.$$

为了求出余项 $R(x)=f(x)-P(x)$ 的表达式，可设

$$R(x)=f(x)-P(x)=K(x)(x-x_0)(x-x_1)^2(x-x_2),$$

其中 $K(x)$ 为待定函数. 构造

$$\varphi(t)=f(t)-P(t)-K(x)(t-x_0)(t-x_1)^2(t-x_2).$$

显然 $\varphi(x_j)=0$ $(j=0,1,2)$，且 $\varphi'(x_1)=0$，$\varphi(x)=0$，故 $\varphi(t)$ 在 $(a,b)$ 内有五个零点（重根算两个）. 反复应用 Rolle 定理得，$\varphi^{(4)}(t)$ 在 $(a,b)$ 内至少有一个零点 $\xi$，故

$$\varphi^{(4)}(\xi)=f^{(4)}(\xi)-4!K(x)=0,$$

于是 $K(x)=f^{(4)}(\xi)/4!$，余项表达式为

$$R(x)=f^{(4)}(\xi)(x-x_0)(x-x_1)^2(x-x_2)/4!, \tag{2.6.11}$$

其中 $\xi$ 位于 $x_0,x_1,x_2$ 和 $x$ 所界定的范围内.

## 2.7 分段低次插值

### 2.7.1 多项式插值的问题

根据区间 $[a,b]$ 上给出的节点构造插值多项式 $L_n(x)$ 近似 $f(x)$ 时，人们往往认为 $L_n(x)$ 的次数 $n$ 越高逼近 $f(x)$ 的精度越好，但实际上并非如此. 这是因为，对于任意的插值节点，当 $n\to\infty$ 时，$L_n(x)$ 不一定收敛到 $f(x)$. 20 世纪初 Runge 就给出了一个等距节点插值多项式 $L_n(x)$ 不收敛到 $f(x)$ 的例子：考察函数 $f(x)=1/(1+x^2)$，它在 $[-5,5]$ 上各阶导数均存在，但在 $[-5,5]$ 上取 $n+1$ 个等距节点

$$x_k=-5+10\frac{k}{n}\quad(k=0,1,\cdots,n)$$

所构造的 Lagrange 插值多项式

$$L_n(x)=\sum_{j=0}^{n}\frac{1}{1+x_j^2}\frac{\omega_{n+1}(x)}{(x-x_j)\omega_{n+1}'(x_j)}$$

当 $n\to\infty$ 时只在 $|x|\leqslant 3.63$ 内收敛，而在这区间外是发散的.

下面取 $n=10$，根据计算画出 $y=L_{10}(x)$ 及 $y=1/(1+x^2)$ 在 $[-5,5]$ 上的图形，如图2.5所示.

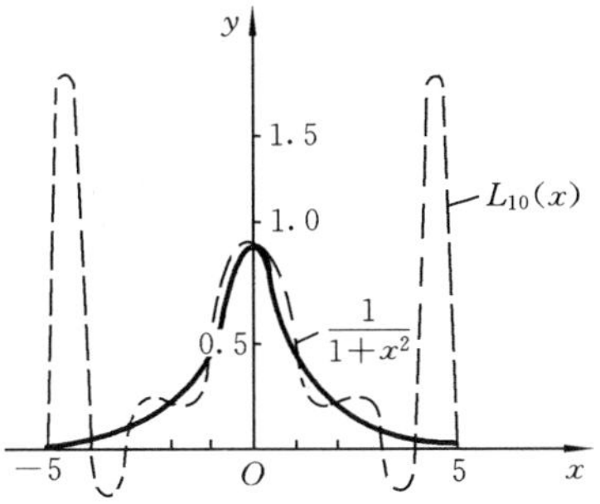


图 2.5

从图 2.5 可看到，在 $x=\pm 5$ 附近 $L_{10}(x)$ 与 $f(x)=1/(1+x^2)$ 偏离很远，例如，$L_{10}(4.8)=1.804\ 38$，$f(4.8)=0.041\ 60$. 这说明用高次插值多项式 $L_n(x)$ 近似 $f(x)$ 效果并不好，因而通常不用高次插值，而用低次插值. 从该例看到，如果把 $y=1/(1+x^2)$ 在节点 $x=0,\pm 1,\pm 2,\pm 3,\pm 4,\pm 5$ 处用折线连起来，显然比 $L_{10}(x)$ 逼近 $f(x)$ 好得多. 这正是下面要讨论的分段低次插值的出发点.

## 2.7.2 分段线性插值

所谓分段线性插值，就是将插值点用折线段连接起来逼近 $f(x)$. 设已知节点 $a=x_0<x_1<\cdots<x_n=b$ 上的函数值 $f_0,f_1,\cdots,f_n$，记 $h_k=x_{k+1}-x_k$，$h=\max\limits_k h_k$. 称 $I_h(x)$ 为**分段线性插值函数**，如果满足：

(1) 记 $I_h(x)\in C[a,b]$；

(2) $I_h(x_k)=f_k(k=0,1,\cdots,n)$；

(3) $I_h(x)$ 在每个区间 $[x_k,x_{k+1}]$ 上是线性函数，

则由定义可知，$I_h(x)$ 在每个小区间 $[x_k,x_{k+1}]$ 上可表示为

$$I_h(x)=\frac{x-x_{k+1}}{x_k-x_{k+1}}f_k+\frac{x-x_k}{x_{k+1}-x_k}f_{k+1}\quad(x_k\leqslant x\leqslant x_{k+1}).\tag{2.7.1}$$

若用插值基函数表示，则 $I_h(x)$ 在整个区间 $[a,b]$ 上可表示为

$$I_h(x)=\sum_{j=0}^{n}f_jl_j(x),\tag{2.7.2}$$

其中基函数 $l_j(x)$ 满足条件 $l_j(x_k)=\delta_{jk}\ (j,k=0,1,\cdots,n)$，其形式是

$$l_j(x)=\begin{cases}\dfrac{x-x_{j-1}}{x_j-x_{j-1}}, & x_{j-1}\leqslant x\leqslant x_j\ (j=0\text{ 略去}),\\ \dfrac{x_j-x_{j+1}}{x-x_{j+1}}, & x_j\leqslant x\leqslant x_{j+1}\ (j=n\text{ 略去}),\\ 0, & x\in[a,b],\ x\notin[x_{j-1},x_{j+1}].\end{cases}\tag{2.7.3}$$

分段线性插值基函数 $l_j(x)$ 只在 $x_j$ 附近不为零，在其他地方均为零，这种性质称为**局部非零性质**，如图 2.6 所示. 当 $x\in[x_k,x_{k+1}]$ 时，

$$1=\sum_{j=0}^{n} l_j(x)=l_k(x)+l_{k+1}(x),\quad f(x)=[l_k(x)+l_{k+1}(x)]f(x).$$

另一方面，这时

$$I_h(x)=f_k l_k(x)+f_{k+1}l_{k+1}(x).$$

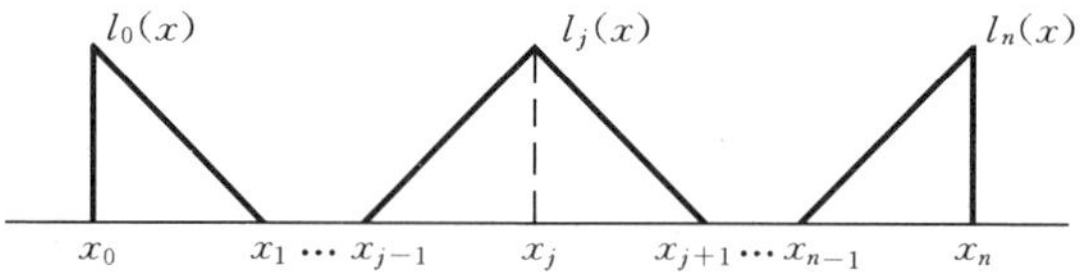


图 2.6

现在证明$\lim\limits_{h\to 0} I_h(x)=f(x)$. 考虑

$$\begin{aligned}|f(x)-I_h(x)| &\leqslant l_k(x)|f(x)-f_k|+l_{k+1}(x)|f(x)-f_{k+1}| \\ &\leqslant [l_k(x)+l_{k+1}(x)]\omega(h_k) \\ &=\omega(h_k)\leqslant \omega(h),\end{aligned}\tag{2.7.4}$$

这里 $\omega(h)$是函数 $f(x)$在区间$[a,b]$上的**连续模**，即对于任意两点 $x',x''\in[a,b]$，只要$|x'-x''|\leqslant h$，就有

$$|f(x')-f(x'')|\leqslant \omega(h),$$

称 $\omega(h)$为 $f(x)$在$[a,b]$上的**连续模**，当 $f(x)\in C[a,b]$时，就有$\lim\limits_{h\to 0}\omega(h)=0$.

由前式可知，当 $x\in[a,b]$时有$\max\limits_{a\leqslant x\leqslant b}|f(x)-I_h(x)|\leqslant\omega(h)$，因此，只要 $f(x)\in C[a,b]$，就有$\lim\limits_{h\to 0} I_h(x)=f(x)$在$[a,b]$上一致成立，故 $I_h(x)$在$[a,b]$上一致收敛到$f(x)$.

### 2.7.3 分段三次 Hermite 插值

分段线性插值函数 $I_h(x)$的导数是间断的，若在节点 $x_k$ $(k=0,1,\cdots,n)$上除已知函数值 $f_k$ 外还给出导数值 $f'_k=m_k$ $(k=0,1,\cdots,n)$，就可构造一个导数连续的分段插值函数 $I_h(x)$，它满足如下条件：

(1) $I_h(x)\in C^1[a,b]$ ($C^1[a,b]$代表区间$[a,b]$上一阶导数连续的函数集合)；

(2) $I_h(x_k)=f_k, I'_h(x_k)=f'_k$ $(k=0,1,\cdots,n)$；

(3) $I_h(x)$在每个小区间$[x_k,x_{k+1}]$上是三次多项式.

根据两点三次插值多项式(2.6.10)可知，$I_h(x)$在区间$[x_k,x_{k+1}]$上的表达式为

$$\begin{aligned}I_h(x)=&\left(\frac{x-x_{k+1}}{x_k-x_{k+1}}\right)^2\left(1+2\frac{x-x_k}{x_{k+1}-x_k}\right)f_k+\left(\frac{x-x_k}{x_{k+1}-x_k}\right)^2\left(1+2\frac{x-x_{k+1}}{x_k-x_{k+1}}\right)f_{k+1} \\ &+\left(\frac{x-x_{k+1}}{x_k-x_{k+1}}\right)^2(x-x_k)f'_k+\left(\frac{x-x_k}{x_{k+1}-x_k}\right)^2(x-x_{k+1})f'_{k+1}.\end{aligned}\tag{2.7.5}$$

若在整个区间$[a,b]$上定义一组分段三次插值基函数 $\alpha_j(x)$及 $\beta_j(x)$ $(j=0,$

$1,\cdots,n)$，则 $I_h(x)$ 可表示为

$$I_h(x)=\sum_{j=0}^{n}[f_j\alpha_j(x)+f'_j\beta_j(x)], \tag{2.7.6}$$

其中 $\alpha_j(x),\beta_j(x)$ 依式(2.6.8)、式(2.6.9)分别表示为

$$\alpha_j(x)=\begin{cases}\left(\dfrac{x-x_{j-1}}{x_j-x_{j-1}}\right)^2\left(1+2\dfrac{x-x_j}{x_{j-1}-x_j}\right), & x_{j-1}\leqslant x\leqslant x_j \quad (j=0\text{ 略去}),\\ \left(\dfrac{x-x_{j+1}}{x_j-x_{j+1}}\right)^2\left(1+2\dfrac{x-x_j}{x_{j+1}-x_j}\right), & x_j\leqslant x\leqslant x_{j+1} \quad (j=n\text{ 略去}),\\ 0, & \text{其他},\end{cases} \tag{2.7.7}$$

$$\beta_j(x)=\begin{cases}\left(\dfrac{x-x_{j-1}}{x_j-x_{j-1}}\right)^2(x-x_j), & x_{j-1}\leqslant x\leqslant x_j \quad (j=0\text{ 略去}),\\ \left(\dfrac{x-x_{j+1}}{x_j-x_{j+1}}\right)^2(x-x_j), & x_j\leqslant x\leqslant x_{j+1} \quad (j=n\text{ 略去}),\\ 0, & \text{其他}.\end{cases} \tag{2.7.8}$$

由于 $\alpha_j(x),\beta_j(x)$ 的局部非零性质，当 $x\in[x_k,x_{k+1}]$ 时，只有 $\alpha_k(x),\alpha_{k+1}(x),\beta_k(x),\beta_{k+1}(x)$ 不为零，于是式(2.7.6)的 $I_h(x)$ 可表示为

$$I_h(x)=f_k\alpha_k(x)+f_{k+1}\alpha_{k+1}(x)+f'_k\beta_k(x)+f'_{k+1}\beta_{k+1}(x)\quad(x_k\leqslant x\leqslant x_{k+1}). \tag{2.7.9}$$

为了研究 $I_h(x)$ 的收敛性，由式(2.7.7)及式(2.7.8)直接得估计式

$$0\leqslant\alpha_j(x)\leqslant 1, \tag{2.7.10}$$

$$\begin{cases}|\beta_k(x)|\leqslant\dfrac{4}{27}h_k,\\ |\beta_{k+1}(x)|\leqslant\dfrac{4}{27}h_k.\end{cases} \tag{2.7.11}$$

此外，当 $f(x)$ 是分段三次多项式时，$f(x)$ 的插值多项式 $I_h(x)$ 就是它本身. 例如，当 $f(x)=1$ 时就有 $\sum\limits_{j=0}^{n}\alpha_j(x)=1$. 当 $x\in[x_k,x_{k+1}]$ 时，得

$$\alpha_k(x)+\alpha_{k+1}(x)=1. \tag{2.7.12}$$

由式(2.7.9)～(2.7.12)，当 $x\in[x_k,x_{k+1}]$ 时还可得

$$\begin{aligned}|f(x)-I_h(x)|&\leqslant\alpha_k(x)|f(x)-f_k|+\alpha_{k+1}(x)|f(x)-f_{k+1}|\\&\quad+\frac{4}{27}h_k[|f'_k|+|f'_{k+1}|]\\&\leqslant[\alpha_k(x)+\alpha_{k+1}(x)]\omega(h)+\frac{8}{27}h\max\{|f'_k|,|f'_{k+1}|\},\end{aligned}$$

$$|f(x)-I_h(x)|\leqslant\omega(h)+\frac{8}{27}h\max_{0\leqslant k\leqslant n}|f'_k| \tag{2.7.13}$$

对于 $x\in[a,b]$ 成立，其中 $\omega(h)$ 是 $f(x)$ 在 $[a,b]$ 上的连续模. 因此，当 $f(x)\in C[a,b]$

时，

$$\lim_{h\to 0} I_h(x) = f(x).$$

这就证明了 $I_h(x)$在$[a,b]$上一致收敛到 $f(x)$.

## 2.8 三次样条插值

上面讨论的分段低次插值函数都有一致收敛性，但光滑性较差，对于像高速飞机的机翼、船体放样等的型值线，往往要求有二阶光滑度，即有二阶连续导数. 早期工程师制图时，把富有弹性的细长木条（所谓样条）用压铁固定在样点上，在其他地方让它自由弯曲，然后画下长条的曲线，称为样条曲线. 它实际上是由分段三次曲线并接而成，在连接点即样点上要求二阶导数连续，从数学上加以概括就得到数学样条这一概念. 下面讨论最常用的三次样条函数.

### 2.8.1 三次样条函数

**定义 2.5** 若函数 $S(x)\in C^2[a,b]$，且在每个小区间$[x_j,x_{j+1}]$上是三次多项式，其中 $a=x_0<x_1<\cdots<x_n=b$ 是给定节点，则称 $S(x)$是节点 $x_0,x_1,\cdots,x_n$ 上的**三次样条函数**. 若在节点 $x_j$ 上给定函数值 $y_j=f(x_j)\ (j=0,1,\cdots,n)$，且

$$S(x_j) = y_j \quad (j = 0,1,\cdots,n) \tag{2.8.1}$$

成立，则称 $S(x)$为**三次样条插值函数**.

从定义知，要求出 $S(x)$，在每个小区间$[x_j,x_{j+1}]$上要确定 4 个待定系数，共有 $n$ 个小区间，故应确定 $4n$ 个参数. 根据 $S(x)$在$[a,b]$上二阶导数连续，在节点 $x_j\ (j=1,2,\cdots,n-1)$处应满足连续性条件

$$S(x_j-0) = S(x_j+0),\quad S'(x_j-0) = S'(x_j+0),$$
$$S''(x_j-0) = S''(x_j+0), \tag{2.8.2}$$

共有 $3n-3$ 个条件，再加上 $S(x)$满足插值条件(2.8.1)，共有 $4n-2$ 个条件，因此还需要 2 个条件才能确定 $S(x)$. 通常可在区间$[a,b]$端点 $a=x_0,b=x_n$ 上各加一个条件（称为**边界条件**），边界条件可根据实际问题的要求给定. 常见的有以下三种：

(1) 已知两端的一阶导数值，即

$$\begin{cases} S'(x_0) = f_0', \\ S'(x_n) = f_n'. \end{cases} \tag{2.8.3}$$

(2) 两端的二阶导数已知，即

$$\begin{cases} S''(x_0) = f_0'', \\ S''(x_n) = f_n''. \end{cases} \tag{2.8.4}$$

特殊情况下的边界条件

$$S''(x_0)=S''(x_n)=0 \tag{2.8.4$'$}$$

称为**自然边界条件**.

(3) 当 $f(x)$ 是以 $x_n-x_0$ 为周期的周期函数时，则要求 $S(x)$ 也是周期函数，这时边界条件应满足

$$\begin{cases} S(x_0+0)=S(x_n-0), \\ S'(x_0+0)=S'(x_n-0), \\ S''(x_0+0)=S''(x_n-0), \end{cases} \tag{2.8.5}$$

而此时式(2.8.1)中 $y_0=y_n$. 这样确定的样条函数 $S(x)$ 称为**周期样条函数**.

## 2.8.2 三转角方程

现在构造满足条件(2.8.1)及加上相应边界条件的三次样条函数 $S(x)$ 的表达式. 若假定 $S'(x)$ 在节点 $x_j$ 处的值为 $S'(x_j)=m_j$ $(j=0,1,\cdots,n)$，再由式(2.8.1)，则由分段三次 Hermite 插值式(2.7.6)可得

$$S(x)=\sum_{j=0}^{n}[y_j\alpha_j(x)+m_j\beta_j(x)], \tag{2.8.6}$$

其中 $\alpha_j(x)$，$\beta_j(x)$ 是插值基函数，由式(2.7.7)、式(2.7.8)表示. 显然，表达式(2.8.6)中 $S(x)$ 及 $S'(x)$ 在整个区间 $[a,b]$ 上连续，且满足式(2.8.1)；然而在式(2.8.6)中 $m_j$ $(j=0,1,\cdots,n)$ 是未知的，它可利用式(2.8.2)

$$S''(x_j-0)=S''(x_j+0) \quad (j=1,\cdots,n-1)$$

及边界条件(2.8.3)(也可以是其他边界条件)来确定. 为了求出 $m_j$，下面考虑 $S(x)$ 在 $[x_j,x_{j+1}]$ 上的表达式

$$\begin{aligned} S(x)=&\frac{(x-x_{j+1})^2[h_j+2(x-x_j)]}{h_j^3}y_j+\frac{(x-x_j)^2[h_j+2(x_{j+1}-x)]}{h_j^3}y_{j+1} \\ &+\frac{(x-x_{j+1})^2(x-x_j)}{h_j^2}m_j+\frac{(x-x_j)^2(x-x_{j+1})}{h_j^2}m_{j+1}, \end{aligned} \tag{2.8.7}$$

这里 $h_j=x_{j+1}-x_j$. 对 $S(x)$ 求二阶导数，得

$$\begin{aligned} S''(x)=&\frac{6x-2x_j-4x_{j+1}}{h_j^2}m_j+\frac{6x-4x_j-2x_{j+1}}{h_j^2}m_{j+1} \\ &+\frac{6(x_j+x_{j+1}-2x)}{h_j^3}(y_{j+1}-y_j), \end{aligned}$$

于是

$$S''(x_j+0)=-\frac{4}{h_j}m_j-\frac{2}{h_j}m_{j+1}+\frac{6}{h_j^2}(y_{j+1}-y_j).$$

同理，可得 $S''(x)$ 在区间 $[x_{j-1},x_j]$ 上的表达式

$$\begin{aligned} S''(x)=&\frac{6x-2x_{j-1}-4x_j}{h_{j-1}^2}m_{j-1}+\frac{6x-4x_{j-1}-2x_j}{h_{j-1}^2}m_j \\ &+\frac{6(x_{j-1}+x_j-2x)}{h_{j-1}^2}(y_j-y_{j-1}) \end{aligned}$$

及 $$S''(x_j-0)=\frac{2}{h_{j-1}}m_{j-1}+\frac{4}{h_{j-1}}m_j-\frac{6}{h_{j-1}^2}(y_j-y_{j-1}).$$

由条件 $S''(x_j+0)=S''(x_j-0)$ $(j=1,2,\cdots,n-1)$，可得

$$\frac{1}{h_{j-1}}m_{j-1}+2\left(\frac{1}{h_{j-1}}+\frac{1}{h_j}\right)m_j+\frac{1}{h_j}m_{j+1}$$
$$=3\left(\frac{y_{j+1}-y_j}{h_j^2}+\frac{y_j-y_{j-1}}{h_{j-1}^2}\right)\ (j=1,2,\cdots,n-1),\tag{2.8.8}$$

用$\frac{1}{h_{j-1}}+\frac{1}{h_j}$除全式，并注意 $y_j=f_j$，$\frac{y_{j+1}-y_j}{h_j}=f[x_j,x_{j+1}]$，方程(2.8.8)可简化为

$$\lambda_j m_{j-1}+2m_j+\mu_j m_{j+1}=g_j\quad(j=1,2,\cdots,n-1),\tag{2.8.9}$$

其中 $$\lambda_j=\frac{h_j}{h_{j-1}+h_j},\quad \mu_j=\frac{h_{j-1}}{h_{j-1}+h_j}\ (j=1,2,\cdots,n-1),\tag{2.8.10}$$

$$g_j=3(\lambda_j f[x_{j-1},x_j]+\mu_j f[x_j,x_{j+1}])\quad(j=1,2,\cdots,n-1).\tag{2.8.11}$$

方程(2.8.9)是关于未知数 $m_0,m_1,\cdots,m_n$ 的 $n-1$ 个方程，若加上已知条件(2.8.3)：$m_0=f'_0$ 则 $m_n=f'_n$，那么方程(2.8.9)为只含 $m_1,\cdots,m_{n-1}$的 $n-1$ 个方程，写成矩阵形式便是

$$\begin{pmatrix}2&\mu_1&0&\cdots&\cdots&0\\\lambda_2&2&\mu_2&\ddots&&\vdots\\0&\lambda_3&2&\mu_3&\ddots&\vdots\\\vdots&\ddots&\ddots&\ddots&\ddots&0\\0&&\ddots&\lambda_{n-2}&2&\mu_{n-2}\\0&\cdots&\cdots&0&\lambda_{n-1}&2\end{pmatrix}\begin{pmatrix}m_1\\m_2\\m_3\\\vdots\\m_{n-2}\\m_{n-1}\end{pmatrix}=\begin{pmatrix}g_1-\lambda_1 f'_0\\g_2\\g_3\\\vdots\\g_{n-2}\\g_{n-1}-\mu_{n-1}f'_n\end{pmatrix}.\tag{2.8.12}$$

如果边界条件为式(2.8.4)，则

$$\begin{cases}2m_0+m_1=3f[x_0,x_1]-\frac{h_0}{2}f''_0=g_0,\\ m_{n-1}+2m_n=3f[x_{n-1},x_n]+\frac{h_{n-1}}{2}f''_n=g_n.\end{cases}\tag{2.8.13}$$

如果边界条件为式(2.8.4)′，则

$$\begin{cases}2m_0+m_1=3f[x_0,x_1]=g_0,\\ m_{n-1}+2m_n=3f[x_{n-1},x_n]=g_n.\end{cases}\tag{2.8.13$'$}$$

于是，式(2.8.9)与式(2.8.13)或式(2.8.13)′合并后用矩阵形式表示为

$$\begin{pmatrix}2&1&0&\cdots&\cdots&0\\\lambda_1&2&\mu_1&\ddots&&\vdots\\0&\lambda_2&2&\mu_2&\ddots&\vdots\\\vdots&\ddots&\ddots&\ddots&\ddots&0\\\vdots&&\ddots&\lambda_{n-1}&2&\mu_{n-1}\\0&\cdots&\cdots&0&1&2\end{pmatrix}\begin{pmatrix}m_0\\m_1\\m_2\\\vdots\\m_{n-1}\\m_n\end{pmatrix}=\begin{pmatrix}g_0\\g_1\\g_2\\\vdots\\g_{n-1}\\g_n\end{pmatrix}.\tag{2.8.14}$$

如果边界条件为周期性条件式(2.8.5),则

$$m_0 = m_n,$$

$$\frac{1}{h_0}m_1 + \frac{1}{h_{n-1}}m_{n-1} + 2\left(\frac{1}{h_0} + \frac{1}{h_{n-1}}\right)m_n = \frac{3}{h_0}f[x_0,x_1] + \frac{3}{h_{n-1}}f[x_{n-1},x_n],$$

化简为

$$\mu_n m_1 + \lambda_n m_{n-1} + 2m_n = g_n,$$

$$\mu_n = \frac{h_{n-1}}{h_0 + h_{n-1}},\quad \lambda_n = \frac{h_{n-1}}{h_0 + h_{n-1}},$$

$$g_n = 3(\mu_n f[x_0,x_1] + \lambda_n f[x_{n-1},x_n]).$$

与式(2.8.9)合并,用矩阵形式表示为

$$\begin{pmatrix} 2 & \mu_1 & 0 & \cdots & 0 \\ \lambda_2 & 2 & \mu_2 & \ddots & \vdots \\ 0 & \lambda_3 & \ddots & \ddots & 0 \\ \vdots & \ddots & \ddots & 2 & \mu_{n-1} \\ 0 & \cdots & 0 & \lambda_n & 2 \end{pmatrix}\begin{pmatrix} m_1 \\ m_2 \\ \vdots \\ m_{n-1} \\ m_n \end{pmatrix} = \begin{pmatrix} g_1 \\ g_2 \\ \vdots \\ g_{n-1} \\ g_n \end{pmatrix}. \tag{2.8.15}$$

这里得到的方程组(2.8.12)、(2.8.14)及式(2.8.15)中,每个方程都联系三个 $m_j$,$m_j$ 在力学上解释为细梁在 $x_j$ 截面处的转角,故称之为**三转角方程**. 这些方程系数矩阵对角元素均为 2,非对角元素 $\mu_j + \lambda_j = 1$,故系数矩阵具有强对角优势,方程组(2.8.12)、(2.8.14)及(2.8.15)都有唯一解,可用追赶法求得解 $m_j$ $(j=0,1,\cdots,n)$,从而得到 $S(x)$. 关于线性方程组的解法见本书第 7 章.

### 2.8.3 三弯矩方程

三次样条插值函数 $S(x)$可以有多种表达方法,有时用二阶导数值 $S''(x_j) = M_j$ $(j=0,1,\cdots,n)$表示使用起来更方便. $M_j$ 在力学上解释为细梁在 $x_j$ 截面处的弯矩,并且得到的弯矩与相邻两个弯矩有关,故称之为**三弯矩方程**.

由于 $S(x)$在区间$[x_j,x_{j+1}]$上是三次多项式,故 $S''(x)$在$[x_j,x_{j+1}]$上是线性函数,可表示为

$$S''(x) = M_j\frac{x_{j+1} - x}{h_j} + M_{j+1}\frac{x - x_j}{h_j}. \tag{2.8.16}$$

对 $S''(x)$积分两次并利用 $S(x_j) = y_j$ 及 $S(x_{j+1}) = y_{j+1}$,可定出积分常数,于是

$$\begin{aligned} S(x) = &M_j\frac{(x_{j+1} - x)^3}{6h_j} + M_{j+1}\frac{(x - x_j)^3}{6h_j} + \left(y_j - \frac{M_j h_j^2}{6}\right)\frac{x_{j+1} - x}{h_j} \\ &+ \left(y_{j+1} - \frac{M_{j+1}h_j^2}{6}\right)\frac{x - x_j}{h_j}\quad (j = 0,1,\cdots,n-1). \end{aligned} \tag{2.8.17}$$

对 $S(x)$求导,得

$$S'(x) = -M_j\frac{(x_{j+1} - x)^2}{2h_j} + M_{j+1}\frac{(x - x_j)^2}{2h_j} + \frac{y_{j+1} - y_j}{h_j} - \frac{M_{j+1} - M_j}{6}h_j. \tag{2.8.18}$$

由此可求得

$$S'(x_j+0)=-\frac{h_j}{3}M_j-\frac{h_j}{6}M_{j+1}+\frac{y_{j+1}-y_j}{h_j}.$$

类似地，可求出 $S(x)$在区间$[x_{j-1},x_j]$上的表达式，从而得

$$S'(x_j-0)=\frac{h_{j-1}}{6}M_{j-1}+\frac{h_{j-1}}{3}M_j+\frac{y_j-y_{j-1}}{h_{j-1}},$$

利用 $S'(x_j+0)=S'(x_j-0)$可得

$$\mu_j M_{j-1}+2M_j+\lambda_j M_{j+1}=d_j\quad(j=1,2,\cdots,n-1),\tag{2.8.19}$$

其中 $\mu_j,\lambda_j$ 由式(2.8.10)求得，而

$$d_j=6\frac{f[x_j,x_{j+1}]-f[x_{j-1},x_j]}{h_{j-1}+h_j}=6f[x_{j-1},x_j,x_{j+1}]\quad(j=1,2,\cdots,n-1).\tag{2.8.20}$$

方程(2.8.19)与方程(2.8.9)完全类似，只要加上式(2.8.3)～(2.8.5)的任一种边界条件就可得到三弯矩 $M_j$ 的方程组. 例如，若边界条件为式(2.8.3)，则端点方程为

$$2M_0+M_1=\frac{6}{h_0}(f[x_0,x_1]-f'_0),\quad M_{n-1}+2M_n=\frac{6}{h_{n-1}}(f'_n-f[x_{n-1},x_n]).$$

若边界条件为式(2.8.4)，则端点方程为

$$M_0=f''_0,\quad M_n=f''_n.$$

同样，通过追赶法，可求出三弯矩方程的解 $M_j$ $(j=0,1,\cdots,n)$，代入式(2.8.17)则得到三次插值样条函数$S(x)$.

### 2.8.4 计算步骤与例题

样条函数，特别是三次样条在实际中有广泛的应用，在计算机上也容易实现. 下面以方程(2.8.12)为例，说明在计算机上求 $S(x)$的**算法步骤**：

**步 1** 输入初始数据 $x_j,y_j$ $(j=0,1,\cdots,n)$及 $f'_0,f'_n$ 和 $n$.

**步 2** $j$ 从 0 到 $n-1$ 计算 $h_j=x_{j+1}-x_j$ 及 $f[x_j,x_{j+1}]$.

**步 3** $j$ 从 1 到 $n-1$ 由式(2.8.10)及式(2.8.11)计算 $\lambda_j,\mu_j,g_j$.

**步 4** 用追赶法(公式见 7.4.3 节)解方程(2.8.12)，求出 $m_j$ $(j=1,2,\cdots,n-1)$.

**步 5** 计算 $S(x)$的系数或计算 $S(x)$在若干点上的值，并打印结果.

**步 6** 给定函数 $f(x)=\frac{1}{1+x^2}$，$-5\leqslant x\leqslant 5$，节点 $x_k=-5+k$ $(k=0,1,\cdots,10)$，用三次样条插值求 $S_{10}(x)$. 取 $S_{10}(x_k)=f(x_k)$ $(k=0,1,\cdots,10)$，有

$$S'_{10}(-5)=f'(-5),\quad S'_{10}(5)=f'(5).$$

利用上述步骤编制的程序计算 $S_{10}(x)$在表 2.8 所列各点的值，并与 $f(x)$及 2.7 节计算出的 $L_{10}(x)$比较，结果也如表 2.8 所示. 由表 2.8 可看出，用三次样条插值得到的$S_{10}(x)$能很好地逼近 $f(x)$，不会出现 Lagrange 插值 $L_{10}(x)$的“Runge”现象.

$f(x)$与 $L_{10}(x)$的图形如图 2.5 所示，如画出$S_{10}(x)$的曲线，将与 $f(x)$很近似.

**表 2.8**

| $x$ | $\frac{1}{1+x^2}$ | $S_{10}(x)$ | $L_{10}(x)$ | $x$ | $\frac{1}{1+x^2}$ | $S_{10}(x)$ | $L_{10}(x)$ |
|---|---|---|---|---|---|---|---|
| −5.0 | 0.038 46 | 0.038 46 | 0.038 46 | −2.3 | 0.158 98 | 0.161 15 | 0.241 45 |
| −4.8 | 0.041 60 | 0.037 58 | 1.804 38 | −2.0 | 0.200 00 | 0.200 00 | 0.200 00 |
| −4.5 | 0.047 06 | 0.042 48 | 1.578 72 | −1.8 | 0.235 85 | 0.231 54 | 0.188 78 |
| −4.3 | 0.051 31 | 0.048 42 | 0.888 08 | −1.5 | 0.307 69 | 0.297 44 | 0.235 35 |
| −4.0 | 0.058 82 | 0.058 82 | 0.058 82 | −1.3 | 0.371 75 | 0.361 33 | 0.316 50 |
| −3.8 | 0.064 77 | 0.065 56 | −0.201 30 | −1.0 | 0.500 00 | 0.500 00 | 0.500 00 |
| −3.5 | 0.075 47 | 0.076 06 | −0.226 20 | −0.8 | 0.609 76 | 0.624 20 | 0.643 16 |
| −3.3 | 0.084 10 | 0.084 26 | −0.108 32 | −0.5 | 0.800 00 | 0.820 51 | 0.843 40 |
| −3.0 | 0.100 00 | 0.100 00 | 0.100 00 | −0.3 | 0.917 43 | 0.927 54 | 0.940 90 |
| −2.8 | 0.113 12 | 0.113 66 | 0.198 37 | 0 | 1.000 00 | 1.000 00 | 1.000 00 |
| −2.5 | 0.137 93 | 0.139 71 | 0.253 76 | | | | |

## 2.8.5 三次样条插值的收敛性

为了证明三次样条插值的收敛性，需要用到向量与矩阵范数及有关结论，可参看 7.5 节.

设 $\boldsymbol{A}=(a_{ij})_n$ 为 $n\times n$ 矩阵，$\boldsymbol{x}=(x_1,x_2,\cdots,x_n)^{\mathrm{T}}$ 为 $n$ 维向量，定义 $\boldsymbol{x}$ 及 $\boldsymbol{A}$ 的范数为

$$\|\boldsymbol{x}\|_\infty=\max_{l\leqslant i\leqslant n}|x_j|,$$

$$\|\boldsymbol{A}\|_\infty=\sup_{x\neq 0}\frac{\|\boldsymbol{Ax}\|_\infty}{\|\boldsymbol{x}\|_\infty}. \tag{2.8.21}$$

同样，对于函数 $f(x)\in C[a,b]$，也定义 $f$ 的范数为

$$\|f\|_\infty=\sup_{a\leqslant x\leqslant b}|f(x)|=\max_{a\leqslant x\leqslant b}|f(x)|.$$

**引理** 若 $\boldsymbol{A}=(a_{ij})_n$ 具有强对角占优，即

$$\sum_{j\neq i}|a_{ij}|<|a_{ii}|\quad(i=1,2,\cdots,n), \tag{2.8.22}$$

则 $\boldsymbol{A}^{-1}$存在，且

$$\|\boldsymbol{A}^{-1}\|_\infty\leqslant\{\min(|a_{ij}|-\sum_{j\neq i}|a_{ij}|)\}^{-1}. \tag{2.8.23}$$

该引理的证明可参考定理 8.6 和第 8 章习题 20.

现在以自然边界条件(2.8.4)′的三次样条插值函数 $S(x)$为例，讨论其收敛性，

此时方程为式(2.8.14)，写成

$$\boldsymbol{A}\boldsymbol{m}=\boldsymbol{g}, \tag{2.8.24}$$

其中

$$\boldsymbol{A}=\begin{pmatrix}2 & 1 & 0 & \cdots & 0\\ \lambda_1 & 2 & \mu_1 & \ddots & \vdots\\ 0 & \lambda_2 & \ddots & \ddots & 0\\ \vdots & \ddots & \ddots & 2 & \mu_{n-1}\\ 0 & \cdots & 0 & \lambda_n & 2\end{pmatrix},\quad \boldsymbol{m}=\begin{pmatrix}m_0\\ m_2\\ \vdots\\ m_{n-1}\\ m_n\end{pmatrix},\quad \boldsymbol{g}=\begin{pmatrix}g_0\\ g_1\\ \vdots\\ g_{n-1}\\ g_n\end{pmatrix}.$$

由于 $\mu_i+\lambda_i=1\ (i=0,1,\cdots,n)$，且 $a_{ii}=2$，故由引理得

$$\|\boldsymbol{A}^{-1}\|\leqslant 1. \tag{2.8.25}$$

**定理 2.3** 若 $f(x)\in C[a,b]$，$S(x)$是以 $a=x_0<x_1<\cdots<x_n=b$ 为节点，满足条件式(2.8.1)及式(2.8.4)$'$的三次样条插值函数，令

$$h_j=x_{j+1}-x_j,\quad h=\max_{0\leqslant j\leqslant n-1}h_j,\quad \delta=\min_{0\leqslant j\leqslant n-1}h_j,$$

设 $h/\delta\leqslant c<\infty$，则 $S(x)$在$[a,b]$上一致收敛到 $f(x)$.

**证明** 由于 $S(x)$可用式(2.8.6)表示，当 $x\in[a,b]$时，利用式(2.7.9)可得到

$$\|f(x)-S(x)\|_\infty\leqslant\omega(h)+(8/27)h\|\boldsymbol{m}\|_\infty, \tag{2.8.26}$$

由方程(2.8.24)，并利用式(2.8.25)得

$$\|\boldsymbol{m}\|_\infty\leqslant\|\boldsymbol{A}^{-1}\|_\infty\|\boldsymbol{g}\|_\infty\leqslant\|\boldsymbol{g}\|_\infty^m, \tag{2.8.27}$$

根据式(2.8.11)及式(2.8.13)$'$可估得

$$\|\boldsymbol{g}\|_\infty\leqslant 3\max_{0\leqslant j\leqslant n-1}|f[x_j,x_{j+1}]|\leqslant\frac{3}{\delta}\omega(h)\leqslant\frac{6}{\delta}\|f\|_\infty, \tag{2.8.28}$$

将式(2.8.9)及式(2.8.28)代入式(2.8.26)，得

$$\|f(x)-S(x)\|_\infty\leqslant\left(1+\frac{8}{9}\frac{h}{\delta}\right)\omega(h).$$

由于 $f(x)\in C[a,b]$，当 $h\to 0$ 时，$\|f(x)-S(x)\|_\infty\to 0$，故 $S(x)$在$[a,b]$上一致收敛到 $f(x)$. 证毕.

如果 $f(x)\in C^1[a,b]$，则 $S'(x)$在$[a,b]$上也一致收敛到 $f'(x)$. 证明从略.

其他边界条件的三次样条插值函数收敛性证明与此类似，读者可自行证明.

## 小　　结

插值理论是一个古老而实用的课题，它是数值微积分、函数逼近、微分方程数值解等数值分析的基础. 本章介绍的插值方法及差商与差分等概念是数值计算最基本的内容. Lagrange 插值多项式是数值积分与常微分方程数值解的重要工具，理论上较重要. 而分段多项式插值由于具有良好的稳定性与收敛性，因此更便于应用，特别是样条函数的理论与应用，自 20 世纪 60 年代以来得到越来越多的重视. 本章只介绍了三次样条函数，它是实际应用中最重要的样条函数之一. 至于 $B$ 样条和一般样条

函数我们都未涉及，需要对样条函数作更进一步研究的读者可参看文献[3].

## 习 题

**1.** 根据式(2.2.2)定义的 Vandermonde 行列式，令

$$V_n(x)=V_n(x_0,x_1,\cdots,x_{n-1},x)=\begin{vmatrix}1 & x_0 & x_0^2 & \cdots & x_0^n\\ \vdots & \vdots & \vdots & & \vdots\\ 1 & x_{n-1} & x_{n-1}^2 & \cdots & x_{n-1}^n\\ 1 & x & x^2 & \cdots & x^n\end{vmatrix},$$

证明 $V_n(x)$ 是 $n$ 次多项式，它的根是 $x_0,x_1,\cdots,x_{n-1}$，且

$$V_n(x)=V_{n-1}(x_0,x_1,\cdots,x_{n-1})(x-x_0)\cdots(x-x_{n-1}).$$

**2.** 当 $x=1,-1,2$ 时，$f(x)=0,-3,4$，求 $f(x)$ 的二次插值多项式.

**3.** 给出 $f(x)=\ln x$ 的数值表(见表 2.9)，用线性插值及二次插值计算 ln0.54 的近似值.

**表 2.9**

| $x$ | 0.4 | 0.5 | 0.6 | 0.7 | 0.8 |
|---|---|---|---|---|---|
| $\ln x$ | −0.916 291 | −0.693 147 | −0.510 826 | −0.357 765 | −0.223 144 |

**4.** 给出 $\cos x$，$0°\leqslant x\leqslant 90°$ 的函数表，步长 $h=1'=(1/60)°$，若函数表具有五位有效数字，研究用线性插值求 $\cos x$ 近似值时的总误差限.

**5.** 设 $x_k=x_0+kh$，$k=0,1,2,3$，求 $\max\limits_{x_0\leqslant x\leqslant x_3}|l_2(x)|$.

**6.** 设 $x_j$ $(j=0,1,\cdots,n)$ 为互异节点，求证：

(1) $\sum\limits_{j=0}^{n}x_j^k l_j(x)\equiv x^k \quad (k=0,1,\cdots,n)$；

(2) $\sum\limits_{j=0}^{n}(x_j-x)^k l_j(x)\equiv 0 \quad (k=1,2,\cdots,n)$.

**7.** 设 $f(x)\in C^2[a,b]$ 且 $f(a)=f(b)=0$，求证 $\max\limits_{a\leqslant x\leqslant b}|f(x)|\leqslant\dfrac{1}{8}(b-a)^2\max\limits_{a\leqslant x\leqslant b}|f''(x)|$.

**8.** 在 $-4\leqslant x\leqslant 4$ 上给出 $f(x)=\mathrm{e}^x$ 的等距节点函数表，若用二次插值求 $\mathrm{e}^x$ 的近似值，要使截断误差不超过 $10^{-6}$，使用函数表的步长 $h$ 应取多少？

**9.** 若 $y_n=2^n$，求 $\Delta^4 y_n$ 及 $\delta^4 y_n$.

**10.** 如果 $f(x)$ 是 $m$ 次多项式，记 $\Delta f(x)=f(x+h)-f(x)$，证明 $f(x)$ 的 $k$ 阶差分 $\Delta^k f(x)$ $(0\leqslant k\leqslant m)$ 是 $m-k$ 次多项式，并且 $\Delta^{m+l}f(x)=0$ ($l$ 为正整数).

**11.** 证明 $\Delta(f_k g_k)=f_k\Delta g_k+g_{k+1}\Delta f_k$.

**12.** $\sum\limits_{k=0}^{n-1}f_k\Delta g_k=f_n g_n-f_0 g_0-\sum\limits_{k=0}^{n-1}g_{k+1}\Delta f_k$.

**13.** 证明 $\sum\limits_{j=0}^{n-1}\Delta^2 y_j=\Delta y_n-\Delta y_0$.

**14.** 若 $f(x)=a_0+a_1x+\cdots+a_{n-1}x^{n-1}+a_nx^n$ 有 $n$ 个不同实根 $x_1,x_2,\cdots,x_n$，证明：

$$\sum_{j=1}^{n}\frac{x_j^k}{f'(x_j)}=\begin{cases}0, & 0\leqslant k\leqslant n-2,\\ a_n^{-1}, & k=n-1.\end{cases}$$

**15.** 证明 $n$ 阶差商有下列性质：

(1) 若 $F(x)=cf(x)$，则 $F[x_0,x_1,\cdots,x_n]=cf[x_0,x_1,\cdots,x_n]$；

(2) 若 $F(x)=f(x)+g(x)$，则 $F[x_0,x_1,\cdots,x_n]=f[x_0,x_1,\cdots,x_n]+g[x_0,x_1,\cdots,x_n]$.

**16.** $f(x)=x^7+x^4+3x+1$，求 $f[2^0,2^1,\cdots,2^7]$ 及 $f[2^0,2^1,\cdots,2^8]$.

**17.** 证明两点三次 Hermite 插值余项是

$$R_3(x)=f^{(4)}(\xi)(x-x_k)^2(x-x_{k+1})^2/4!,\quad \xi\in(x_k,x_{k+1}),$$

并由此求出分段三次 Hermite 插值的误差限.

**18.** 求一个次数不高于四次的多项式 $P(x)$，使它满足 $P(0)=P(-k+1)$，并由此求出分段三次 Hermite 插值的误差限.

**19.** 求一个次数不高于四次的多项式 $P(x)$，使它满足 $P(0)=P'(0)=0$，$P(1)=P'(1)=1$，$P(2)=1$.

**20.** 设 $f(x)\in C[a,b]$，把 $[a,b]$ 分为 $n$ 等份，试构造一个台阶形的零次分段插值函数 $\varphi_n(x)$，并证明当 $n\to\infty$ 时 $\varphi_n(x)$ 在 $[a,b]$ 上一致收敛到 $f(x)$.

**21.** 设 $f(x)=1/(1+x^2)$，在 $-5\leqslant x\leqslant 5$ 上取 $n=10$，按等距节点求分段线性插值函数 $I_h(x)$，计算各节点间中点处的 $I_h(x)$ 与 $f(x)$ 的值，并估计误差.

**22.** 求 $f(x)=x^2$ 在 $[a,b]$ 上的分段线性插值函数 $I_h(x)$，并估计误差.

**23.** 求 $f(x)=x^4$ 在 $[a,b]$ 上的分段 Hermite 插值，并估计误差.

**24.** 给定数据如表 2.10 所示，试求三次样条插值 $S(x)$，并满足条件

(1) $S'(0.25)=1.0000$，$S'(0.53)=0.6868$；

(2) $S''(0.25)=S''(0.53)=0$.

**表 2.10**

| | | | | | |
|---|---|---|---|---|---|
| $x_j$ | 0.25 | 0.30 | 0.39 | 0.45 | 0.53 |
| $y_j$ | 0.500 0 | 0.547 7 | 0.624 5 | 0.670 8 | 0.728 0 |

**25.** 若 $f(x)\in C^2[a,b]$，$S(x)$ 是三次样条函数，证明

(1) $\int_a^b[f''(x)]^2\mathrm{d}x-\int_a^b[S''(x)]^2\mathrm{d}x=\int_a^b[f''(x)-S''(x)]^2\mathrm{d}x+2\int_a^b S''(x)[f''(x)-S''(x)]\mathrm{d}x$；

(2) 若 $f(x_i)=S(x_i)$ $(i=0,1,\cdots,n)$，式中 $x_i$ 为插值节点，且 $a=x_0<x_1<\cdots<x_n=b$，则

$$\int_a^b S''(x)[f''(x)-S''(x)]\mathrm{d}x=S''(b)[f'(b)-S'(b)]-S''(a)[f'(a)-S'(a)].$$

**26.** 编出计算三次样条函数 $S(x)$ 系数及其在插值节点中点的值的程序框图（$S(x)$ 可用式(2.8.7)的表达式）.

# 第 3 章　函数逼近与计算

## 3.1　引言与预备知识

### 3.1.1　问题的提出

在数值计算中经常遇到求函数值的问题. 用手工计算时常常通过函数表求得；用计算机计算时，若把函数表存入内存进行查表，则占用单元太多，不如直接用公式计算方便. 因此，我们希望求出便于计算且计算量省的公式近似已知函数 $f(x)$. 例如，Taylor 展开式的部分和

$$P_n(x) = f(x_0) + \frac{f'(x_0)}{1!}(x-x_0) + \cdots + \frac{f^{(n)}(x_0)}{n!}(x-x_0)^n \tag{3.1.1}$$

就是 $f(x)$的一种近似公式. 用它求 $x_0$ 附近的函数值 $f(x)$误差较小，当$|x-x_0|$较大时误差就很大. 例如 $f(x)=e^x$ 在$[-1,1]$上用

$$P_4(x) = 1 + x + \frac{1}{2}x^2 + \frac{1}{6}x^3 + \frac{1}{24}x^4$$

近似 $e^x$，其误差

$$R_4(x) = e^x - P_4(x) = \frac{1}{120}x^5 e^{\varepsilon}, \quad \varepsilon \in (-1,1),$$

于是 $$|R_4(x)| \leqslant \frac{e}{120}|x^5|, \quad \max_{-1\leqslant x\leqslant 1}|R_4(x)| \leqslant \frac{e}{120} \approx 0.022\,6.$$

误差分布如图 3.1 所示，它在整个区间上误差较大. 若在计算机上用这种方法计算 $e^x$，如精度要求较高，则需取很多项，这样既费时又多占存储单元，因此，要求在给定精度下求计算次数最少的近似公式，这就是函数逼近与计算要解决的问题. 这问题可叙述为："对于函数类 $A$ 中给定的函数 $f(x)$，要求在另一类较简单的便于计算的函数类 $B$ 中，求函数 $P(x)\in B\subseteq A$，使$P(x)$与 $f(x)$之差在某种度量意义下最小."函数类 $A$ 通常是区间$[a,b]$上的连续函数，记作 $C[a,b]$；函数类 $B$ 通常是代数多项式、分式有理函数或三角多项式. 而度量标准最常用的有两种，一种是

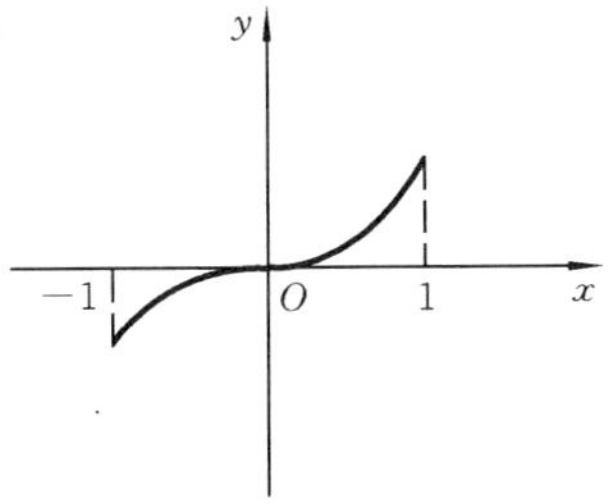

图 3.1

$$\| f(x)-P(x) \|_{\infty} = \max_{a\leqslant x\leqslant b} | f(x)-P(x) |, \tag{3.1.2}$$

在这种度量意义下的函数逼近称为**一致逼近**或**均匀逼近**；另一种度量标准是

$$\| f(x)-P(x) \|_{2} = \sqrt{\int_a^b [f(x)-P(x)]^2 \mathrm{d}x}, \tag{3.1.3}$$

用这种度量的函数逼近称为**均方逼近**或**平方逼近**. 这里，符号 $\| \cdot \|_{\infty}$ 及 $\| \cdot \|_2$ 是范数. 本章主要研究在这两种度量标准下用代数多项式 $P_n(x)$ 逼近 $f(x)\in C[a,b]$，也就是用最佳一致逼近多项式与最佳平方逼近多项式逼近 $f(x)\in C[a,b]$.

### 3.1.2 Weierstrass 定理

用插值法或 Taylor 展开求 $f(x)\in C[a,b]$ 的逼近多项式，在某些点上可能没有误差，但在整个区间 $[a,b]$ 上误差可能很大，2.7 节给出的 Runge 现象就说明了这一点. 因此，用 $P_n(x)$ 一致逼近 $f(x)$，首先要解决存在性问题，即对于 $[a,b]$ 上的连续函数 $f(x)$，是否存在多项式 $P_n(x)$ 一致收敛于 $f(x)$？Weierstrass 给出了下面定理.

**定理 3.1** 设 $f(x)\in C[a,b]$，则对于任何 $\varepsilon>0$，总存在一个代数多项式 $P(x)$，使

$$\| f(x)-P(x) \|_{\infty} < \varepsilon$$

在 $[a,b]$ 上一致成立.

这定理已在"数学分析"中证明过. 这里需要说明的是在许多证明方法中，Bernstein 在 1912 年给出的证明是一种构造性证明. 他根据函数整体逼近的特性造出 Bernstein 多项式

$$\begin{cases} B_n(f,x) = \sum_{k=0}^{n} f\left(\dfrac{k}{n}\right) P_k(x), \\ P_k(x) = \dbinom{n}{k} x^k (1-x)^{n-k}, \end{cases} \tag{3.1.4}$$

并证明了 $\lim\limits_{n\to\infty} B_n(f,x)=f(x)$ 在 $[0,1]$ 上一致成立；若 $f(x)$ 在 $[0,1]$ 上 $m$ 阶导数连续，则

$$\lim_{n\to\infty} B_n^{(m)}(f,x) = f^{(m)}(x).$$

这不但证明了定理 3.1，而且由式(3.1.4)给出了 $f(x)$ 的一个逼近多项式. 它与 Lagrange插值多项式

$$L_n(x) = \sum_{k=0}^{n} f(x_k) l_k(x), \quad \sum_{k=0}^{n} l_k(x_k) = 1$$

很相似，对于 $B_n(f,x)$，当 $f(x)=1$ 时也有关系式

$$\sum_{k=0}^{n} P_k(x) = \sum_{k=0}^{n} \binom{n}{k} x^k (1-x)^{n-k} = 1. \tag{3.1.5}$$

这只要从恒等式

$$(x+y)^n = \sum_{k=0}^{n} \binom{n}{k} x^k y^{n-k} \tag{3.1.6}$$

中令 $y=1-x$ 就可得到. 但这里当 $x\in[0,1]$时还有 $P_k(x)\geqslant 0$，于是

$$\sum_{k=0}^{n} |P_k(x)| = \sum_{k=0}^{n} P_k(x) = 1$$

是有界的，因而只要 $|f(x)|\leqslant\delta$ 对于任意 $x\in[0,1]$成立，则

$$|B_n(f,x)| \leqslant \max_{0\leqslant x\leqslant 1} |f(x)| \sum_{k=0}^{n} |P_k(x)| \leqslant \delta$$

有界，故 $B_n(f,x)$ 是稳定的. 至于 Lagrange 插值多项式 $L_n(x)$，由于 $\sum_{k=0}^{n} |l_k(x)|$ 无界，因而不能保证高阶插值的稳定性与收敛性. 相比之下，多项式 $B_n(f,x)$ 有良好的逼近性质，但它收敛太慢，比三次样条逼近效果差得多，实际中很少使用.

### 3.1.3 连续函数空间 $C[a,b]$

区间$[a,b]$上的所有实连续函数组成一个空间，记作 $C[a,b]$. $f\in C[a,b]$的范数定义为

$$\| f \|_\infty = \max_{a\leqslant x\leqslant b} |f(x)|,$$

$\|\cdot\|_\infty$称为$\infty$-**范数**，它满足范数$\|\cdot\|$的三个性质：

(1) $\| f \| \geqslant 0$，当且仅当 $f\equiv 0$ 时才有 $\| f \| = 0$；

(2) $\| af \| = |a| \, \| f \|$ 对于任意 $f\in C[a,b]$成立，$a$ 为任意实数；

(3) 对于任意 $f,g\in C[a,b]$，有

$$\| f+g \| \leqslant \| f \| + \| g \|. \tag{3.1.7}$$

式(3.1.7)称为**三角不等式**. 空间 $C[a,b]$可与向量空间类比，函数 $f\in C[a,b]$可看成向量. 与向量空间类似，当 $f,g\in C[a,b]$时，定义 $f$ 与 $g$ 的距离为

$$D(f,g) = \| f-g \|_\infty. \tag{3.1.8}$$

由式(3.1.7)可得到

$$D(f,g) \leqslant D(f,h) + D(h,g), \tag{3.1.9}$$

$$\big| \| f \|_\infty - \| g \|_\infty \big| \leqslant \| f-g \|_\infty. \tag{3.1.10}$$

## 3.2 最佳一致逼近多项式

### 3.2.1 最佳一致逼近多项式的存在性

Chebyshev 从另一观点研究一致逼近问题. 他不让多项式次数 $n$ 趋于无穷，

而是固定 $n$，记次数不大于$n$的多项式集合为 $H_n$，显然 $H_n\subseteq C[a,b]$. 又记 $H_n=\mathrm{span}\{1,x,\cdots,x^n\}$，其中 $1,x,\cdots,x^n$ 是$[a,b]$上一组线性无关的函数组，是 $H_n$ 中的一组基. $H_n$ 中的元素 $P_n(x)$可表示为

$$P_n(x)=a_0+a_1x+\cdots+a_nx^n,$$

其中 $a_0,a_1,\cdots,a_n$ 为任意实数. 要在 $H_n$ 中求 $P_n^*(x)$逼近 $f(x)\in C[a,b]$，使其误差

$$\max_{a\leqslant x\leqslant b}|f(x)-P_n^*(x)|=\min_{P_n\in H_n}\max_{a\leqslant x\leqslant b}|f(x)-P_n(x)|,$$

这就是通常所谓最佳一致逼近或 Chebyshev 逼近问题. 为了说明这一概念，先给出以下定义.

**定义 3.1** $P_n(x)\in H_n$，$f(x)\in C[a,b]$，称

$$\Delta(f,P_n)=\|f-P_n\|_\infty=\max_{a\leqslant x\leqslant b}|f(x)-P_n(x)| \tag{3.2.1}$$

为 $f(x)$与 $P_n(x)$在$[a,b]$上的**偏差**.

显然，$\Delta(f,P_n)\geqslant 0$，$\Delta(f,P_n)$的全体组成一个集合，记作$\{\Delta(f,P_n)\}$，它有下界0. 若记集合的下确界为

$$E_n=\inf_{P_n\in H_n}\{\Delta(f,P_n)\}=\inf_{P_n\in H_n}\max_{a\leqslant x\leqslant b}|f(x)-P_n(x)|, \tag{3.2.2}$$

则称 $E_n$ 为 $f(x)$在$[a,b]$上的**最小偏差**.

**定义 3.2** 假定 $f(x)\in C[a,b]$，若存在

$$P_n^*(x)\in H_n,\quad \Delta(f,P_n^*)=E_n, \tag{3.2.3}$$

则称 $P_n^*(x)$是 $f(x)$在$[a,b]$上的**最佳一致逼近多项式**或**最小偏差逼近多项式**，简称**最佳逼近多项式**.

注意，定义并未说明最佳逼近多项式是否存在，但可证明下面的存在定理.

**定理 3.2** 若 $f(x)\in C[a,b]$，则总存在 $P_n^*(x)\in H_n$，使

$$\|f(x)-P_n^*(x)\|_\infty=E_n.$$

证明过程见文献[4]，此处从略.

### 3.2.2 Chebyshev 定理

这一节要研究最佳逼近多项式的特性，为此先引进偏差点定义.

**定义 3.3** 设 $f(x)\in C[a,b]$，$P(x)\in H_n$，若在 $x=x_0$ 上有

$$|P(x_0)-f(x_0)|=\max_{a\leqslant x\leqslant b}|P(x)-f(x)|=\mu,$$

则称 $x_0$ 是 $P(x)$的**偏差点**.

若 $P(x_0)-f(x_0)=\mu$，则称 $x_0$ 为**“正”偏差点**.

若 $P(x_0)-f(x_0)=-\mu$，则称 $x_0$ 为**“负”偏差点**.

由于函数 $P(x)-f(x)$在$[a,b]$上连续，因此，至少存在一个点 $x_0\in[a,b]$，使得

$$|P(x_0)-f(x_0)|=\mu,$$

也就是说，$P(x)$的偏差点总是存在的. 下面讨论最佳逼近多项式的偏差点性质.

**定理 3.3** 若 $P(x)\in H_n$ 是 $f(x)\in C[a,b]$ 的最佳逼近多项式，则 $P(x)$ 同时存在正、负偏差点.

**证明** 因 $P(x)$ 是 $f(x)$ 的最佳逼近多项式，故 $\mu=E_n$. 由于 $P(x)$ 在 $[a,b]$ 上总有偏差点存在，故可用反证法求证. 不妨假定只有正偏差点，没有负偏差点，于是，对于一切 $x\in[a,b]$ 都有

$$P(x)-f(x)>-E_n.$$

因 $P(x)-f(x)$ 在 $[a,b]$ 上连续，故有最小值大于 $-E_n$，用 $-E_n+2h$ 表示，其中 $h>0$. 于是，对于一切 $x\in[a,b]$ 都有

$$-E_n+2h\leqslant P(x)-f(x)\leqslant E_n,$$

$$-E_n+h\leqslant[P(x)-h]-f(x)\leqslant E_n-h,$$

即

$$|[P(x)-h]-f(x)|\leqslant E_n-h.$$

它表示多项式 $P(x)-h$ 与 $f(x)$ 的偏差小于 $E_n$，与 $E_n$ 是最小偏差的假定矛盾.

同样，可证明只有负偏差点没有正偏差点也是不成立的. 证毕.

定理 3.3 的证明从几何上看是十分明显的. 如图 3.2 所示，考察两曲线

$$y=f(x)+E_n \quad 与 \quad y=f(x)-E_n$$

在 $[a,b]$ 间形成带状区域，曲线 $y=P(x)$ 在 $[a,b]$ 上就位于这带状区域之间. 定理 3.1 表明，$P(x)$ 的图形应当与这两条曲线至少各接触一次，这是十分明显的. 若不与 $y=f(x)-E_n$ 接触，则可把曲线 $y=P(x)$ 稍向下移动就得到位于曲线 $y=f(x)$ 较窄带状区域内的曲线 $y=P(x)-h$. 下面给出反映最佳逼近多项式特征的 Chebyshev 定理.

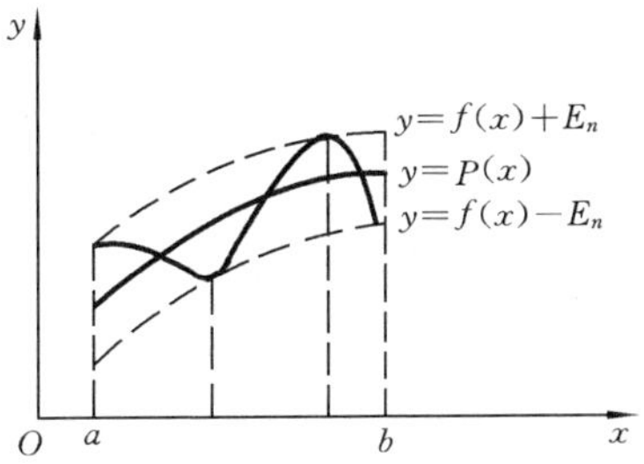


图 3.2

**定理 3.4** $P(x)\in H_n$ 是 $f(x)\in C[a,b]$ 的最佳逼近多项式的充分必要条件是 $P(x)$ 在 $[a,b]$ 上至少有 $n+2$ 个轮流为“正”、“负”的偏差点，即有 $n+2$ 个点 $a\leqslant x_1<x_2<\cdots<x_{n+2}\leqslant b$，使

$$P(x_k)-f(x_k)=(-1)^k\sigma\|P(x)-f(x)\|_\infty,$$

$$\sigma=\pm1,\quad k=1,2,\cdots,n+2, \tag{3.2.4}$$

这样的点组称为 Chebyshev **交错点组**.

**证明** 只证充分性. 假定在 $[a,b]$ 上有 $n+2$ 个点使式(3.2.4)成立，要证明 $P(x)$ 是 $f(x)$ 在 $[a,b]$ 上的最佳逼近多项式. 用反证法求证. 若存在 $Q(x)\in H_n$，$Q(x)\neq P(x)$，使

$$\|f(x)-Q(x)\|_\infty<\|f(x)-P(x)\|_\infty.$$

由于

$$P(x)-Q(x)=[P(x)-f(x)]-[Q(x)-f(x)]$$

在点 $x_1,x_2,\cdots,x_{n+2}$ 上的符号与 $P(x_k)-f(x_k)$ $(k=1,\cdots,n+2)$ 一致，故 $P(x)-$

$Q(x)$也在 $n+2$ 个点上轮流取符号"+"、"-".由连续函数性质,它在$(a,b)$内有 $n+1$ 个零点,但 $P(x)-Q(x)\neq 0$ 是不超过 $n$ 次的多项式,它的零点不超过 $n$.这个矛盾说明假设不对,故 $P(x)$就是所求最佳逼近多项式.充分性得证.

必要性证明较繁,但证明思想类似定理 3.3,此处从略.

定理 3.4 说明,用 $P(x)$逼近 $f(x)$的误差曲线 $y=P(x)-f(x)$是均匀分布的.由定理 3.4 还可得出以下重要推论.

**推论 1** 若 $f(x)\in C[a,b]$,则在 $H_n$ 中存在唯一的最佳逼近多项式.

**证明** 若 $H_n$ 中有两个最佳逼近多项式 $P(x)$与 $Q(x)$,则对于一切 $x\in[a,b]$,都有

$$-E_n\leqslant P(x)-f(x)\leqslant E_n,\quad -E_n\leqslant Q(x)-f(x)\leqslant E_n,$$

于是

$$-E_n\leqslant \frac{P(x)+Q(x)}{2}-f(x)\leqslant E_n.$$

它表明 $R(x)=\dfrac{Q(x)+P(x)}{2}$也是 $H_n$ 中的最佳逼近多项式,因而 $R(x)-f(x)$的 $n+2$ 个点的交错点组$\{x_k\}$满足

$$R(x_k)-f(x_k)=(-1)^k\sigma E_n\quad(k=1,2,\cdots,n+2),$$

$$E_n=|R(x_k)-f(x_k)|=\left|\frac{P(x_k)-f(x_k)}{2}+\frac{Q(x_k)-f(x_k)}{2}\right|.\quad(3.2.5)$$

由于

$$|P(x_k)-f(x_k)|\leqslant E_n,\quad |Q(x_k)-f(x_k)|\leqslant E_n,$$

故当且仅当

$$\frac{P(x_k)-f(x_k)}{2}=\frac{Q(x_k)-f(x_k)}{2}=\pm\frac{E_n}{2}$$

时式(3.2.5)才能成立,于是

$$P(x_k)-f(x_k)=Q(x_k)-f(x_k).$$

这就得到 $P(x_k)=Q(x_k)\ (k=1,2,\cdots,n+2)$,从而表明 $P(x)-Q(x)$有 $n+2$ 个根.这个矛盾说明 $Q(x)\equiv P(x)$,推论 1 得证.

**推论 2** 若 $f(x)\in C[a,b]$,则其最佳逼近多项式 $P_n^*(x)\in H_n$ 就是 $f(x)$的一个 Lagrange 插值多项式.

**证明** 由定理 3.4 可知,$P_n^*(x)-f(x)$在$[a,b]$上要么恒为零,要么有 $n+2$ 个轮流取"正"、"负"的偏差点,于是存在 $n+1$ 个点 $x_k\leqslant\overline{x_k}\leqslant x_{k+1}\ (k=1,2,\cdots,n+1)$,使$P_n^*(\overline{x_k})-f(\overline{x_k})=0$.以$\overline{x_k}$为插值节点的 Lagrange 插值多项式就是 $P_n^*(x)$.

### 3.2.3 最佳一次逼近多项式

定理 3.4 给出了最佳逼近多项式 $P(x)$的特性,但要求出 $P(x)$却相当困难.下面先讨论 $n=1$ 的情形.

假定 $f(x)\in C^2[a,b]$,且 $f''(x)$在$(a,b)$内不变号,要求最佳一次逼近多项式

$P_1(x)=a_0+a_1x$. 根据定理 3.4 可知，至少有 3 个点 $a\leqslant x_1<x_2<x_3\leqslant b$，使

$$P_1(x_k)-f(x_k)=(-1)^k\sigma\max_{a\leqslant x\leqslant b}|P_1(x)-f(x)|\quad(\sigma=\pm 1,k=1,2,3).$$

由于 $f''(x)$ 在 $[a,b]$ 上不变号，故 $f'(x)$ 单调，$f'(x)-a_1$ 在 $(a,b)$ 内只有一个零点，记作 $x_2$，于是

$$P_1'(x_2)-f'(x_2)=a_1-f'(x_2)=0,\quad 即\quad f'(x_2)=a_1.$$

另外两个偏差点必在区间端点，即 $x_0=a$，$x_1=b$，且满足

$$P_1(a)-f(a)=P_1(b)-f(b)=-[P_1(x_2)-f(x_2)].$$

由此得到

$$\begin{cases}a_0+a_1a-f(a)=a_0+a_1b-f(b),\\ a_0+a_1a-f(a)=f(x_2)-(a_0+a_1x_2).\end{cases}\tag{3.2.6}$$

解出

$$a_1=\frac{f(b)-f(a)}{b-a}=f'(x_2),\tag{3.2.7}$$

代入式(3.2.6)，得

$$a_0=\frac{f(a)+f(x_2)}{2}-\frac{f(b)-f(a)}{b-a}\frac{a+x_2}{2}.\tag{3.2.8}$$

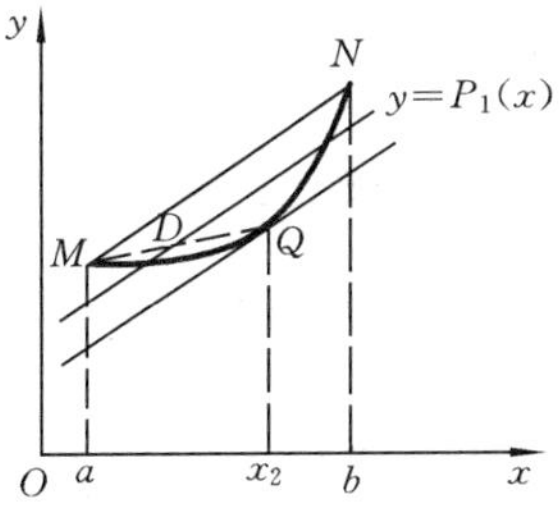

图 3.3

这就得到最佳一次逼近多项式 $P_1(x)$，其几何意义如图 3.3 所示. 直线 $y=P_1(x)$ 与弦 $MN$ 平行，且通过 $MQ$ 的中点 $D$，其方程为

$$y=\frac{1}{2}[f(a)+f(x_2)]+a_1\left(x-\frac{a+x_2}{2}\right).$$

**例 3.1** 求 $f(x)=\sqrt{1+x^2}$ 在 $[0,1]$ 上的最佳一次逼近多项式.

**解** 由式(3.2.7)可算出

$$a_1=\sqrt{2}-1\approx 0.414,\quad f'(x)=\frac{x}{\sqrt{1+x^2}},$$

故

$$\frac{x_2}{\sqrt{1+x_2^2}}=\sqrt{2}-1,$$

解得

$$x_2=\sqrt{\frac{\sqrt{2}-1}{2}}\approx 0.455\ 1,\quad f(x_2)=\sqrt{1+x_2^2}\approx 1.098\ 6.$$

由式(3.2.8)，得

$$a_0=\frac{1+\sqrt{1+x_2^2}}{2}-a_1\frac{x_2}{2}\approx 0.955,$$

于是得 $\sqrt{1+x^2}$ 的最佳一次逼近多项式为

$$P_1(x)=0.955+0.414x,$$

故

$$\sqrt{1+x^2}\approx 0.955+0.414x,\quad 0\leqslant x\leqslant 1.\tag{3.2.9}$$

误差限为

$$\max_{0\leqslant x\leqslant 1}|\sqrt{1+x^2}-P_1(x)|\leqslant 0.045.$$

在式(3.2.9)中若令 $x=\dfrac{b}{a}\leqslant 1$，则可得一个求根式的公式

$$\sqrt{a^2+b^2}\approx 0.955a+0.414b.$$

# 3.3 最佳平方逼近

用均方误差最小作为度量标准，研究函数 $f(x)\in C[a,b]$ 的逼近多项式，就是这一节要讨论的最佳平方逼近问题. 若存在 $P_n^*(x)\in H_n$，使

$$\| f-P_n^* \|_2=\sqrt{\int_a^b [f(x)-P_n^*(x)]^2 \mathrm{d}x}=\inf_{P\in H_n}\| f-P\|_2, \quad (3.3.1)$$

$P_n^*(x)$ 就是 $f(x)$ 在 $[a,b]$ 上的最佳平方逼近多项式. 这一节将研究 $P_n^*(x)$ 是否存在，如何计算 $P_n^*(x)$，为此先介绍一些有关内积空间的预备知识.

## 3.3.1 内积空间

**定义 3.4** 设在区间 $(a,b)$ 内，非负函数 $\rho(x)$ 满足以下条件，就称 $\rho(x)$ 为区间 $(a,b)$ 内的**权函数**：

1° $\int_a^b |x|^n\rho(x)\mathrm{d}x \ (n=0,1,\cdots)$ 存在；

2° 对于非负的连续函数 $g(x)$，若

$$\int_a^b g(x)\rho(x)\mathrm{d}x=0, \quad (3.3.2)$$

则在 $(a,b)$ 内 $g(x)\equiv 0$.

**定义 3.5** 设 $f(x),g(x)\in C[a,b]$，$\rho(x)$ 是 $[a,b]$ 上的权函数，积分

$$(f,g)=\int_a^b \rho(x)f(x)g(x)\mathrm{d}x \quad (3.3.3)$$

称为函数 $f(x)$ 与 $g(x)$ 在 $[a,b]$ 上的**内积**.

容易验证这样定义的内积满足下列四条公理：

(1) $(f,g)=(g,f)$；

(2) $(cf,g)=c(f,g)$，$c$ 为常数；

(3) $(f_1+f_2,g)=(f_1,g)+(f_2,g)$；

(4) $(f,f)\geqslant 0$，当且仅当 $f=0$ 时 $(f,f)=0$.

满足内积定义的函数空间称为**内积空间**，因此，连续函数空间 $C[a,b]$ 上定义了内积就形成一个内积空间. 这里定义的内积是 $n$ 维 Euclid 空间 $\mathbf{R}^n$ 中两个向量内积定义的推广，设

$$\boldsymbol{f}=(f_1,f_2,\cdots,f_n)^{\mathrm{T}}, \quad \boldsymbol{g}=(g_1,g_2,\cdots,g_n)^{\mathrm{T}},$$

其内积定义为 $(\boldsymbol{f},\boldsymbol{g})=\sum_{k=1}^{n}f_k g_k$；向量 $\boldsymbol{f}\in\mathbf{R}^n$ 的模(范数)定义为

$$\|\boldsymbol{f}\|_2=\left(\sum_{k=1}^{n}f_k^2\right)^{\frac{1}{2}},$$

将它推广到任何内积空间中就有下面的定义.

**定义 3.6** $f(x)\in C[a,b]$，量

$$\|f\|_2=\sqrt{\int_a^b\rho(x)f^2(x)\mathrm{d}x}=\sqrt{(f,f)} \tag{3.3.4}$$

称为 $f(x)$ 的 Euclid **范数**.

它同样满足范数三条性质(见 3.1 节)，头两条是显然的，下面定理包含了第三条性质和其他重要结论.

**定理 3.5** 对于任何 $f,g\in C[a,b]$，下列结论成立：

1° $|(f,g)|\leqslant\|f\|_2\|g\|_2$ (Cauchy-Schwarz 不等式)； (3.3.5)

2° $\|f+g\|_2\leqslant\|f\|_2+\|g\|_2$ (三角不等式)； (3.3.6)

3° $\|f+g\|_2^2+\|f-g\|_2^2=2(\|f\|_2^2+\|g\|_2^2)$ (平行四边形定律).

**证明** 若 $g=0$，则式(3.3.5)显然成立，现考虑 $g\neq 0$. 对于任何实数 $\lambda$，有

$$0\leqslant(f+\lambda g,f+\lambda g)=(f,f)+2\lambda(f,g)+\lambda^2(g,g).$$

现取 $\lambda=-\dfrac{(f,g)}{\|g\|_2^2}$，代入上式得

$$\|f\|_2^2-2\frac{|(f,g)|^2}{\|g\|_2^2}+\frac{|(f,g)|^2}{\|g\|_2^2}\geqslant 0,\quad |(f,g)|^2\leqslant\|f\|_2^2\|g\|_2^2.$$

两边开平方即得式(3.3.5).

利用式(3.3.5)考虑

$$\begin{aligned}\|f+g\|_2^2&=(f+g,f+g)=(f,f)+2(f,g)+(g,g)\\&\leqslant\|f\|_2^2+2|(f,g)|+\|g\|_2^2\\&\leqslant\|f\|_2^2+2\|f\|_2\|g\|_2+\|g\|_2^2\\&=(\|f\|_2+\|g\|_2)^2,\end{aligned}$$

两边开方则得式(3.3.6).

平行四边形定律可直接计算得出，可作为习题由读者完成. 证毕.

在 $n$ 维空间中两个向量正交的定义也可推广到内积空间中.

**定义 3.7** 若 $f(x),g(x)\in C[a,b]$ 满足

$$(f,g)=\int_a^b\rho(x)f(x)g(x)\mathrm{d}x=0, \tag{3.3.7}$$

则称 $f$ 与 $g$ 在 $[a,b]$ 上带权 $\rho(x)$ **正交**. 若函数族 $\varphi_0(x),\varphi_1(x),\cdots,\varphi_n(x),\cdots$ 满足关系

$$(\varphi_j,\varphi_k)=\int_a^b\rho(x)\varphi_j(x)\varphi_k(x)\mathrm{d}x=\begin{cases}0, & j\neq k,\\ A_k>0, & j=k,\end{cases} \tag{3.3.8}$$

则称$\{\varphi_k\}$是$[a,b]$上带权$\rho(x)$的**正交函数族**；若$A_k\equiv 1$，则称$\{\varphi_k\}$为**标准正交函数族**.

例如，三角函数族

$$1,\ \cos x,\ \sin x,\ \cos 2x,\ \sin 2x,\ \cdots$$

就是在区间$[-\pi,\pi]$上的正交函数族（权$\rho(x)\equiv 1$），其

$$(1,1)=2\pi,$$

$$(\sin nx,\sin mx)=\int_{-\pi}^{\pi}\sin nx\sin mx\,\mathrm{d}x=\begin{cases}\pi, & m=n,\\ 0, & m\neq n\end{cases}(n,m=1,2,\cdots),$$

$$(\cos nx,\cos mx)=\int_{-\pi}^{\pi}\cos nx\cos mx\,\mathrm{d}x=\begin{cases}\pi, & m=n,\\ 0, & m\neq n\end{cases}(n,m=1,2,\cdots),$$

$$(\cos nx,\sin mx)=\int_{-\pi}^{\pi}\cos nx\sin mx\,\mathrm{d}x=0\quad(n,m=1,2,\cdots).$$

在$\mathbf{R}^n$空间中，任一向量都可用它的一组线性无关的基表示，内积空间的任一元素$f(x)\in C[a,b]$也同样可用线性无关的基表示，此时相应地有如下定义.

**定义 3.8** 设$\varphi_0(x),\varphi_1(x),\cdots,\varphi_{n-1}(x)$在$[a,b]$上连续，如果

$$a_0\varphi_0(x)+a_1\varphi_1(x)+\cdots+a_{n-1}\varphi_{n-1}(x)=0$$

当且仅当$a_0=a_1=\cdots=a_{n-1}=0$时成立，则称$\varphi_0,\varphi_1,\cdots,\varphi_{n-1}$在$[a,b]$上是线性无关的.

若函数族$\{\varphi_k\}$ $(k=0,1,\cdots)$中的任何有限个$\varphi_k$线性无关，则称$\{\varphi_k\}$为**线性无关函数族**.

例如，$1,x,x^2,\cdots,x^n,\cdots$就是$[a,b]$上的线性无关函数族. 若$\varphi_0(x),\varphi_1(x),\cdots,\varphi_{n-1}(x)$是$[a,b]$上的线性无关函数，且$a_0,a_1,\cdots,a_{n-1}$是任意实数，则

$$S(x)=a_0\varphi_0(x)+a_1\varphi_1(x)+\cdots+a_{n-1}\varphi_{n-1}(x)$$

的全体是$C[a,b]$中的一个子集，记作

$$\Phi=\mathrm{span}\{\varphi_0,\varphi_1,\cdots,\varphi_{n-1}\}.\tag{3.3.9}$$

下面给出判断函数族$\{\varphi_k\}(k=0,1,\cdots,n-1)$线性无关的充要条件.

**定理 3.6** $\varphi_0(x),\varphi_1(x),\cdots,\varphi_{n-1}(x)$在$[a,b]$上线性无关的充分必要条件是它的 Cramer 行列式$G_{n-1}\neq 0$，其中

$$G_{n-1}=G(\varphi_0,\varphi_1,\cdots,\varphi_{n-1})=\begin{vmatrix}(\varphi_0,\varphi_0) & (\varphi_0,\varphi_1) & \cdots & (\varphi_0,\varphi_{n-1})\\ (\varphi_1,\varphi_0) & (\varphi_1,\varphi_1) & \cdots & (\varphi_1,\varphi_{n-1})\\ \vdots & \vdots & & \vdots\\ (\varphi_{n-1},\varphi_0) & (\varphi_{n-1},\varphi_1) & \cdots & (\varphi_{n-1},\varphi_{n-1})\end{vmatrix}.\tag{3.3.10}$$

定理的证明由读者自行完成.

### 3.3.2 函数的最佳平方逼近

下面研究在区间$[a,b]$上一般的最佳平方逼近问题. 对$f(x)\in C[a,b]$及$C[a,b]$

中的一个子集 $\Phi=\text{span}\{\varphi_0,\varphi_1,\cdots,\varphi_n\}$，若存在 $S^*(x)\in\Phi$，使

$$\|f-S^*\|_2^2=\inf_{S\in\varphi}\|f-S\|_2^2=\inf_{S\in\varphi}\int_a^b\rho(x)[f(x)-S(x)]^2\mathrm{d}x, \tag{3.3.11}$$

则称 $S^*(x)$ 是 $f(x)$ 在子集 $\Phi\subseteq C[a,b]$ 中的**最佳平方逼近函数**. 为了求 $S^*(x)$，由式(3.3.11)可知，该问题等价于求多元函数

$$I(a_0,a_1,\cdots,a_n)=\int_a^b\rho(x)\Big[\sum_{j=0}^n a_j\varphi_j(x)-f(x)\Big]^2\mathrm{d}x \tag{3.3.12}$$

的最小值. 由于 $I(a_0,a_1,\cdots,a_n)$ 是关于 $a_0,a_1,\cdots,a_n$ 的二次函数，利用多元函数极值的必要条件

$$\frac{\partial I}{\partial a_k}=0\quad(k=0,1,\cdots,n),$$

$$\frac{\partial I}{\partial a_k}=2\int_a^b\rho(x)\Big[\sum_{j=0}^n a_j\varphi_j(x)-f(x)\Big]\varphi_k(x)\mathrm{d}x=0\quad(k=0,1,\cdots,n),$$

于是有

$$\sum_{j=0}^n(\varphi_k,\varphi_j)a_j=(f,\varphi_k)\quad(k=0,1,\cdots,n). \tag{3.3.13}$$

这是关于 $a_0,a_1,\cdots,a_n$ 的线性方程组，称为**法方程**. 由于 $\varphi_0,\varphi_1,\cdots,\varphi_n$ 线性无关，故系数行列式 $G(\varphi_0,\varphi_1,\cdots,\varphi_n)\neq0$，于是方程组(3.3.13)有唯一解 $a_k=a_k^*$ $(k=0,1,\cdots,n)$，从而得到

$$S^*(x)=a_0^*\varphi_0(x)+\cdots+a_n^*\varphi_n(x).$$

下面证明 $S^*(x)$ 满足式(3.3.11)，即对任何 $S(x)\in\Phi$，有

$$\int_a^b\rho(x)[f(x)-S^*(x)]^2\mathrm{d}x\leqslant\int_a^b\rho(x)[f(x)-S(x)]^2\mathrm{d}x. \tag{3.3.14}$$

为此只要考虑

$$\begin{aligned}D&=\int_a^b\rho(x)[f(x)-S(x)]^2\mathrm{d}x-\int_a^b\rho(x)[f(x)-S^*(x)]^2\mathrm{d}x\\&=\int_a^b\rho(x)[S(x)-S^*(x)]^2\mathrm{d}x+2\int_a^b\rho(x)[S^*(x)-S(x)][f(x)-S^*(x)]\mathrm{d}x.\end{aligned}$$

由于 $S^*(x)$ 的系数 $a_k^*$ 是方程(3.3.13)的解，故

$$\int_a^b\rho(x)[f(x)-S^*(x)]\varphi_k(x)\mathrm{d}x=0\quad(k=0,1,\cdots,n),$$

从而上式第二个积分为零，于是

$$D=\int_a^b\rho(x)[S(x)-S^*(x)]^2\mathrm{d}x\geqslant0,$$

故式(3.3.14)成立. 这就证明了 $S^*(x)$ 是 $f(x)$ 在 $\Phi$ 中的最佳平方逼近函数.

若令 $\delta=f(x)-S^*(x)$，则平方误差为

$$\|\delta\|_2^2=(f-S^*,f-S^*)=(f,f)-(S^*,f)=\|f\|_2^2-\sum_{k=0}^n a_k^*(\varphi_k,f). \tag{3.3.15}$$

取 $\varphi_k(x)=x^k,\rho(x)\equiv1,f(x)\in C[0,1]$，即要在 $H_n$ 中求 $n$ 次最佳平方逼近多项式

$$S^*(x)=a_0^*+a_1^*x+\cdots+a_n^*x^n,$$

此时

$$(\varphi_j,\varphi_k)=\int_0^1 x^{k+j}\mathrm{d}x=\frac{1}{k+j+1},$$

$$(f,\varphi_k)=\int_0^1 f(x)x^k\mathrm{d}x\equiv d_k.$$

若用 $\boldsymbol{H}$ 表示行列式 $G_n=G(1,x,x^2,\cdots,x^n)$ 对应的矩阵，则

$$\boldsymbol{H}=\begin{pmatrix}1 & 1/2 & \cdots & 1/(n+1)\\ 1/2 & 1/3 & \cdots & 1/(n+2)\\ \vdots & \vdots & & \vdots\\ 1/(n+1) & 1/(n+2) & \cdots & 1/(2n+1)\end{pmatrix},\tag{3.3.16}$$

$\boldsymbol{H}$ 称为 Hilbert 矩阵. 记

$$\boldsymbol{a}=(a_0,a_1,\cdots,a_n)^{\mathrm{T}},\quad \boldsymbol{d}=(d_0,d_1\cdots,d_n)^{\mathrm{T}},$$

其中

$$d_k=(f,x^k)\ (k=0,1,\cdots,n),\tag{3.3.17}$$

则方程

$$\boldsymbol{Ha}=\boldsymbol{d}$$

的解 $a_k=a_k^*\quad(k=0,1,\cdots,n)$ 即为所求.

**例 3.2** 设 $f(x)=\sqrt{1+x^2}$，求[0,1]上的一次最佳平方逼近多项式.

**解** 利用式(3.3.17)，得

$$d_0=\int_0^1\sqrt{1+x^2}\mathrm{d}x=\frac{1}{2}\ln(1+\sqrt{2})+\frac{\sqrt{2}}{2}\approx1.147,$$

$$d_1=\int_0^1 x\sqrt{1+x^2}\mathrm{d}x=\frac{1}{3}(1+x^2)^{\frac{3}{2}}\Big|_0^1=\frac{2\sqrt{2}-1}{3}\approx0.609,$$

由方程组

$$\begin{pmatrix}1 & \frac{1}{2}\\ \frac{1}{2} & \frac{1}{3}\end{pmatrix}\begin{pmatrix}a_0\\ a_1\end{pmatrix}=\begin{pmatrix}1.147\\ 0.609\end{pmatrix},$$

解出 $a_0=0.934,\quad a_1=0.426,\quad S_1^*(x)=0.934+0.426x.$

平方误差 $\|\delta\|_2^2=(f,f)-(S_1^*,f)$

$$=\int_0^1(1+x^2)\mathrm{d}x-0.426d_1-0.934d_0=0.0026,$$

最大误差 $\|\delta\|_\infty=\max\limits_{0\leqslant x\leqslant1}|\sqrt{1+x^2}-S_1^*(x)|\approx0.066.$

用 $\{1,x,x^2,\cdots,x^n\}$ 作基求最佳平方逼近多项式，当 $n$ 较大时，系数矩阵式(3.3.16)是高度病态的(病态矩阵概念见第 7 章)，求法方程(3.3.13)的解时，舍入误差很大，这时，用正交多项式作基才能求得最小平方逼近多项式(见 3.5 节).

# 3.4 正交多项式

## 3.4.1 正交化手续

**定义 3.9** 设 $g_n(x)$是首项系数 $a_n\neq 0$ 的 $n$ 次多项式，如果多项式序列 $g_0(x)$，$g_1(x)$，…满足

$$(g_j,g_k)=\int_a^b \rho(x)g_j(x)g_k(x)\mathrm{d}x=\begin{cases}0, & j\neq k,\\ A_k>0, & j=k\end{cases}\quad (j,k=0,1,\cdots),$$

则称多项式序列 $g_0(x)$，$g_1(x)$，…在$[a,b]$上**带权 $\rho(x)$ 正交**，并称 $g_n(x)$是$[a,b]$上带权 $\rho(x)$的 $n$ **次正交多项式**.

一般来说，当权函数 $\rho(x)$及区间$[a,b]$给定以后，可以由线性无关的一组基$\{1,x,x^2,\cdots,x^n,\cdots\}$并利用正交化方法构造出正交多项式

$$g_0(x)=1,\quad g_n(x)=x^n-\sum_{k=0}^{n-1}\frac{(x^n,g_k)}{(g_k,g_k)}\cdot g_k(x),\quad k=1,2,\cdots.$$

这样构造的正交多项式有以下性质：

(1) $g_n(x)$是最高项系数为 1 的 $n$ 次多项式.

(2) 任一 $n$ 次多项式 $P_n(x)\in H_n$ 均可表示为 $g_0(x)$，$g_1(x)$，…，$g_n(x)$的线性组合.

(3) 当 $n\neq m$ 时，$(g_n,g_m)=0$ 且 $g_n(x)$与任一次数小于 $n$ 的多项式正交.

(4) 有递推关系

$$g_{n+1}(x)=(x-\alpha_n)g_n(x)-\beta_n g_{n-1}(x),\quad n=0,1,\cdots,$$

其中

$$g_0(x)=1,\quad g_{-1}(x)=0,$$

$$\alpha_n=\frac{(xg_n,g_n)}{(g_n,g_n)},\quad n=0,1,\cdots,$$

$$\beta_n=\frac{(g_n,g_n)}{(g_{n-1},g_{n-1})},\quad n=1,2,\cdots.$$

这里 $(xg_n,g_n)=\int_a^b xg_n^2(x)\rho(x)\mathrm{d}x$.

(5) 设 $g_0(x)$，$g_1(x)$，…是在$[a,b]$上带权 $\rho(x)$的正交多项式序列，则 $g_n(x)$ $(n\geqslant 1)$的 $n$ 个根都是单重实根，且都在区间$(a,b)$内.

以上性质的证明可参看相关文献.下面主要给出几类常见的而又十分重要的正交多项式.

## 3.4.2 Legendre 多项式

当区间为$[-1,1]$、权函数 $\rho(x)\equiv 1$ 时，由$\{1,x,x^2,\cdots,x^n,\cdots\}$正交化得到的多

项式就称为 Legendre **多项式**,并用 $P_0(x),P_1(x),\cdots,P_n(x),\cdots$ 表示.这是 Legendre 于 1785 年引进的.1814 年 Rodrigul 给出了简单的表达式

$$P_0(x)=1,\quad P_n(x)=\frac{1}{2^n n!}\frac{\mathrm{d}^n}{\mathrm{d}x^n}\{(x^2-1)^n\}\quad(n=1,2,\cdots).\qquad(3.4.1)$$

由于 $(x^2-1)^n$ 是 $2n$ 次多项式,求 $n$ 阶导数后得

$$P_n(x)=\frac{1}{2^2 n!}(2n)(2n-1)\cdots(n+1)x^n+a_{n-1}x^{n-1}+\cdots+a_0,$$

于是得首项 $x^n$ 的系数 $a_n=\frac{(2n)!}{2^n(n!)^2}$.显然最高项系数为 1 的 Legendre 多项式为

$$\widetilde{P}_n(x)=\frac{n!}{(2n)!}\frac{\mathrm{d}^n}{\mathrm{d}x^n}[(x^2-1)^n].\qquad(3.4.2)$$

Legendre 多项式有以下几个重要性质.

**性质 1** 正交性

$$\int_{-1}^{1}P_n(x)P_m(x)\mathrm{d}x=\begin{cases}0, & m\neq n,\\ \dfrac{2}{2n+1}, & m=n.\end{cases}\qquad(3.4.3)$$

**证明** 令 $\varphi(x)=(x^2-1)^n$,则

$$\varphi^{(k)}(\pm1)=0\quad(k=0,1,\cdots,n-1).$$

设 $Q(x)$ 是区间 $[-1,1]$ 上 $n$ 阶连续可微的函数,由分部积分知

$$\int_{-1}^{1}P_n(x)Q(x)\mathrm{d}x=\frac{1}{2^n n!}\int_{-1}^{1}Q(x)\varphi^{(n)}(x)\mathrm{d}x=-\frac{1}{2^n n!}\int_{-1}^{1}Q'(x)\varphi^{(n-1)}(x)\mathrm{d}x$$

$$=\cdots=\frac{(-1)^n}{2^n n!}\int_{-1}^{1}Q^{(n)}(x)\varphi(x)\mathrm{d}x.$$

下面分两种情况讨论.

(1) 若 $Q(x)$ 是次数小于 $n$ 的多项式,则 $Q^{(n)}(x)\equiv0$,故当 $m\neq n$ 时,有

$$\int_{-1}^{1}P_m(x)P_n(x)\mathrm{d}x=0.$$

(2) 若 $$Q(x)=P_n(x)=\frac{1}{2^n n!}\varphi^{(n)}(x)=\frac{(2n)!}{2^n(n!)^2}x^n+\cdots,$$

$$Q^{(n)}(x)=P_n^{(n)}(x)=\frac{(2n)!}{2^n n!},$$

则 $$\int_{-1}^{1}P_n^2(x)\mathrm{d}x=\frac{(-1)^n(2n)!}{2^{2n}(n!)^2}\int_{-1}^{1}(x^2-1)^n\mathrm{d}x=\frac{(2n)!}{2^{2n}(n!)^2}\int_{-1}^{1}(1-x^2)^n\mathrm{d}x.$$

由于 $$\int_{0}^{1}(1-x^2)^n\mathrm{d}x=\int_{0}^{\frac{\pi}{2}}\cos^{2n+1}t\mathrm{d}t=\frac{2\cdot4\cdot\cdots\cdot2n}{1\cdot3\cdot\cdots\cdot(2n+1)},$$

故当 $m=n$ 时,有 $$\int_{-1}^{1}P_n^2(x)\mathrm{d}x=\frac{2}{2n+1}.$$

证毕.

**性质 2** 奇偶性

$$P_n(-x)=(-1)^nP_n(x). \tag{3.4.4}$$

由于 $\varphi(x)=(x^2-1)^n$ 是偶次多项式，经过偶次求导仍为偶次多项式，经过奇次求导则为奇次多项式，故 $n$ 为偶数时 $P_n(x)$ 为偶函数，$n$ 为奇数时 $P_n(x)$ 为奇函数，于是式(3.4.4)成立.

**性质 3** 递推关系 考虑 $n+1$ 次多项式 $xP_n(x)$，它可表示为

$$xP_n(x)=a_0P_0(x)+a_1P_1(x)+\cdots+a_{n+1}P_{n+1}(x),$$

两边乘以 $P_k(x)$，并从 $-1$ 到 1 积分，得

$$\int_{-1}^{1}xP_n(x)P_k(x)\mathrm{d}x=a_k\int_{-1}^{1}P_k^2(x)\mathrm{d}x.$$

当 $k\leqslant n-2$ 时，$xP_k(x)$ 次数不大于 $n-1$，上式左端积分为零，故得 $a_k=0$. 当 $k=n$ 时 $xP_n^2(x)$ 为奇函数，左端积分仍为零，故 $a_n=0$. 于是

$$xP_n(x)=a_{n-1}P_{n-1}(x)+a_{n+1}P_{n+1}(x),$$

其中

$$a_{n-1}=\frac{2n-1}{2}\int_{-1}^{1}xP_n(x)P_{n-1}(x)\mathrm{d}x=\frac{2n-1}{2}\,\frac{2n}{4n^2-1}=\frac{n}{2n+1},$$

$$a_{n+1}=\frac{2n+3}{2}\int_{-1}^{1}xP_n(x)P_{n+1}(x)\mathrm{d}x=\frac{2n+3}{2}\,\frac{2(n+1)}{(2n+1)(2n+3)}$$
$$=\frac{n+1}{2n+1},$$

从而得到以下的递推公式：

$$(n+1)P_{n+1}(x)=(2n+1)xP_n(x)-nP_{n-1}(x)\quad(n=1,2,\cdots). \tag{3.4.5}$$

由 $P_0(x)=1,\quad P_1(x)=x,$

利用式(3.4.5)就可推出

$P_2(x)=(3x^2-1)/2,$

$P_3(x)=(5x^3-3x)/2,$

$P_4(x)=(35x^4-30x^2+3)/8,$

$P_5(x)=(63x^5-70x^3+15x)/8,$

$P_6(x)=(231x^6-315x^4+105x^2-5)/16,$

$\vdots$

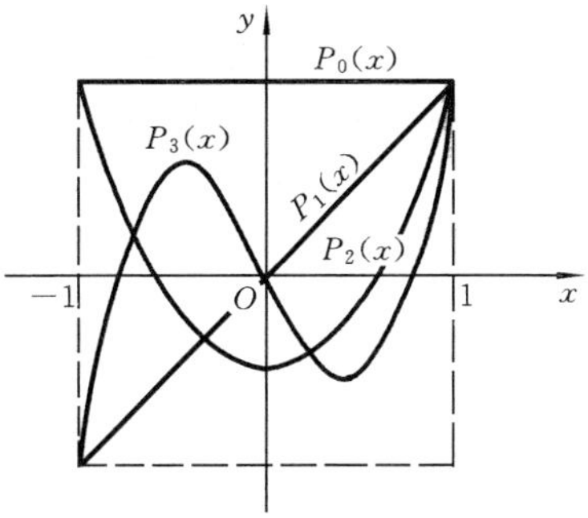


图 3.4

图 3.4 给出了 $P_0(x)$，$P_1(x)$，$P_2(x)$，$P_3(x)$的图形.

**性质 4** 在所有最高项系数为 1 的 $n$ 次多项式中，Legendre 多项式 $\tilde{P}_n(x)$在$[-1,1]$上与零的平方误差最小.

设 $Q_n(x)$是任意一个最高项系数为 1 的 $n$ 次多项式，它可表示为

$$Q_n(x) = \widetilde{P}_n(x) + \sum_{k=0}^{n-1} a_k \widetilde{P}_k(x),$$

于是

$$(Q_n, Q_n) = \int_{-1}^{1} Q_n^2(x)\,\mathrm{d}x = (\widetilde{P}_n, \widetilde{P}_n) + \sum_{k=0}^{n-1} a_k^2 (\widetilde{P}_k, \widetilde{P}_k) \geqslant (\widetilde{P}_n, \widetilde{P}_n)$$

当且仅当 $a_0 = a_1 = \cdots = a_{n-1} = 0$ 时等号才成立，即当 $Q_n(x) \equiv \widetilde{P}_n(x)$ 时平方误差最小.

**性质 5** $P_n(x)$ 在区间 $(-1,1)$ 内有 $n$ 个不同的实零点.

### 3.4.3 Chebyshev 多项式

当权函数 $\rho(x) = \dfrac{1}{\sqrt{1-x^2}}$，区间为 $[-1,1]$ 时，由序列 $\{1, x, x^2, \cdots, x^n, \cdots\}$ 正交化得到的正交多项式就是 Chebyshev 多项式，它可表示为

$$T_n(x) = \cos(n\arccos x), \quad |x| \leqslant 1. \tag{3.4.6}$$

若令 $x = \cos\theta$，则

$$T_n(x) = \cos n\theta, \quad 0 \leqslant \theta \leqslant \pi.$$

Chebyshev 多项式有很多重要性质.

**性质 1** 递推关系

$$T_0(x) = 1, \quad T_1(x) = x,$$

$$T_{n+1}(x) = 2xT_n(x) - T_{n-1}(x) \quad (n = 1, 2, \cdots). \tag{3.4.7}$$

这只要由三角恒等式

$$\cos(n+1)\theta = 2\cos\theta\cos n\theta - \cos(n-1)\theta \quad (n \geqslant 1)$$

令 $x = \cos\theta$ 即得. 由式(3.4.7)可得表 3.1.

$T_n(x)$ 的函数图形如图 3.5 所示.

**表 3.1**

| |
|---|
| $T_0(x) = 1$ |
| $T_1(x) = x$ |
| $T_2(x) = 2x^2 - 1$ |
| $T_3(x) = 4x^3 - 3x$ |
| $T_4(x) = 8x^4 - 8x^2 + 1$ |
| $T_5(x) = 16x^5 - 20x^3 + 5x$ |
| $T_6(x) = 32x^6 - 48x^4 + 18x^2 - 1$ |
| $T_7(x) = 64x^7 - 112x^5 + 56x^3 - 7x$ |
| $T_8(x) = 128x^8 - 256x^6 + 160x^4 - 32x^2 + 1$ |

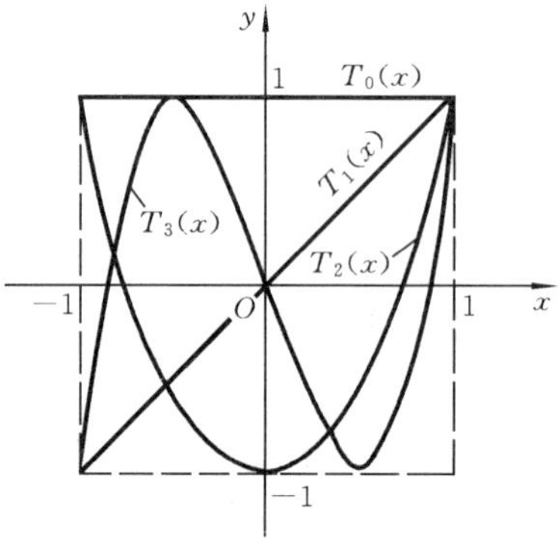


图 3.5

由递推关系式(3.4.7)还可得到 $T_n(x)$的最高项系数是 $2^{n-1}$ $(n\geqslant 1)$.

**性质 2** $T_n(x)$对零的偏差最小.它可写成如下定理.

**定理 3.7** 在区间$[-1,1]$上所有最高项系数为 1 的一切 $n$ 次多项式中,$\omega_n(x)=\frac{1}{2^{n-1}}T_n(x)$与零的偏差最小,其偏差为$\frac{1}{2^{n-1}}$.

**证明** 由于

$$\omega_n(x)=\frac{1}{2^{n-1}}T_n(x)=x^n-P_{n-1}^*(x),$$

$$\max_{-1\leqslant x\leqslant 1}|\omega_n(x)|=\frac{1}{2^{n-1}}\max_{-1\leqslant x\leqslant 1}|T_n(x)|=\frac{1}{2^{n-1}},$$

且点 $x_k=\cos\frac{k}{n}\pi$ $(k=0,1,\cdots,n)$是 $T_n(x)$的 Chebyshev 交错点组,由定理 3.4 可知,在区间$[-1,1]$上,$x^n$ 在 $H_{n-1}$ 中最佳逼近多项式为 $P_{n-1}^*(x)$,即 $\omega_n(x)$是与零的偏差最小的多项式.证毕.

**例 3.3** 求 $f(x)=2x^3+x^2+2x-1$ 在$[-1,1]$上的最佳二次逼近多项式.

**解** 由题意,所求最佳逼近多项式 $P_2^*(x)$应满足

$$\max_{-1\leqslant x\leqslant 1}|f(x)-P_2^*(x)|=\min.$$

由定理 3.6 可知,当

$$f(x)-P_2^*(x)=\frac{1}{2}T_3(x)=2x^3-\frac{3}{2}x$$

时,与零偏差最小,故

$$P_2^*(x)=f(x)-\frac{1}{2}T_3(x)=x^2+\frac{7}{2}x-1$$

就是 $f(x)$在$[-1,1]$上的最佳二次逼近多项式.

**性质 3** Chebyshev 多项式$\{T_k(x)\}$在区间$[-1,1]$上带权 $\rho(x)=1/\sqrt{1-x^2}$正交,且

$$\int_{-1}^{1}\frac{T_n(x)T_m(x)\mathrm{d}x}{\sqrt{1-x^2}}=\begin{cases}0, & n\neq m,\\ \frac{\pi}{2}, & n=m\neq 0,\\ \pi, & n=m=0.\end{cases} \tag{3.4.8}$$

事实上,令 $x=\cos\theta$,则 $\mathrm{d}x=-\sin\theta\mathrm{d}\theta$,于是

$$\int_{-1}^{1}\frac{T_n(x)T_m(x)}{\sqrt{1-x^2}}\mathrm{d}x=\int_0^{\pi}\cos n\theta\cos m\theta\mathrm{d}\theta=\begin{cases}0, & n\neq m,\\ \frac{\pi}{2}, & n=m\neq 0,\\ \pi, & n=m=0.\end{cases}$$

**性质 4** $T_{2k}(x)$只含 $x$ 的偶次幂,$T_{2k+1}(x)$只含 $x$ 的奇次幂.

此性质由递推关系直接得到.

**性质 5** $T_n(x)$在区间$[-1,1]$上有 $n$ 个零点 $x_k=\cos\frac{2k-1}{2n}\pi$, $k=1,\cdots,n$.

此外,实际计算中时常要求 $x^n$ 用 $T_0,T_1,\cdots,T_n$ 的线性组合表示,其公式为

$$x^n = 2^{1-n}\sum_{k=0}^{[\frac{n}{2}]}\binom{n}{k}T_{n-2k}(x). \tag{3.4.9}$$

这里规定 $T_0=1/2$. $n=1\sim8$ 的结果如表 3.2 所示.

**表 3.2**

| |
|---|
| $1=T_0$ |
| $x=T_1$ |
| $x^2=\frac{1}{2}(T_0+T_2)$ |
| $x^3=\frac{1}{4}(3T_1+T_3)$ |
| $x^4=\frac{1}{8}(3T_0+4T_2+T_4)$ |
| $x^5=\frac{1}{16}(10T_1+5T_3+T_5)$ |
| $x^6=\frac{1}{32}(10T_0+15T_2+6T_4+T_6)$ |
| $x^7=\frac{1}{64}(35T_1+21T_3+7T_5+T_7)$ |
| $x^8=\frac{1}{128}(35T_0+56T_2+28T_4+8T_6+T_8)$ |

### 3.4.4 其他常用的正交多项式

一般地说,如果区间$[a,b]$及权函数 $\rho(x)$不同,则得到的正交多项式也不同.除上述两种最重要的正交多项式外,下面再给出三种较常用的正交多项式.

**1. 第二类 Chebyshev 多项式**

在区间$[-1,1]$上带权 $\rho(x)=\sqrt{1-x^2}$ 的正交多项式称为**第二类 Chebyshev 多项式**,其表达式为

$$U_n(x) = \frac{\sin[(n+1)\arccos x]}{\sqrt{1-x^2}}. \tag{3.4.10}$$

由 $x=\cos\theta$ 可得

$$\int_{-1}^{1}U_n(x)U_m(x)\sqrt{1-x^2}\mathrm{d}x=\int_0^{\pi}\sin(n+1)\theta\sin(m+1)\theta\mathrm{d}\theta$$

$$=\begin{cases}0, & m\neq n,\\ \frac{\pi}{2}, & m=n,\end{cases}$$

即$\{U_n(x)\}$是区间$[-1,1]$上带权$\rho(x)=\sqrt{1-x^2}$的正交多项式族. 还可得到递推关系式

$$U_0(x)=1,\quad U_1(x)=2x,$$
$$U_{n+1}(x)=2xU_n(x)-U_{n-1}(x)\quad (n=1,2,\cdots).$$

**2. Laguerre 多项式**

在区间$[0,\infty)$上带权$\rho(x)=\mathrm{e}^{-x}$的正交多项式称为 Laguerre **多项式**,其表达式为

$$L_n(x)=\mathrm{e}^n\frac{\mathrm{d}^n}{\mathrm{d}x^n}(x^n\mathrm{e}^{-x}).\tag{3.4.11}$$

它也具有正交性质$\int_0^\infty \mathrm{e}^{-x}L_n(x)L_m(x)\mathrm{d}x=\begin{cases}0, & m\neq n,\\ (n!)^2, & m=n\end{cases}$和递推关系

$$L_0(x)=1,\quad L_1(x)=1-x,$$
$$L_{n+1}(x)=(1+2n-x)L_n(x)-n^2L_{n-1}(x)\quad (n=1,2,\cdots).$$

**3. Hermite 多项式**

在区间$(-\infty,\infty)$上带权$\rho(x)=\mathrm{e}^{-x^2}$的正交多项式称为 Hermite **多项式**,其表达式为

$$H_n(x)=(-1)^n\mathrm{e}^{x^2}\frac{\mathrm{d}^n}{\mathrm{d}x^n}(\mathrm{e}^{-x^2}).\tag{3.4.12}$$

它满足正交关系

$$\int_{-\infty}^{+\infty}\mathrm{e}^{-x^2}H_m(x)H_n(x)\mathrm{d}x=\begin{cases}0, & m\neq n,\\ 2^n n!\sqrt{\pi}, & m=n,\end{cases}$$

并有递推关系

$$H_0(x)=1,\quad H_1(x)=2x,$$
$$H_{n+1}(x)=2xH_n(x)-2nH_{n-1}(x)\quad (n=1,2,\cdots).$$

## 3.5 函数按正交多项式展开

设$f(x)\in C[a,b]$,用正交多项式$\{g_0(x),g_1(x),\cdots,g_n(x)\}$作基,求最佳平方逼近多项式

$$S_n(x)=a_0g_0(x)+a_1g_1(x)+\cdots+a_ng_n(x).\tag{3.5.1}$$

由$\{g_k(x)\}$的正交性及式(3.3.13),可求得系数

$$a_k=\frac{(f,g_k)}{(g_k,g_k)}\quad (k=0,1,\cdots,n),\tag{3.5.2}$$

于是,$f(x)$的最佳平方逼近多项式为

$$S_n(x)=\sum_{k=0}^{n}\frac{(f,g_k)}{(g_k,g_k)}g_k(x).\tag{3.5.3}$$

由式(3.3.15)可得均方误差为

$$\|\delta_n\|_2=\|f-S_n\|_2=\sqrt{\|f\|_2^2-\sum_{k=0}^{n}\frac{(f,g_k)}{(g_k,g_k)}(f,g_k)}.\tag{3.5.4}$$

若 $f(x)$ 在 $[a,b]$ 上按正交多项式 $\{g_k(x)\}$ 展开，系数 $a_k$ $(k=0,1,\cdots)$ 按式(3.5.2)计算，这样可得到 $f(x)$ 的展开式

$$f(x)\sim\sum_{k=0}^{\infty}a_kg_k(x).\tag{3.5.5}$$

式(3.5.5)右端级数称为**广义** Fourier 级数，系数 $a_k$ 称为**广义** Fourier **系数**，它是 Fourier 级数的直接推广. 从以上讨论可知，任何 $f(x)\in C[a,b]$ 均可展开成广义 Fourier 级数，其部分和 $S_n(x)$ 是 $f(x)$ 的最佳平方逼近，系数 $a_k$ 与 $n$ 无关，因此，当 $n$ 增加时，只要多计算增加的系数 $a_k$. 级数(3.5.5)可能不一致收敛于 $f(x)$，但在 $f(x)$ 满足一定条件下也可一致收敛到 $f(x)$.

下面考虑函数 $f(x)\in C[-1,1]$ 按 Legendre 多项式 $\{P_0(x),P_1(x),\cdots\}$ 展开的最佳平方逼近多项式 $S_n^*(x)$. 由式(3.5.1)和式(3.5.2)可得

$$S_n^*(x)=a_0^*P_0(x)+a_1^*P_1(x)+\cdots+a_n^*P_n(x),\tag{3.5.6}$$

其中

$$a_k^*=\frac{(f,P_k)}{(P_k,P_k)}=\frac{2k+1}{2}\int_{-1}^{1}f(x)P_k(x)\mathrm{d}x.\tag{3.5.7}$$

根据式(3.5.4)，平方误差为

$$\|\delta_k\|_2^2=\int_{-1}^{1}f^2(x)\mathrm{d}x-\sum_{k=0}^{n}\frac{2}{2k+1}a_k^{*2}.\tag{3.5.8}$$

**例 3.4** 求 $f(x)=\mathrm{e}^x$ 在 $[-1,1]$ 上的三次最佳平方逼近多项式.

**解** 先计算 $(f,P_k)$ $(k=0,1,2,3)$，即

$$(f,P_0)=\int_{-1}^{1}\mathrm{e}^x\mathrm{d}x=\mathrm{e}-\frac{1}{\mathrm{e}}\approx 2.350\ 4,$$

$$(f,P_1)=\int_{-1}^{1}x\mathrm{e}^x\mathrm{d}x=2\mathrm{e}^{-1}\approx 0.735\ 8,$$

$$(f,P_2)=\int_{-1}^{1}\left(\frac{3}{2}x^2-\frac{1}{2}\right)\mathrm{e}^x\mathrm{d}x=\mathrm{e}-\frac{7}{\mathrm{e}}\approx 0.143\ 1,$$

$$(f,P_3)=\int_{-1}^{1}\left(\frac{5}{2}x^3-\frac{3}{2}x\right)\mathrm{e}^x\mathrm{d}x=37\frac{1}{\mathrm{e}}-5\mathrm{e}\approx 0.020\ 13.$$

由式(3.5.7)得

$$a_0^*=(f,P_0)/2=1.175\ 2,\quad a_1^*=3(f,P_1)/2=1.103\ 6,$$

$$a_2^*=5(f,P_2)/2=0.357\ 8,\quad a_3^*=7(f,P_3)/2=0.070\ 46,$$

代入式(3.5.6)，得

$$S_3^*(x) = 0.9963 + 0.9979x + 0.5367x^2 + 0.1761x^3.$$

均方误差为

$$\|\delta_n\|_2 = \|e^x - S_3^*(x)\|_2 = \sqrt{\int_{-1}^{1} e^{2x}dx - \sum_{k=0}^{3}\frac{2}{2k+1}a_k^{*2}} \leqslant 0.0084,$$

最大误差为

$$\|\delta_n\|_\infty = \|e^x - S_3(x)\|_\infty \leqslant 0.0112.$$

如果 $f(x)\in C[a,b]$，求 $f(x)$在区间$[a,b]$上的最佳平方逼近多项式. 作变换

$$x = \frac{b-a}{2}t + \frac{b+a}{2} \quad (-1\leqslant t\leqslant 1),$$

于是

$$F(t)=f\left(\frac{b-a}{2}t+\frac{b+a}{2}\right).$$

在$[-1,1]$上可用 Legendre 多项式作最佳平方逼近多项式 $S_n^*(t)$，从而得到 $f(x)$在区间$[a,b]$上的最佳平方逼近多项式 $S_n^*\left(\frac{1}{b-a}(2x-a-b)\right)$.

由于 Legendre 多项式$\{P_k(x)\}$是在区间$[-1,1]$上由$\{1,x,x^2,\cdots,x^k,\cdots\}$正交化得到的，因此利用函数的 Legendre 展开部分和得到最佳平方逼近多项式与由

$$S^*(x) = a_0 + a_1x + \cdots + a_nx^n$$

直接通过解法方程得到的 $H_n$ 中的最佳平方逼近多项式是一致的，只是当 $n$ 较大时求法方程会出现病态方程，计算误差较大，不能使用. 而用 Legendre 展开不用解线性方程组，不存在病态问题，计算公式使用起来也较方便，因此通常都用此法求最佳平方逼近多项式.

## 3.6 曲线拟合的最小二乘法

### 3.6.1 一般的最小二乘逼近

在科学实验的统计方法研究中，往往要从一组实验数据$(x_i,y_i)$ $(i=0,1,\cdots,m)$中寻找自变量 $x$ 与因变量 $y$ 之间的函数关系 $y=F(x)$. 由于观测数据往往不准确，因此不要求 $y=F(x)$经过所有点$(x_i,y_i)$，而只要求在给定点 $x_i$ 上误差 $\delta_i=F(x_i)-y_i$ $(i=0,1,\cdots,m)$按某种标准最小. 若记 $\boldsymbol{\delta}=(\delta_0,\delta_1,\cdots,\delta_m)^{\mathrm{T}}$，就是要求向量 $\boldsymbol{\delta}$ 的范数 $\|\boldsymbol{\delta}\|$ 最小. 如果用最大范数，计算上困难较大，通常就采用 Euclid 范数 $\|\boldsymbol{\delta}\|_2$ 作为误差度量的标准. 关于最小二乘法的一般提法是：对于给定的一组数据$(x_i,y_i)$ $(i=0,1,\cdots,m)$，要求在函数空间 $\Phi=\mathrm{span}\{\varphi_0,\varphi_1,\cdots,\varphi_n\}$中找一个函数 $y=S^*(x)$，使误差平方和

$$\|\boldsymbol{\delta}\|_2^2=\sum_{i=0}^{m}\delta_i^2=\sum_{i=0}^{m}[S^*(x_i)-y_i]^2=\min_{S(x)\in\varphi}\sum_{i=1}^{m}[S(x_i)-y_i]^2,\tag{3.6.1}$$

这里
$$S(x)=a_0\varphi_0(x)+a_1\varphi_1(x)+\cdots+a_n\varphi_n(x)\quad(n<m).\tag{3.6.2}$$

这就是一般的最小二乘逼近，用几何语言说，就称为曲线拟合的最小二乘法.

用最小二乘法求拟合曲线时，首先要确定 $S(x)$的形式. 这不是单纯数学问题，还与所研究问题的运动规律及所得观测数据$(x_i,y_i)$有关；通常要从问题的运动规律及给定数据描图来确定 $S(x_i)$的形式，并通过实际计算选出较好的结果——这点将从下面的例题得到说明. $S(x)$的一般表达式为式(3.6.2)所示的线性形式. 若 $\varphi_k(x)$是 $k$ 次多项式，$S(x)$就是 $n$ 次多项式. 为了使问题的提法更有一般性，通常把最小二乘法中$\|\boldsymbol{\delta}\|_2^2$都考虑为加权平方和

$$\|\boldsymbol{\delta}\|_2^2=\sum_{i=0}^{m}\omega(x_i)[S(x_i)-f(x_i)]^2.\tag{3.6.3}$$

这里 $\omega(x)\geqslant 0$ 是$[a,b]$上的权函数，它表示不同点$(x_i,f(x_i))$处的数据比重不同，例如，$\omega(x_i)$可表示在点$(x_i,f(x_i))$处重复观测的次数. 用最小二乘法求拟合曲线的问题，就是在形如式(3.6.2)的 $S(x)$中求一函数 $y=S^*(x)$，使式(3.6.3)取得最小. 它转化为求多元函数

$$I(a_0,a_1,\cdots,a_n)=\sum_{i=0}^{m}\omega(x_i)\left[\sum_{j=0}^{n}a_j\varphi_j(x_i)-f(x_i)\right]^2\tag{3.6.4}$$

的极小点$(a_0^*,a_1^*,\cdots,a_n^*)$问题. 这与 3.3 节讨论的问题完全类似. 由求多元函数极值的必要条件，有

$$\frac{\partial I}{\partial a_k}=2\sum_{i=0}^{m}\omega(x_i)\left[\sum_{j=0}^{n}a_j\varphi_j(x_i)-f(x_i)\right]\varphi_k(x_i)=0\quad(k=0,1,\cdots,n).$$

若记
$$(\varphi_j,\varphi_k)=\sum_{i=0}^{m}\omega(x_i)\varphi_j(x_i)\varphi_k(x_i),\tag{3.6.5}$$

则
$$(f,\varphi_k)=\sum_{i=0}^{m}\omega(x_i)f(x_i)\varphi_k(x_i)\equiv d_k\quad(k=0,1,\cdots,n),$$

可改写为

$$\sum_{j=0}^{n}(\varphi_k,\varphi_j)a_j=d_k\quad(k=0,1,\cdots,n).\tag{3.6.6}$$

此方程称为**法方程**. 它也可写成矩阵形式

$$\boldsymbol{Ga}=\boldsymbol{d},$$

其中
$$\boldsymbol{a}=(a_0,a_1,\cdots,a_n)^{\mathrm{T}},\quad \boldsymbol{d}=(d_0,d_1,\cdots,d_n)^{\mathrm{T}},$$

$$\boldsymbol{G}=\begin{pmatrix}(\varphi_0,\varphi_0)&(\varphi_0,\varphi_1)&\cdots&(\varphi_0,\varphi_n)\\(\varphi_1,\varphi_0)&(\varphi_1,\varphi_1)&\cdots&(\varphi_1,\varphi_n)\\\vdots&\vdots&&\vdots\\(\varphi_n,\varphi_0)&(\varphi_n,\varphi_1)&\cdots&(\varphi_n,\varphi_n)\end{pmatrix},\tag{3.6.7}$$

由于 $\varphi_0,\varphi_1,\cdots,\varphi_n$ 线性无关，故 $|\mathbf{G}|\neq 0$，方程组(3.6.6)存在唯一的解

$$a_k = a_k^* \quad (k=0,1,\cdots,n),$$

从而得到函数 $f(x)$ 的最小二乘解为

$$S^*(x) = a_0^*\varphi_0(x) + a_1^*\varphi_1(x) + \cdots + a_n^*\varphi_n(x).$$

可以证明，这样得到的 $S^*(x)$ 对于任何形如式(3.6.2)的 $S(x)$，都有

$$\sum_{i=0}^{m}\omega(x_i)[S^*(x_i)-f(x_i)]^2 \leqslant \sum_{i=0}^{m}\omega(x_i)^*[S(x_i)-f(x_i)]^2,$$

故 $S^*(x)$ 确是所求最小二乘解. 它的证明与式(3.3.14)相似，读者可自己完成.

**例 3.5**　已知一组实验数据如表 3.3 所示，求它的拟合曲线.

**表 3.3**

| $x_i$ | 1 | 2 | 3 | 4 | 5 |
|---|---|---|---|---|---|
| $f_i$ | 4 | 4.5 | 6 | 8 | 8.5 |
| $\omega_i$ | 2 | 1 | 3 | 1 | 1 |

**解**　在坐标纸上标出所给数据，如图 3.6 所示. 从图 3.6 可看到，各点分布在一条直线附近，故可选择线性函数作拟合曲线. 令 $S_1(x)=a_0+a_1x$，这里 $m=4$，$n=1$，$\varphi_0(x)=1$，$\varphi_1(x)=x$，故

$$(\varphi_0,\varphi_0)=\sum_{i=0}^{4}\omega_i=8,\quad (\varphi_0,\varphi_1)=(\varphi_1,\varphi_0)=\sum_{i=0}^{4}\omega_i x_i=22,$$

$$(\varphi_1,\varphi_1)=\sum_{i=0}^{4}\omega_i x_i^2=74,\quad (\varphi_0,f)=\sum_{i=0}^{4}\omega_i f_i=47,$$

$$(\varphi_1,f)=\sum_{i=0}^{4}\omega_i x_i f_i=145.5.$$

由式(3.6.6)得方程组

$$\begin{cases}8a_0+22a_1=47,\\22a_0+74a_1=145.5,\end{cases}$$

解得　$a_0=2.77$，　$a_1=1.13$.

于是所求拟合曲线为

$$S_1^*(x)=2.77+1.13x.$$

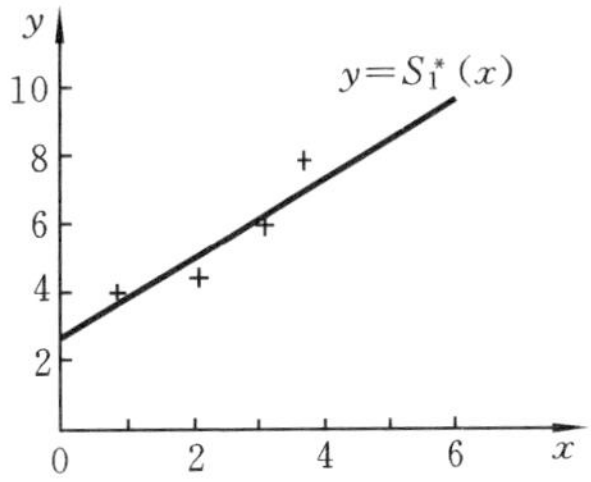


图 3.6

**例 3.6**　在某化学反应过程中，根据实验所得生成物的质量分数与时间的关系如表 3.4 所示，求质量分数 $y$ 与时间 $t$ 的拟合曲线 $y=F(t)$.

**表 3.4**

| $t$/min | 1 | 2 | 3 | 4 | 5 | 6 | 7 | 8 | 9 | 10 | 11 | 12 | 13 | 14 | 15 | 16 |
|---|---|---|---|---|---|---|---|---|---|---|---|---|---|---|---|---|
| $y$ /$\times 10^{-3}$ | 4.00 | 6.40 | 8.00 | 8.80 | 9.22 | 9.50 | 9.70 | 9.86 | 10.00 | 10.20 | 10.32 | 10.42 | 10.50 | 10.55 | 10.58 | 10.60 |

**解**　将所给数据标在坐标纸上，如图 3.7 所示. 可以看到，质量分数开始时增加较快，后来逐渐减慢，到一定时间就基本稳定在一个水平上，即当 $t\to\infty$ 时，$y$ 趋于某

个数，故 $y=F(t)$ 有一水平渐近线. 另外，$t=0$ 时，反应未开始，质量分数为零. 根据这些特点，可设想 $y=F(t)$ 是双曲线型 $1/y=a+b/t$，即 $y=t/(at+b)$. 它与给定数据的规律大致符合.

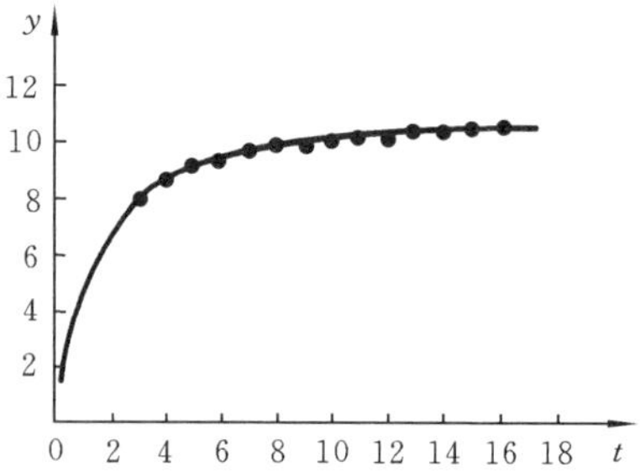

图 3.7

为了确定 $a,b$，令 $\bar{y}=1/y$，$x=1/t$，于是可用 $x$ 的线性函数 $S_1(x)=a+bx$ 拟合数据 $(x_i,\bar{y}_i)$ $(i=1,2,\cdots,16)$，$x_i,\bar{y}_i$ 由原始数据 $(t_i,y_i)$ 根据变换计算出来. 与例 3.5 方法相同，解方程组

$$\begin{cases}16a+3.38073b=1.8372\times10^3,\\ 3.38073a+1.58435b=0.52886\times10^3,\end{cases}$$

得

$$a=80.6621,\quad b=161.6822.$$

从而得到

$$y=t/(80.6621t+161.6822)=F^{(1)}(t),$$

其误差为

$$\delta_i^{(1)}=y_i-F^{(1)}(t_i)\quad(i=1,2,\cdots,16).$$

由图 3.7，符合给定数据的函数还可选为指数形式. 此时可令拟合曲线形如

$$y=a\mathrm{e}^{b/t}.$$

显然，当 $t\to\infty$ 时，$y\to a$；当 $t\to0$ 时，若 $b<0$，则 $y\to0$，且 $t$ 增加时 $y$ 增加. 这些与给出数据规律相同. 为了确定 $a$ 与 $b$，对上式两端取对数，得 $\ln y=\ln a+b/t$. 令

$$\hat{y}=\ln y,\quad A=\ln a,\quad x=1/t,$$

于是由 $(t_i,y_i)$ 计算出 $(x_i,\hat{y}_i)$，拟合数据 $(x_i,y_i)$ 的曲线仍为 $S_1(x)=A+bx$.

用例 3.5 的方法计算出 $A=-4.48072$，$b=-1.0567$，从而

$$a=\mathrm{e}^A=11.3253\times10^{-3},$$

最后求得

$$y=11.3253\times10^{-3}\mathrm{e}^{-1.0567t}=F^{(2)}(t),$$

误差为

$$\delta_i^{(2)}=y_i-F^{(2)}(t_i)\quad(i=1,2,\cdots,16).$$

怎样比较这两个数学模型的好坏呢？只要分别计算各点误差，从中挑选误差较小的模型即可. 本例经过计算可得

$$\|\boldsymbol{\delta}^{(1)}\|_\infty=\max_i|\delta_i^{(1)}|=0.568\times10^{-3},$$

$$\|\boldsymbol{\delta}^{(2)}\|_\infty=\max_i|\delta_i^{(2)}|=0.277\times10^{-3},$$

而均方误差为

$$\|\boldsymbol{\delta}^{(1)}\|_2=\sqrt{\sum_{i=1}^m(\delta_i^{(1)})^2}=1.19\times10^{-3},$$

$$\|\boldsymbol{\delta}^{(2)}\|_2=\sqrt{\sum_{i=1}^m(\delta_i^{(2)})^2}=0.34\times10^{-3}.$$

由此可知，$\|\boldsymbol{\delta}^{(2)}\|_2$ 及 $\|\boldsymbol{\delta}^{(2)}\|_\infty$ 都比较小，所以用 $y=F^{(2)}(t)$ 作拟合曲线比较好.

从本例看到，拟合曲线的数学模型并不是一开始就能选得好的，往往要通过分析确定若干模型后，再经过实际计算，才能选到较好的模型. 本例的指数模型就比双曲线模型好.

现在很多计算机配有自动选择数学模型的程序，其方法与本例相同. 程序中因变量与自变量变换的函数类型较多，通过计算比较误差找到拟合得较好的曲线，最后输出曲线图形及数学表达式.

### 3.6.2 用正交函数作最小二乘拟合

用最小二乘法得到的法方程组(3.6.6)，其系数矩阵 $\boldsymbol{G}$ 是病态的，但如果 $\varphi_0(x)$，$\varphi_1(x),\cdots,\varphi_n(x)$ 是关于点集 $\{x_i\}$ $(i=0,1,\cdots,m)$ 带权 $\omega(x_i)$ $(i=0,1,\cdots,m)$ 正交的函数族，即

$$(\varphi_j,\varphi_k)=\sum_{i=0}^{m}\omega(x_i)\varphi_j(x_i)\varphi_k(x_i)=\begin{cases}0, & j\neq k,\\ A_k>0, & j=k,\end{cases}\tag{3.6.8}$$

则方程组(3.6.6)的解为

$$a_k^*=\frac{(f,\varphi_k)}{(\varphi_k,\varphi_k)}=\frac{\sum\limits_{i=0}^{m}\omega(x_i)f(x_i)\varphi_k(x_i)}{\sum\limits_{i=0}^{m}\omega(x_i)\varphi_k^2(x_i)}\quad(k=0,1,\cdots,n),\tag{3.6.9}$$

且平方误差为
$$\|\delta\|_2^2=\|f\|_2^2-\sum_{k=0}^{n}A_k(a_k^*)^2.$$

现在根据给定节点 $x_0,x_1,\cdots,x_m$ 及权函数 $\omega(x)>0$，造出带权 $\omega(x)$ 正交的多项式 $\{P_n(x)\}$. 注意 $n\leqslant m$，用递推公式表示 $P_k(x)$，即

$$\begin{cases}P_0(x)=1,\\ P_1(x)=(x-\alpha_1)P_0(x),\\ P_{k+1}(x)=(x-\alpha_{k+1})P_k(x)-\beta_kP_{k-1}(x)\quad(k=1,2,\cdots,n-1).\end{cases}\tag{3.6.10}$$

这里 $P_k(x)$ 是首项系数为 1 的 $k$ 次多项式. 根据 $P_k(x)$ 的正交性，得

$$\begin{cases}\alpha_{k+1}=\dfrac{\sum\limits_{i=0}^{m}\omega(x_i)x_iP_k^2(x_i)}{\sum\limits_{i=0}^{m}\omega(x_i)P_k^2(x_i)}=\dfrac{(xP_k(x),P_k(x))}{(P_k(x),P_k(x))}=\dfrac{(xP_k,P_k)}{(P_k,P_k)},\\ \qquad\qquad\qquad\qquad\qquad\qquad\qquad\qquad\qquad\qquad(k=0,1,\cdots,n-1).\\ \beta_k=\dfrac{\sum\limits_{i=0}^{m}\omega(x_i)P_k^2(x_i)}{\sum\limits_{i=0}^{m}\omega(x_i)P_{k-1}^2(x_i)}=\dfrac{(P_k,P_k)}{(P_{k-1},P_{k-1})}\end{cases}\tag{3.6.11}$$

下面用归纳法证明这样给出的$\{P_k(x)\}$是正交的. 由式(3.6.10)第二式及式(3.6.11)中$\alpha_1$的表达式,有

$$\begin{aligned}(P_l,P_1)&=(P_0,xP_0)-\alpha_1(P_0,P_0)\\&=(P_0,xP_0)-\frac{(xP_0,P_0)}{(P_0,P_0)}(P_0,P_0)=0.\end{aligned}$$

现假定$(P_1,P_s)=0\ (l\neq s)$对于$s=0,1,\cdots,l-1$及$l=0,1,\cdots,k\ (k<n)$均成立,要证$(P_{k+1},P_s)=0$对于$s=0,1,\cdots,k$均成立. 由式(3.6.10),有

$$\begin{aligned}(P_{k+1},P_s)&=((x-\alpha_{k+1})P_k,P_s)-\beta_k(P_{k-1},P_s)\\&=(xP_k,P_s)-\alpha_{k+1}(P_k,P_s)-\beta_k(P_{k-1},P_s),\end{aligned}\tag{3.6.12}$$

由归纳法假定,当$0\leqslant s\leqslant k-2$时

$$(P_k,P_s)=0,\quad (P_{k-1},P_s)=0.$$

另外,$xP_s(x)$是首项系数为1的$s+1$次多项式,它可用$P_0,P_1,\cdots,P_{s+1}$的线性组合表示,而$s+1\leqslant k-1$,故由归纳法假定又有

$$(xP_k,P_s)\equiv(P_k,xP_s)=0,$$

于是由式(3.6.12),当$s\leqslant k-2$时,$(P_{k+1},P_s)=0$.

再看

$$(P_{k+1},P_{k-1})=(xP_k,P_{k-1})-\alpha_{k+1}(P_k,P_{k-1})-\beta_k(P_{k-1},P_{k-1}),\tag{3.6.13}$$

由假定有

$$(P_k,P_{k-1})=0,$$

$$(xP_k,P_{k-1})=(P_k,xP_{k-1})=\left(P_k,P_k+\sum_{j=0}^{k-1}C_jP_j\right)=(P_k,P_k).$$

利用式(3.6.11)的$\beta_k$表达式及以上结果,得

$$(P_{k+1},P_{k-1})=(xP_k,P_{k-1})-\beta_k(P_{k-1},P_{k-1})=(P_k,P_k)-(P_k,P_k)=0.$$

最后,由式(3.6.11)有

$$\begin{aligned}(P_{k+1},P_k)&=(xP_k,P_k)-\alpha_{k+1}(P_k,P_k)-\beta_k(P_k,P_{k-1})\\&=(xP_k,P_k)-\frac{(xP_k,P_k)}{(P_k,P_k)}(P_k,P_k)=0.\end{aligned}$$

至此已证明了由式(3.6.10)及式(3.6.11)确定的多项式,$\{P_k(x)\}(k=0,1,\cdots,n;n\leqslant m)$组成一个关于点集$\{x_i\}$的正交系.

用正交多项式$\{P_k(x)\}$的线性组合作最小二乘曲线拟合,只要在根据式(3.6.10)及式(3.6.11)逐步求$P_k(x)$的同时,相应计算出系数

$$a_k=\frac{(f,P_k)}{(P_k,P_k)}=\frac{\sum_{i=0}^{m}\omega(x_i)f(x_i)P_k(x_i)}{\sum_{i=0}^{m}\omega(x_i)P_k^2(x_i)}\quad(k=0,1,\cdots,n),$$

并逐步把$\alpha_k^*P_k(x)$累加到$F(x)$中去,最后就可得到所求的拟合曲线

$$y=F(x)=\alpha_0^*P_0(x)+\alpha_1^*P_1(x)+\cdots+\alpha_n^*P_n(x),$$

这里 $n$ 可事先给定或在计算过程中根据误差确定.

用这种方法编程序不用解方程组,只用递推公式,并且当逼近次数增加一次时,只要把程序中循环数加 1,其余不用改变.这是目前用多项式作曲线拟合最好的计算方法,有通用的语言程序供用户使用.

### 3.6.3 多元最小二乘拟合

上面介绍的最小二乘法的有关概念与方法可推广到多元函数,例如,已知多元函数

$$y = f(x_1, x_2, \cdots, x_l)$$

的一组测量数据$(x_{1i}, x_{2i}, \cdots, x_{li}, y_i)$ $(i=1,2,\cdots,m)$,以及一组权系数 $\omega_i > 0$ $(i=1,2,\cdots,m)$,要求函数

$$S_n(x_1, x_2, \cdots, x_l) = \sum_{k=1}^{n} a_k \varphi_k(x_1, x_2, \cdots, x_l), \quad n \leqslant m,$$

使得

$$F(a_0, a_1, \cdots, a_n) = \sum_{i=1}^{m} \omega_i [y_i - S_n(x_{1i}, x_{2i}, \cdots, x_{li})]^2$$

最小,这与式(3.6.4)的极值问题完全一样,系数 $a_0, a_2, \cdots, a_n$ 同样满足法方程组(3.6.6),只是这里

$$(\varphi_k, \varphi_j) = \sum_{i=1}^{m} \omega_i \varphi_k(x_{1i}, x_{2i}, \cdots, x_{li}) \varphi_j(x_{1i}, x_{2i}, \cdots, x_{li}).$$

求解法方程组(3.6.6)就可得到$a_k$ $(k=0,1,\cdots,n)$,从而得到 $S_n(x_1, x_2, \cdots, x_l)$.称 $S_n(x_1, x_2, \cdots, x_l)$为函数 $f(x_1, x_2, \cdots, x_l)$的最小二乘拟合.

## 3.7 Fourier 逼近与快速 Fourier 变换

当 $f(x)$是周期函数时,显然用三角多项式比用代数多项式逼近更合适,本节主要讨论用三角多项式作最小平方逼近及快速 Fourier 变换(Fast Fourier Transform),简称 FFT 算法.

### 3.7.1 最佳平方三角逼近与三角插值

设 $f(x)$是以 $2\pi$ 为周期的平方可积函数,用三角多项式

$$S_n(x) = \frac{1}{2}a_0 + a_1\cos x + b_1\sin x + \cdots + a_n\cos nx + b_n\sin nx \qquad (3.7.1)$$

作最佳平方逼近函数.由于三角函数族 $1, \cos x, \sin x, \cdots, \cos kx, \sin kx, \cdots$ 在$[0,2\pi]$上是正交函数族,于是 $f(x)$在$[0,2\pi]$上的最小平方三角逼近多项式$S_n(x)$的系数是

$$\begin{cases} a_k = \dfrac{1}{\pi}\displaystyle\int_0^{2\pi} f(x)\cos kx\,\mathrm{d}x \quad (k = 0,1,\cdots,n), \\ b_k = \dfrac{1}{\pi}\displaystyle\int_0^{2\pi} f(x)\sin kx\,\mathrm{d}x \quad (k = 1,2,\cdots,n), \end{cases} \tag{3.7.2}$$

$a_k, b_k$ 称为 Fourier 系数，函数 $f(x)$ 按 Fourier 系数展开得到的级数

$$\frac{1}{2}a_0 + \sum_{k=1}^{\infty}(a_k\cos kx + b_k\sin kx) \tag{3.7.3}$$

就称为 Fourier 级数，只要 $f'(x)$ 在 $[0,2\pi]$ 上分段连续，则级数(3.7.3)一致收敛到 $f(x)$.

当 $f(x)$ 只在给定的离散点集 $\left\{x_j = \dfrac{2\pi}{N}j,\ j=0,1,\cdots,N-1\right\}$ 上已知时，则可类似得到在离散点集上的正交性与相应的离散 Fourier 系数. 为方便起见，下面只给出奇数个点的情形. 令

$$x_j = \frac{2\pi j}{2m+1} \quad (j = 0,1,\cdots,2m),$$

可以证明，对于任何 $0 \leqslant k, l \leqslant m$，成立

$$\begin{cases} \displaystyle\sum_{j=0}^{2m}\sin lx_j\sin kx_j = \begin{cases} 0, & l \neq k, l = k = 0, \\ \dfrac{2m+1}{2}, & l = k \neq 0, \end{cases} \\ \displaystyle\sum_{j=0}^{2m}\cos lx_j\cos kx_j = \begin{cases} 0, & l \neq k, \\ \dfrac{2m+1}{2}, & l = k \neq 0, \\ 2m+1, & l = k = 0, \end{cases} \\ \displaystyle\sum_{j=0}^{2m}\cos lx_j\sin kx_j = 0, \quad 0 \leqslant k, j \leqslant m. \end{cases}$$

这就表明，函数族 $\{1,\cos x,\sin x,\cdots,\cos mx,\sin mx\}$ 在点集 $\left\{x_j = \dfrac{2\pi j}{2m+1}\right\}$ 上正交. 若令 $f_j = f(x_j)$ $(j=0,1,\cdots,2m)$，则 $f(x)$ 的最小二乘三角逼近为

$$S_n(x) = \frac{1}{2}a_0 + \sum_{k=1}^{n}(a_k\cos kx + b_k\sin kx), \quad n < m,$$

其中

$$\begin{cases} a_k = \dfrac{2}{2m+1}\displaystyle\sum_{j=0}^{2m} f_j\cos\dfrac{2\pi jk}{2m+1} \quad (k = 0,1,\cdots,n), \\ b_k = \dfrac{2}{2m+1}\displaystyle\sum_{j=0}^{2m} f_j\sin\dfrac{2\pi jk}{2m+1} \quad (k = 1,\cdots,n). \end{cases} \tag{3.7.4}$$

当 $n=m$ 时，可证明 $S_m(x_j)=f_j$ $(j=0,1,\cdots,2m)$，于是

$$S_m(x) = \frac{1}{2}a_0 + \sum_{k=1}^{m}(a_k\cos kx + b_k\sin kx)$$

就是三角插值多项式,系数仍由式(3.7.4)表示.

更一般情形,假定 $f(x)$是以 $2\pi$ 为周期的复函数,给定在 $N$ 个等分点 $x_j=\frac{2\pi}{N}j$ $(j=0,1,\cdots,N-1)$上的值 $f_j=f\left(\frac{2\pi}{N}j\right)$,由于

$$\mathrm{e}^{\mathrm{i}jx}=\cos(jx)+\mathrm{i}\sin(jx)\quad(j=0,1,\cdots,N-1;\mathrm{i}=\sqrt{-1}),$$

函数族$\{1,\mathrm{e}^{\mathrm{i}x},\cdots,\mathrm{e}^{\mathrm{i}(N-1)x}\}$在区间$[0,2\pi]$上是正交的.将函数 $\mathrm{e}^{\mathrm{i}jx}$ 在等距点集 $x_k=\frac{2\pi}{N}k$ $(k=0,1,\cdots,N-1)$上的值 $\mathrm{e}^{\mathrm{i}jx_k}$ 组成的向量记作

$$\boldsymbol{\varphi}_j=(1,\mathrm{e}^{\mathrm{i}j\frac{2\pi}{N}},\cdots,\mathrm{e}^{\mathrm{i}j\frac{2\pi}{N}(N-1)})^{\mathrm{T}}.$$

当 $j=0,1,\cdots,N-1$ 时,$N$ 个复向量 $\boldsymbol{\varphi}_0,\boldsymbol{\varphi}_1,\cdots,\boldsymbol{\varphi}_{N-1}$具有下面所定义的正交性:

$$(\boldsymbol{\varphi}_l,\boldsymbol{\varphi}_s)=\sum_{k=0}^{N-1}\mathrm{e}^{\mathrm{i}l\frac{2\pi}{N}k}\mathrm{e}^{-\mathrm{i}s\frac{2\pi}{N}k}=\sum_{k=0}^{N-1}\mathrm{e}^{\mathrm{i}(l-s)\frac{2\pi}{N}k}=\begin{cases}0, & l\neq s,\\ N, & l=s.\end{cases}\tag{3.7.5}$$

事实上,令 $r=\mathrm{e}^{\mathrm{i}(l-s)\frac{2\pi}{N}}$,若 $0\leqslant l,s\leqslant N-1$,则有

$$0\leqslant l\leqslant N-1,\quad -(N-1)\leqslant -s\leqslant 0,$$

于是
$$-(N-1)\leqslant l-s\leqslant N-1,\quad -1<-\frac{N-1}{N}\leqslant\frac{l-s}{N}\leqslant\frac{N-1}{N}<1.$$

若 $l-s\neq 0$,则 $r\neq 1$,从而 $r^N=\mathrm{e}^{\mathrm{i}(l-s)2\pi}=1$,于是

$$(\boldsymbol{\varphi}_l,\boldsymbol{\varphi}_s)=\sum_{k=0}^{N-1}r^k=\frac{1-r^N}{1-r}=0.$$

若 $l=s$,则 $r=1$,于是$(\boldsymbol{\varphi}_s,\boldsymbol{\varphi}_s)=\sum\limits_{k=0}^{N-1}r^k=N$.这就证明了式(3.7.5)成立,即 $\boldsymbol{\varphi}_0$,$\boldsymbol{\varphi}_1,\cdots,\boldsymbol{\varphi}_{N-1}$ 是正交的.

因此,$f(x)$在 $N$ 个点$\left\{x_j=\frac{2\pi}{N}j,\ j=0,1,\cdots,N-1\right\}$上的最小二乘 Fourier 逼近为

$$S(x)=\sum_{k=0}^{n-1}C_k\mathrm{e}^{\mathrm{i}kx},\quad n\leqslant N,\tag{3.7.6}$$

其中

$$C_k=\frac{1}{N}\sum_{j=0}^{N-1}f_j\mathrm{e}^{-\mathrm{i}kj\frac{2\pi}{N}}\quad(k=0,1,\cdots,N-1).\tag{3.7.7}$$

在式(3.7.6)中,若 $n=N$,则 $S(x)$为 $f(x)$在点 $x_j$ $(j=0,1,\cdots,N-1)$上的插值函数,即$S(x_j)=f(x_j)$,于是由式(3.7.6)得

$$f_j=\sum_{k=0}^{N-1}C_k\mathrm{e}^{\mathrm{i}k\frac{2\pi}{N}j}\quad(j=0,1,\cdots,N-1).\tag{3.7.8}$$

式(3.7.7)表示了由$\{f_j\}$求$\{C_k\}$的过程,称为 $f(x)$的**离散 Fourier 变换**,简称

DFT；而式(3.7.8)是由$\{C_k\}$求$\{f_j\}$的过程，称为**反变换**. 它们是使用计算机进行 Fourier 分析的主要方法，在数字信号处理、全息技术、光谱和声谱分析等很多领域都有广泛应用.

### 3.7.2 快速 Fourier 变换

不论是按式(3.7.7)由$\{f_k\}$求$\{C_j\}$，按式(3.7.8)由$\{C_j\}$求$\{f_k\}$，还是由式(3.7.4)计算 Fourier 逼近系数$a_k,b_k$，都可归结为计算

$$C_j = \sum_{k=0}^{N-1} x_k w^{kj} \quad (j = 0,1,\cdots,N-1), \tag{3.7.9}$$

其中$w=\exp(-\mathrm{i}2\pi/N)$(正变换)或$w=\exp(\mathrm{i}2\pi/N)$(反变换)；$\{x_k\}(k=0,1,\cdots,N-1)$是已知复数序列. 如直接用式(3.7.9)计算$C_j$，需要$N$次复数乘法和$N$次复数加法(称为$N$个操作)，计算全部$C_j$共要$N^2$个操作. 当$N$较大且处理数据很多时，就是用高速的电子计算机，很多实际问题仍然无法计算，直到20世纪60年代中期产生了快速 Fourier 变换，即 FFT 算法，大大提高了运算速度，才使 Fourier 变换得以广泛应用. FFT 算法的思想就是尽量减少乘法次数，例如，计算$ab+ac=a(b+c)$，用左端计算时做两次乘法，用右端计算时只做一次乘法. 用式(3.7.9)计算全部$C_j$，表面看要做$N^2$次乘法，实际上，在所有$\exp(\mathrm{i}2\pi kj/N)$，$j,k=0,1,\cdots,N-1$中，只有$N$个不同的值$w^0,w^1,\cdots,w^{N-1}$，特别当$N=2^p$时，只有$N/2$个不同的值. 因此，可把同一个$w^r$对应的$x_k$相加后再乘$w^r$，这样就能大量减少乘法次数. 为了具体推导 FFT 算法，先给出定义：

设正整数$m$除以$N$后得商$q$及余数$r$，则$m=qN+r$，$r$称为$m$的$N$同余数. 由于$w=\exp(\mathrm{i}2\pi/N)$，$w^N=\mathrm{e}^{\mathrm{i}2\pi}=1$，故有$w^m=(w^N)^q w^r=w^r$.

因此计算$w^m$时可用$w$的$N$同余数$r$代替$m$，从而推出 FFT 算法. 下面以$N=2^3$为例说明 FFT 的计算方法. 由于$0\leqslant k,j\leqslant N-1=2^3-1=7$，则式(3.7.9)的和是

$$C_j = \sum_{k=0}^{7} x_k w^{jk} \quad (j = 0,1,\cdots,7). \tag{3.7.10}$$

将$k,j$用二进制表示为

$$k = k_2 2^2 + k_1 2 + k_0 2^0 = (k_2 k_1 k_0),$$
$$j = j_2 2^2 + j_1 2^1 + j_0 2^0 = (j_2 j_1 j_0),$$

其中$k_r,j_r$ $(r=0,1,2)$只能取0或1，例如，$6=2^2+2^1+0\times 2^0=(110)$. 根据$k,j$表示法，有$C_j=C(j_2 j_1 j_0)$，$x_k=x(k_2 k_1 k_0)$. 式(3.7.10)可表示为

$$\begin{aligned} C(j_2 j_1 j_0) &= \sum_{k_0=0}^{1}\sum_{k_1=0}^{1}\sum_{k_2=0}^{1} x(k_2 k_1 k_0) w^{(k_2 k_1 k_0)(j_2 2^2 + j_1 2^1 + j_0 2^0)} \\ &= \sum_{k_0=0}^{1}\left\{\sum_{k_1=0}^{1}\left[\sum_{k_2=0}^{1} x(k_2 k_1 k_0) w^{j_0 (k_2 k_1 k_0)}\right] w^{j_1 (k_1 k_0 0)}\right\}(w^{j_2 (k_0 00)}). \end{aligned} \tag{3.7.11}$$

若引入记号

$$\begin{cases} A_0(k_2k_1k_0) = x(k_2k_1k_0), \\ A_1(k_1k_0j_0) = \sum\limits_{k_2=0}^{1} A_0(k_2k_1k_0)w^{j_0(k_2k_1k_0)}, \\ A_2(k_0j_1j_0) = \sum\limits_{k_1=0}^{1} A_1(k_1k_0j_0)w^{j_1(k_1k_00)}, \\ A_3(j_2j_1j_0) = \sum\limits_{k_0=0}^{1} A_2(k_0j_1j_0)w^{j_2(k_000)}, \end{cases} \tag{3.7.12}$$

则式(3.7.11)变成

$$C(j_2j_1j_0)=A_3(j_2j_1j_0).$$

它说明利用 $N$ 同余数可把计算 $C_j$ 分为 $p$ 步,用式(3.7.12)计算,每计算一个 $A_q$ 只用 2 次复数乘法,计算一个 $C_j$ 用 $2p$ 次复数乘法,计算全部 $C_j$ 共用 $2pN$ 次复数乘法.若注意 $w^{j_0 2^{p-1}}=w^{j_0 N/2}=(-1)^j$,式(3.7.12)还可进一步简化为

$$\begin{aligned} A_1(k_1k_0j_0) &= \sum_{k_2=0}^{1} A_0(k_2k_1k_0)w^{j_0(k_2k_1k_0)} \\ &= A_0(0k_1k_0)w^{j_0(0k_1k_0)} + A_0(1k_1k_0)w^{j_0 2^2}w^{j_0(0k_1k_0)} \\ &= [A_0(0k_1k_0)+(-1)^{j_0}A_0(1k_1k_0)]w^{j_0(0k_1k_0)}, \end{aligned}$$

$$A_1(k_1k_00) = A_0(0k_1k_0)+A_0(1k_1k_0),$$
$$A_1(k_1k_01) = [A_0(0k_1k_0)-A_0(1k_1k_0)]w^{(0k_1k_0)}.$$

将表达式中的二进制表示还原为十进制表示:$k=(0k_1k_0)=k_12^1+k_02^0$,即 $k=0,1,2,3$,得

$$\begin{cases} A_1(2k) = A_0(k)+A_0(k+2^2), \\ A_1(2k+1) = [A_0(k)-A_0(k+2^2)]w^k \end{cases} \quad (k=0,1,2,3). \tag{3.7.13}$$

同样,式(3.7.12)中的 $A_2$ 可简化为

$$A_2(k_0j_1j_0) = [A_1(0k_0j_0)+(-1)^{j_1}A_1(1k_0j_0)]w^{j_1(0k_00)},$$

即

$$A_2(k_00j_0)=A_1(0k_0j_0)+A_1(1k_0j_0),$$
$$A_2(k_01j_0) = [A_1(0k_0j_0)-A_1(1k_0j_0)]w^{(0k_00)}.$$

将表达式中的二进制表示还原为十进制表示,得

$$\begin{cases} A_2(k2^2+j) = A_1(2k+j)+A_1(2k+j+2^2), & k=0,1, \\ A_2(k2^2+j+2) = [A_1(2k+j)-A_1(2k+j+2^2)]w^{2k}, & j=0,1. \end{cases} \tag{3.7.14}$$

同样,式(3.7.12)中 $A_3$ 可简化为

$$A_3(j_2j_1j_0) = A_2(0j_1j_0)+(-1)^{j_2}A_2(1j_1j_0),$$

即

$$A_3(0j_1j_0)=A_2(0j_1j_0)+A_2(1j_1j_0),$$
$$A_3(1j_1j_0)=A_2(0j_1j_0)-A_2(1j_1j_0).$$

将表达式中的二进制表示还原为十进制表示，得

$$\begin{cases}A_3(j)=A_2(j)+A_2(j+2^2),\\ A_3(j+2^2)=A_2(j)-A_2(j+2^2)\end{cases}\quad(j=0,1,2,3). \tag{3.7.15}$$

根据式(3.7.13)、式(3.7.14)、式(3.7.15)，由 $A_0(k)=x(k)=x_k$ $(k=0,1,\cdots,7)$逐次计算到 $A_3(j)=C_j$ $(j=0,1,\cdots,7)$，结果如表 3.5 所示.

表 3.5

| 单元码号 | (0) 000 | (1) 001 | (2) 010 | (3) 011 | (4) 100 | (5) 101 | (6) 110 | (7) 111 |
|---|---|---|---|---|---|---|---|---|
| | | | | | $w^0=1$ | $w^1$ | $w^2$ | $w^3$ |
| $x_k=A_0(k)$ | $A_0(0)$ | $A_0(1)$ | $A_0(2)$ | $A_0(3)$ | $A_0(4)$ | $A_0(5)$ | $A_0(6)$ | $A_0(7)$ |
| $A_1$ | $A_0(0)+A_0(4)$ | $[A_0(0)-A_0(4)]w^0$ | $A_0(1)+A_0(5)$ | $[A_0(1)-A_0(5)]w^1$ | $A_0(2)+A_0(6)$ | $[A_0(2)-A_0(6)]w^2$ | $A_0(3)+A_0(7)$ | $[A_0(3)-A_0(7)]w^3$ |
| $A_2$ | $A_1(0)+A_1(4)$ | $A_1(0)+A_1(5)$ | $[A_1(0)-A_1(4)]w^0$ | $[A_1(1)-A_1(5)]w^0$ | $A_1(2)+A_1(6)$ | $A_1(3)+A_1(7)$ | $[A_1(2)-A_1(6)]w^2$ | $[A_1(3)-A_1(7)]w^2$ |
| $C_i=A_3(j)$ | (0)+(4) | (1)+(5) | (2)+(6) | (3)+(7) | (0)−(4) | (1)−(5) | (2)−(6) | (3)−(7) |

上面推导的 $N=2^3$ 的计算公式可类似地推广到 $N=2^p$ 的情形. 根据式(3.7.13)、式(3.7.14)、式(3.7.15)，一般情况的 FFT 计算公式如下：

$$\begin{cases}A_q(k2^q+j)=A_{q-1}(k2^{q-1}+j)+A_{q-1}(k2^{q-1}+j+2^{p-1}),\\ A_q(k2^q+j+2^{q-1})\\ =[A_{q-1}(k2^{q-1}+j)-A_{q-1}(k2^{q-1}+j+2^{p-1})]w^{k2^{q-1}},\end{cases} \tag{3.7.16}$$

其中 $q=1,2,\cdots,p;k=0,1,\cdots,2^{p-q}-1;j=0,1,\cdots,2^{q-1}-1$. $A_q$ 括号内的数代表它的位置，在计算机中代表存放数的地址. 一组 $A_q$ 占用 $N$ 个复数单元，计算时需给出两组单元，从 $A_0(m)$ $(m=0,1,\cdots,N-1)$出发，$q$ 由 1 到 $p$ 算到 $A_p(j)=C_j$ $(j=0,1,\cdots,N-1)$，即为所求. 计算过程中只要按地址号存放 $A_q$，最后得到的 $A_p(j)$就是所求离散频谱的次序(注意，目前一些计算机程序计算结果地址是逆序排列，还要增加倒地址的一步才是这里介绍的结果). 这个计算公式不仅具有不倒地址的优点，而且计算只有两重循环，外循环 $q$ 由 1 计算到 $p$，内循环 $k$ 由 0 计算到 $2^{p-q}-1$，$j$ 由 0 计算到 $2^{q-1}-1$，更重要的是整个计算过程计算量小. 由公式可看到，算一个 $A_q$ 共做 $2^{p-q}2^{q/1}=N/2$次复数乘法；而最后一步计算 $A_p$ 时，由于 $w^{k2^{p-1}}=(w^{N/2})^k=(-1)^k=(-1)^0=1$(注意，$q=p$ 时 $2^{p-q}-1=0$，故 $k=0$)，因此，总共要算$(p-1)N/2$ 次复数乘法，它比直接用式(3.7.9)计算需 $N^2$ 次乘法快得多，计算量之比是 $N:(p-1)/2$. 当 $N=2^{10}$时二者之比是 1 024 ∶ 4.5≈230 ∶ 1. 它比一般 FFT 的计算量 $pN$ 次乘法

也快一倍.式(3.7.16)的计算公式称为**改进的 FFT 算法**,下面给出这一算法的**程序步骤**:

**步 1** 给出数组 $A_1(N)$,$A_2(N)$及 $w(N/2)$.

**步 2** 将已知的记录复数数组$\{x_k\}$输入到单元 $A_1(k)$ ($k$ 从 0 到 $N-1$)中.

**步 3** 计算 $w^m=\exp\left(-\mathrm{i}\dfrac{2\pi}{N}m\right)$或 $w^m=\exp\left(\mathrm{i}\dfrac{2\pi}{N}m\right)$,存放在单元 $w(m)$ ($m$ 从 0 到$(N/2)-1$)中.

**步 4** $q$ 循环从 1 到 $p$,若 $q$ 为奇数做步 5,否则做步 6.

**步 5** $k$ 循环从 0 到 $2^{p-q}-1$,$j$ 循环从 0 到 $2^{q-1}-1$,计算

$$A_2(k2^q+j)=A_1(k2^{q-1}+j)+A_1(k2^{q-1}+j+2^{p-1}),$$

$$A_2(k2^q+j+2^{q-1})=[A_1(k2^{q-1}+j)-A_1(k2^{q-1}+j+2^{q-1})]w(k2^{q-1}),$$

转步 7.

**步 6** $k$ 循环从 0 到 $2^{p-q}-1$,$j$ 循环从 0 到 $2^{q-1}$,计算

$$A_1(k2^q+j)=A_2(k2^{q-1}+j)+A_2(k2^{q-1}+j+2^{p-1}),$$

$$A_1(k2^q+j+2^{q-1})=[A_2(k2^{q-1}+j)-A_2(k2^{q-1}+j+2^{q-1})]w(k2^{q-1}),$$

$k$,$j$ 循环结束,做下一步.

**步 7** 若 $q=p$ 转步 8,否则 $q+1\to q$ 转步 4.

**步 8** $q$ 循环结束,若 $p=$偶数,将 $A_1(j)\to A_2(j)$,则 $C_j=A_2(j)$ ($j=0,1,\cdots,N-1$)即为所求.

## 小 结

函数逼近是数学中一个很重要的课题,本章只介绍了函数逼近最基本的概念及常用的正交多项式,并从函数计算观点介绍了用多项式逼近连续函数的主要方法.这些都是计算数学的基础,需要详细了解的读者可参看文献[4].本章对函数逼近与计算的另一重要课题——有理逼近没有涉及,这方面内容可参看文献[5].

本章介绍的曲线拟合的最小二乘法和离散 Fourier 变换都可从最佳平方逼近得到,它们在实际中都有广泛的应用,本章着重介绍了在计算机上有效和节省时间的算法,而不要求理论上的详细讨论.特别是 FFT 算法,不但应用中意义重大,而且也是计算数学中节省运算次数的一个典范.本章介绍的改进 FFT 算法比目前使用的 FFT 算法计算次数又减少了,程序也较简单,这一算法的推导与应用可参看文献[6].

## 习 题

1. (1) 利用区间变换推出区间为$[a,b]$的 Bernstein 多项式.

(2) 对 $f(x)=\sin x$ 在$[0,\pi/2]$上求一次和三次 Bernstein 多项式，画出图形，并与相应的 Taylor 级数部分和误差作比较.

**2.** 求证：

(1) 当 $m\leqslant f(x)\leqslant M$ 时，$m\leqslant B_n(f,x)\leqslant M$； (2) 当 $f(x)=x$ 时，$B_n(f,x)=x$.

**3.** 在次数不超过 6 的多项式中，求 $f(x)=\sin 4x$ 在$[0,2\pi]$上的最佳一致逼近多项式.

**4.** 假设 $f(x)$在$[a,b]$上连续，求 $f(x)$的零次最佳一致逼近多项式.

**5.** 选取常数 $a$，使 $\max\limits_{0\leqslant x\leqslant 1}|x^3-ax|$ 达到极小，又问这个解是否唯一？

**6.** 求 $f(x)=\sin x$ 在$[0,\pi/2]$上的最佳一次逼近多项式，并估计误差.

**7.** 求 $f(x)=e^x$ 在$[0,1]$上的最佳一次逼近多项式.

**8.** 如何选取 $r$，使 $p(x)=x^2+r$ 在$[-1,1]$上与零偏差最小？$r$ 是否唯一？

**9.** 设 $f(x)=x^4+3x^3-1$，在$[0,1]$上求三次最佳一致逼近多项式.

**10.** 令 $T_n(x)=T_n(2x-1)$，$x\in[0,1]$，求 $T_0^*(x)$，$T_1^*(x)$，$T_2^*(x)$，$T_3^*(x)$.

**11.** 试证$\{T_n^*(x)\}$是在$[0,1]$上带权 $\rho=\dfrac{1}{\sqrt{x-x^2}}$的正交多项式.

**12.** $f(x)$是$[-a,a]$上的连续奇（偶）函数，证明：不管 $n$ 是奇数或偶数，$f(x)$的最佳逼近多项式 $F_n^*(x)\in H_n$ 也是奇（偶）函数.

**13.** 求 $a,b$，使$\int_0^{\frac{\pi}{2}}[ax+b-\sin x]^2\,dx$ 为最小，并与题 1 及题 6 的一次逼近多项式误差作比较.

**14.** $f(x),g(x)\in C^1[a,b]$，定义

(1) $(f,g)=\int_a^b f'(x)g'(x)\,dx$， (2) $(f,g)=\int_a^b f'(x)g'(x)\,dx+f(a)g(a)$，

它们是否构成内积？

**15.** 用Schwarz不等式(3.4.5)估计$\int_0^1\dfrac{x^6}{1+x}dx$的上界，并用积分中值定理估计同一积分的上、下界，并比较其结果.

**16.** 选择 $a$，使积分$\int_{-1}^1(x-ax^2)^2\,dx$， $\int_{-1}^1|x-ax^2|\,dx$ 取得最小值.

**17.** 设 $\varphi_1=\text{span}\{1,x\}$，$\varphi_2=\text{span}\{x^{100},x^{101}\}$，分别在 $\varphi_1$，$\varphi_2$ 上求一元素，使其为 $x^2\in C[0,1]$的最佳平方逼近，并比较其结果.

**18.** $f(x)=|x|$在$[-1,1]$上，求在 $\varphi_1=\text{span}\{1,x^2,x^4\}$上的最佳平方逼近.

**19.** $u_n(x)=\dfrac{\sin[(n+1)\arccos x]}{\sqrt{1-x^2}}$是第二类 Chebyshev 多项式，证明它有递推关系

$$u_{n+1}(x)=2xu_n(x)-u_{n-1}(x).$$

**20.** 将 $f(x)=\sin\dfrac{1}{2}x$ 在$[-1,1]$上按 Legendre 多项式及 Chebyshev 多项式展开，求三次最佳平方逼近多项式并画出误差图形，再计算均方误差.

**21.** 把 $f(x)=\arccos x$ 在$[-1,1]$上展开成 Chebyshev 级数.

**22.** 用最小二乘法求一个形如 $y=a+bx^2$ 的经验公式，使它与表 3.6 所示数据相拟合，并求均方误差.

表 3.6

| $x_i$ | 19 | 25 | 31 | 38 | 44 |
|---|---|---|---|---|---|
| $y_i$ | 19.0 | 32.3 | 49.0 | 73.3 | 97.8 |

**23.** 观察物体的直线运动，得出时间 $t$ 与距离 $s$ 的关系如表 3.7 所示，求运动方程.

表 3.7

| $t$/s | 0 | 0.9 | 1.9 | 3.0 | 3.9 | 5.0 |
|---|---|---|---|---|---|---|
| $s$/m | 0 | 10 | 30 | 50 | 80 | 110 |

**24.** 在某化学反应里，根据实验所得分解物的质量分数 $y$ 与时间 $t$ 的关系如表 3.8 所示，用最小二乘拟合求 $y=F(t)$.

表 3.8

| $t$/min | 0 | 5 | 10 | 15 | 20 | 25 |
|---|---|---|---|---|---|---|
| $y/\times10^{-4}$ | 0 | 1.27 | 2.16 | 2.86 | 3.44 | 3.87 |
| $t$/min | 30 | 35 | 40 | 45 | 50 | 55 |
| $y/\times10^{-4}$ | 4.15 | 4.37 | 4.51 | 4.58 | 4.62 | 4.64 |

**25.** 编出用正交多项式作最小二乘拟合的程序框图.

**26.** 编出改进 FFT 算法的程序框图.

**27.** 已知 $\{x_k\}=(4,3,2,1,0,1,2,3)$，用改进 FFT 算法求 $\{x_k\}$ 离散频谱 $\{C_k\}$ $(k=0,1,\cdots,7)$.

# 第 4 章　数值积分与数值微分

## 4.1　引言

### 4.1.1　数值求积的基本思想

有很多实际问题常常需要计算积分才能求解. 有些数值方法,如微分方程和积分方程的求解,也都和积分计算有联系.

依据人们所熟知的微积分基本定理,对于积分 $I=\int_a^b f(x)\mathrm{d}x$ ,只要找到被积函数 $f(x)$的原函数 $F(x)$,便有下列 Newton-Leibniz 公式:

$$\int_a^b f(x)\mathrm{d}x = F(b)-F(a).$$

但实际使用这种求积方法往往有困难,因为大量的被积函数,诸如$\frac{\sin x}{x}$,$\sin x^2$ 等等,找不到用初等函数表示的原函数;另外,当 $f(x)$是由测量或数值计算给出的一张数据表时,Newton-Leibniz 公式也不能直接运用. 因此有必要研究积分的数值计算问题.

积分中值定理告诉我们,在积分区间$(a,b)$内存在一点 $\xi$,有下式成立:

$$\int_a^b f(x)\mathrm{d}x = (b-a)f(\xi).$$

就是说,底为 $b-a$ 而高为 $f(\xi)$的矩形面积恰等于所求曲边梯形的面积 $I$(见图 4.1). 问题在于点 $\xi$ 的具体位置一般是不知道的,因而难以准确算出 $f(\xi)$的值. 我们将 $f(\xi)$称为区间$[a,b]$上的**平均高度**. 这样,只要对平均高度$f(\xi)$提供一种算法,相应地便获得一种数值求积方法.

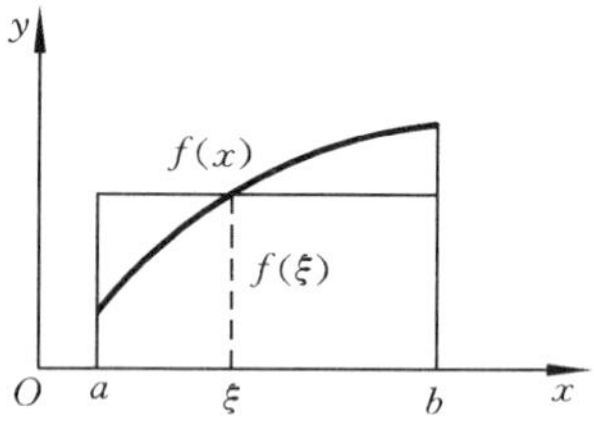

图 4.1

如果用两端点的"高度"$f(a)$与 $f(b)$取算术平均作为平均高度 $f(\xi)$的近似值,这样导出的求积公式

$$T=\frac{b-a}{2}[f(a)+f(b)] \tag{4.1.1}$$

便是我们所熟悉的**梯形公式**(几何意义参见图 4.2). 如果改用区间中点 $c=\frac{a+b}{2}$的

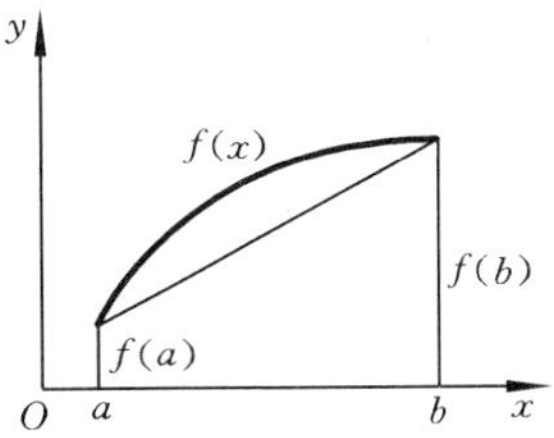

图 4.2

“高度”$f(c)$近似地取代平均高度 $f(\xi)$，则又可导出所谓**中矩形公式**（以下简称**矩形公式**）

$$R=(b-a)f\left(\frac{a+b}{2}\right). \tag{4.1.2}$$

更一般地，可以在区间$[a,b]$上适当选取某些节点 $x_k$，然后用 $f(x_k)$加权平均得到平均高度 $f(\xi)$的近似值，这样构造出的求积公式具有下列形式：

$$\int_a^b f(x)\mathrm{d}x \approx \sum_{k=0}^{n} A_k f(x_k). \tag{4.1.3}$$

其中 $x_k$ 称为**求积节点**；$A_k$ 称为**求积系数**，亦称伴随节点 $x_k$ 的**权**. 权 $A_k$ 仅仅与节点 $x_k$ 的选取有关，而不依赖于被积函数 $f(x)$的具体形式.

这类数值积分方法通常称为**机械求积**，其特点是将积分求值问题归结为函数值的计算，这就避开了 Newton-Leibniz 公式需要寻求原函数的困难.

### 4.1.2 代数精度的概念

数值求积方法是近似方法，为保证精度，自然希望求积公式对于“尽可能多”的函数都能准确地成立，这就提出了所谓代数精度的概念.

**定义 4.1** 如果某个求积公式对于次数不大于 $m$ 的多项式均能准确地成立，但对于 $m+1$ 次多项式就不一定准确，则称该求积公式具有 $m$ **次代数精度**.

不难验证，梯形公式(4.1.1)和矩形公式(4.1.2)均具有一次代数精度.

一般地，欲使求积公式(4.1.3)具有 $m$ 次代数精度，只要令它对于 $f(x)=1,x,x^2,\cdots,x^m$ 都能准确地成立，这就要求

$$\begin{cases} \sum A_k = b-a, \\ \sum A_k x_k = \frac{1}{2}(b^2-a^2), \\ \quad\vdots \\ \sum A_k x_k^m = \frac{1}{m+1}(b^{m+1}-a^{m+1}). \end{cases} \tag{4.1.4}$$

为简洁起见，这里省略了符号 $\sum\limits_{k=0}^{n}$ 中的上、下限.

如果事先选定求积节点 $x_k$，譬如，以区间$[a,b]$的等距分点作为节点，这时取 $m=n$ 求解方程组(4.1.4)即可确定求积系数 $A_k$，而使求积公式(4.1.3)至少具有 $n$ 次代数精度. 4.2 节将介绍这样一类求积公式，梯形公式作为其中的一个特例.

构造出形如式(4.1.3)的求积公式的问题，原则上是个确定参数 $x_k$ 和 $A_k$ 的代数问题.

### 4.1.3 插值型的求积公式

设给定一组节点

$$a \leqslant x_0 < x_1 < x_2 < \cdots < x_n \leqslant b$$

且已知函数 $f(x)$在这些节点上的值,作插值函数 $L_n(x)$(参见式(2.2.11)).由于代数多项式 $L_n(x)$的原函数是容易求出的,取 $I_n = \int_a^b L_n(x)\mathrm{d}x$ 作为积分 $I = \int_a^b f(x)\mathrm{d}x$ 的近似值,这样构造出的求积公式

$$I_n = \sum_{k=0}^{n} A_k f(x_k) \tag{4.1.5}$$

是**插值型**的,其中求积系数 $A_k$ 通过插值基函数 $l_k(x)$积分

$$A_k = \int_a^b l_k(x)\mathrm{d}x \tag{4.1.6}$$

得出.

由插值余项定理(定理2.2)即知,对于插值型的求积公式(4.1.5),其余项

$$R[f] = I - I_n = \int_a^b \frac{f^{n+1}(\xi)}{(n+1)!} w(x)\mathrm{d}x, \tag{4.1.7}$$

其中 $\xi$ 与变量 $x$ 有关,$w(x)=(x-x_0)(x-x_1)\cdots(x-x_n)$.

如果求积公式(4.1.5)是插值型的,按式(4.1.7),对于次数不大于 $n$ 的多项式 $f(x)$,其余项 $R[f]$等于零,因而这时求积公式至少具有 $n$ 次代数精度.

反之,如果求积公式(4.1.5)至少具有 $n$ 次代数精度,则它必定是插值型的.事实上,这时式(4.1.5)对于插值基函数 $l_k(x)$应准确成立,即有

$$\int_a^b l_k(x)\mathrm{d}x = \sum_{j=0}^{n} A_j l_k(x_j).$$

注意到 $l_k(x_j)=\delta_{kj}$,上式右端实际上即等于 $A_k$,因而式(4.1.6)成立.

综上所述,得到如下结论.

**定理 4.1** 形如式(4.1.5)的求积公式至少有 $n$ 次代数精度的充分必要条件是,它是插值型的.

## 4.2 Newton-Cotes 公式

### 4.2.1 Cotes 系数

设将积分区间$[a,b]$划分为 $n$ 等份,步长 $h=\frac{b-a}{n}$,选取等距节点 $x_k=a+kh$ 构

造出的插值型求积公式

$$I_n = (b-a)\sum_{k=0}^{n} C_k^{(n)} f(x_k) \tag{4.2.1}$$

称为 Newton-Cotes **公式**，其中 $C_k^{(n)}$ 称为 Cotes **系数**. 按式(4.1.6)，引进变换

$$x = a + th,$$

则有

$$C_k^{(n)} = \frac{h}{b-a}\int_0^n \prod_{\substack{j=0\\ j\neq k}}^{n} \frac{t-j}{k-j}\mathrm{d}t = \frac{(-1)^{n-k}}{nk!(n-k)!}\int_0^n \prod_{\substack{j=0\\ j\neq k}}^{n}(t-j)\mathrm{d}t. \tag{4.2.2}$$

由于是多项式的积分，Cotes 系数的计算不会遇到实质性的困难. 当 $n=1$ 时，

$$C_0^{(1)} = C_1^{(1)} = \frac{1}{2},$$

这时求积公式是我们所熟悉的梯形公式(4.1.1).

当 $n=2$ 时，按式(4.2.2)，Cotes 系数为

$$C_0^{(2)} = \frac{1}{4}\int_0^2 (t-1)(t-2)\mathrm{d}t = \frac{1}{6},$$

$$C_1^{(2)} = -\frac{1}{2}\int_0^2 t(t-2)\mathrm{d}t = \frac{4}{6}, \quad C_2^{(2)} = \frac{1}{4}\int_0^2 t(t-1)\mathrm{d}t = \frac{1}{6}.$$

相应的求积公式是下列 Simpson **公式**：

$$S = \frac{b-a}{6}\left[f(a) + 4f\left(\frac{a+b}{2}\right) + f(b)\right]. \tag{4.2.3}$$

而 $n=4$ 的 Newton-Cotes 公式则特别称为 Cotes **公式**，其形式为

$$C = \frac{b-a}{90}[7f(x_0)+32f(x_1)+12f(x_2)+32f(x_3)+7f(x_4)]. \tag{4.2.4}$$

这里 $x_k = a+kh, h=\dfrac{b-a}{4}$.

表 4.1 列出 Cotes 系数表开头的一部分.

**表 4.1**

| $n$ | $C_k^{(n)}$ | | | | | |
|---|---|---|---|---|---|---|
| 1 | $\frac{1}{2}$ | $\frac{1}{2}$ | | | | |
| 2 | $\frac{1}{6}$ | $\frac{2}{3}$ | $\frac{1}{6}$ | | | |
| 3 | $\frac{1}{8}$ | $\frac{3}{8}$ | $\frac{3}{8}$ | $\frac{1}{8}$ | | |
| 4 | $\frac{7}{90}$ | $\frac{16}{45}$ | $\frac{2}{15}$ | $\frac{16}{45}$ | $\frac{7}{90}$ | |
| 5 | $\frac{19}{288}$ | $\frac{25}{96}$ | $\frac{25}{144}$ | $\frac{25}{144}$ | $\frac{25}{96}$ | $\frac{19}{288}$ |

续表

| $n$ | $C_k^{(n)}$ | | | | | | | | |
|---|---|---|---|---|---|---|---|---|---|
| 6 | $\frac{41}{840}$ | $\frac{9}{35}$ | $\frac{9}{280}$ | $\frac{34}{105}$ | $\frac{9}{280}$ | $\frac{9}{35}$ | $\frac{41}{840}$ | | |
| 7 | $\frac{751}{17\ 280}$ | $\frac{3\ 577}{17\ 280}$ | $\frac{1\ 323}{17\ 280}$ | $\frac{2\ 989}{17\ 280}$ | $\frac{2\ 989}{17\ 280}$ | $\frac{1\ 323}{17\ 280}$ | $\frac{3\ 577}{17\ 280}$ | $\frac{751}{17\ 280}$ | |
| 8 | $\frac{989}{28\ 350}$ | $\frac{5\ 888}{28\ 350}$ | $\frac{-928}{28\ 350}$ | $\frac{10\ 496}{28\ 350}$ | $\frac{-4\ 540}{28\ 350}$ | $\frac{10\ 496}{28\ 350}$ | $\frac{-928}{28\ 350}$ | $\frac{5\ 888}{28\ 350}$ | $\frac{989}{28\ 350}$ |

可以看到，当 $n\geqslant 8$ 时，Cotes 系数有正有负，这时稳定性得不到保证. 因此，实际计算中不用高阶的 Newton-Cotes 公式.

### 4.2.2 偶阶求积公式的代数精度

作为插值型的求积公式，$n$ 阶的 Newton-Cotes 公式至少具有 $n$ 次的代数精度（见定理 4.1）. 实际的代数精度能否进一步提高呢？

先看 Simpson 公式(4.2.3)，它是二阶 Newton-Cotes 公式，因此至少具有二次代数精度. 进一步用 $f(x)=x^3$ 进行检验，按 Simpson 公式计算，得

$$S=\frac{b-a}{6}\left[a^3+4\left(\frac{a+b}{2}\right)^3+b^3\right].$$

另一方面直接求积得 $I=\int_a^b x^3\,\mathrm{d}x=\frac{b^4-a^4}{4}$. 这时有 $S=I$，即 Simpson 公式对次数不超过三次的多项式均能准确成立. 又容易验证它对于 $f(x)=x^4$ 通常是不准确的，因此，Simpson 公式实际上具有三次代数精度.

一般地，可以证明下述论断.

**定理 4.2** 当阶 $n$ 为偶数时，Newton-Cotes 公式(4.2.1)至少有 $n+1$ 次代数精度.

**证明** 只要验证，当 $n$ 为偶数时，Newton-Cotes 公式对 $f(x)=x^{n+1}$ 的余项为零.

按余项公式(4.1.7)，由于这里 $f^{(n+1)}(x)=(n+1)!$，从而有

$$R[f]=\int_a^b\prod_{j=0}^{n}(x-x_j)\,\mathrm{d}x.$$

引进变换 $x=a+th$，并注意到 $x_j=a+jh$，有

$$R[f]=h^{n+2}\int_0^n\prod_{j=0}^{n}(t-j)\,\mathrm{d}t.$$

若 $n$ 为偶数，则 $\frac{n}{2}$ 为整数，再令 $t=u+\frac{n}{2}$，进一步有

$$R[f]=h^{n+2}\int_{-\frac{n}{2}}^{\frac{n}{2}}\prod_{j=0}^{n}\left(u+\frac{n}{2}-j\right)\mathrm{d}u,$$

据此可以断定 $R[f]=0$,因为被积函数

$$H(u)=\prod_{j=0}^{n}\left(u+\frac{n}{2}-j\right)=\prod_{j=-n/2}^{n/2}(u-j)$$

是个奇函数. 证毕.

### 4.2.3 几种低阶求积公式的余项

首先考察梯形公式,按余项公式(4.1.7),梯形公式(4.1.1)的余项为

$$R_{\mathrm{T}}=I-T=\int_a^b\frac{f''(\xi)}{2}(x-a)(x-b)\mathrm{d}x.$$

这里积分的核函数 $(x-a)(x-b)$ 在区间 $[a,b]$ 上保号(非正),应用积分中值定理,在 $(a,b)$ 内存在一点 $\eta$,使

$$R_{\mathrm{T}}=\frac{f''(\eta)}{2}\int_a^b(x-a)(x-b)\mathrm{d}x=-\frac{f''(\eta)}{12}(b-a)^3,\quad \eta\in(a,b).\tag{4.2.5}$$

再研究 Simpson 公式(4.2.3)的余项 $R_{\mathrm{S}}=I-S$. 为此构造次数不大于三的多项式 $H(x)$,使之满足

$$H(a)=f(a),\quad H(b)=f(b),\quad H(c)=f(c),\quad H'(c)=f'(c),\tag{4.2.6}$$

这里 $c=\frac{a+b}{2}$. 由于 Simpson 公式具有三次代数精度,它对于这样构造出的三次式 $H(x)$ 是准确的:

$$\int_a^b H(x)\mathrm{d}x=\frac{b-a}{6}[H(a)+4H(c)+H(b)].$$

而由插值条件(4.2.6)知,上式右端实际上等于按 Simpson 公式(4.2.3)求得的积分值 $S$,因此积分余项

$$R_{\mathrm{S}}=I-S=\int_a^b[f(x)-H(x)]\mathrm{d}x.$$

不难证明,对于满足条件(4.2.6)的多项式 $H(x)$,其插值余项

$$f(x)-H(x)=\frac{f^{(4)}(\xi)}{4!}(x-a)(x-c)^2(x-b),$$

故有

$$R_{\mathrm{S}}=\int_a^b\frac{f^{(4)}(\xi)}{4!}(x-a)(x-c)^2(x-b)\mathrm{d}x.$$

这时积分核 $(x-a)(x-c)^2(x-b)$ 在 $[a,b]$ 上保号(非正),用积分中值定理有

$$R_{\mathrm{S}}=\frac{f^{(4)}(\eta)}{4!}\int_a^b(x-a)(x-c)^2(x-b)\mathrm{d}x=-\frac{b-a}{180}\left(\frac{b-a}{2}\right)^4f^{(4)}(\eta).\tag{4.2.7}$$

关于 Cotes 公式(4.2.4)的积分余项,这里不再具体推导,仅列出结果如下:

$$R_{\mathrm{C}}=I-C=-\frac{2(b-a)}{945}\left(\frac{b-a}{4}\right)^6f^{(6)}(\eta).\tag{4.2.8}$$

### 4.2.4 复化求积法及其收敛性

前已指出，在使用 Newton-Cotes 公式时，提高阶的途径并不总能取得满意的效果. 为了改善求积的精度，通常采用复化求积法.

设将积分区间$[a,b]$划分为 $n$ 等份，步长 $h=\frac{b-a}{n}$，分点为 $x_k=a+kh$，$k=0,1,\cdots,n$. 所谓**复化求积法**，就是先用低阶的 Newton-Cotes 公式求得每个子区间$[x_k,x_{k+1}]$上的积分值 $I_k$，然后再求和，用$\sum\limits_{k=0}^{n-1}I_k$ 作为所求积分 $I$ 的近似值.

**复化梯形公式**的形式是

$$T_n=\sum_{k=0}^{n-1}\frac{h}{2}[f(x_k)+f(x_{k+1})]=\frac{h}{2}\left[f(a)+2\sum_{k=1}^{n-1}f(x_k)+f(b)\right],\quad(4.2.9)$$

依式(4.2.5)，其积分余项

$$I-T_n=\sum_{k=0}^{n-1}\left[-\frac{h^3}{12}f''(\eta_k)\right]=-\frac{b-a}{12}h^2f''(\eta).\quad(4.2.10)$$

此外，记子区间$[x_k,x_{k+1}]$的中点为 $x_{k+\frac{1}{2}}$，则**复化** Simpson **公式**为

$$\begin{aligned}S_n&=\sum_{k=0}^{n-1}\frac{h}{6}[f(x_k)+4f(x_{k+\frac{1}{2}})+f(x_{k+1})]\\&=\frac{h}{6}\left[f(a)+4\sum_{k=0}^{n-1}f(x_{k+\frac{1}{2}})+2\sum_{k=1}^{n-1}f(x_k)+f(b)\right].\end{aligned}\quad(4.2.11)$$

如果将每个子区间$[x_k,x_{k+1}]$划分为 4 等分，内分点依次记作 $x_{k+\frac{1}{4}},x_{k+\frac{1}{2}},x_{k+\frac{3}{4}}$，则**复化** Cotes **公式**具有形式

$$\begin{aligned}C_n=\frac{h}{90}\Big[&7f(a)+32\sum_{k=0}^{n-1}f(x_{k+\frac{1}{4}})+12\sum_{k=0}^{n-1}f(x_{k+\frac{1}{2}})\\&+32\sum_{k=0}^{n-1}f(x_{k+\frac{3}{4}})+14\sum_{k=1}^{n-1}f(x_k)+7f(b)\Big].\end{aligned}\quad(4.2.12)$$

依据式(4.2.7)与式(4.2.8)，容易得到复化 Simpson 公式和复化 Cotes 公式的余项，它们分别是

$$I-S_n=-\frac{b-a}{180}\left(\frac{h}{2}\right)^4f^{(4)}(\eta),\quad\eta\in[a,b],\quad(4.2.13)$$

$$I-C_n=-\frac{2(b-a)}{945}\left(\frac{h}{4}\right)^6f^{(6)}(\eta),\quad\eta\in[a,b].\quad(4.2.14)$$

其他 Newton-Cotes 公式亦可用类似的手续加以复化. 显然，复化的 Newton-Cotes 公式仍然是形如式(4.1.3)的机械求积公式.

**例 4.1** 对于函数 $f(x)=\frac{\sin x}{x}$，试利用表 4.2 计算积分 $I=\int_0^1\frac{\sin x}{x}\mathrm{d}x$.

**解** 将积分区间$[0,1]$划分为 8 等份，应用复化梯形法求得 $T_8=0.945\,690\,9$；而

如果将[0,1]划分为 4 等份，应用复化 Simpson 法有 $S_4=0.9460832$.

比较上面两个结果 $T_8$ 与 $S_4$，它们都需要提供 9 个点上的函数值，计算量基本相同[①]，然而精度却差别很大，同积分的准确值[②] $I=0.9460831$ 比较，复化梯形法的结果 $T_8=0.9456909$ 只有两位有效数字，而复化 Simpson 法的结果 $S_4=0.9460832$ 却有六位有效数字.

**表 4.2**

| $x$ | $f(x)$ |
|---|---|
| 0 | 1 |
| 1/8 | 0.997 397 8 |
| 1/4 | 0.989 615 8 |
| 3/8 | 0.976 726 7 |
| 1/2 | 0.958 851 0 |
| 5/8 | 0.936 155 6 |
| 3/4 | 0.908 851 6 |
| 7/8 | 0.877 192 5 |
| 1 | 0.841 470 9 |

容易证明，复化的梯形法、Simpson 法和 Cotes 法当步长 $h\to 0$ 时均收敛到所求的积分值 $I$. 现在考察当 $h$ 很小时误差的渐近性态.

先研究梯形法，按余项公式(4.2.10)，有

$$\frac{I-T_n}{h^2}=-\frac{1}{12}\sum_{k=0}^{n-1}hf''(\eta_k)\to -\frac{1}{12}\int_a^b f''(x)\mathrm{d}x,$$

从而当 $h\to 0$ 时有下列渐近关系式：

$$\frac{I-T_n}{h^2}\to -\frac{1}{12}[f'(b)-f'(a)].$$

类似地，对于复化的 Simpson 法和 Cotes 法分别有

$$\frac{I-S_n}{h^4}\to -\frac{1}{180\times 2^4}[f'''(b)-f'''(a)],$$

$$\frac{I-C_n}{h^6}\to -\frac{2}{945\times 4^6}[f^{(5)}(b)-f^{(5)}(a)].$$

**定义 4.2** 如果一种复化求积公式 $I_n$ 当 $h\to 0$ 时成立渐近关系式

$$\frac{I-I_n}{h^p}\to C \quad (C\neq 0,\text{定数}),$$

则称求积公式 $I_n$ 是 $p$ **阶**收敛的.

在这种意义下，复化的梯形法、Simpson 法和 Cotes 法分别具有二阶、四阶和六阶收敛精度. 而当 $h$ 很小时，对于复化的梯形法、Simpson 法和 Cotes 法分别有下列误差估计式：

$$I-T_n\approx -\frac{h^2}{12}[f'(b)-f'(a)], \tag{4.2.15}$$

$$I-S_n\approx -\frac{1}{180}\left(\frac{h}{2}\right)^4[f'''(b)-f'''(a)], \tag{4.2.16}$$

$$I-C_n\approx -\frac{2}{945}\left(\frac{h}{4}\right)^6[f^{(5)}(b)-f^{(5)}(a)]. \tag{4.2.17}$$

由此可见，若将步长 $h$ 减半(即等份数 $n$ 加倍)，则梯形法、Simpson 法与 Cotes 法的误差分别减至原有误差的 1/4、1/16 与 1/64.

---

① 使用求积公式时，计算的工作量主要耗费在函数求值上.

② 所谓积分的“准确值”，是指每一位数字都是有效数字的积分值.

# 4.3 Romberg 算法

## 4.3.1 梯形法的递推化

上一节介绍的复化求积方法对提高精度是行之有效的，但在使用求积公式之前必须给出合适的步长．步长太大，精度难以保证；步长太小，又会导致计算量的增加．而事先给出一个恰当的步长往往是困难的．

实际计算中常常采用变步长的计算方案，即在步长逐次分半（即步长二分）的过程中，反复利用复化求积公式进行计算，直至所求得的积分值满足精度要求为止．

下面，我们在变步长的过程中探讨梯形法的计算规律．

设将求积区间$[a,b]$分成 $n$ 等份，则一共有 $n+1$ 个分点，按梯形公式(4.2.9)计算积分值 $T_n$，需要提供 $n+1$ 个函数值．如果将求积区间再二分一次，则分点增至 $2n+1$ 个．将二分前后两个积分值联系起来加以考察，注意到每个子区间$[x_k,x_{k+1}]$经过二分只增加了一个分点 $x_{k+\frac{1}{2}}=\frac{1}{2}(x_k+x_{k+1})$，用复化梯形公式求得该子区间上的积分值为

$$\frac{h}{4}[f(x_k)+2f(x_{k+\frac{1}{2}})+f(x_{k+1})].$$

注意，这里 $h=\frac{b-a}{n}$代表二分前的步长．将每个子区间上的积分值相加，得

$$T_{2n}=\frac{h}{4}\sum_{k=0}^{n-1}[f(x_k)+f(x_{k+1})]+\frac{h}{2}\sum_{k=0}^{n-1}f(x_{k+\frac{1}{2}}),$$

从而利用式(4.2.9)可导出下列递推公式：

$$T_{2n}=\frac{1}{2}T_n+\frac{h}{2}\sum_{k=0}^{n-1}f(x_{k+\frac{1}{2}}). \tag{4.3.1}$$

**例 4.2** 计算积分值 $I=\int_0^1\frac{\sin x}{x}\mathrm{d}x$.

**解** 先对整个区间[0,1]使用梯形公式．对于函数 $f(x)=\frac{\sin x}{x}$，它在 $x=0$ 的值定义为 $f(0)=1$，而 $f(1)=0.841\ 470\ 9$，据梯形公式计算得

$$T_1=\frac{1}{2}[f(0)+f(1)]=0.920\ 735\ 5.$$

然后将区间二等分，再求出中点的函数值 $f(1/2)=0.958\ 851\ 0$，从而利用递推公式(4.3.1)，有

$$T_2 = \frac{1}{2}T_1 + \frac{1}{2}f\left(\frac{1}{2}\right) = 0.939\ 793\ 3.$$

进一步二分求积区间，并计算新分点上的函数值，得

$$f(1/4) = 0.989\ 615\ 8,\quad f(3/4) = 0.908\ 851\ 6.$$

再利用式(4.3.1)，有

$$T_4 = \frac{1}{2}T_2 + \frac{1}{4}\left[f\left(\frac{1}{4}\right) + f\left(\frac{3}{4}\right)\right] = 0.944\ 513\ 5.$$

这样不断二分下去，计算结果如表4.3所示(表中 $k$ 代表二分次数，区间等份数 $n=2^k$).

**表 4.3**

| $k$ | 1 | 2 | 3 | 4 | 5 |
|---|---|---|---|---|---|
| $T_n$ | 0.939 793 3 | 0.944 513 5 | 9.945 690 9 | 0.945 985 0 | 0.946 059 6 |
| $k$ | 6 | 7 | 8 | 9 | 10 |
| $T_n$ | 0.946 076 9 | 0.946 081 5 | 0.946 082 7 | 0.946 083 0 | 0.946 083 1 |

积分 $I$ 的准确值为0.946 083 1，用变步长方法二分9次得到了这个结果.

### 4.3.2 Romberg 公式

梯形法的算法简单，但精度较差，收敛的速度缓慢. 如何提高收敛速度以节省计算量，自然是人们极为关心的课题.

根据梯形法的误差公式(4.2.15)，积分值 $T_n$ 的截断误差大致与 $h^2$ 成正比，因此当步长二分后，截断误差将减至原有误差的1/4，即有

$$\frac{I-T_{2n}}{I-T_n} \approx \frac{1}{4}.$$

将上式移项整理，可得

$$I - T_{2n} \approx \frac{1}{3}(T_{2n} - T_n). \tag{4.3.2}$$

由此可见，只要二分前后的两个积分值 $T_n$ 与 $T_{2n}$ 相当接近，就可以保证计算结果 $T_{2n}$ 的误差很小. 这种直接用计算结果来估计误差的方法通常称为误差的**事后估计法**.

按式(4.3.2)，积分近似值 $T_{2n}$ 的误差大致等于 $\frac{1}{3}(T_{2n}-T_n)$，因此，如果用这个误差值作为 $T_{2n}$ 的一种补偿，可以期望，所得到的

$$\overline{T} = T_{2n} + \frac{1}{3}(T_{2n} - T_n) = \frac{4}{3}T_{2n} - \frac{1}{3}T_n \tag{4.3.3}$$

可能是更好的结果.

再考察例4.2，所求得的两个梯形值 $T_4=0.944\ 513\ 5$ 和 $T_8=0.945\ 690\ 9$ 的精

度都很差(与准确值 $I=0.946\ 083\ 1$ 比较,只有两三位有效数字),但如果将它们按式(4.3.3)作线性组合,则新的近似值

$$\overline{T}=\frac{4}{3}T_8-\frac{1}{3}T_4=0.946\ 083\ 3$$

却有六位有效数字.

按公式(4.3.3)组合得到的近似值 $\overline{T}$,其实质究竟是什么呢? 直接验证易知

$$S_n=\frac{4}{3}T_{2n}-\frac{1}{3}T_n, \tag{4.3.4}$$

这就是说,用梯形法二分前后的两个积分值 $T_n$ 与 $T_{2n}$,按式(4.3.3)作线性组合,结果得到 Simpson 法的积分值 $S_n$.

再考察 Simpson 法,按误差公式(4.2.16),其截断误差大致与 $h^4$ 成正比,因此,若将步长折半,则误差将减至原有误差的 1/16,即有

$$\frac{I-S_{2n}}{I-S_n}\approx\frac{1}{16},\quad I\approx\frac{16}{15}S_{2n}-\frac{1}{15}S_n.$$

不难直接验证,上式右端的值其实等于 $C_n$,就是说,用 Simpson 法二分前后的两个积分值 $S_n$ 与 $S_{2n}$,按式(4.3.3)作线性组合,结果得到 Cotes 法的积分值 $C_n$,即

$$C_n=\frac{16}{15}S_{2n}-\frac{1}{15}S_n. \tag{4.3.5}$$

重复同样的手续,依据 Cotes 法的误差公式(4.2.17)可进一步导出下列 Romberg **公式**:

$$R_n=\frac{64}{63}C_{2n}-\frac{1}{63}C_n. \tag{4.3.6}$$

在变步长的过程中运用式(4.3.4)、式(4.3.5)和式(4.3.6),就能将粗糙的梯形值 $T_n$ 逐步加工成精度较高的 Simpson 值 $S_n$、Cotes 值 $C_n$ 和 Romberg 值 $R_n$.

**例 4.3** 用加速公式(4.3.4)、(4.3.5)和(4.3.6)加工例 4.2 得到的梯形值,计算结果如表4.4($k$ 代表二分次数)所示.

**表 4.4**

| $k$ | $T_2^k$ | $S_2^{k-1}$ | $C_2^{k-2}$ | $R_2^{k-3}$ |
|---|---|---|---|---|
| 0 | 0.920 735 5 | | | |
| 1 | 0.939 793 3 | 0.946 145 9 | | |
| 2 | 0.944 513 5 | 0.946 086 9 | 0.946 083 0 | |
| 3 | 0.945 690 9 | 0.946 083 3 | 0.946 083 1 | 0.946 083 1 |

我们看到,这里利用二分 3 次的数据(它们的精度都很差,只有两三位是有效数字),通过三次加速求得 $R_1=0.946\ 083\ 1$,这个结果的每一位数字都是有效数字,可见加速效果是十分显著的.

### 4.3.3 Richardson 外推加速法

上述加速过程还可以再继续下去，其理论依据是梯形法的余项可展开成下列级数形式.

**定理 4.3** 设 $f(x)\in C^{\infty}[a,b]$，则成立

$$T(h)=I+a_1h^2+a_2h^4+a_3h^6+\cdots+a_kh^{2k}+\cdots,\tag{4.3.7}$$

其中系数 $a_k$ $(k=1,2,\cdots)$ 与 $h$ 无关.

这一余项公式的推导将在 4.3.4 节给出.

按式(4.3.7)，有

$$T\left(\frac{h}{2}\right)=I+\frac{\alpha_1}{4}h^2+\frac{\alpha_2}{16}h^4+\frac{\hat{\alpha}_3}{64}h^6+\cdots.\tag{4.3.8}$$

注意，这里的 $\hat{\alpha}_k$ 与将要出现的 $\beta_k$，$\gamma_k$ 等均为与 $h$ 无关的系数.

设将式(4.3.7)与式(4.3.8)按以下方式作线性组合：

$$T_1(h)=\frac{4}{3}T\left(\frac{h}{2}\right)-\frac{1}{3}T(h),\tag{4.3.9}$$

则可以从余项展开式中消去误差的主要部分 $h^2$ 项，从而得到

$$T_1(h)=I+\beta_1h^4+\beta_2h^6+\beta_3h^8+\cdots.\tag{4.3.10}$$

比较式(4.3.9)与式(4.3.4)知，这样构造出的$\{T_1(h)\}$其实就是 Simpson 值序列.

又根据式(4.3.10)，有

$$T_1\left(\frac{h}{2}\right)=I+\frac{\beta_1}{16}h^4+\hat{\beta}_2h^6+\beta_3h^8+\cdots,$$

若令

$$T_2(h)=\frac{16}{15}T_1\left(\frac{h}{2}\right)-\frac{1}{15}T_1(h),$$

则又可进一步从余项展开式中消去 $h^4$ 项，从而有

$$T_2(h)=I+\gamma_1h^6+\gamma_2h^8+\cdots.$$

这样构造出的$\{T_2(h)\}$其实就是 Cotes 值序列.

如此继续下去，每加速一次，误差的量级便提高二阶. 一般地，将 $T_0(h)=T(h)$ 按公式

$$T_m(h)=\frac{4^m}{4^m-1}T_{m-1}\left(\frac{h}{2}\right)-\frac{1}{4^m-1}T_{m-1}(h)\tag{4.3.11}$$

经过 $m$ $(m=1,2,\cdots)$ 次加速后，余项便取下列形式：

$$T_m(h)=I+\delta_1h^{2(m+1)}+\delta_2h^{2(m+2)}+\cdots.\tag{4.3.12}$$

上述处理方法通常称为 Richardson **外推加速方法**.

设以 $T_0^{(k)}$ 表示二分 $k$ 次后求得的梯形值，且以 $T_m^{(k)}$ 表示序列$\{T_0^{(k)}\}$的 $m$ 次加速值，则依递推公式(4.3.11)，即

$$T_m^{(k)}=\frac{4^m}{4^m-1}T_{m-1}^{(k+1)}-\frac{1}{4^m-1}T_{m-1}^{(k)}\quad(k=1,2,\cdots)\tag{4.3.13}$$

可以逐行构造出下列三角形数表——$T$ **数表**：

$$
\begin{array}{lllll}
T_0^{(0)} & & & & \\
T_0^{(1)} & T_1^{(0)} & & & \\
T_0^{(2)} & T_1^{(1)} & T_2^{(0)} & & \\
T_0^{(3)} & T_1^{(2)} & T_2^{(1)} & T_3^{(0)} & \\
\vdots & \vdots & \vdots & \vdots & \ddots
\end{array}
$$

可以证明，如果 $f(x)$ 充分光滑，那么 $T$ 数表每一列的元素及对角线元素均收敛到所求的积分值 $I$，即

$$\lim_{k\to\infty} T_m^{(k)} = I \quad (m\text{ 固定}), \qquad \lim_{m\to\infty} T_m^{(0)} = I.$$

电子计算机上的所谓 Romberg **算法**，就是在二分过程中逐步形成 $T$ 数表的具体方法，其步骤如下：

**步 1** 准备初值．计算 $T_0^{(0)} = \dfrac{b-a}{2}[f(a)+f(b)]$ 且令 $1\to k$（$k$ 记录二分的次数）．

**步 2** 求梯形值．按递推公式（4.3.1）计算梯形值 $T_0^{(k)}$．

**步 3** 求加速值．按加速公式（4.3.13）逐个求出 $T$ 数表第 $k+1$ 行其余各元素 $T_j^{(k-j)}$ $(j=1,2,\cdots,k)$．

**步 4** 精度控制．对于指定精度 $\varepsilon$，若 $|T_k^{(0)} - T_{k-1}^{(0)}| < \varepsilon$，则终止计算，并取 $T_k^{(0)}$ 作为所求的结果；否则令 $k+1\to k$（意即二分一次），转步 2 继续计算．

### 4.3.4 梯形法的余项展开式

前述外推方法的基础是梯形法的余项展开式（4.3.7）．现在运用 Taylor 展开方法推导这个公式．

将 $f(x)$ 在子区间 $[x_k, x_{k+1}]$ 的中点 $x_{k+\frac{1}{2}} = \dfrac{1}{2}(x_k + x_{k+1})$ 展开，有

$$
\begin{aligned}
f(x) = {} & f_{k+\frac{1}{2}} + (x - x_{k+\frac{1}{2}}) f'_{k+\frac{1}{2}} + \frac{(x-x_{k+\frac{1}{2}})^2}{2!} f''_{k+\frac{1}{2}} + \frac{(x-x_{k+\frac{1}{2}})^3}{3!} f'''_{k+\frac{1}{2}} \\
& + \frac{(x-x_{k+\frac{1}{2}})^4}{4!} f^{(4)}_{k+\frac{1}{2}} + \frac{(x-x_{k+\frac{1}{2}})^5}{5!} f^{(5)}_{k+\frac{1}{2}} + \frac{(x-x_{k+\frac{1}{2}})^6}{6!} f^{(6)}_{k+\frac{1}{2}} + \cdots,
\end{aligned}
\tag{4.3.14}
$$

其中 $f^{(j)}_{k+\frac{1}{2}}$ 是 $f^{(j)}(x_{k+\frac{1}{2}})$ 的缩写．据此写出 $f(x_k)$ 和 $f(x_{k+1})$ 的展开式，易知

$$\frac{h}{2}[f(x_k)+f(x_{k+1})] = hf_{k+\frac{1}{2}} + \frac{h}{2!}\left(\frac{h}{2}\right)^2 f''_{k+\frac{1}{2}} + \frac{h}{4!}\left(\frac{h}{2}\right)^4 f^{(4)}_{k+\frac{1}{2}} + \frac{h}{6!}\left(\frac{h}{2}\right)^6 f^{(6)}_{k+\frac{1}{2}} + \cdots,$$

求和得

$$
\begin{aligned}
T(h) &= \frac{h}{2}\sum[f(x_k)+f(x_{k+1})] \\
&= h\sum f_{k+\frac{1}{2}} + \frac{h^3}{2!\times 2^2}\sum f''_{k+\frac{1}{2}} + \frac{h^5}{4!\times 2^4}\sum f^{(4)}_{k+\frac{1}{2}} + \frac{h^7}{6!\times 2^6}\sum f^{(6)}_{k+\frac{1}{2}} + \cdots.
\end{aligned}
\tag{4.3.15}
$$

为简洁起见,这里省略了符号 $\sum_{k=0}^{n-1}$ 中的上、下限.

另一方面,将式(4.3.14)在子区间$[x_k,x_{k+1}]$上求积分,有

$$\int_{x_k}^{x_{k+1}} f(x)\mathrm{d}x = hf_{k+\frac{1}{2}} + \frac{2}{3!}\left(\frac{h}{2}\right)^3 f''_{k+\frac{1}{2}} + \frac{2}{5!}\left(\frac{h}{2}\right)^5 f^{(4)}_{k+\frac{1}{2}} + \frac{2}{7!}\left(\frac{h}{2}\right)^7 f^{(6)}_{k+\frac{1}{2}} + \cdots,$$

然后再关于 $k$ 从 0 到 $n-1$ 求和,得

$$\begin{aligned} I &= \int_a^b f(x)\mathrm{d}x \\ &= h\sum f_{k+\frac{1}{2}} + \frac{h^3}{3!\times 2^2}\sum f''_{k+\frac{1}{2}} + \frac{h^5}{5!\times 2^4}\sum f^{(4)}_{k+\frac{1}{2}} + \frac{h^7}{7!\times 2^6}\sum f^{(6)}_{k+\frac{1}{2}} + \cdots. \end{aligned} \tag{4.3.16}$$

利用式(4.3.16)从式(4.3.15)中消去项 $h\sum f_{k+\frac{1}{2}}$,得

$$T(h) = I + \frac{h^2}{2!\times 6}\sum f''_{k+\frac{1}{2}} + \frac{h^5}{4!\times 20}\sum f^{(4)}_{k+\frac{1}{2}} + \frac{3h^7}{6!\times 224}\sum f^{(6)}_{k+\frac{1}{2}} + \cdots. \tag{4.3.17}$$

又对 $f''(x)$应用式(4.3.16),并注意到

$$\int_a^b f''(x)\mathrm{d}x = f'(b) - f'(a),$$

有

$$h\sum f''_{k+\frac{1}{2}} = f'(b) - f'(a) - \frac{h^3}{3!\times 2^2}\sum f^{(4)}_{k+\frac{1}{2}} - \frac{h^5}{5!\times 2^4}\sum f^{(6)}_{k+\frac{1}{2}} + \cdots,$$

代入式(4.3.17),整理得

$$T(h) = I + \frac{h^2}{2!\times 6}[f'(b) - f'(a)] - \frac{h^5}{4!\times 30}\sum f^{(4)}_{k+\frac{1}{2}} - \frac{h^7}{6!\times 56}\sum f^{(6)}_{k+\frac{1}{2}} + \cdots.$$

再对 $f^{(4)}(x)$ 应用式(4.3.16),有

$$h\sum f^{(4)}_{k+\frac{1}{2}} = f'''(b) - f'''(a) - \frac{h^3}{3!\times 2^2}\sum f^{(6)}_{k+\frac{1}{2}} + \cdots,$$

从而可进一步得

$$\begin{aligned} T(h) = I &+ \frac{h^2}{2!\times 6}[f'(b) - f'(a)] - \frac{h^4}{4!\times 30}[f'''(b) - f'''(a)] \\ &+ \frac{h^7}{6!\times 42}\sum f^{(6)}_{k+\frac{1}{2}} - \cdots. \end{aligned} \tag{4.3.18}$$

反复施行上述手续,即可得到形如式(4.3.7)的余项公式.

最后再强调一下,应用 Romberg 方法时,一定要注意余项展开式(4.3.7)成立这个前提,不然就得不出正确的结果.

## 4.4 Gauss 公式

形如式(4.1.3)的机械求积公式

$$\int_a^b f(x)\mathrm{d}x \approx \sum_{k=0}^{n} A_k f(x_k) \tag{4.4.1}$$

中含有 $2n+2$ 个待定参数 $x_k, A_k\ (k=0,1,\cdots,n)$，适当选择这些参数，有可能使求积公式具有 $2n+1$ 次代数精度. 这类求积公式称为 Gauss **公式**.

### 4.4.1 Gauss 点

Gauss 公式的求积节点称为 Gauss 点.

**定义 4.3** 如果求积公式(4.4.1)具有 $2n+1$ 次代数精度，则称其节点 $x_k\ (k=0,1,\cdots,n)$ 是 Gauss **点**.

下面从分析 Gauss 点的特性着手研究 Gauss 公式的构造问题.

**定理 4.4** 对于插值型求积公式(4.4.1)，其节点 $x_k\ (k=0,1,\cdots,n)$ 是 Gauss 点的充分必要条件，是以这些点为零点的多项式 $\omega(x)=\prod_{k=0}^{n}(x-x_k)$ 与任意次数不超过 $n$ 的多项式 $P(x)$ 均正交，即

$$\int_a^b P(x)\omega(x)\mathrm{d}x = 0. \tag{4.4.2}$$

**证明** 先证必要性. 设 $P(x)$ 是任意次数不超过 $n$ 的多项式，则 $P(x)\omega(x)$ 的次数不超过 $2n+1$. 因此，如果 $x_0, x_1, \cdots, x_n$ 是 Gauss 点，则求积公式(4.4.1)对于 $P(x)\omega(x)$ 能准确成立，即有

$$\int_a^b P(x)\omega(x)\mathrm{d}x = \sum_{k=0}^{n} A_k P(x_k)\omega(x_k),$$

但 $\omega(x_k)=0\ (k=0,1,\cdots,n)$，故式(4.4.2)成立.

再证充分性. 对于任意给定的次数不超过 $2n+1$ 的多项式 $f(x)$，用 $\omega(x)$ 除 $f(x)$，记商为 $P(x)$，余式为 $Q(x)$，$P(x)$ 与 $Q(x)$ 都是次数不超过 $n$ 的多项式：

$$f(x) = P(x)\omega(x) + Q(x).$$

而利用式(4.4.2)，得

$$\int_a^b f(x)\mathrm{d}x = \int_a^b Q(x)\mathrm{d}x. \tag{4.4.3}$$

由于所给求积公式(4.4.1)是插值型的，它对于 $Q(x)$ 能准确成立，即

$$\int_a^b Q(x)\mathrm{d}x = \sum_{k=0}^{n} A_k Q(x_k).$$

再注意到 $\omega(x_k)=0$，知 $Q(x_k)=f(x_k)$，从而有

$$\int_a^b Q(x)\mathrm{d}x = \sum_{k=0}^{n} A_k f(x_k),$$

于是由式(4.4.3)知

$$\int_a^b f(x)\mathrm{d}x = \sum_{k=0}^{n} A_k f(x_k).$$

可见求积公式(4.4.1)对于一切次数不超过 $2n+1$ 的多项式均能准确成立，因此 $x_k$ $(k=0,1,\cdots,n)$是 Gauss 点. 证毕.

### 4.4.2 Gauss-Legendre 公式

不失一般性，可取 $a=-1,b=1$ 而考察区间$[-1,1]$上的 Gauss 公式①

$$\int_{-1}^{1} f(x)\mathrm{d}x \approx \sum_{k=0}^{n} A_k f(x_k). \tag{4.4.4}$$

我们知道，Legendre 多项式(见式(3.4.1))是区间$[-1,1]$上的正交多项式，因此，Legendre 多项式 $P_{n+1}(x)$的零点就是求积公式(4.4.4)的 Gauss 点. 形如式(4.4.4)的 Gauss 公式特别地称为 Gauss-Legendre **公式**.

若取 $P_1(x)=x$ 的零点 $x_0=0$ 作节点构造求积公式

$$\int_{-1}^{1} f(x)\mathrm{d}x \approx A_0 f(0),$$

令它对 $f(x)=1$ 准确成立，即可定出 $A_0=2$. 这样构造出的一点 Gauss-Legendre 公式是中矩形公式.

再取 $P_2(x)=\frac{1}{2}(3x^2-1)$的两个零点$\pm\frac{1}{\sqrt{3}}$构造求积公式：

$$\int_{-1}^{1} f(x)\mathrm{d}x \approx A_0 f\left(-\frac{1}{\sqrt{3}}\right)+A_1 f\left(\frac{1}{\sqrt{3}}\right),$$

令它对于 $f(x)=1,x$ 都准确成立，有

$$\begin{cases} A_0+A_1=2, \\ A_0\left(-\frac{1}{\sqrt{3}}\right)+A_1\left(\frac{1}{\sqrt{3}}\right)=0. \end{cases}$$

由此解出 $A_0=A_1=1$，从而得到两点 Gauss-Legendre 公式

$$\int_{-1}^{1} f(x)\mathrm{d}x \approx f\left(-\frac{1}{\sqrt{3}}\right)+f\left(\frac{1}{\sqrt{3}}\right).$$

三点 Gauss-Legendre 公式的形式是

$$\int_{-1}^{1} f(x)\mathrm{d}x \approx \frac{5}{9}f\left(-\frac{\sqrt{15}}{5}\right)+\frac{8}{9}f(0)+\frac{5}{9}f\left(\frac{\sqrt{15}}{5}\right).$$

表 4.5

| $n$ | $x_k$ | $A_k$ |
|---|---|---|
| 0 | 0.000 000 0 | 2.000 000 0 |
| 1 | ±0.577 350 3 | 1.000 000 0 |
|  | ±0.774 596 7 | 0.555 555 6 |
| 2 | 0.000 000 0 | 0.888 888 9 |
|  | ±0.861 136 3 | 0.347 854 8 |
| 3 | ±0.339 881 0 | 0.652 145 2 |
|  | ±0.906 179 3 | 0.236 926 9 |
| 4 | ±0.538 469 3 | 0.478 628 7 |
|  | 0.000 000 0 | 0.568 888 9 |

表 4.5 列出了 Gauss-Legendre 公式(4.4.4)的节点

① 对于任意求积区间$[a,b]$，通过变换 $x=\frac{b-a}{2}t+\frac{a+b}{2}$ 可以化到区间$[-1,1]$上，这时 $\int_a^b f(x)\mathrm{d}x=\frac{b-a}{2}\int_{-1}^{1} f\left(\frac{b-a}{2}t+\frac{a+b}{2}\right)\mathrm{d}t$.

和系数.

### 4.4.3 Gauss 公式的余项

**定理 4.5** 对于 Gauss 公式(4.4.1),其余项

$$R(x)=\int_a^b f(x)\mathrm{d}x-\sum_{k=0}^n A_k f(x_k)=\frac{f^{(2n+2)}(\xi)}{(2n+2)!}\int_a^b \omega^2(x)\mathrm{d}x, \tag{4.4.5}$$

这里 $\omega(x)=(x-x_0)(x-x_1)\cdots(x-x_n)$.

**证明** 以 $x_0,x_1,\cdots,x_n$ 为节点构造次数不大于 $2n+1$ 的多项式 $H(x)$,使其满足条件

$$H(x_i)=f(x_i),\quad H'(x_i)=f'(x_i)\quad (i=0,1,\cdots,n).$$

我们知道,这样的 $H(x)$ 称为 Hermite 插值多项式(见式(2.6.3)、(2.6.6)).由于 Gauss 公式具有 $2n+1$ 次代数精度,它对于 $H(x)$ 能准确成立,即

$$\int_a^b H(x)\mathrm{d}x=\sum_{k=0}^n A_k H(x_k)=\sum_{k=0}^n A_k f(x_k),$$

故有

$$\begin{aligned}R(x)&=\int_a^b f(x)\mathrm{d}x-\sum_{k=0}^n A_k f(x_k)=\int_a^b f(x)\mathrm{d}x-\int_a^b H(x)\mathrm{d}x\\&=\int_a^b \frac{f^{(2n+2)}(\eta)}{(2n+2)!}\omega^2(x)\mathrm{d}x.\end{aligned}$$

再考虑到该函数 $\omega^2(x)$ 在 $[a,b]$ 上保号,应用积分中值定理得式(4.4.5).证毕.

### 4.4.4 Gauss 公式的稳定性

对比 Newton-Cotes 公式,Gauss 公式不但是高精度的,而且是数值稳定的.Gauss 公式的稳定性之所以能够得到保证,是由于它的求积系数具有非负性.

**定理 4.6** Gauss 公式(4.4.1)的求积系数 $A_k$ $(k=0,1,\cdots,n)$ 全是正的.

**证明** 考察

$$l_k(x)=\prod_{\substack{j=0\\j\neq k}}^n \frac{x-x_j}{x_k-x_j},$$

它们是 $n$ 次多项式,因而 $l_k^2(x)$ 是 $2n$ 次多项式,故 Gauss 公式(4.4.1)对于它能准确成立,即有

$$\int_a^b l_k^2(x)\mathrm{d}x=\sum_{i=0}^n A_i l_k^2(x_i).$$

注意到 $l_k(x_i)=\delta_{ki}$,上式右端实际上即等于 $A_k$,从而有 $A_k=\int_a^b l_k^2(x)\mathrm{d}x>0$. 证毕.

现在讨论求积过程的稳定性问题.在用求积公式 $I_n=\sum_{k=0}^n A_k f(x_k)$ 进行实际计算时,通常不一定能提供准确的数据 $f_k=f(x_k)$,而只是给出含有误差(譬如由于计

算机字长的限制引进的舍入误差)的数据 $f_k^*$,故实际求得的积分值为

$$I_n^* = \sum_{k=0}^{n} A_k f_k^*.$$

人们自然关心,数据误差对积分值的影响能否加以控制呢?

由于 Gauss 公式的求积系数具有非负性,故

$$|I_n^* - I_n| \leqslant \sum_{k=0}^{n} A_k |f_k^* - f_k| \leqslant \left(\sum_{k=0}^{n} A_k\right) \max_{0\leqslant k\leqslant n} |f_k^* - f_k|.$$

再利用式(4.1.4)的第一式,有

$$|I_n^* - I_n| \leqslant (b-a) \max_{0\leqslant k\leqslant n} |f_k^* - f_k|,$$

由此即可断定 Gauss 公式是稳定的.

## 4.4.5 带权的 Gauss 公式

考察积分 $I = \int_a^b \rho(x) f(x) \mathrm{d}x$,这里 $\rho(x) \geqslant 0$ 称为**权函数**,当 $\rho(x) \equiv 1$ 时即为普通的积分.

可以仿照处理普通积分的方法讨论带权的积分.考察求积公式

$$\int_a^b \rho(x) f(x) \mathrm{d}x \approx \sum_{k=0}^{n} A_k f(x_k),$$

如果它对于任意次数不超过 $2n+1$ 的多项式均能准确地成立,则称之为 Gauss **型**的.上述 Gauss 公式的求积节点 $x_k$ 仍称为 Gauss **点**.同样地,$x_k(k=0,1,\cdots,n)$是 Gauss 点的充要条件为,$\omega(x) = \prod_{k=0}^{n}(x-x_k)$是区间$[a,b]$上关于权函数 $\rho(x)$的正交多项式.

若 $a=-1,b=1$,且取权函数 $\rho(x) = \dfrac{1}{\sqrt{1-x^2}}$,则所建立的 Gauss 公式为

$$\int_{-1}^{1} \frac{f(x)}{\sqrt{1-x^2}} \mathrm{d}x \approx \sum_{k=0}^{n} A_k f(x_k). \tag{4.4.6}$$

式(4.4.6)称为 Gauss-Chebyshev **公式**.由于区间$[-1,1]$上关于权函数$\dfrac{1}{\sqrt{1-x^2}}$的正交多项式是 Chebyshev 多项式(见 3.4.2 节),因此求积公式(4.4.6)的 Gauss 点是 $n+1$次 Chebyshev 多项式的零点,即为

$$x_k = \cos\left(\frac{2k+1}{2n+2}\pi\right) \quad (k = 0,1,\cdots,n).$$

值得指出的是,运用正交多项式的零点构造 Gauss 求积公式,这种方法只是针对某些特殊的权函数才有效.构造 Gauss 公式的一般方法则是 4.1.2 节介绍过的待定系数法.

例如,设要构造下列形式的 Gauss 公式:

$$\int_0^1 \sqrt{x} f(x)\mathrm{d}x \approx A_0 f(x_0) + A_1 f(x_1), \tag{4.4.7}$$

令它对于 $f(x)=1,x,x^2,x^3$ 准确成立，得

$$\begin{cases} A_0 + A_1 = \dfrac{2}{3}, \\ x_0 A_0 + x_1 A_1 = \dfrac{2}{5}, \\ x_0^2 A_0 + x_1^2 A_1 = \dfrac{2}{7}, \\ x_0^3 A_0 + x_1^3 A_1 = \dfrac{2}{9}. \end{cases} \tag{4.4.8}$$

由于
$$x_0 A_0 + x_1 A_1 = x_0(A_0 + A_1) + (x_1 - x_0)A_1,$$
利用式(4.4.8)的第一式，可将第二式化为

$$\frac{2}{3}x_0 + (x_1 - x_0)A_1 = \frac{2}{5}.$$

同样地，利用第二式化第三式，利用第三式化第四式，分别得

$$\frac{2}{5}x_0 + (x_1 - x_0)x_1 A_1 = \frac{2}{7}, \quad \frac{2}{7}x_0 + (x_1 - x_0)x_1^2 A_1 = \frac{2}{9}.$$

从上面三个式子中消去 $(x_1 - x_0)A_1$，有

$$\begin{cases} \dfrac{2}{5}x_0 + \left(\dfrac{2}{5} - \dfrac{2}{3}x_0\right)x_1 = \dfrac{2}{7}, \\ \dfrac{2}{7}x_0 + \left(\dfrac{2}{7} - \dfrac{2}{5}x_0\right)x_1^2 = \dfrac{2}{9}, \end{cases}$$

即

$$\begin{cases} \dfrac{2}{5}(x_0 + x_1) - \dfrac{2}{3}x_0 x_1 = \dfrac{2}{7}, \\ \dfrac{2}{7}(x_0 + x_1) - \dfrac{2}{5}x_0 x_1 = \dfrac{2}{9}. \end{cases}$$

由此解出

$$x_0 x_1 = \frac{5}{21}, \quad x_0 + x_1 = \frac{10}{9},$$

从而求出

$$x_0 = 0.821\ 162, \quad x_1 = 0.289\ 949,$$
$$A_0 = 0.389\ 111, \quad A_1 = 0.277\ 556.$$

于是形如式(4.4.7)的 Gauss 公式是

$$\int_0^1 \sqrt{x} f(x)\mathrm{d}x \approx 0.389\ 111 f(0.821\ 162) + 0.277\ 556 f(0.289\ 949).$$

# 4.5 数值微分

## 4.5.1 中点方法

按照数学分析的定义,导数 $f'(a)$是差商$\dfrac{f(a+h)-f(a)}{h}$当$h\to 0$时的极限. 如果精度要求不高,我们可以简单地取差商作为导数的近似值,这样便建立起一种数值微分方法,即

$$f'(a)\approx\frac{f(a+h)-f(a)}{h}.$$

类似地,亦可用向后差商作近似运算,即

$$f'(a)\approx\frac{f(a)-f(a-h)}{h}$$

或用中心差商作近似计算,即

$$f'(a)\approx\frac{f(a+h)-f(a-h)}{2h}.$$

后一种数值微分方法称**中点方法**,它其实是前两种方法的算术平均.

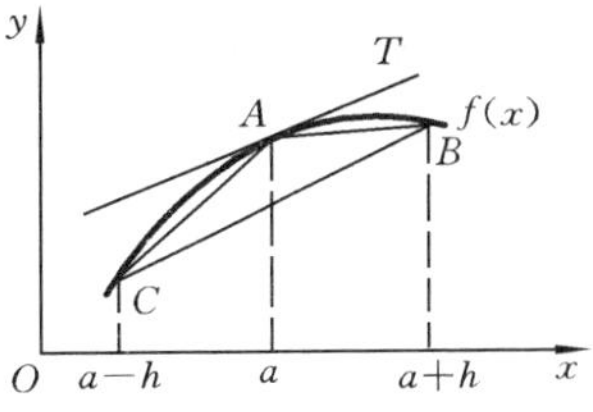

图 4.3

在图 4.3 上,上述三种导数的近似值分别表示弦线 $AB$、$AC$ 和 $BC$ 的斜率,比较这三种弦线与切线 $AT$(其斜率等于导数值 $f'(a)$)平行的程度,从图形上可以明显地看出,其中以 $BC$ 的斜率更接近于切线 $AT$ 的斜率. 因此就精度而言,以中点方法更为可取.

上述三种数值微分方法有个共同点,它们都是将导数的计算归结为计算 $f$ 在若干节点上的函数值. 这类数值微分方法称为**机械求导方法**.

要利用中点公式

$$G(h)=\frac{f(a+h)-f(a-h)}{2h}$$

计算导数 $f'(a)$的近似值,首先必须选取合适的步长,为此需要进行误差分析. 分别将 $f(a\pm h)$在 $x=a$ 处作 Taylor 展开,有

$$f(a\pm h)=f(a)\pm hf'(a)+\frac{h^2}{2!}f''(a)\pm\frac{h^3}{3!}f'''(a)+\frac{h^4}{4!}f^{(4)}(a)\pm\frac{h^5}{5!}f^{(5)}(a)+\cdots,$$

代入上式得

$$G(h)=f'(a)+\frac{h^2}{3!}f'''(a)+\frac{h^4}{5!}f^{(5)}(a)+\cdots.$$

由此得知，从截断误差的角度看，步长越小，计算结果越准确.

再考察舍入误差，按中点公式计算. 当 $h$ 很小时，因 $f(a+h)$ 与 $f(a-h)$ 很接近，直接相减会造成有效数字的严重损失(参见 1.4 节). 因此，从舍入误差的角度来看，步长是不宜太小的.

例如，用中点公式求 $f(x)=\sqrt{x}$ 在 $x=2$ 处的一阶导数，有

$$G(h)=\frac{\sqrt{2+h}-\sqrt{2-h}}{2h}.$$

设取四位数字计算，结果如表 4.6(导数的准确值 $f'(2)=0.353\ 553$)所示.

表 4.6

| $h$ | $G(h)$ | $h$ | $G(h)$ | $h$ | $G(h)$ |
|---|---|---|---|---|---|
| 1 | 0.366 0 | 0.05 | 0.353 0 | 0.001 | 0.350 0 |
| 0.5 | 0.356 4 | 0.01 | 0.350 0 | 0.000 5 | 0.300 0 |
| 0.1 | 0.353 5 | 0.005 | 0.350 0 | 0.000 1 | 0.300 0 |

在表 4.6 中，$h=0.1$ 的逼近效果最好，如果进一步缩小步长，则逼近的效果会越来越差.

### 4.5.2 插值型的求导公式

对于列表函数 $y=f(x)$(见表 4.7)，运用插值原理，可以建立插值多项式 $y=P_n(x)$ 作为它的近似. 由于多项式的求导比较容易，取 $P_n'(x)$ 的值作为 $f'(x)$ 的近似值，这样建立的数值公式

表 4.7

| $x$ | $x_0$ | $x_1$ | $x_2$ | … | $x_n$ |
|---|---|---|---|---|---|
| $y$ | $y_0$ | $y_1$ | $y_2$ | … | $y_n$ |

$$f'(x)\approx P_n'(x) \qquad (4.5.1)$$

统称为**插值型的求导公式**.

必须指出，即使 $f(x)$ 与 $P_n(x)$ 的值相差不多，导数的近似值 $P_n'(x)$ 与导数的真值 $f'(x)$ 仍然可能差别很大，因而在使用求导公式(4.5.1)时应特别注意误差的分析.

依据插值余项定理，求导公式(4.5.1)的余项为

$$f'(x)-P_n'(x)=\frac{f^{(n+1)}(\xi)}{(n+1)!}\omega'_{n+1}(x)+\frac{\omega_{n+1}(x)}{(n+1)!}\frac{\mathrm{d}}{\mathrm{d}x}f^{(n+1)}(\xi),$$

其中

$$\omega_{n+1}(x)=\prod_{k=0}^{n}(x-x_i).$$

在此余项公式中，由于 $\xi$ 是 $x$ 的未知函数，无法对其第二项 $\frac{\omega_{n+1}(x)}{(n+1)!}\frac{\mathrm{d}}{\mathrm{d}x}f^{(n+1)}(\xi)$ 作出进一步的说明，因此，对于随意给出的点 $x$，误差 $f'(x)-P_n'(x)$ 是无法预估的. 但是，如果限定求某个节点 $x_k$ 上的导数值，那么上面的第二项因 $\omega_{n+1}(x_k)=0$ 而变为

零，这时有余项公式

$$f'(x_k)-P_n'(x_k)=\frac{f^{(n+1)}(\xi)}{(n+1)!}\omega'_{n+1}(x_k). \tag{4.5.2}$$

下面仅仅考察节点处的导数值.为简化讨论，假定所给的节点是等距的.

**1. 两点公式**

设已给出两个节点 $x_0,x_1$ 上面的函数值 $f(x_0),f(x_1)$，作线性插值公式

$$P_1(x)=\frac{x-x_1}{x_0-x_1}f(x_0)+\frac{x-x_0}{x_1-x_0}f(x_1).$$

对上式两端求导，记 $x_1-x_0=h$，有

$$P_1'(x)=\frac{1}{h}[-f(x_0)+f(x_1)],$$

于是有下列求导公式：

$$P_1'(x_0)=\frac{1}{h}[f(x_1)-f(x_0)],\quad P_1'(x_1)=\frac{1}{h}[f(x_1)-f(x_0)].$$

而利用余项公式(4.5.2)知，带余项的两点公式是

$$f'(x_0)=\frac{1}{h}[f(x_1)-f(x_0)]-\frac{h}{2}f''(\xi),$$

$$f'(x_1)=\frac{1}{h}[f(x_1)-f(x_0)]+\frac{h}{2}f''(\xi).$$

**2. 三点公式**

设已给出三个节点 $x_0,x_1=x_0+h,x_2=x_0+2h$ 上的函数值，作二次插值

$$P_2(x)=\frac{(x-x_1)(x-x_2)}{(x_0-x_1)(x_0-x_2)}f(x_0)+\frac{(x-x_0)(x-x_2)}{(x_1-x_0)(x_1-x_2)}f(x_1)+\frac{(x-x_0)(x-x_1)}{(x_2-x_0)(x_2-x_1)}f(x_2),$$

令 $x=x_0+th$，上式可表示为

$$P_2(x_0+th)=\frac{1}{2}(t-1)(t-2)f(x_0)-t(t-2)f(x_1)+\frac{1}{2}t(t-1)f(x_2),$$

两端对 $t$ 求导，有

$$P_2'(x_0+th)=\frac{1}{2h}[(2t-3)f(x_0)-(4t-4)f(x_1)+(2t-1)f(x_2)]. \tag{4.5.3}$$

这里撇号表示对变量 $x$ 求导数.上式分别取 $t=0,1,2$，得到以下三种三点公式：

$$P_2'(x_0)=\frac{1}{2h}[-3f(x_0)+4f(x_1)-f(x_2)],$$

$$P_2'(x_1)=\frac{1}{2h}[-f(x_0)+f(x_2)],$$

$$P_2'(x_2) = \frac{1}{2h}[f(x_0) - 4f(x_1) + 3f(x_2)],$$

而带余项的三点求导公式为

$$f'(x_0) = \frac{1}{2h}[-3f(x_0) + 4f(x_1) - f(x_2)] + \frac{h^2}{3}f'''(\xi),$$

$$f'(x_1) = \frac{1}{2h}[-f(x_0) + f(x_2)] - \frac{h^2}{6}f'''(\xi), \tag{4.5.4}$$

$$f'(x_2) = \frac{1}{2h}[f(x_0) - 4f(x_1) + 3f(x_2)] + \frac{h^2}{3}f'''(\xi),$$

其中式(4.5.4)是我们所熟悉的中点公式.在三点公式中，它由于少用了一个函数值 $f(x_1)$ 而引人注目.

用插值多项式 $P_n(x)$ 作为 $f(x)$ 的近似函数，还可以建立高阶数值微分公式

$$f^{(k)}(x) \approx P_n^{(k)}(x), \quad k = 1,2,\cdots.$$

例如，将式(4.5.3)再对 $t$ 求导一次，有

$$P_2''(x_0 + th) = \frac{1}{h^2}[f(x_0) - 2f(x_1) + f(x_2)],$$

于是有

$$P_2''(x_1) = \frac{1}{h^2}[f(x_1 - h) - 2f(x_1) + f(x_1 + h)],$$

而带余项的二阶三点公式为

$$f''(x_1) = \frac{1}{h^2}[f(x_1 - h) - 2f(x_1) + f(x_1 + h)] - \frac{h^2}{12}f^{(4)}(\xi). \tag{4.5.5}$$

### 4.5.3 实用的五点公式

设已给出五个节点 $x_i = x_0 + ih,\quad i = 0,1,2,3,4$ 上的函数值，重复同样的手续，不难导出下列五点公式：

$$m_0 = \frac{1}{12h}[-25f(x_0) + 48f(x_1) - 36f(x_2) + 16f(x_3) - 3f(x_4)],$$

$$m_1 = \frac{1}{12h}[-3f(x_0) - 10f(x_1) + 18f(x_2) - 6f(x_3) + f(x_4)],$$

$$m_2 = \frac{1}{12h}[f(x_0) - 8f(x_1) + 8f(x_3) - f(x_4)],$$

$$m_3 = \frac{1}{12h}[-f(x_0) + 6f(x_1) - 18f(x_2) + 10f(x_3) + 3f(x_4)],$$

$$m_4 = \frac{1}{12h}[3f(x_0) - 16f(x_1) + 36f(x_2) - 48f(x_3) + 25f(x_4)].$$

其中 $m_i$ 代表一阶导数 $f'(x_i)$ 的近似值，读者不难导出这些求导公式的余项.

再记 $M_i$ 表示二阶导数 $f''(x_i)$ 的近似值，二阶五点公式如下：

$$M_0=\frac{1}{12h^2}[35f(x_0)-104f(x_1)+114f(x_2)-56f(x_3)+11f(x_4)],$$

$$M_1=\frac{1}{12h^2}[11f(x_0)-20f(x_1)+6f(x_2)+4f(x_3)-f(x_4)],$$

$$M_2=\frac{1}{12h^2}[-f(x_0)+16f(x_1)-30f(x_2)+16f(x_3)-f(x_4)],$$

$$M_3=\frac{1}{12h^2}[-f(x_0)+4f(x_1)+6f(x_2)-20f(x_3)+11f(x_4)],$$

$$M_4=\frac{1}{12h^2}[11f(x_0)-56f(x_1)+114f(x_2)-104f(x_3)+35f(x_4)].$$

对于给定的一张数据表，用五点公式求节点上的导数值往往可以获得满意的结果. 五个相邻节点的选择原则，一般是在所考察的节点的两侧各取两个邻近的节点，如果一侧的节点数不足两个（即一侧只有一个节点或没有节点），则用另一侧的节点补足.

**例 4.4** 利用 $f(x)=\sqrt{x}$ 的一张数据表，按五点公式求节点上的导数值 $m_i$ 与 $M_i$，并与导数的准确值比较，如表 4.8 所示.

**表 4.8**

| $x_i$ | $f(x_i)$ | $m_i$ | $f'(x_i)$ | $M_i/\times 10^3$ | $f''(x_i)/\times 10^3$ |
|---|---|---|---|---|---|
| 100 | 10.000 000 | 0.050 000 | 0.050 000 | −0.247 58 | −0.250 00 |
| 101 | 10.049 875 | 0.049 751 | 0.049 752 | −0.245 91 | −0.246 30 |
| 102 | 10.099 504 | 0.049 507 | 0.049 507 | −0.241 91 | −0.242 68 |
| 103 | 10.148 891 | 0.049 267 | 0.049 266 | −0.239 58 | −0.239 16 |
| 104 | 10.198 039 | 0.049 029 | 0.049 029 | −0.236 91 | −0.235 72 |
| 105 | 10.246 950 | 0.048 795 | 0.048 795 | −0.236 66 | −0.232 36 |

### 4.5.4 样条求导

我们知道，样条函数 $S(x)$ 作为 $f(x)$ 的近似函数，不但彼此的函数值很接近，导数值也很接近. 例如，对于三次样条 $S_3(x)$，有

$$|f^{(a)}(x)-S_3^{(a)}(x)|=O(h^{4-a})\qquad(a=0,1,2,3),$$

因此，用样条函数建立数值微分公式是很自然的，即

$$f^{(a)}(x)\approx S_3^{(a)}(x)\qquad(a=0,1,2,3).\tag{4.5.6}$$

与前述插值型微分公式(4.5.1)不同，样条微分公式(4.5.6)可以用来计算插值范围内任何一点 $x$（不仅是节点 $x_i$）上的导数值. 对于等距分划

$$\pi: a=x_0<x_1<x_2<\cdots<x_n=b,\quad x_{k+1}-x_k=h,$$

三次样条 $S_3(x)$ 在节点上的导数值 $S_3'(x_k)=m_k$ 满足下列连续性方程组

$$m_{k-1}+4m_k+m_{k+1}=3(y_{k+1}-y_{k-1})/h,\quad k=1,2,\cdots,n-1. \tag{4.5.7}$$

设已给出端点处的一阶导数值 $m_0=y_0'$,$m_n=y_n'$,则求解方程组(4.5.7)得出的 $m_k$ 即可作为导数 $f'(x_k)$的近似值.

## 小　结

本章介绍积分和微分的数值计算方法.我们知道,积分和微分是两种分析运算,它们都是用极限来定义的.数值积分和数值微分则归结为函数值的四则运算,从而使计算过程可以在计算机上完成.

处理数值积分和数值微分的基本方法是逼近法:设法构造某个简单函数 $P(x)$ 近似 $f(x)$,然后对 $P(x)$求积(求导)得到 $f(x)$的积分(导数)的近似值.本章基于插值原理推导了数值积分和数值微分的基本公式.

插值求积公式分 Newton-Cotes 公式与 Gauss 公式两类.前者取等距节点,算法简单而容易编制程序.Gauss 公式的精度高,但节点没有规律.运用带权的 Gauss 公式,能把复杂的积分化简,还可以直接计算奇异积分.构造 Gauss 公式会碰到选取求积节点(所谓 Gauss 点)的困难.

梯形法是众所周知的一种简单的求积方法.可以看到,将二分过程中的梯形值适当进行加权平均,会获得高精度的积分值.运用这种外推加速技术的 Romberg 算法,在电子计算机上有着广泛的应用.

限于篇幅,本章略去了数值积分的一些重要内容,如奇异积分、振荡函数的积分等,这些内容在文献[7]中有较为详尽的论述.关于高维积分的数值计算,有兴趣的读者可参看文献[8].

## 习　题

**1.** 确定下列求积公式中的待定参数,使其代数精度尽量高,并指明所构造出的求积公式所具有的代数精度:

(1) $\int_{-h}^{h} f(x)\mathrm{d}x \approx A_{-1}f(-h)+A_0f(0)+A_1f(h)$;

(2) $\int_{-2h}^{2h} f(x)\mathrm{d}x \approx A_{-1}f(-h)+A_0f(0)+A_1f(h)$;

(3) $\int_{-1}^{1} f(x)\mathrm{d}x \approx [f(-1)+2f(x_1)+3f(x_2)]/3$;

(4) $\int_{0}^{h} f(x)\mathrm{d}x \approx h[f(0)+f(h)]/1+ah^2[f'(0)-f'(h)]$.

**2.** 分别用梯形公式和 Simpson 公式计算下列积分:

(1) $\int_0^1 \frac{x}{4+x^2}\mathrm{d}x,\quad n=8$;　　(2) $\int_0^1 \frac{(1-\mathrm{e}^{-x})^{\frac{1}{2}}}{x}\mathrm{d}x,\quad n=10$;

(3) $\int_1^9 \sqrt{x}\mathrm{d}x$，  $n=4$；  (4) $\int_0^{\pi/6} \sqrt{4-\sin^2\varphi}\mathrm{d}\varphi$，  $n=6$.

**3.** 直接验证 Cotes 公式(4.2.4)具有五次代数精度.

**4.** 用 Simpson 公式求积分 $\int_0^1 \mathrm{e}^{-x}\mathrm{d}x$ 并估计误差.

**5.** 推导下列三种矩形求积公式：

$$\int_a^b f(x)\mathrm{d}x = (b-a)f(a) + \frac{f'(\eta)}{2}(b-a)^2,$$

$$\int_a^b f(x)\mathrm{d}x = (b-a)f(b) - \frac{f'(\eta)}{2}(b-a)^2,$$

$$\int_a^b f(x)\mathrm{d}x = (b-a)f\left(\frac{a+b}{2}\right) + \frac{f''(\eta)}{24}(b-a)^3.$$

**6.** 证明梯形公式(4.2.9)和 Simpson 公式(4.2.11)当 $n\to\infty$ 时收敛到积分 $\int_a^b f(x)\mathrm{d}x$.

**7.** 用复化梯形公式求积分 $\int_a^b f(x)\mathrm{d}x$. 要将积分区间 $[a,b]$ 分成多少等份，才能保证误差不超过 $\varepsilon$(不计舍入误差)?

**8.** 用 Romberg 方法计算积分 $\frac{2}{\sqrt{\pi}}\int_0^1 \mathrm{e}^{-x}\mathrm{d}x$，要求误差不超过 $10^{-5}$.

**9.** 卫星轨道是一个椭圆，椭圆周长的计算公式是 $s=a\int_0^{\pi/2}\sqrt{1-\left(\frac{c}{a}\right)^2\sin^2\theta}\mathrm{d}\theta$，其中 $a$ 是椭圆的长半轴，$c$ 是地球中心与轨道中心(椭圆中心)的距离. 记 $h$ 为近地点距离，$H$ 为远地点距离，$R=6\ 371$ km 为地球半径，则 $a=(2R+H+h)/2$，  $c=(H-h)/2$.

我国第一颗人造卫星近地点距离 $h=439$ km，远地点距离 2 384 km，试求卫星轨道的周长.

**10.** 证明等式 $n\sin\frac{\pi}{n}=\pi-\frac{\pi^3}{3!\ n^2}+\frac{\pi^5}{5!\ n^4}-\cdots$，试依据 $n\sin\frac{\pi}{n}$ $(n=3,6,12)$ 的值，用外推算法求 $\pi$ 的近似值.

**11.** 用下列方法计算积分 $\int_1^3 \frac{\mathrm{d}y}{y}$，并比较结果.

(1) Romberg 方法；

(2) 三点及五点 Gauss 公式；

(3) 将积分区间分为四等份，用复化两点 Gauss 公式.

**12.** 用三点公式和五点公式求 $f(x)=\frac{1}{(1+x)^2}$ 在 $x=1.0$，1.1 和 1.2 处的导数值，并估计误差. $f(x)$ 的值由表 4.9 给出.

**表 4.9**

| $x$ | 1.0 | 1.1 | 1.2 | 1.3 | 1.4 |
|---|---|---|---|---|---|
| $f(x)$ | 0.250 0 | 0.226 8 | 0.206 6 | 0.189 0 | 0.173 6 |

# 第 5 章　常微分方程数值解法

## 5.1　引言

科学技术中常常需要求解常微分方程的定解问题.这类问题最简单的形式,是本章将要着重考察的一阶方程的初值问题

$$\begin{cases} y' = f(x,y), & (5.1.1) \\ y(x_0) = y_0. & (5.1.2) \end{cases}$$

我们知道,只要函数 $f(x,y)$ 适当光滑——譬如关于 $y$ 满足 Lipschitz 条件

$$|f(x,y)-f(x,\bar{y})| \leqslant L|y-\bar{y}|,$$

理论上就可以保证初值问题(5.1.1)、(5.1.2)的解 $y=y(x)$ 存在并且唯一.

虽然求解常微分方程有各种各样的解析方法,但解析方法只能用来求解一些特殊类型的方程,实际问题中归结出来的微分方程主要靠数值解法求解.

所谓**数值解法**,就是寻求解 $y(x)$ 在一系列离散节点

$$x_1 < x_2 < \cdots < x_n < x_{n+1} < \cdots$$

上的近似值 $y_1, y_2, \cdots, y_n, y_{n+1}, \cdots$. 相邻两个节点的间距 $h = x_{n+1} - x_n$ 称为**步长**. 今后如不特别说明,总是假定 $h$ 为定数,这时节点为 $x_n = x_0 + nh$, $n=0,1,2,\cdots$.

初值问题(5.1.1)、(5.1.2)的数值解法有个基本特点,它们都采取"步进式",即求解过程顺着节点排列的次序一步一步地向前推进. 描述这类算法,只要给出用已知信息 $y_n, y_{n-1}, y_{n-2}, \cdots$ 计算 $y_{n+1}$ 的递推公式即可. 这种计算公式称为**差分格式**.

## 5.2　Euler 方法

### 5.2.1　Euler 格式

我们知道,在 $Oxy$ 平面上,微分方程(5.1.1)的解 $y=y(x)$ 称为它的**积分曲线**. 积分曲线上一点$(x,y)$的切线斜率等于函数 $f(x,y)$ 的值. 如果按函数 $f(x,y)$ 在 $Oxy$ 平面上建立一个方向场,那么,积分曲线上每一点的切线方向均与方向场在该点的方向一致.

基于上述几何解释,我们从初始点 $P_0(x_0, y_0)$ 出发,先依方向场在该点的方向推

进到 $x=x_1$ 上一点 $P_1$，然后再从 $P_1$ 依方向场的方向推进到 $x=x_2$ 上一点 $P_2$，循此前进作出一条折线 $P_0P_1P_2\cdots$（见图 5.1）.

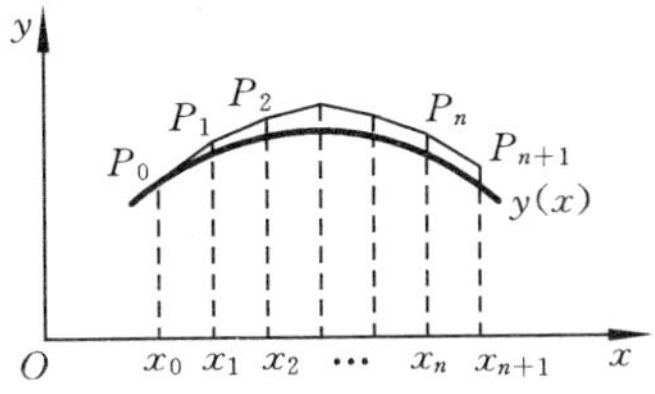

图 5.1

一般地，设已作出该折线的极点 $P_n$，过 $P_n(x_n, y_n)$ 依方向场的方向再推进到 $P_{n+1}(x_{n+1}, y_{n+1})$，显然两个极点 $P_n$，$P_{n+1}$ 的坐标有下列关系：

$$\frac{y_{n+1}-y_n}{x_{n+1}-x_n}=f(x_n,y_n),$$

即

$$y_{n+1}=y_n+hf(x_n,y_n). \tag{5.2.1}$$

这就是著名的 Euler **格式**. 若初值 $y_0$ 已知，则依格式(5.2.1)可逐步算出

$$y_1=y_0+hf(x_0,y_0),\quad y_2=y_1+hf(x_1,y_1),\quad \cdots.$$

**例 5.1**　求解初值问题

$$\begin{cases} y'=y-2x/y & (0<x<1), \\ y(0)=1. \end{cases} \tag{5.2.2}$$

**解**　为便于比较，本章将用多种数值方法求解上述初值问题. 这里先用 Euler 方法，Euler 格式的具体形式为

$$y_{n+1}=y_n+h\left(y_n-\frac{2x_n}{y_n}\right).$$

取步长 $h=0.1$，计算结果如表 5.1 所示.

**表 5.1**

| $x_n$ | $y_n$ | $y(x_n)$ | $x_n$ | $y_n$ | $y(x_n)$ |
|---|---|---|---|---|---|
| 0.1 | 1.100 0 | 1.095 4 | 0.6 | 1.509 0 | 1.483 2 |
| 0.2 | 1.191 8 | 1.183 2 | 0.7 | 1.580 3 | 1.549 2 |
| 0.3 | 1.277 4 | 1.264 9 | 0.8 | 1.649 8 | 1.612 5 |
| 0.4 | 1.358 2 | 1.341 6 | 0.9 | 1.717 8 | 1.673 3 |
| 0.5 | 1.435 1 | 1.414 2 | 1.0 | 1.784 8 | 1.732 1 |

初值问题(5.2.2)有解 $y=\sqrt{1+2x}$，按这个解析式子算出的准确值 $y(x_n)$ 同近似值 $y_n$ 一起列在表 5.1 中，二者相比较可以看出，Euler 方法的精度很差.

还可以通过几何直观来考察 Euler 方法的精度. 假设 $y_n=y(x_n)$，即顶点 $P_n$ 落在积分曲线 $y=y(x)$ 上，那么，按 Euler 方法作出的折线 $P_nP_{n+1}$ 便是 $y=y(x)$ 过点 $P_n$ 的切线（见图 5.2）. 从图形上看，这样定出的顶点 $P_{n+1}$ 显著地偏离了原来的积分曲线，可见 Euler 方法是相当粗糙的.

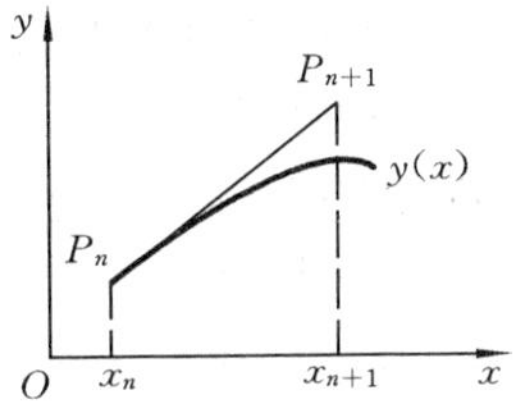

图 5.2

人们常以 Taylor 展开为工具来分析计算公式的

精度.为简化分析,假定 $y_n$ 是准确的,即在 $y_n = y(x_n)$ 的前提下估计误差 $y(x_{n+1}) - y_{n+1}$,这种误差称为**局部截断误差**.注意到

$$f(x_n, y_n) = f(x_n, y(x_n)) = y'(x_n),$$

Euler 格式(5.2.1)的局部截断误差显然为

$$y(x_{n+1}) - y_{n+1} = \frac{h^2}{2} y''(\xi) \approx \frac{h^2}{2} y''(x_n). \tag{5.2.3}$$

## 5.2.2 后退的 Euler 格式

方程 $y' = f(x, y)$ 中含有导数项 $y'(x)$,这是微分方程的本质特征,也正是它难以求解的症结所在.数值解法的关键在于设法消除其导数项,这项手续称为**离散化**.由于差分是微分的近似运算,实现离散化的基本途径之一是直接用差商替代导数.譬如,若在点 $x_n$ 列出方程

$$y'(x_n) = f(x_n, y(x_n)), \tag{5.2.4}$$

并用差商 $\dfrac{y(x_{n+1}) - y(x_n)}{h}$ 近似替代其中的导数 $y'(x_n)$,结果有

$$y(x_{n+1}) \approx y(x_n) + hf(x_n, y(x_n)).$$

设 $y(x_n)$ 的近似值 $y_n$ 已知,用它代入上式右端进行计算,并取计算结果 $y_{n+1}$ 作为 $y(x_{n+1})$ 的近似值,这就是 Euler 格式.

对于在点 $x_{n+1}$ 列出的方程(5.1.1),有

$$y'(x_{n+1}) = f(x_{n+1}, y(x_{n+1})),$$

若用向后差商 $\dfrac{y(x_{n+1}) - y(x_n)}{h}$ 替代导数 $y'(x_{n+1})$,则可将上式离散化得

$$\frac{y_{n+1} - y_n}{h} = f(x_{n+1}, y_{n+1}),$$

即

$$y_{n+1} = y_n + hf(x_{n+1}, y_{n+1}), \tag{5.2.5}$$

此为**后退的 Euler 格式**.

后退的 Euler 格式与 Euler 格式有着本质的区别,后者是关于 $y_{n+1}$ 的一个直接的计算格式,这类格式是**显式的**;而格式(5.2.5)的右端含有未知的 $y_{n+1}$,它实际上是关于 $y_{n+1}$ 的一个函数方程,这类格式是**隐式的**.

显式与隐式两类方法各有特点.考虑到数值稳定性等因素,人们有时需要选用隐式方法,但使用显式算法远比隐式方便.

隐式方程(5.2.5)通常用迭代法求解,而迭代过程的实质是逐步显式化.

设用 Euler 格式 $y_{n+1}^{(0)} = y_n + hf(x_n, y_n)$ 给出迭代初值 $y_{n+1}^{(0)}$,用它代入式(5.2.5)的右端,使之转化为显式,直接计算得

$$y_{n+1}^{(1)} = y_n + hf(x_{n+1}, y_{n+1}^{(0)}),$$

然后再用 $y_{n+1}^{(1)}$ 代入式(5.2.5)的右端,又有

$$y_{n+1}^{(2)}=y_n+hf(x_{n+1},y_{n+1}^{(1)}).$$

如此反复进行迭代，得

$$y_{n+1}^{(k+1)}=y_n+hf(x_{n+1},y_{n+1}^{(k)})\quad(k=0,1,\cdots).$$

如果迭代过程收敛，则极限值 $y_{n+1}=\lim\limits_{k\to\infty}y_{n+1}^{(k)}$ 必满足隐式方程(5.2.5)，从而获得后退的 Euler 方法的解.

再考察后退的 Euler 格式的局部截断误差. 假设 $y_n=y(x_n)$，则按式(5.2.5)有

$$y_{n+1}=y(x_n)+hf(x_{n+1},y_{n+1}),\tag{5.2.6}$$

由于 $$f(x_{n+1},y_{n+1})=f(x_{n+1},y(x_{n+1}))+f_y(x_{n+1},\eta)[y_{n+1}-y(x_{n+1})],$$

其中 $\eta$ 介于 $y_{n+1}$ 与 $y(x_{n+1})$ 之间. 又

$$f(x_{n+1},y(x_{n+1}))=y'(x_{n+1})=y'(x_n)+hy''(x_n)+\cdots,$$

代入式(5.2.6)有

$$y_{n+1}=hf_y(x_{n+1},\eta)[y_{n+1}-y(x_{n+1})]+y(x_n)+hy'(x_n)+h^2y''(x_n)+\cdots,$$

将它与 Taylor 展开式

$$y(x_{n+1})=y(x_n)+hy'(x_n)+\frac{h^2}{2}y''(x_n)+\cdots$$

相减，得

$$y(x_{n+1})-y_{n+1}=hf_y(x_{n+1},\eta)[y(x_{n+1})-y_{n+1}]-\frac{h^2}{2}y''(x_n)+\cdots.$$

再注意到 $$\frac{1}{1-hf_y(x_{n+1},\eta)}=1+hf_y(x_{n+1},\eta)+\cdots,$$

最后整理，得 $$y(x_{n+1})-y_{n+1}\approx-\frac{h^2}{2}y''(x_n).\tag{5.2.7}$$

### 5.2.3 梯形格式

比较 Euler 格式与后退的 Euler 格式的误差公式(5.2.3)、(5.2.7)，可以看到，如果将这两种方法进行算术平均，即可消除误差的主要部分 $\pm\frac{h^2}{2}y''_n$ 而获得更高的精度. 这种平均化方法通常称为**梯形方法**，其计算格式为

$$y_{n+1}=y_n+\frac{h}{2}[f(x_n,y_n)+f(x_{n+1},y_{n+1})].\tag{5.2.8}$$

梯形方法的这种平均化思想亦可借助于几何直观来说明，仍设顶点 $P_n(x_n,y_n)$ 落在积分曲线 $y=y(x)$ 上(见图 5.3)，用 Euler 方法求解时，过点 $P_n$ 以斜率 $f(x_n,y_n)$ 引折线交 $x=x_{n+1}$ 得出顶点 $A$，而用后退的 Euler 方法求解时，则以点 $Q(x_{n+1},y_{n+1})$ 的斜率 $f(x_{n+1},y_{n+1})$ 从顶点 $P_n$ 引折线交 $x=x_{n+1}$ 得另一顶点 $B$. $A$ 和 $B$ 两点均偏离

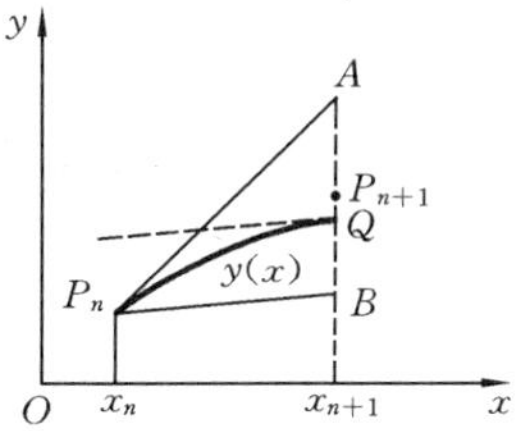

图 5.3

点 $Q$ 比较远，然而从图形上可以明显地看出，$AB$ 的中点 $P_{n+1}$ 相当接近点 $Q$，可见梯形方法确实改善了精度（这里的解释不够严密，然而是令人信服的）。

梯形方法是隐式的，可用迭代法求解. 同后退的 Euler 方法一样，仍用 Euler 方法提供迭代初值，则梯形法的迭代公式为

$$\begin{cases} y_{n+1}^{(0)} = y_n + hf(x_n, y_n), \\ y_{n+1}^{(k+1)} = y_n + \dfrac{h}{2}[f(x_n, y_n) + f(x_{n+1}, y_{n+1}^{(k)})] \end{cases} \quad (k = 0,1,2,\cdots). \tag{5.2.9}$$

为了分析迭代过程的收敛性，将式(5.2.8)与式(5.2.9)相减，得

$$y_{n+1} - y_{n+1}^{(k+1)} = \frac{h}{2}[f(x_{n+1}, y_{n+1}) - f(x_{n+1}, y_{n+1}^{(k)})],$$

于是有

$$|y_{n+1} - y_{n+1}^{(k+1)}| \leqslant \frac{hL}{2}|y_{n+1} - y_{n+1}^{(k)}|,$$

其中 $L$ 为 $f(x,y)$ 关于 $y$ 的 Lipschitz 常数. 如果选取 $h$ 充分小，使得 $\frac{hL}{2}<1$，则当 $k\to\infty$ 时有 $y_{n+1}^{(k)}\to y_{n+1}$，这说明迭代过程(5.2.9)是收敛的（关于迭代法的收敛性，可参见 6.2 节）.

### 5.2.4 改进的 Euler 格式

我们看到，梯形方法虽然提高了精度，但其算法复杂，在应用迭代公式(5.2.9)进行实际计算时，每迭代一次，都要重新计算函数 $f$ 的值，而迭代又要反复进行若干次，计算量很大，而且往往难以预测. 为了控制计算量，通常希望只迭代一两次就转入下一步计算，从而简化算法.

具体地说，先用 Euler 格式求得一个初步的近似值 $\bar{y}_{n+1}$，称之为**预测值**. 预测值 $\bar{y}_{n+1}$ 的精度可能很差，再用梯形公式(5.2.8)将它校正一次，即按式(5.2.9)迭代一次，得 $y_{n+1}$，这个结果称为**校正值**. 而这样建立的预测-校正系统通常称为**改进的 Euler 格式**：

预测 $$\bar{y}_{n+1} = y_n + hf(x_n, y_n), \tag{5.2.10}$$

校正 $$y_{n+1} = y_n + \frac{h}{2}[f(x_n, y_n) + f(x_{n+1}, \bar{y}_{n+1})]. \tag{5.2.11}$$

这一计算格式亦可表示为

$$y_{n+1} = y_n + \frac{h}{2}[f(x_n, y_n) + f(x_n + h, y_n + hf(x_n, y_n))], \tag{5.2.12}$$

或表示为下列平均化形式：

$$\begin{cases} y_p = y_n + hf(x_n, y_n), \\ y_c = y_n + hf(x_{n+1}, y_p), \\ y_{n+1} = \dfrac{1}{2}(y_p + y_c). \end{cases}$$

**例 5.2** 用改进的 Euler 方法求解初值问题(5.2.2).

**解** 改进的 Euler 格式为

$$\begin{cases} y_p = y_n + h\left(y_n - \dfrac{2x_n}{y_n}\right), \\ y_c = y_n + h\left(y_p - \dfrac{2x_{n+1}}{y_p}\right), \\ y_{n+1} = \dfrac{1}{2}(y_p + y_c). \end{cases}$$

仍取 $h=0.1$,计算结果如表 5.2 所示. 与例 5.1 Euler 方法的计算结果比较,改进的 Euler 方法明显地改善了精度.

**表 5.2**

| $x_n$ | $y_n$ | $y(x_n)$ | $x_n$ | $y_n$ | $y(x_n)$ |
|---|---|---|---|---|---|
| 0.1 | 1.095 9 | 1.095 4 | 0.6 | 1.486 0 | 1.483 2 |
| 0.2 | 1.184 1 | 1.183 2 | 0.7 | 1.552 5 | 1.549 2 |
| 0.3 | 1.266 2 | 1.264 9 | 0.8 | 1.615 3 | 1.612 5 |
| 0.4 | 1.343 4 | 1.341 6 | 0.9 | 1.678 2 | 1.673 3 |
| 0.5 | 1.416 4 | 1.414 2 | 1.0 | 1.737 9 | 1.732 1 |

### 5.2.5 Euler 两步格式

再考察改进的 Euler 格式(5.2.10)、(5.2.11),可以看到,其预测公式(Euler 格式)的精度差,与校正公式(梯形格式)不匹配. 现在构造能与梯形方法在精度上相匹配的显式方法,为此改用中心差商$\dfrac{y(x_{n+1})-y(x_{n-1})}{2h}$替代方程(5.2.4)左端的导数项 $y'(x_n)$,这时离散化得到所谓 Euler **两步格式**

$$y_{n+1} = y_{n-1} + 2hf(x_n, y_n). \tag{5.2.13}$$

前面介绍过的数值方法,无论是 Euler 方法、后退的 Euler 方法,还是改进的 Euler方法,它们都是**单步法**,其特点是在计算 $y_{n+1}$ 时只用到前面一步的信息 $y_n$;然而,Euler 两步格式除了含 $y_n$ 外,还显含更前面一步的信息 $y_{n+1}$——即调用了前面两步的信息,Euler **两步法**因此而得名.

单步法的优点是“自开始”,只要给出初值 $y_0$,依计算公式即可顺次计算 $y_1$,$y_2$,…. 然而两步法不是自开始的,在实际计算时,除了给出初值 $y_0$ 外,还需要求助于其他单步法再提供一个**开始值** $y_1$,然后才能启动计算公式依次计算 $y_2$,$y_3$,….

两步法的优点是,由于它调用了两个节点上的已知信息,从而能以较少的计算量获得较高的精度.

现在用 Euler 两步格式与梯形格式相匹配,得到如下预测-校正系统:

预测 $$\bar{y}_{n+1}=y_{n-1}+2hf(x_n,y_n),\tag{5.2.14}$$

校正 $$y_{n+1}=y_n+\frac{h}{2}[f(x_n,y_n)+f(x_{n+1},\bar{y}_{n+1})].\tag{5.2.15}$$

与改进的 Euler 格式(5.2.10)、(5.2.11)比较，系统(5.2.14)、(5.2.15)的一个突出的特点是，它的预测公式与校正公式具有同等精度.下面将会看到，据此能比较方便地估计出截断误差，并且基于这种估计，可以提供一种提高精度的简易方法.

截断误差的分析仍用 Taylor 方法.假设预测公式(5.2.14)中的 $y_n$ 和 $y_{n-1}$ 都是准确的，即 $y_n=y(x_n)$，$y_{n-1}=y(x_{n-1})$，则容易验证其局部截断误差

$$y(x_{n+1})-\bar{y}_{n+1}\approx\frac{h^3}{3}y'''(x_n).\tag{5.2.16}$$

此外，在分析校正公式(5.2.15)的误差时，假定其中的预测值 $\bar{y}_{n+1}$ 是准确的，即 $\bar{y}_{n+1}=y(x_{n+1})$，这时有

$$y(x_{n+1})-y_{n+1}\approx-\frac{h^3}{12}y'''(x_n).\tag{5.2.17}$$

比较式(5.2.16)和式(5.2.17)可发现，校正值的误差 $y(x_{n+1})-y_{n+1}$ 大约只有预测值的误差 $y(x_{n+1})-\bar{y}_{n+1}$ 的 1/4(注意符号相反)，即有

$$\frac{y(x_{n+1})-y_{n+1}}{y(x_{n+1})-\bar{y}_{n+1}}\approx-\frac{1}{4}.$$

由此可导出下列事后估计式：

$$\begin{cases}y(x_{n+1})-\bar{y}_{n+1}\approx-\dfrac{4}{5}(\bar{y}_{n+1}-y_{n+1}),\\[2mm] y(x_{n+1})-y_{n+1}\approx\dfrac{1}{5}(\bar{y}_{n+1}-y_{n+1}).\end{cases}\tag{5.2.18}$$

可以期望，利用这样估计出的误差作为计算结果的一种补偿，有可能使精度得到改善.

设以 $p_n$ 和 $c_n$ 分别表示第 $n$ 步的预测值和校正值，按估计式(5.2.18)，$p_{n+1}-\frac{4}{5}(p_{n+1}-c_{n+1})$ 和 $c_{n+1}+\frac{1}{5}(p_{n+1}-c_{n+1})$ 分别可以取作 $p_{n+1}$ 和 $c_{n+1}$ 的改进值.在校正值 $c_{n+1}$ 尚未求出之前，可用上一步的偏差值 $p_n-c_n$ 替代 $p_{n+1}-c_{n+1}$ 来改进预测值 $p_{n+1}$，这样设计的计算方案共有六个环节：

预测 $$p_{n+1}=y_{n-1}+2hy'_n,$$

改进 $$m_{n+1}=p_{n+1}-\frac{4}{5}(p_n-c_n),$$

计算 $$m'_{n+1}=f(x_{n+1},m_{n+1}),$$

校正 $$c_{n+1}=y_n+\frac{h}{2}(m'_{n+1}+y'_n),$$

改进 $$y_{n+1}=c_{n+1}+\frac{1}{5}(p_{n+1}-c_{n+1}),$$

计算 $$y'_{n+1}=f(x_{n+1},y_{n+1}).$$

运用上述方案计算 $y_{n+1}$ 时，要用到先一步的信息 $y_n, y'_n, p_n-c_n$ 和更前一步的信息 $y_{n-1}$，因此在启动计算之前必须给出开始值 $y_1$ 和 $p_1-c_1$，$y_1$ 可用其他单步法（例如改进的 Euler 方法）来计算，$p_1-c_1$ 则一般令它等于零.（计算的实践表明，这种简单的处理方法通常可以获得令人满意的效果.）

## 5.3 Runge-Kutta 方法

本节介绍一类高精度的单步法——Runge-Kutta 方法. 这类方法与下述 Taylor 级数法有着紧密的联系.

### 5.3.1 Taylor 级数法

设初值问题(5.1.1)、(5.1.2)有解 $y=y(x)$，用 Taylor 展开，有

$$y(x_{n+1}) = y(x_n)+hy'(x_n)+\frac{h^2}{2!}y''(x_n)+\frac{h^3}{3!}y'''(x_n)+\cdots, \tag{5.3.1}$$

其中 $y(x)$ 的各阶导数依据所给方程(5.1.1)可以用函数 $f$ 来表达. 下面引进函数序列 $f^{(j)}(x,y)$ 来描述求导过程，即

$$y'=f\equiv f^{(0)},\quad y''=\frac{\partial f^{(0)}}{\partial x}+f\frac{\partial f^{(0)}}{\partial y}\equiv f^{(1)},\quad y'''=\frac{\partial f^{(1)}}{\partial x}+f\frac{\partial f^{(1)}}{\partial y}\equiv f^{(2)},\quad \cdots.$$

一般地 $$y^{(j)}=\frac{\partial f^{(j-2)}}{\partial x}+f\frac{\partial f^{(j-2)}}{\partial y}\equiv f^{(j-1)},\quad j=2,3,\cdots,$$

而具体写出则有

$$\begin{cases} y'=f,\\ y''=\dfrac{\partial f}{\partial x}+f\dfrac{\partial f}{\partial y},\\ y'''=\dfrac{\partial^2 f}{\partial x^2}+2f\dfrac{\partial^2 f}{\partial x\partial y}+f^2\dfrac{\partial^2 f}{\partial y^2}+\dfrac{\partial f}{\partial y}\left(\dfrac{\partial f}{\partial x}+f\dfrac{\partial f}{\partial y}\right),\\ \quad\vdots \end{cases} \tag{5.3.2}$$

在展开式(5.3.1)的右端截取若干项，并且在$(x_n,y_n)$按式(5.3.2)计算系数 $y^{(j)}(x_n)$ 的近似值 $y_n^{(j)}$，结果导出下列 Taylor **格式**

$$y_{n+1} = y_n+hy'_n+\frac{h^2}{2!}y''_n+\cdots+\frac{h^p}{p!}y_n^{(p)}, \tag{5.3.3}$$

其中一阶 Taylor 格式($p=1$)

$$y_{n+1}=y_n+hy'_n$$

就是 Euler 格式，而提高 Taylor 格式的阶 $p$ 即可提高计算结果的精度. 显然，$p$ 阶

Taylor 格式(5.3.3)的局部截断误差为

$$y(x_{n+1})-y_{n+1}=\frac{h^{p+1}}{(p+1)!}y^{(p+1)}(\xi),\quad x_n<\xi<x_{n+1},$$

因此，它按下述定义具有 $p$ 阶精度.

**定义 5.1** 如果一种方法的局部截断误差为 $O(h^{p+1})$，则称该方法具有 $p$ 阶精度.

**例 5.3** 用 Taylor 级数法求解例 5.1 的初值问题(5.2.2).

**解** 直接求导知

$$y'=y-\frac{2x}{y},$$

$$y''=y'-\frac{2}{y^2}(y-xy'),$$

$$y'''=y''+\frac{2}{y^2}(xy''+2y')-\frac{4xy'^2}{y^3},$$

$$y^{(4)}=y'''+\frac{2}{y^2}(xy'''+3y'')-\frac{12y'}{y^3}(xy''+y')+\frac{12xy'^3}{y^4}.$$

据此用四阶 Taylor 格式即可获得令人满意的结果(仍取步长＝0.1 计算，结果如表5.3所示).

表 5.3

| $x_n$ | $y_n$ | $y(x_n)$ |
|---|---|---|
| 0.1 | 1.095 4 | 1.095 4 |
| 0.2 | 1.183 2 | 1.183 2 |
| 0.3 | 1.264 9 | 1.264 9 |

应当指出，Taylor 格式(5.3.3)从形式上看似简单，但具体构造这种格式往往是相当困难的，因为它需要按式(5.3.2)提供导数值 $y_n^{(j)}$. 当阶数提高时，求导过程式(5.3.2)可能很复杂，因此 Taylor 级数法通常不直接使用，但可以用它来启发思路.

## 5.3.2 Runge-Kutta 方法的基本思想

Runge-Kutta 方法实质上是间接地使用 Taylor 级数法的一种方法.

考察差商 $\frac{y(x_{n+1})-y(x_n)}{h}$，根据微分中值定理，存在 $0<\theta<1$，使得

$$\frac{y(x_{n+1})-y(x_n)}{h}=y'(x_n+\theta h),$$

于是，利用所给方程 $y'=f(x,y)$ 得到

$$y(x_{n+1})=y(x_n)+hf(x_n+\theta h,y(x_n+\theta h)).\tag{5.3.4}$$

设 $K^*=f(x_n+\theta h,y(x_n+\theta h))$，称 $K^*$ 为区间 $[x_n,x_{n+1}]$ 上的**平均斜率**. 由此可见，只要对平均斜率提供一种算法，那么由式(5.3.4)便相应地导出一种计算格式.

Euler 格式(5.2.1)简单地取点 $x_n$ 的斜率值 $K_1=f(x_n,y_n)$ 作为平均斜率 $K^*$，

精度自然很低.

再考察改进的 Euler 格式(5.2.10)、(5.2.11),它可改写成下列平均化的形式:

$$\begin{cases} y_{n+1} = y_n + \dfrac{h}{2}(K_1 + K_2), \\ K_1 = f(x_n, y_n), \\ K_2 = f(x_{n+1}, y_n + hK_1). \end{cases}$$

可见,改进的 Euler 格式可以这样理解:它用 $x_n$ 与 $x_{n+1}$ 两个点的斜率值 $K_1$ 与 $K_2$ 取算术平均作为平均斜率 $K^*$,而 $x_{n+1}$ 处的斜率值 $K_2$ 则通过已知信息 $y_n$ 来预测.

这个处理过程启示我们,如果设法在$(x_n, x_{n+1})$内多预测几个点的斜率值,然后将它们加权平均作为平均斜率 $K^*$,则有可能构造出具有更高精度的计算格式.这就是 Runge-Kutta 方法的基本思想.

### 5.3.3 二阶 Runge-Kutta 方法

首先推广改进的 Euler 方法.随意考察区间$(x_n, x_{n+1})$内一点

$$x_{n+p} = x_n + ph, \quad 0 < p \leqslant 1,$$

希望用 $x_n$ 和 $x_{n+p}$ 两个点的斜率值 $K_1$ 和 $K_2$ 线性组合得到平均斜率 $K^*$,即令

$$y_{n+1} = y_n + h(\lambda_1 K_1 + \lambda_2 K_2),$$

其中 $\lambda_1, \lambda_2$ 为待定系数.同改进的 Euler 格式一样,这里仍取 $K_1 = f(x_n, y_n)$,问题在于该怎样预测 $x_{n+p}$ 处的斜率值 $K_2$.

仿照改进的 Euler 格式,先用 Euler 格式提供 $y(x_{n+p})$ 的预测值,即

$$y_{n+p} = y_n + phK_1,$$

然后再用预测值 $y_{n+p}$ 通过计算 $f$ 产生斜率值

$$K_2 = f(x_{n+p}, y_{n+p}).$$

这样设计出的计算格式具有如下形式:

$$\begin{cases} y_{n+1} = y_n + h(\lambda_1 K_1 + \lambda_2 K_2), \\ K_1 = f(x_n, y_n), \\ K_2 = f(x_{n+p}, y_n + phK_1). \end{cases} \tag{5.3.5}$$

式(5.3.5)含有三个待定系数 $\lambda_1, \lambda_2$ 和 $p$,希望适当选取这些系数的值,使得格式具有二阶精度.

根据式(5.3.3),二阶 Taylor 格式为

$$y_{n+1} = y_n + hy_n' + \frac{h^2}{2}y_n'',$$

或表示为

$$y_{n+1} = y_n + hf_n + \frac{h^2}{2}(f_x + f \cdot f_y)_n,$$

其中 $f_n$ 和$(f_x + f \cdot f_y)_n$ 的下标 $n$ 均表示在$(x_n, y_n)$取值.另一方面,有

$$K_1 = f_n, \quad K_2 = f(x_{n+p}, y_n + phK_1) = f_n + ph(f_x + f \cdot f_y)_n + \cdots,$$
代入式(5.3.5)，得
$$y_{n+1} = y_n + (\lambda_1 + \lambda_2)hf_n + \lambda_2 ph^2(f_x + f \cdot f_y)_n + \cdots.$$
由此可见，欲使格式(5.3.5)具有二阶精度，只要成立
$$\begin{cases} \lambda_1 + \lambda_2 = 1, \\ \lambda_2 p = \dfrac{1}{2}. \end{cases} \tag{5.3.6}$$
满足条件(5.3.6)的一族格式(5.3.5)统称为**二阶 Runge-Kutta 格式**.

除了改进的 Euler 格式外，另一种特殊的二阶 Runge-Kutta 格式是所谓**变形的 Euler 格式**，其形式如下：
$$\begin{cases} y_{n+1} = y_n + hK_2, \\ K_1 = f(x_n, y_n), \\ K_2 = f\left(x_n + \dfrac{h}{2}, y_n + \dfrac{h}{2}K_1\right). \end{cases}$$

表面上看，变形的 Euler 格式 $y_{n+1}=y_n+hK_2$ 仅显含一个斜率值 $K_2$，但 $K_2$ 是通过 $K_1$ 计算出来的，因此每完成一步仍然需要两次计算函数 $f$ 的值，工作量和改进的 Euler 格式相同.

总之，二阶 Runge-Kutta 方法用多算一次函数值 $f$ 的办法，避开了二阶 Taylor 级数法所要求的 $f$ 导数值的计算. 在这种意义上可以说，Runge-Kutta 方法实质上是 Taylor 方法的变形.

### 5.3.4 三阶 Runge-Kutta 方法

为了进一步提高精度，设除 $x_n, x_{n+p}$ 外再考察一点 $x_{n+p}=x_n+qh$，$p\leqslant q\leqslant 1$，并用三个点 $x_n, x_{n+p}, x_{n+q}$ 的斜率值 $K_1, K_2, K_3$ 线性组合得到平均斜率 $K^*$，这时计算格式为
$$y_{n+1} = y_n + h(\lambda_1 K_1 + \lambda_2 K_2 + \lambda_3 K_3).$$
其中 $K_1, K_2$ 仍用格式(5.3.5)所取的形式.

为了预测点 $x_{n+p}$ 处的斜率值 $K_3$，在区间$(x_n, x_{n+q})$内有两个斜率值 $K_1$ 和 $K_2$ 可以利用. 用 $K_1$ 和 $K_2$ 线性组合给出区间$[x_n, x_{n+q}]$上的平均斜率，从而得到$y(x_{n+q})$的预测值 $y_{n+q}=y_n+qh(rK_1+sK_2)$，于是，再通过计算函数值 $f$ 得到
$$K_3 = f(x_{n+q}, y_{n+q}) = f(x_n + qh, y_n + qh(rK_1 + sK_2)).$$
这样设计出的计算格式具有如下形式：
$$\begin{cases} y_{n+1} = y_n + h(\lambda_1 K_1 + \lambda_2 K_2 + \lambda_3 K_3), \\ K_1 = f(x_n, y_n), \\ K_2 = f(x_n + ph, y_n + phK_1), \\ K_3 = f(x_n + qh, y_n + qh(rK_1 + sK_2)). \end{cases} \tag{5.3.7}$$

希望适当选择系数 $\lambda_1,\lambda_2,\lambda_3$ 和 $p,q,r,s$,能使上述格式具有三阶精度.

为便于进行数学演算,引进算子

$$\mathrm{D}=\frac{\partial}{\partial x}+f\frac{\partial}{\partial y},\quad \mathrm{D}^2=\frac{\partial^2}{\partial x^2}+2f\frac{\partial^2}{\partial x\partial y}+f^2\frac{\partial^2}{\partial y^2},$$

则根据式(5.3.2),有

$$y'=f,\quad y''=\mathrm{D}f,\quad y'''=\mathrm{D}^2f+\frac{\partial f}{\partial y}\mathrm{D}f,$$

于是三阶 Taylor 格式

$$y_{n+1}=y_n+hy'_n+\frac{h^2}{2}y''_n+\frac{h^3}{6}y'''_n$$

可表示为

$$y_{n+1}=y_n+hf_n+\frac{h^2}{2}\mathrm{D}f_n+\frac{h^3}{6}(\mathrm{D}^2f+f_y\mathrm{D}f)_n,\tag{5.3.8}$$

其中 $f_n,\mathrm{D}f_n$ 等的下标 $n$ 均表示在 $(x_n,y_n)$ 取值.

另一方面,再将式(5.3.7)Taylor 展开,其中

$$K_1=f_n,$$

$$K_2=f(x_n+ph,y_n+phK_1)=f_n+ph\mathrm{D}f_n+\frac{(ph)^2}{2}\mathrm{D}^2f_n+\cdots,$$

$$K_3=f(x_n+qh,y_n+qh(rK_1+sK_2))=f_n+qh\bar{\mathrm{D}}f_n+\frac{(qh)^2}{2}\bar{\mathrm{D}}^2f_n+\cdots.$$

这里,算子 $\bar{\mathrm{D}}=\frac{\partial}{\partial x}+(rK_1+sK_2)\frac{\partial}{\partial y}$.

若取

$$r+s=1,\tag{5.3.9}$$

则易知

$$\bar{\mathrm{D}}=\mathrm{D}+hps\mathrm{D}f_n\frac{\partial}{\partial y}+\cdots,\tag{5.3.10}$$

$$\bar{\mathrm{D}}^2=\mathrm{D}^2+\cdots,$$

因此

$$K_3=f_n+qh\mathrm{D}f_n+\frac{h^2}{2}(q^2\mathrm{D}^2f+2pqs\mathrm{D}f\cdot f_y)_n+\cdots.$$

将以上 $K_1,K_2,K_3$ 的展开式一起代入式(5.3.7),再令

$$\lambda_1+\lambda_2+\lambda_3=1,\tag{5.3.11}$$

则有

$$\begin{aligned}y_{n+1}=&y_n+hf_n+h^2(\lambda_2p+\lambda_3q)\mathrm{D}f_n\\&+h^3\left(\frac{1}{2}\lambda_2p^2\mathrm{D}^2f+\frac{1}{2}\lambda_3q^2\mathrm{D}^2f+\lambda_3pqsf_y\mathrm{D}f\right)_n+\cdots,\end{aligned}$$

于是为了保证它能与三阶 Taylor 格式(5.3.8)具有同等精度,只要满足下列方程组:

$$\begin{cases}\lambda_2p+\lambda_3q=\dfrac{1}{2},\\[2mm]\lambda_2p^2+\lambda_3q^2=\dfrac{1}{3},\\[2mm]\lambda_3pqs=\dfrac{1}{6}.\end{cases}\tag{5.3.12}$$

满足条件(5.3.9)、(5.3.11)、(5.3.12)的一族格式(5.3.7)统称**三阶 Runge-Kutta 格式**. 下列 Kutta 格式是其中的一个特例：

$$\begin{cases} y_{n+1} = y_n + \dfrac{h}{6}(K_1 + 4K_2 + K_3), \\ K_1 = f(x_n, y_n), \\ K_2 = f\left(x_n + \dfrac{h}{2}, y_n + \dfrac{h}{2}K_1\right), \\ K_3 = f(x_n + h, y_n - hK_1 + 2hK_2). \end{cases}$$

### 5.3.5 四阶 Runge-Kutta 方法

继续上述过程，经过较复杂的数学演算，可以导出各种四阶 Runge-Kutta 格式，下列**经典格式**是其中常用的一个：

$$\begin{cases} y_{n+1} = y_n + \dfrac{h}{6}(K_1 + 2K_2 + 2K_3 + K_4), \\ K_1 = f(x_n, y_n), \\ K_2 = f\left(x_n + \dfrac{h}{2}, y_n + \dfrac{h}{2}K_1\right), \\ K_3 = f\left(x_n + \dfrac{h}{2}, y_n + \dfrac{h}{2}K_2\right), \\ K_4 = f(x_n + h, y_n + hK_3). \end{cases} \tag{5.3.13}$$

四阶 Runge-Kutta 方法的每一步需要四次计算函数值 $f$，可以证明其截断误差为$O(h^5)$. 其证明极其烦琐，这里从略.

**例 5.4** 设取步长 $h=0.2$，从 $x=0$ 直到 $x=1$ 用四阶 Runge-Kutta 方法求解初值问题(5.2.2).

**解** 这里，经典的四阶 Runge-Kutta 格式(5.3.13)具有如下形式：

$$\begin{cases} y_{n+1} = y_n + \dfrac{h}{6}(K_1 + 2K_2 + 2K_3 + K_4), \\ K_1 = y_n - \dfrac{2x_n}{y_n}, \\ K_2 = y_n + \dfrac{h}{2}K_1 - \dfrac{2x_n + h}{y_n + \dfrac{h}{2}K_1}, \\ K_3 = y_n + \dfrac{h}{2}K_2 - \dfrac{2x_n + h}{y_n + \dfrac{h}{2}K_2}, \\ K_4 = y_n + hK_3 - \dfrac{2(x_n + h)}{y_n + hK_3}. \end{cases}$$

表 5.4 列出计算结果 $y_n$，其中 $y(x_n)$仍表示准确解.

比较例 5.4 和例 5.2 的计算结果，显然以四阶 Runge-Kutta 方法的精度为高. 注意，虽然四阶 Runge-Kutta 方法的计算量(每一步要四次计算函数 $f$)比改进的 Euler 方法(它是一种二阶 Runge-Kutta 方法，每一步只要两次计算函数 $f$)大一倍，但由于这里放大了步长($h=0.2$)，造出表 5.4 和表5.2 所耗费的计算量几乎相同. 这个例子又一次显示了选择算法的重要意义.

表 5.4

| $x_n$ | $y_n$ | $y(x_n)$ |
|---|---|---|
| 0.2 | 1.183 2 | 1.183 2 |
| 0.4 | 1.341 7 | 1.341 6 |
| 0.6 | 1.483 3 | 1.483 2 |
| 0.8 | 1.612 5 | 1.612 5 |
| 1.0 | 1.732 1 | 1.732 1 |

然而值得指出的是，Runge-Kutta 方法的推导基于 Taylor 展开方法，因而它要求所求的解具有较好的光滑性质. 反之，如果解的光滑性差，那么，使用四阶 Runge-Kutta 方法可能反而不如使用改进的 Euler 方法求得的数值解的精度高. 实际计算时，应当针对问题的具体特点选择合适的算法.

### 5.3.6 变步长的 Runge-Kutta 方法

单从每一步看，步长越小，截断误差就越小；但随着步长的缩小，在一定求解范围内所要完成的步数就增加了. 步数的增加不但引起计算量的增大，而且可能导致舍入误差的严重积累. 因此同积分的数值计算一样，微分方程的数值解法也有个选择步长的问题.

在选择步长时，需要考虑两个问题：

(1) 怎样衡量和检验计算结果的精度？

(2) 如何依据所获得的精度处理步长？

考察经典的四阶 Runge-Kutta 格式(5.3.13). 从节点 $x_n$ 出发，先以 $h$ 为步长求出一个近似值，作为 $y_{n+1}^{(h)}$，由于格式的局部截断误差为 $O(h^5)$，故有

$$y(x_{n+1})-y_{n+1}^{(h)}\approx Ch^5;\tag{5.3.14}$$

然后将步长折半，即取 $\dfrac{h}{2}$ 为步长从 $x_n$ 跨两步到 $x_{n+1}$，再求得一个近似值 $y_{n+1}^{(h/2)}$，每跨一步的截断误差是 $C\left(\dfrac{h}{2}\right)^5$，因此有

$$y(x_{n+1})-y_{n+1}^{(h/2)}=2C\left(\frac{h}{2}\right)^5;\tag{5.3.15}$$

比较式(5.3.14)和式(5.3.15)可以看到，步长折半后，误差大约减小到$\dfrac{1}{16}$，即有

$$\frac{y(x_{n+1})-y_{n+1}^{(h/2)}}{y(x_{n+1})-y_{n+1}^{(h)}}\approx\frac{1}{16}.$$

由此易得下列事后估计式

$$y(x_{n+1})-y_{n+1}^{(h/2)}\approx\frac{1}{15}(y_{n+1}^{(h/2)}-y_{n+1}^{(h)}).$$

这样，可以通过检查步长折半前后两次计算结果的偏差

$$\Delta = | y_{n+1}^{(h/2)} - y_{n+1}^{(h)} |$$

来判定所选的步长是否合适. 具体地说，将分以下两种情况处理：

(1) 对于给定的精度 $\varepsilon$，如果 $\Delta > \varepsilon$，应反复将步长折半进行计算，直至 $\Delta < \varepsilon$ 为止，这时取最终得到的 $y_{n+1}^{(h/2)}$ 作为结果；

(2) 如果 $\Delta < \varepsilon$，则反复将步长加倍，直至 $\Delta > \varepsilon$ 为止，这时再将步长折半一次，就得到所要的结果.

这种通过加倍或折半处理步长的方法称为**变步长方法**. 表面上看，为了选择步长，每一步的计算量增加了，但从总体考虑往往是合算的.

## 5.4 单步法的收敛性和稳定性

### 5.4.1 单步法的收敛性

我们看到，数值解法的基本思想是，通过某种离散化手段，将微分方程转化为差分方程(代数方程)来求解. 这种转化是否合理，还要看差分问题的解 $y_n$ 当 $h \to 0$ 时是否会收敛到微分方程的准确解 $y(x_n)$. 需要注意的是，如果只考虑 $h \to 0$，那么节点 $x_n = x_0 + nh$ 对于固定的 $n$ 将趋于 $x_0$，这时讨论收敛性是没有意义的.

**定义 5.2** 若一种数值方法对于任意固定的 $x_n = x_0 + nh$，当 $h \to 0$(同时 $n \to \infty$)时有 $y_n \to y(x_n)$，则称该方法是**收敛**的.

先就简单的初值问题

$$\begin{cases} y' = \lambda y, \\ y(0) = y_0 \end{cases} \tag{5.4.1}$$

考察 Euler 方法的收敛性. 方程 $y' = \lambda y$ 的 Euler 格式是

$$y_{n+1} = (1 + \lambda h) y_n, \tag{5.4.2}$$

它显然有解 $$y_n = y_0 (1 + \lambda h)^n.$$

由于这里 $x_0 = 0, x_n = nh$，有

$$y_n = y_0 [(1 + \lambda h)^{\frac{1}{\lambda h}}]^{\lambda x_n}.$$

再注意到当 $h \to 0$ 时，有

$$(1 + \lambda h)^{\frac{1}{\lambda h}} \to \mathrm{e},$$

差分方程的解 $y_n$ 当 $h \to 0$ 时确定收敛到原微分方程的准确解

$$y(x_n) = y_0 \mathrm{e}^{\lambda x_n}.$$

下面进一步考察一般的单步法.

所谓单步法，就是在计算 $y_{n+1}$ 时只用到它前一步的信息 $y_n$. Taylor 级数法、

Runge-Kutta 方法等都是单步法的例子. 显式单步法的共同特征是,它们都是将 $y_n$ 加上某种形式的增量得出 $y_{n+1}$ 的,其计算公式形如

$$y_{n+1} = y_n + h\varphi(x_n, y_n, h), \tag{5.4.3}$$

其中 $\varphi(x,y,h)$ 称为**增量函数**.

不同的单步法对应于不同的增量函数. 不难就已知的几种单步法写出增量函数 $\varphi(x,y,h)$ 的具体形式,譬如,对于 Euler 格式(5.2.1),有 $\varphi=f(x,y)$,而对于改进的 Euler 格式(5.2.12),有

$$\varphi = \frac{1}{2}[f(x,y) + f(x+h, y+hf(x,y))]. \tag{5.4.4}$$

关于单步法有下述收敛性定理.

**定理 5.1** 假设单步法(5.4.3)具有 $p$ 阶精度,且增量函数 $\varphi(x,y,h)$ 关于 $y$ 满足 Lipschitz 条件

$$|\varphi(x,y,h) - \varphi(x,\bar{y},h)| \leqslant L_\varphi(y - \bar{y}), \tag{5.4.5}$$

又设初值 $y_0$ 是准确的,即 $y_0 = y(x_0)$,则其**整体截断误差**

$$y(x_n) - y_n = O(h^p). \tag{5.4.6}$$

**证明** 设以 $\bar{y}_{n+1}$ 表示取 $y_n = y(x_n)$ 用格式(5.4.3)求得的结果,即

$$\bar{y}_{n+1} = y(x_n) + h\varphi(x_n, y(x_n), h), \tag{5.4.7}$$

其局部截断误差为 $y(x_{n+1}) - \bar{y}_{n+1}$,由于所给方法具有 $p$ 阶精度,按定义 5.1,存在定数 $C$,使

$$|y(x_{n+1}) - \bar{y}_{n+1}| \leqslant Ch^{p+1}.$$

又由式(5.4.7)与式(5.4.3),得

$$|\bar{y}_{n+1} - y_{n+1}| \leqslant |y(x_n) - y_n| + h|\varphi(x_n, y(x_n), h) - \varphi(x_n, y_n, h)|.$$

利用假设条件(5.4.5),有

$$|\bar{y}_{n+1} - y_{n+1}| \leqslant (1 + hL_\varphi)|y(x_n) - y_n|,$$

从而有

$$\begin{aligned} |y(x_{n+1}) - y_{n+1}| &\leqslant |\bar{y}_{n+1} - y_{n+1}| + |y(x_{n+1}) - \bar{y}_{n+1}| \\ &\leqslant (1 + hL_\varphi)|y(x_n) - y_n| + Ch^{p+1}, \end{aligned}$$

即对于整体截断误差 $e_n = y(x_n) - y_n$ 成立下列递推关系式:

$$|e_{n+1}| \leqslant (1 + hL_\varphi)|e_n| + Ch^{p+1}. \tag{5.4.8}$$

据此不等式反复递推,可得

$$|e_n| \leqslant (1 + hL_\varphi)^n |e_0| + \frac{Ch^q}{L_\varphi}[(1 + hL_\varphi)^n - 1]. \tag{5.4.9}$$

再注意到当 $x_n - x_0 = nh \leqslant T$ 时①

① 对于任意实数 $x$,有 $1 + x \leqslant e^x$,而当 $x \geqslant -1$ 时,成立 $0 \leqslant (1+x)^n \leqslant e^{nx}$.

$$(1+hL_\varphi)^n \leqslant (e^{nL_\varphi})^n \leqslant e^{hL_\varphi},$$

最终得估计式

$$|e_n| \leqslant |e_0| e^{TL_\varphi} + \frac{Ch^p}{L_\varphi}(e^{TL_\varphi}-1). \tag{5.4.10}$$

由此可以断定，如果初值是准确的，即 $e_0=0$，则式(5.4.6)成立. 证毕.

依据这一定理，判断单步法(5.4.3)的收敛性，归结为验证增量函数 $\varphi$ 能否满足 Lipschitz 条件(5.4.5).

对 Euler 方法，由于其增量函数 $\varphi$ 就是 $f$，故当 $f$ 满足 Lipschitz 条件时它是收敛的.

再考察改进的 Euler 方法，其增量函数已由式(5.4.4)给出，这时有

$$\begin{aligned}&|\varphi(x,y,h)-\varphi(x,\bar{y},h)|\\ \leqslant\ &\frac{1}{2}[|f(x,y)-f(x,\bar{y})|+|f(x+h,y+hf(x,y))\\ &-f(x+h,\bar{y}+hf(x,\bar{y}))|].\end{aligned}$$

假定 $f$ 关于 $y$ 满足 Lipschitz 条件，记 Lipschitz 常数为 $L$，则由上式推得

$$|\varphi(x,y,h)-\varphi(x,\bar{y},h)| \leqslant L\left(1+\frac{h}{2}L\right)|y-\bar{y}|.$$

设限定 $h\leqslant h_0$ （$h_0$ 为定数），上式表明 $\varphi$ 关于 $y$ 的 Lipschitz 常数

$$L_\varphi = L\left(1+\frac{h_0}{2}L\right),$$

因此，改进的 Euler 方法也是收敛的.

类似地，不难验证其他 Runge-Kutta 方法的收敛性.

### 5.4.2 单步法的稳定性

前面关于收敛性的讨论有个前提，必须假定数值方法本身的计算是准确的. 实际情形并不是这样，差分方程的求解还会有计算误差，譬如由于数字舍入而引起的小扰动. 这类小扰动在传播过程中会不会恶性增长，以致“淹没”了差分方程的“真解”呢？这就是差分方法的稳定性问题. 在实际计算时，希望某一步产生的扰动值在后面的计算中能够被控制，甚至是逐步衰减的.

**定义 5.3** 若一种数值方法在节点值 $y_n$ 上产生大小为 $\delta$ 的扰动，在以后各节点值 $y_m$ （$m>n$）上产生的偏差均不超过 $\delta$，则称该方法是**稳定**的.

稳定性问题比较复杂，为简化讨论，仅考察下列**模型方程** $y'=\lambda y$. 为保证微分方程本身的稳定性，假定 $\lambda<0$.

先研究 Euler 方法的稳定性. 模型方程 $y'=\lambda y$ 的 Euler 格式为

$$y_{n+1}=(1+h\lambda)y_n. \tag{5.4.11}$$

设在节点值 $y_n$ 上有一扰动值 $\varepsilon_n$，它的传播使节点值 $y_{n+1}$ 产生大小为 $\varepsilon_{n+1}$ 的扰动值，

假设用 $y_n^*=y_n+\varepsilon_n$ 按 Euler 格式得出 $y_{n+1}^*=y_{n+1}+\varepsilon_{n+1}$ 的计算过程不再有新的误差，则扰动值满足

$$\varepsilon_{n+1}=(1+h\lambda)\varepsilon_n.$$

可见扰动值满足原来的差分方程(5.4.11).这样，如果差分方程的解是不增长的，即有

$$|y_{n+1}|\leqslant|y_n|,$$

则它就是稳定的.这一论断对于下面将要研究的其他方法同样适用.

显然，为要保证差分方程(5.4.11)的解是不增长的，只要选取 $h$ 充分小，使

$$|1+h\lambda|\leqslant 1. \tag{5.4.12}$$

这说明 Euler 方法是**条件稳定**的，其稳定性条件为 $h\leqslant-2/\lambda$.记 $\tau=-1/\lambda$，则稳定性条件(5.4.12)可表示为

$$h\leqslant 2\tau. \tag{5.4.13}$$

若自变量 $x$ 表示时间，则 $\tau$ 是一个具有时间量纲的量，工程上习惯地称它为**时间常数**.时间常数 $\tau$ 可用来刻画原方程的解 $y(x)$ 的衰减速度.事实上，在时间 $\tau$ 内，解 $y=y(0)e^{\lambda x}$ 衰减到它的 $e^{-1}$ 倍.因此，$\tau$ 越小，解 $y(x)$ 衰减得越快.

Euler 方法的稳定性条件 $h\leqslant 2\tau$ 表明，时间常数 $\tau$ 越小，稳定性对步长 $h$ 的限制越苛刻.

再考察后退的 Euler 方法.对于模型方程 $y'=\lambda y$，其后退的 Euler 格式为

$$y_{n+1}=y_n+h\lambda y_{n+1},$$

解出 $y_{n+1}$，有 $y_{n+1}=\dfrac{1}{1-h\lambda}y_n$.由于 $\lambda<0$，这时恒成立

$$\left|\frac{1}{1-h\lambda}\right|\leqslant 1,$$

从而有 $|y_{n+1}|\leqslant|y_n|$，因而后退的 Euler 方法**恒稳定**(或称**无条件稳定**).

**例 5.5**　考察初值问题 $\begin{cases}y'=-100y,\\ y(0)=1,\end{cases}$ 其准确解 $y=e^{-100x}$ 是一个按指数曲线衰减得很快的函数，如图 5.4 所示.

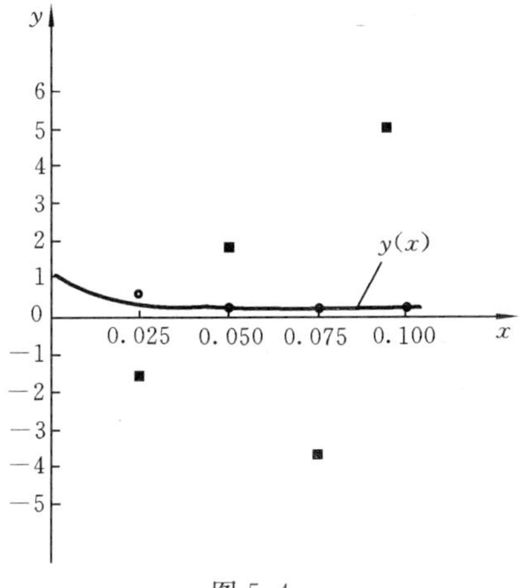

图 5.4

对于所给方程 $y'=-100y$，其时间常数 $\tau=0.01$，因此，按式(5.4.13)，为保证 Euler 方法稳定，步长 $h$ 应使 $\tau$ 不超过 $2\tau=0.02$.若取步长 $h=0.025$，则 Euler 格式的具体形式为

$$y_{n+1}=-1.5y_n,$$

计算结果列于表 5.5 的第二列.可以看到，Euler 方法的解 $y_n$(图 5.4 中用符号"■"标出)

在准确值 $y(x_n)$ 的上下波动，计算过程明显地不稳定.

表 5.5

| 节　点 | Euler 方法 | 后退的 Euler 方法 |
|---|---|---|
| 0.025 | −1.5 | 0.285 7 |
| 0.050 | 2.25 | 0.081 6 |
| 0.075 | −3.375 | 0.023 3 |
| 0.100 | 5.062 5 | 0.006 7 |

再考察后退的 Euler 方法，取 $h=0.025$ 时计算格式为

$$y_{n+1} = \frac{1}{3.5}y_n.$$

计算结果列于表 5.5 的第三列（图 5.4 中用符号“·”标出），这时计算过程是稳定的.

## 5.5　线性多步法

在逐步推进的求解过程中，计算 $y_{n+1}$ 之前事实上已经求出了一系列的近似值 $y_n, y_{n-1}, y_{n-2}, \cdots$，如果充分利用前面多步的信息来预测 $y_{n+1}$，则可以期望会获得较高的精度.这就是构造所谓线性多步法的基本思想.

构造多步法有多种途径，下面介绍其中两种：基于数值积分的构造方法和基于 Taylor 展开的构造方法.

### 5.5.1　基于数值积分的构造方法

将方程 $y'=f(x,y)$ 的两端从 $x_n$ 到 $x_{n+1}$ 求积分，得

$$y(x_{n+1}) = y(x_n) + \int_{x_n}^{x_{n+1}} f(x,y(x))\mathrm{d}x. \tag{5.5.1}$$

为了通过这个积分关系式获得 $y(x_{n+1})$ 的近似值，只要近似地算出其中的积分项 $\int_{x_n}^{x_{n+1}} f(x,y(x))\mathrm{d}x$ 即可.选用不同的数值方法计算这个积分项，就会导出不同的计算格式.

例如，设用矩形方法计算积分项，即

$$\int_{x_n}^{x_{n+1}} f(x,y(x))\mathrm{d}x \approx hf(x_n, y(x_n)),$$

代入式(5.5.1)，有

$$y(x_{n+1}) \approx y(x_n) + hf(x_n, y(x_n)),$$

据此离散化即可导出 Euler 格式.

为了改善精度，可以改用梯形方法计算积分项，即

$$\int_{x_n}^{x_{n+1}} f(x,y(x))\mathrm{d}x \approx \frac{h}{2}[f(x_n,y(x_n)) + f(x_{n+1},y(x_{n+1}))],$$

再代入式(5.5.1)，有

$$y(x_{n+1}) \approx y(x_n) + \frac{h}{2}[f(x_n,y(x_n)) + f(x_{n+1},y(x_{n+1}))],$$

据此离散化即可导出格式(5.2.8)，**梯形法**因此而得名.

我们知道，基于插值原理可以建立一系列的数值积分方法，运用这些方法可以导出求解微分方程的一系列的计算格式. 一般地，设已构造出 $f(x,y(x))$ 的插值多项式 $P_r(x)$，那么，计算 $\int_{x_n}^{x_{n+1}} P_r(x)\mathrm{d}x$ 作为 $\int_{x_n}^{x_{n+1}} f(x,y(x))\mathrm{d}x$ 的近似值，即可将式(5.5.1)离散化得到下列计算公式：

$$y_{n+1} = y_n + \int_{x_n}^{x_{n+1}} P_r(x)\mathrm{d}x. \tag{5.5.2}$$

## 5.5.2 Adams 显式格式

运用插值方法的关键，在于选取合适的插值节点. 记 $f_k = f(x_k, y_k)$，先用 $r+1$ 个数据点 $(x_n, f_n), (x_{n-1}, f_{n-1}), \cdots, (x_{n-r}, f_{n-r})$ 构造插值多项式 $P_r(x)$，注意到这里插值节点 $x_n, x_{n-1}, \cdots, x_{n-r}$ 等距，运用 Newton 后插公式(见 2.4.2 节)可写出

$$P_r(x_n + th) = \sum_{j=0}^{r} (-1)^j \binom{-t}{j} \Delta^j f_{n-j},$$

其中 $t = \frac{x - x_n}{h}$，$\Delta^j$ 表示 $j$ 阶向前差分，而

$$\binom{s}{j} = \frac{s(s-1)\cdots(s-j+1)}{j!}.$$

将 $P_r(x)$ 的上述表达式代入式(5.5.2)，即得下列 Adams **显式格式**

$$y_{n+1} = y_n + h\sum_{j=0}^{r} \alpha_j \Delta^j f_{n-j}, \tag{5.5.3}$$

其中 $\alpha_j$ 为不依赖于 $n$ 和 $r$ 的系数，$\alpha_j = (-1)^j \int_0^1 \binom{-t}{j} \mathrm{d}t$. 它的前几个值如表 5.6 所示.

**表 5.6**

| $j$ | 0 | 1 | 2 | 3 |
|---|---|---|---|---|
| $\alpha_j$ | 1 | 1/2 | 5/12 | 3/8 |

实际计算时，将格式(5.5.3)中的差分展开往往是方便的，利用差分展开式 $\Delta^j f_{n-j} = \sum_{i=0}^{r} (-1)^i \binom{j}{i} f_{n-j}$，可将它改写为

$$y_{n+1} = y_n + h\sum_{i=0}^{r} \beta_{ri} f_{n-i}, \quad \beta_{ri} = (-1)^i \sum_{j=i}^{r} \binom{j}{i} \alpha_j. \tag{5.5.4}$$

这里，系数 $\beta_{ri}$ 与 $r$ 的定值有关，其具体数值如表 5.7 所示. 式(5.5.4)是含有参数 $r$ 的一族格式. $r+1$ 为格式的步数. 特别地，一步显式 Adams 格式($r=0$)即为 Euler 格式. 两步显式 Adams 格式($r=1$)为

$$y_{n+1}=y_n+\frac{h}{2}(3f_n-f_{n-1}),\qquad(5.5.5)$$

表 5.7

| $i$ | 0 | 1 | 2 | 3 |
|---|---|---|---|---|
| $\beta_{0i}$ | 1 | | | |
| $\beta_{1i}$ | 3/2 | −1/2 | | |
| $\beta_{2i}$ | 23/12 | −16/12 | 5/12 | |
| $\beta_{3i}$ | 55/24 | −59/24 | 37/24 | −9/24 |

而四步显式 Adams 格式($r=3$)则为

$$y_{n+1}=y_n+\frac{h}{24}(55f_n-59f_{n-1}+37f_{n-2}-9f_{n-3}).\qquad(5.5.6)$$

### 5.5.3 Adams 隐式格式

上述 Adams 显式方法选 $x_n,x_{n-1},\cdots,x_{n-r}$ 作为插值节点，这时，用插值函数 $P_r(x)$ 在求积区间$[x_n,x_{n+1}]$上逼近 $f(x,y(x))$，实际上是个外推过程，效果不够理想. 为了改善逼近效果，可以变外推为内插，改用 $x_{n+1},x_n,\cdots,x_{n-r+1}$ 为插值节点，而通过数据点$(x_{n+1},f_{n+1}),(x_n,f_n),\cdots,(x_{n-r+1},f_{n-r+1})$插出函数 $P_r(x)$，然后重复前一段的推导过程. 对应于式(5.5.3)，这里有下列 Adams **隐式格式**：

$$y_{n+1}=y_n+h\sum_{j=0}^{r}\alpha_j^*\Delta^j f_{n-j+1},\quad \alpha_j^*=(-1)^j\int_{-1}^{0}\binom{-t}{j}\mathrm{d}t.\qquad(5.5.7)$$

它的前几个值如表 5.8 所示.

表 5.8

| $j$ | 0 | 1 | 2 | 3 |
|---|---|---|---|---|
| $\alpha_j^*$ | 1 | −1/2 | −1/12 | −1/24 |

表 5.9

| $i$ | 0 | 1 | 2 | 3 |
|---|---|---|---|---|
| $\beta_{0i}^*$ | 1 | | | |
| $\beta_{1i}^*$ | 1/2 | 1/2 | | |
| $\beta_{2i}^*$ | 5/12 | 8/12 | −1/12 | |
| $\beta_{3i}^*$ | 9/24 | 19/24 | −5/24 | 1/24 |

将差分展开，式(5.5.7)可改写为

$$y_{n+1}=y_n+h\sum_{i=0}^{r}\beta_{ri}^*f_{n-i+1},\quad \beta_{ri}^*=(-1)^i\sum_{j=i}^{r}\binom{j}{i}\alpha_j^*.\qquad(5.5.8)$$

表 5.9 提供了系数 $\beta_{ri}^*$ 的部分数值. 式(5.5.8)是含有参数 $r$ 的一族格式. $r+1$ 为格式的步数. 特别地，一步隐式 Adams 格式($r=0$)为后退的 Euler 格式. 两步隐式 Adams 格式($r=1$)为梯形格式，而四步隐式 Adams 格式($r=3$)则为

$$y_{n+1}=y_n+\frac{h}{24}(9f_{n+1}+19f_n-5f_{n-1}+f_{n-2}).\qquad(5.5.9)$$

### 5.5.4 Adams 预测-校正系统

可以同前述 Euler 方法一样分析 Adams 方法的误差. 譬如，对于格式(5.5.6)，假设 $y_{n-k}=y(x_{n-k})\ (k=0,1,2,3)$，这时

$$f_{n-k}=f(x_{n-k},y_{n-k})=f(x_{n-k},y(x_{n-k}))=y'(x_{n-k})\quad(k=0,1,2,3),$$

代入式(5.5.6)，有

$$y_{n+1}=y(x_n)+\frac{h}{24}[55y'(x_n)-59y'(x_{n-1})+37y'(x_{n-2})-9y'(x_{n-3})].$$

将上式右端各项在点 $x_n$ 展开，得

$$\begin{aligned}y_{n+1}=&\ y(x_n)+hy'(x_n)+\frac{h^2}{2}y''(x_n)+\frac{h^3}{6}y'''(x_n)\\&+\frac{h^4}{24}y^{(4)}(x_n)-\frac{49}{144}h^5y^{(5)}(x_n)+\cdots.\end{aligned}$$

另一方面，对于准确解 $y(x_{n+1})$，有

$$y(x_{n+1})=y(x_n)+hy'(x_n)+\frac{h^2}{2}y''(x_n)+\frac{h^3}{6}y'''(x_n)+\frac{h^4}{24}y^{(4)}(x_n)+\frac{h^5}{120}y^{(5)}(x_n)+\cdots,$$

于是显式格式(5.5.6)的局部截断误差为

$$y(x_{n+1})-y_{n+1}\approx\frac{251}{720}h^5y^{(5)}(x_n).\tag{5.5.10}$$

类似地可以导出隐式格式(5.5.9)的局部截断误差为

$$y(x_{n+1})-y_{n+1}\approx-\frac{19}{720}h^5y^{(5)}(x_n).\tag{5.5.11}$$

注意，显式格式(5.5.6)与隐式格式(5.5.9)都具有四阶精度，这两种格式可匹配成下列 Adams **预测-校正系统**：

预测 $$\bar{y}_{n+1}=y_n+\frac{h}{24}(55f_n-59f_{n-1}+37f_{n-2}-9f_{n-3}),\tag{5.5.12}$$

$$\bar{f}_{n+1}=f(x_{n+1},\bar{y}_{n+1});$$

校正 $$y_{n+1}=y_n+\frac{h}{24}(9\bar{f}_{n+1}+19f_n-5f_{n-1}+f_{n-2}),\tag{5.5.13}$$

$$f_{n+1}=f(x_{n+1},y_{n+1}).$$

这种预测-校正方法是四步法，用它在计算 $y_{n+1}$ 时，不但要用到前一步的信息 $y_n,f_n$，而且要用到更前三步的信息 $f_{n-1},f_{n-2},f_{n-3}$，因此它不是自开始的. 实际计算时，必须借助某种单步法，如四阶 Taylor 格式(见 5.3.1 节)或四阶 Runge-Kutta 格式(见 5.3.5 节)为它提供开始值 $y_1,y_2,y_3$.

**例 5.6** 用 Adams 预测-校正系统(5.5.12)、(5.5.13)求解初值问题(5.2.2).

**解** 取步长 $h=0.1$ 计算. 用例 5.3 按四阶 Taylor 格式求得的结果 $y_1,y_2,y_3$ 作为开始值，然后启动格式(5.5.12)、(5.5.13)进行计算. 计算结果如表 5.10 所示. 表

中 $\bar{y}_n$ 和 $y_n$ 分别为预测值和校正值，同时列出了准确值 $y(x_n)$ 以比较计算结果的精度.

依据误差公式(5.5.10)和式(5.5.11)，对于系统(5.5.12)、(5.5.13)中的预测值 $\bar{y}_{n+1}$ 和校正值 $y_{n+1}$，分别有

$$y(x_{n+1})-\bar{y}_{n+1}\approx\frac{251}{720}h^5y^{(5)}(x_n),$$

$$y(x_{n+1})-y_{n+1}\approx-\frac{19}{720}h^5y^{(5)}(x_n).$$

于是有下列事后估计式：

$$y(x_{n+1})-\bar{y}_{n+1}\approx-\frac{251}{720}(\bar{y}_{n+1}-y_{n+1}),$$

$$y(x_{n+1})-y_{n+1}\approx\frac{19}{720}(\bar{y}_{n+1}-y_{n+1}).$$

利用这一结果，可将 Adams 预测-校正系统(5.5.12)、(5.5.13)进一步加工成下列计算方案：

表 5.10

| $x_n$ | $\bar{y}_n$ | $y_n$ | $y(x_n)$ |
|---|---|---|---|
| 0 | | 1 | 1 |
| 0.1 | | 1.095 4 | 1.095 4 |
| 0.2 | | 1.183 2 | 1.183 2 |
| 0.3 | | 1.264 9 | 1.264 9 |
| 0.4 | 1.341 5 | 1.341 6 | 1.341 6 |
| 0.5 | 1.414 1 | 1.414 2 | 1.414 2 |
| 0.6 | 1.483 2 | 1.483 2 | 1.483 2 |
| 0.7 | 1.549 1 | 1.549 2 | 1.549 2 |
| 0.8 | 1.612 5 | 1.612 5 | 1.612 5 |
| 0.9 | 1.673 4 | 1.673 4 | 1.673 3 |
| 1.0 | 1.732 1 | 1.732 1 | 1.723 1 |

预测 $$p_{n+1}=y_n+\frac{h}{24}(55y'_n-59y'_{n-1}+37y'_{n-2}-9y'_{n-3}),$$

改进 $$m_{n+1}=p_{n+1}+\frac{251}{720}(c_n-p_n),$$

计算 $$m_{n+1}=f(x_{n+1},m_{n+1}),$$

校正 $$c_{n+1}=y_n+\frac{h}{24}(9m'_{n+1}+19y'_n-5y'_{n-1}+y'_{n-2}),$$

改进 $$y_{n+1}=c_{n+1}-\frac{19}{720}(c_{n+1}-p_{n+1}),$$

计算 $$y'_{n+1}=f(x_{n+1},y_{n+1}).$$

关于这种计算方案，读者可参看 5.2 节末的有关论述.

### 5.5.5 基于 Taylor 展开的构造方法

我们看到，基于数值积分可以构造出一系列求解常微分方程的计算格式，然而下面将要介绍的 Taylor 展开方法更具有一般性，各种线性多步格式（包括前述 Adams 格式）均可通过这种方法构造出来.

一般的线性多步格式具有下列形式：

$$y_{n+1}=\alpha_0y_n+\alpha_1y_{n-1}+\cdots+\alpha_ry_{n-r}+h(\beta_{-1}y'_{n+1}+\beta_0y'_n+\beta_1y'_{n-1}+\cdots+\beta_ry'_{n-r}),$$

缩记作

$$y_{n+1}=\sum_{k=0}^{r}\alpha_k y_{n-k}+h\sum_{k=-1}^{r}\beta_k y'_{n-k},\tag{5.5.14}$$

其中 $y'_{n-k}=f(x_{n-k},y_{n-k})$. 注意到 $y'_{n+1}=f(x_{n+1},y_{n+1})$ 中含有未知的 $y_{n+1}$，则当 $\beta_{-1}=0$ 时，格式(5.5.14)是显式的，$\beta_{-1}\neq 0$ 时则是隐式的.

设 $y_{n-k}=y(x_{n-k})$，$y'_{n-k}=y'(x_{n-k})$，由 Taylor 展开，有

$$y_{n-k}=\sum_{j=0}^{p}\frac{(-kh)^j}{j!}y_n^{(j)}+\frac{(-kh)^{p+1}}{(p+1)!}y_n^{(p+1)}+\cdots,$$

$$y'_{n-k}=\sum_{j=1}^{p}\frac{(-kh)^{j-1}}{(j-1)!}y_n^{(j)}+\frac{(-kh)^{p}}{p!}y_n^{(p+1)}+\cdots.$$

代入式(5.5.14)，整理得

$$\begin{aligned}y_{n+1}=&\Big(\sum_{k=0}^{r}\alpha_k\Big)y_n+\sum_{j=1}^{p}\frac{h^j}{j!}\Big[\sum_{k=1}^{r}(-k)^j\alpha_k+j\sum_{k=-1}^{r}(-k)^{j-1}\beta_k\Big]y_n^{(j)}\\&+\frac{h^{p+1}}{(p+1)!}\Big[\sum_{k=1}^{r}(-k)^{p+1}\alpha_k+(p+1)\sum_{k=-1}^{r}(-k)^{p}\beta_k\Big]y_n^{(p+1)}+\cdots.\end{aligned}\tag{5.5.15}$$

于是，欲使格式(5.5.14)成为 $p$ 阶精度的，即局部截断误差为 $O(h^{p+1})$，只要令展开式(5.5.15)与 $y(x_{n+1})$ 的 Taylor 展开式

$$y(x_{n+1})=\sum_{j=0}^{p}\frac{h^j}{j!}y_n^{(j)}+\frac{h^{p+1}}{(p+1)!}y_n^{(p+1)}+\cdots\tag{5.5.16}$$

能符合到 $h^p$ 项，为此要求成立

$$\begin{cases}\displaystyle\sum_{k=0}^{r}\alpha_k=1,\\ \displaystyle\sum_{k=1}^{r}(-k)^j\alpha_k+j\sum_{k=-1}^{r}(-k)^{j-1}\beta_k=1\quad(j=1,2,\cdots,p).\end{cases}\tag{5.5.17}$$

如果格式(5.5.14)的系数满足这组条件，则将式(5.5.16)与式(5.5.15)相减，即得局部截断误差

$$\begin{aligned}&y(x_{n+1})-y_{n+1}\\&=\frac{h^{p+1}}{(p+1)!}\Big[1-\sum_{k=1}^{r}(-k)^{p+1}\alpha_k-(p+1)\sum_{k=-1}^{r}(-k)^{p}\beta_k\Big]y_n^{(p+1)}+\cdots.\end{aligned}\tag{5.5.18}$$

下面进一步具体地考察四步方法. 先研究下列形式的四步显式格式：

$$y_{n+1}=\alpha_0 y_n+\alpha_1 y_{n-1}+\alpha_2 y_{n-2}+h(\beta_0 y'_n+\beta_1 y'_{n-1}+\beta_2 y'_{n-2}+\beta_3 y'_{n-3}),\tag{5.5.19}$$

欲使这类格式成为四阶的，按式(5.5.17)，其系数应当满足条件

$$\begin{cases}\alpha_0+\alpha_1+\alpha_2=1,\\-\alpha_1-2\alpha_2+\beta_0+\beta_1+\beta_2+\beta_3=1,\\\alpha_1+4\alpha_2-2\beta_1-4\beta_2-6\beta_3=1,\\-\alpha_1-8\alpha_2+3\beta_1+12\beta_2+27\beta_3=1,\\\alpha_1+16\alpha_2-4\beta_1-32\beta_2-108\beta_3=1.\end{cases}\tag{5.5.20}$$

这里有七个待定系数 $\alpha_0,\alpha_1,\alpha_2,\beta_0,\beta_1,\beta_2,\beta_3$，然而它们所要适合的条件只有五个，因此有两个自由度. 设令 $\alpha_1=\alpha_2=0$，求解式(5.5.20)得到

$$\alpha_0=1,\quad \beta_0=\frac{55}{24},\quad \beta_1=-\frac{59}{24},\quad \beta_2=\frac{37}{24},\quad \beta_3=-\frac{9}{24}.$$

这时式(5.5.19)为四阶 Adams 格式(5.5.6). 另外，用定出的系数值具体地代入式(5.5.18)，即可导出误差公式(5.5.10).

为了提供与式(5.5.19)相匹配的隐式方法，舍弃其中的 $y'_{n-3}$ 而代之以 $y'_{n+1}$，有

$$y_{n+1}=\alpha_0 y_{n+1}\alpha_1 y_{n-1}+\alpha_2 y_{n-2}+h(\beta_{-1}y'_{n+1}+\beta_0 y'_n+\beta_1 y'_{n-1}+\beta_2 y'_{n-2}). \tag{5.5.21}$$

为使这类格式具有四阶精度，按式(5.5.17)，系数应当满足条件

$$\begin{cases}\alpha_0+\alpha_1+\alpha_2=1,\\ -\alpha_1-2\alpha_2+\beta_{-1}+\beta_0+\beta_1+\beta_2=1,\\ \alpha_1+4\alpha_2+2\beta_{-1}-2\beta_1-4\beta_2=1,\\ -\alpha_1-8\alpha_2+3\beta_{-1}+3\beta_1+12\beta_2=1,\\ \alpha_1+16\alpha_2+4\beta_{-1}-4\beta_1-32\beta_2=1.\end{cases} \tag{5.5.22}$$

特别地，取 $\alpha_1=\alpha_2=0$ 即得四阶 Adams 格式(5.5.9)，通过这一途径同时可以导出误差公式(5.5.11).

### 5.5.6 Milne 格式

与格式(5.5.19)不同的另一类格式是用 $y_{n-3}$ 而不用 $y'_{n-3}$，其形式为

$$y_{n+1}=\alpha_0 y_n+\alpha_1 y_{n-1}+\alpha_2 y_{n-2}+\alpha_3 y_{n-3}+h(\beta_0 y'_n+\beta_1 y'_{n-1}+\beta_2 y'_{n-2}). \tag{5.5.23}$$

类似于前面的讨论，运用 Taylor 展开方法不难导出形如式(5.5.23)的一类四阶方法. 这类方法中包含有著名的 Milne **格式**

$$y_{n+1}=y_{n-3}+\frac{4h}{3}(2y'_n-y'_{n-1}+2y'_{n-2}), \tag{5.5.24}$$

其局部截断误差为

$$y(x_{n+1})-y_{n+1}\approx\frac{14}{45}h^5 y_n^{(5)}. \tag{5.5.25}$$

Milne 格式也可以通过数值积分的途径推导出来. 事实上，从积分恒等式

$$y(x_{n+1})=y(x_{n-3})+\int_{x_{n-3}}^{x_{n+1}}y'(x)\mathrm{d}x \tag{5.5.26}$$

着手，用数据点 $(x_n,y'_n)$，$(x_{n-1},y'_{n-1})$，$(x_{n-2},y'_{n-2})$ 插出二次式 $P_2(x)$，然后用 $P_2(x)$ 替代 $y'(x)$ 计算式(5.5.26)中的积分项，即可得到上述格式(5.5.24).

再在形如式(5.5.21)的四阶隐式方法中适当挑选一个与 Milne 格式相匹配. 在式(5.5.22)中令 $\alpha_1=1$，$\alpha_2=0$，可定出下列四阶格式：

$$y_{n+1} = y_{n-1} + \frac{h}{3}(y'_{n+1} + 4y'_n + y'_{n-1}). \tag{5.5.27}$$

上述格式通常称为 Simpson **格式**,用数值积分的 Simpson 方法处理积分恒等式

$$y(x_{n+1}) = y(x_{n-1}) + \int_{x_{n-1}}^{x_{n+1}} y'(x)\mathrm{d}x$$

即可导出这一格式.

用 Simpson 格式(5.5.27)与 Milne 格式(5.5.24)匹配,构成下列预测-校正系统:

预测 $\bar{y}_{n+1} = y_{n-3} + \frac{4h}{3}(2y'_n - y'_{n-1} + 2y'_{n-2}), \quad \bar{y}'_{n+1} = f(x_{n+1}, \bar{y}_{n+1})$;

校正 $y_{n+1} = y_{n-1} + \frac{h}{3}(\bar{y}'_{n+1} + 4y'_n + y'_{n-1}), \quad y'_{n+1} = f(x_{n+1}, y_{n+1})$.

### 5.5.7 Hamming 格式

上述预测-校正系统的缺点是稳定性差.为了改善稳定性,重新挑选校正公式.为此考察式(5.5.21)中不显含 $y'_{n-2}$ 的一类格式

$$y_{n+1} = \alpha_0 y_n + \alpha_1 y_{n-1} + \alpha_2 y_{n-2} + h(\beta_{-1} y'_{n+1} + \beta_0 y'_n + \beta_1 y'_{n-1}), \tag{5.5.28}$$

按条件(5.5.22),形如式(5.5.28)的四阶格式含有一个自由度——譬如可取 $\alpha_1$ 为独立参数.若取 $\alpha_1 = 1$ 即得 Simpson 格式(5.5.27).

Hamming 用 $\alpha_1$ 的不同数值进行试验,发现当 $\alpha_1 = 0$ 时格式的稳定性能较好,即

$$y_{n+1} = \frac{1}{8}(9y_n - y_{n-2}) + \frac{3h}{8}(y'_{n+1} + 2y'_n - y'_{n-1}), \tag{5.5.29}$$

其局部截断误差为

$$y(x_{n+1}) - y_{n+1} \approx -\frac{h^5}{40} y_n^{(5)}. \tag{5.5.30}$$

Hamming 格式(5.5.29)不能用数值积分方法推导出来.

用 Milne 格式(5.5.24)与 Hamming 格式(5.5.29)相匹配,并利用误差公式(5.5.25)、(5.5.30)改进计算结果,即可建立下列预测-校正系统:

预测 $p_{n+1} = y_{n-3} + \frac{4h}{3}(2y'_n - y'_{n-1} + 2y'_{n-2})$,

改进 $m_{n+1} = p_{n+1} - \frac{112}{121}(p_n - c_n)$,

计算 $m'_{n+1} = f(x_{n+1}, m_{n+1})$,

校正 $c_{n+1} = \frac{1}{8}(9y_n - y_{n-2}) + \frac{3h}{8}(m'_{n+1} + 2y'_n - y'_{n-1})$,

改进 $y_{n+1} = c_{n+1} + \frac{9}{121}(p_{n+1} - c_{n+1})$,

计算 $$y'_{n+1}=f(x_{n+1},y_{n+1}).$$

# 5.6 方程组与高阶方程的情形

## 5.6.1 一阶方程组

前面研究了单个方程 $y'=f$ 的数值解法，只要把 $y$ 和 $f$ 理解为向量，那么，所提供的各种计算格式即可应用到一阶方程组的情形.

考察一阶方程组

$$y'_i=f_i(x,y_1,y_2,\cdots,y_N)\quad(i=1,2,\cdots,N)$$

的初值问题，初始条件为

$$y_i(x_0)=y_i^0\quad(i=1,2,\cdots,N).$$

若采用向量的记号，记

$$\boldsymbol{y}=(y_1,y_2,\cdots,y_N)^{\mathrm{T}},\quad \boldsymbol{y}^0=(y_1^0,y_2^0,\cdots,y_N^0)^{\mathrm{T}},$$

$$\boldsymbol{f}=(f_1,f_2,\cdots,f_N)^{\mathrm{T}},$$

则上述方程组的初值问题可表示为 $\begin{cases}\boldsymbol{y}'=\boldsymbol{f}(x,\boldsymbol{y}),\\ \boldsymbol{y}(x_0)=\boldsymbol{y}_0.\end{cases}$ 求解这一初值问题的四阶 Runge-Kutta 格式为

$$\boldsymbol{y}_{n+1}=\boldsymbol{y}_n+\frac{h}{6}(\boldsymbol{k}_1+2\boldsymbol{k}_2+2\boldsymbol{k}_3+\boldsymbol{k}_4),$$

其中 $$\boldsymbol{k}_1=f(x_n,\boldsymbol{y}_n),\quad \boldsymbol{k}_2=f\left(x_n+\frac{h}{2},\boldsymbol{y}_n+\frac{h}{2}\boldsymbol{k}_1\right),$$

$$\boldsymbol{k}_3=f\left(x_n+\frac{h}{2},\boldsymbol{y}_n+\frac{h}{2}\boldsymbol{k}_2\right),\quad \boldsymbol{k}_4=f(x_n+h,\boldsymbol{y}_n+h\boldsymbol{k}_3);$$

或表示为

$$y_{i,n+1}=y_{in}+\frac{h}{6}(K_{i1}+2K_{i2}+2K_{i3}+K_{i4})\quad(i=1,2,\cdots,N),$$

其中 $$K_{i1}=f_i(x_n,y_{1n},y_{2n},\cdots,y_{Nn}),$$

$$K_{i2}=f_i\left(x_n+\frac{h}{2},y_{1n}+\frac{h}{2}K_{11},y_{2n}+\frac{h}{2}K_{21},\cdots,y_{Nn}+\frac{h}{2}K_{N1}\right),$$

$$K_{i3}=f_i\left(x_n+\frac{h}{2},y_{1n}+\frac{h}{2}K_{12},y_{2n}+\frac{h}{2}K_{22},\cdots,y_{Nn}+\frac{h}{2}K_{N2}\right),$$

$$K_{i4}=f_i(x_n+h,y_{1n}+hK_{13},y_{2n}+hK_{23},\cdots,y_{Nn}+hK_{N3}).$$

这里 $y_{in}$ 是第 $i$ 个因变量 $y_i(x)$ 在节点 $x_n=x_0+nh$ 的近似值.

为了帮助理解这一格式的计算过程，再考察以下两个方程的特殊情形：

$$\begin{cases} y' = f(x,y,z), & y(x_0) = y_0, \\ z' = g(x,y,z), & z(x_0) = z_0, \end{cases}$$

这时四阶 Runge-Kutta 格式具有如下形式：

$$\begin{cases} y_{n+1} = y_n + \dfrac{h}{6}(K_1 + 2K_2 + 2K_3 + K_4), \\ z_{n+1} = z_n + \dfrac{h}{6}(L_1 + 2L_2 + 2L_3 + L_4), \end{cases} \tag{5.6.1}$$

其中

$$\begin{cases} K_1 = f(x_n, y_n, z_n), \\ K_2 = f\left(x_n + \dfrac{h}{2}, y_n + \dfrac{h}{2}K_1, z_n + \dfrac{h}{2}L_1\right), \\ K_3 = f\left(x_n + \dfrac{h}{2}, y_n + \dfrac{h}{2}K_2, z_n + \dfrac{h}{2}L_2\right), \\ K_4 = f(x_n + h, y_n + hK_3, z_n + hL_3), \\ L_1 = g(x_n, y_n, z_n), \\ L_2 = g\left(x_n + \dfrac{h}{2}, y_n + \dfrac{h}{2}K_1, z_n + \dfrac{h}{2}L_1\right), \\ L_3 = g\left(x_n + \dfrac{h}{2}, y_n + \dfrac{h}{2}K_2, z_n + \dfrac{h}{2}L_2\right), \\ L_4 = g(x_n + h, y_n + hK_3, z_n + hL_3). \end{cases} \tag{5.6.2}$$

这是一步法，利用节点 $x_n$ 上的值 $y_n, z_n$，由式(5.6.2)顺序计算 $K_1, L_1, K_2, L_2, K_3, L_3, K_4, L_4$，然后代入式(5.6.1)即可求得节点 $x_{n+1}$ 上的 $y_{n+1}, z_{n+1}$.

### 5.6.2 化高阶方程组为一阶方程组

关于高阶微分方程(或方程组)的初值问题，原则上总可以归结为一阶方程组来求解. 例如，考察下列 $m$ 阶微分方程：

$$y^{(m)} = f(x, y, y', \cdots, y^{(m-1)}), \tag{5.6.3}$$

初始条件为

$$y(x_0) = y_0, \quad y'(x_0) = y'_0, \quad \cdots, \quad y^{(m-1)}(x_0) = y_0^{(m-1)}. \tag{5.6.4}$$

只要引进新的变量 $y_1 = y, y_2 = y', \cdots, y_m = y^{(m-1)}$，即可将 $m$ 阶方程(5.6.3)化为如下的一阶方程组：

$$\begin{cases} y'_1 = y_2, \\ y'_2 = y_3, \\ \quad\vdots \\ y'_{m-1} = y_m, \\ y'_m = f(x, y_1, y_2, \cdots, y_m); \end{cases} \tag{5.6.5}$$

初始条件(5.6.4)则相应地化为

$$y_1(x_0)=y_0,\quad y_2(x_0)=y_0',\quad \cdots,\quad y_m(x_0)=y_0^{(m-1)}. \tag{5.6.6}$$

不难证明，初值问题(5.6.3)、(5.6.4)和(5.6.5)、(5.6.6)是彼此等价的.

特别地，对于下列二阶方程的初值问题：

$$\begin{cases} y''=f(x,y,y'), \\ y(x_0)=y_0, \quad y'(x_0)=y_0'. \end{cases}$$

引进新的变量 $z=y'$，即可化为下列一阶方程组的初值问题：

$$\begin{cases} y'=z, \quad y(x_0)=y_0, \\ z'=f(x,y,z), \quad z(x_0)=y_0'. \end{cases}$$

针对这个问题应用四阶 Runge-Kutta 格式(5.6.1)，有

$$\begin{cases} y_{n+1}=y_n+\dfrac{h}{6}(K_1+2K_2+2K_3+K_4), \\ z_{n+1}=z_n+\dfrac{h}{6}(L_1+2L_2+2L_3+L_4). \end{cases}$$

按式(5.6.2)，有

$$K_1=z_n,\quad L_1=f(x_n,y_n,z_n);$$

$$K_2=z_n+\frac{h}{2}L_1,\quad L_2=f\left(x_n+\frac{h}{2},y_n+\frac{h}{2}K_1,z_n+\frac{h}{2}L_1\right);$$

$$K_3=z_n+\frac{h}{2}L_2,\quad L_3=f\left(x_n+\frac{h}{2},y_n+\frac{h}{2}K_2,z_n+\frac{h}{2}L_2\right);$$

$$K_4=z_n+hL_3,\quad L_4=f(x_n+h,y_n+hK_3,z_n+hL_3).$$

如果消去 $K_1,K_2,K_3,K_4$，则上述格式可表示为

$$\begin{cases} y_{n+1}=y_n+hz_n+\dfrac{h^2}{6}(L_1+L_2+L_3), \\ z_{n+1}=z_n+\dfrac{h}{6}(L_1+2L_2+2L_3+L_4), \end{cases}$$

这里

$$L_1=f(x_n,y_n,z_n),$$

$$L_2=f\left(x_n+\frac{h}{2},y_n+\frac{h}{2}z_n,z_n+\frac{h}{2}L_1\right),$$

$$L_3=f\left(x_n+\frac{h}{2},y_n+\frac{h}{2}z_n+\frac{h^2}{4}L_1,z_n+\frac{h}{2}L_2\right),$$

$$L_4=f\left(x_n+h,y_n+hz_n+\frac{h^2}{2}L_2,z_n+hL_3\right).$$

## 5.7 边值问题的数值解法

在具体求解微分方程时，必须附加某种定解条件. 微分方程和定解条件一起组成定

解问题. 对于高阶微分方程,定解条件通常有两种给法:一种是给出了积分曲线在初始时刻的性态,这类条件称为**初始条件**,相应的定解问题称为**初值问题**;另一种是给出了积分曲线首末两端的性态,这类条件则称为**边界条件**,相应的定解问题称为**边值问题**.

以二阶方程

$$y''=f(x,y,y') \tag{5.7.1}$$

为例,其初始条件的给法是

$$y(a)=\alpha,\quad y'(a)=m. \tag{5.7.2}$$

前面已经研究过这种初值问题的数值解法.

设在区间 $a<x<b$ 上求解方程(5.7.1),则边界条件可以给为

$$y(a)=\alpha,\quad y(b)=\beta. \tag{5.7.3}$$

## 5.7.1 试射法

可以用所谓"试射法"来求解边值问题(5.7.1)、(5.7.3). 这种方法的基本思想是设法将边值问题转化为初值问题来求解,即依据边界条件(5.7.3)寻求与它等价的初始条件(5.7.2),也就是说,反复调整初始时刻的斜率值 $y'(a)=m$,使初值问题(5.7.1)、(5.7.2)的积分曲线 $y=y(x)$ 能"命中"$y(b)=\beta$(见图 5.5).

试射法的计算过程很简单. 设凭经验能够提供 $m$ 的两个预测值 $m_1,m_2$,分别按这两个斜率值"试射"——求解相应的初值问题(5.7.1)、(5.7.2),从而获得 $y(b)$的两个结果 $\beta_1,\beta_2$. 如果 $\beta_1$ 与 $\beta_2$ 均不满足预定的精度,就用线性插值方法校正 $m_1,m_2$ 得新的斜率值

$$m_3=m_1+\frac{m_2-m_1}{\beta_2-\beta_1}(\beta-\beta_1),$$

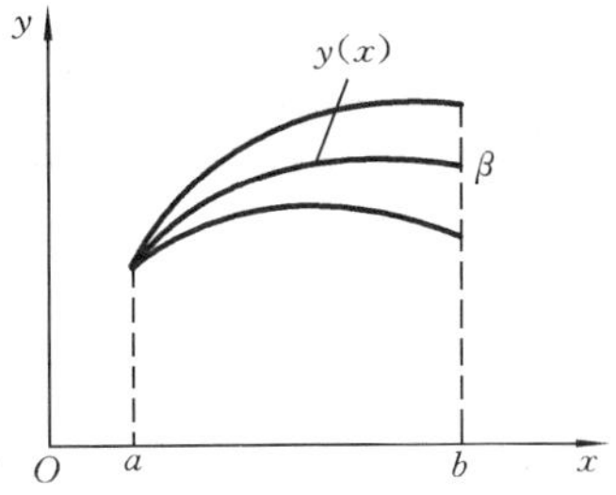


图 5.5

然后再按斜率值 $m_3$ 试射,求解相应的初值问题(5.7.1)、(5.7.2),又得新的结果 $y(b)=\beta_3$. 继续这一过程,直到计算结果 $y(b)$与 $\beta$ 相当符合为止.

上述试射法过分依赖于经验,局限性大. 下面介绍求解边值问题的差分方法.

## 5.7.2 差分方程的建立

应用差分方法的关键,在于恰当地选取差商逼近微分方程中的导数. 我们知道,逼近一阶导数 $y'(x)$ 可用向前差商 $\dfrac{y(x+h)-y(x)}{h}$,亦可用向后差商 $\dfrac{y(x)-y(x-h)}{h}$ 或中心差商 $\dfrac{y(x+h)-y(x-h)}{2h}$. 中心差商是向前差商与向后差商的算术平均. 为逼近二阶导数 $y''(x)$,一般用二阶差商——向前差商的向后差商(即向后差商的向前差商)

$$y''(x)\approx\frac{\dfrac{y(x+h)-y(x)}{h}-\dfrac{y(x)-y(x-h)}{h}}{h}=\frac{y(x+h)-2y(x)+y(x-h)}{h^2}.$$

设将积分区间$[a,b]$划分为 $N$ 等份，步长 $h=\dfrac{b-a}{N}$，节点 $x_n=x_0+nh,n=0,1,\cdots,N$. 用差商替代相应的导数，可将边值问题(5.7.1)、(5.7.3)离散化得下列计算公式：

$$\begin{cases}\dfrac{y_{n+1}-2y_n+y_{n-1}}{h^2}=f\left(x_n,y_n,\dfrac{y_{n+1}-y_{n-1}}{2h}\right)\\ \qquad\qquad (n=1,2,\cdots,N-1), & (5.7.4)\\ y_0=\alpha,\quad y_N=\beta. & (5.7.5)\end{cases}$$

如果函数 $f$ 是非线性的，那么所归结出的差分方程也是非线性的，这时实际求解比较困难.

如果所给方程(5.7.1)是如下形式的线性方程：

$$y''+p(x)y'+q(x)y=r(x),\tag{5.7.6}$$

则差分方程(5.7.4)相应的形式为

$$\frac{y_{n+1}-2y_n+y_{n-1}}{h^2}+p_n\frac{y_{n+1}-y_{n-1}}{2h}+q_ny_n=r_n\quad(n=1,\cdots,N-1),\tag{5.7.7}$$

其中 $p,q,r$ 的下标 $n$ 表示在节点 $x_n$ 取值.

利用边界条件(5.7.5)消去式(5.7.7)中的 $y_0$ 和 $y_N$，整理得到关于 $y_n$ $(1\leqslant n\leqslant N-1)$的下列方程组：

$$\begin{cases}(-2+h^2q_1)y_1+\left(1+\dfrac{h}{2}p_1\right)y_2=h^2r_1-\left(1-\dfrac{h}{2}p_1\right)\alpha,\\ \left(1-\dfrac{h}{2}p_n\right)y_{n-1}+(-2+h^2q_n)y_n+\left(1+\dfrac{h}{2}p_n\right)y_{n+1}=h^2r_n\quad(2\leqslant n\leqslant N-2),\\ \left(1-\dfrac{h}{2}p_{N-1}\right)y_{N-2}+(-2+h^2q_{N-1})y_{N-1}=h^2r_{N-1}-\left(1+\dfrac{h}{2}p_{N-1}\right)\beta.\end{cases}\tag{5.7.8}$$

这样归结出的方程组是所谓**三对角型**的，即

$$\begin{bmatrix}-2+h^2q_1 & 1+\dfrac{h}{2}p_1 & & & \\ 1-\dfrac{h}{2}p_2 & -2+h^2q_2 & 1+\dfrac{h}{2}p_2 & & \\ & \ddots & \ddots & \ddots & \\ & & 1-\dfrac{h}{2}p_{N-2} & -2+h^2q_{N-2} & 1+\dfrac{h}{2}p_{N-2}\\ & & & 1-\dfrac{h}{2}p_{N-1} & -2+h^2q_{N-1}\end{bmatrix},$$

因为它的系数矩阵仅在主对角线及其相邻的两条对角线上有非零元素. 求解这种三对角型方程组,用所谓**追赶法**特别有效. 在 7.4.3 节将介绍追赶法.

**例 5.7**　用差分方法解边值问题 $\begin{cases} y''-y=x, & 0<x<1, \\ y(0)=0, & y(1)=1. \end{cases}$

**解**　取步长 $h=0.1$,节点 $x_n=\dfrac{n}{10}$ $(n=0,1,2,\cdots,10)$,差分方程(5.7.8)的形式是

$$\begin{pmatrix} -2-10^{-2} & 1 & & & \\ 1 & -2-10^{-2} & 1 & & \\ & \ddots & \ddots & \ddots & \\ & & 1 & -2-10^{-2} & 1 \\ & & & 1 & -2-10^{-2} \end{pmatrix} \begin{pmatrix} y_1 \\ y_2 \\ \vdots \\ y_8 \\ y_9 \end{pmatrix} = \begin{pmatrix} 0.1\times10^{-2} \\ 0.2\times10^{-2} \\ \vdots \\ 0.8\times10^{-2} \\ -1+0.9\times10^{-2} \end{pmatrix}.$$

表 5.11 列出了差分方法的计算结果,表中最末一列是按解的表达式

$$y=\frac{2(e^x-e^{-x})}{e-e^{-1}}-x$$

算出的准确值.

**表 5.11**

| $x_n$ | $y_n$ | $y(x_n)$ |
|---|---|---|
| 0.1 | 0.070 489 4 | 0.070 467 3 |
| 0.2 | 0.142 683 6 | 0.142 640 9 |
| 0.3 | 0.218 304 8 | 0.218 243 6 |
| 0.4 | 0.299 108 9 | 0.299 033 2 |
| 0.5 | 0.386 904 2 | 0.386 818 9 |
| 0.6 | 0.483 568 4 | 0.483 480 1 |
| 0.7 | 0.591 068 4 | 0.590 985 2 |
| 0.8 | 0.711 479 1 | 0.711 410 9 |
| 0.9 | 0.847 004 5 | 0.846 963 3 |

附带指出,在应用上,有时边界条件按以下方式给出:

当 $x=a$ 时,$y'=\alpha_0 y+\beta_0$;当 $x=b$ 时,$y'=\alpha_1 y+\beta_1$.

这里 $\alpha_0,\beta_0,\alpha_1,\beta_1$ 均为已知常数,这时,边界条件中所包含的微商也要替换成相应的差商

$$\frac{y_1-y_0}{h}=\alpha_0 y_0+\beta_0, \quad \frac{y_N-y_{N-1}}{h}=\alpha_1 y_N+\beta_1.$$

它们和差分方程(5.7.7)一起,仍然构成包含 $N+1$ 个未知数的线性方程组.

### 5.7.3　差分问题的可解性

我们知道,通过自变量的适当变换可以消除线性方程(5.7.6)中的一阶导数项. 下面仅就缺一阶导数项的方程来讨论这一问题. 考察边值问题

$$\begin{cases} y''-q(x)y=r(x), \\ y(a)=\alpha, \quad y(b)=\beta. \end{cases} \tag{5.7.9}$$

这里假定 $q(x)\geqslant0$,其对应的差分问题是

$$\begin{cases} \dfrac{y_{n+1}-2y_n+y_{n-1}}{h^2}-q_n y_n=r_n \quad (n=1,2,\cdots,N-1), \\ y_0=\alpha, \quad y_N=\beta, \end{cases} \tag{5.7.10}$$

现在论证差分问题的可解性. 由于式(5.7.10)是关于变量 $y_n$ $(n=0,1,2,\cdots,N)$ 的线性方程组，要证明它的解存在唯一，只要证明对应的齐次方程组只有零解. 为此，我们引进下述**极值原理**.

**定理 5.2** 对于一组不全相等的数 $y_n$ $(n=0,1,\cdots,N)$，记

$$l(y_n)=\frac{y_{n+1}-2y_n+y_{n-1}}{h^2}-q_ny_n,\quad q_n\geqslant 0\quad (n=1,2,\cdots,N-1).$$

假定 $l(y_n)\geqslant 0$ $(n=1,2,\cdots,N-1)$，则 $y_n$ 的正的最大值只能是 $y_0$ 或 $y_N$；如果 $l(y_n)<0$ $(n=1,2,\cdots,N-1)$，则 $y_n$ 的负的最小值只能是 $y_0$ 或 $y_N$.

**证明** 用反证法. 考察 $l(y_n)\geqslant 0$ 的情形，设 $y_m$ $(0<m<N)$ 是正的最大值，即 $y_m=\max\limits_{0\leqslant n\leqslant N}y_n=M>0$，且 $y_{m-1}$ 和 $y_{m+1}$ 中至少有一个小于 $M$，此时有

$$l(y_m)=\frac{y_{m+1}-2y_m+y_{m-1}}{h^2}-q_my_m<\frac{M-2M+M}{h^2}-q_mM=-q_mM,$$

由于 $q_m\geqslant 0,M>0$，故由上式推出 $l(y_m)<0$，此与题设矛盾.

此外，$l(y_n)<0$ 的情形可类似地进行讨论. 证毕.

作为这一定理的推论有如下定理.

**定理 5.3** 差分问题式(5.7.10)的解存在并且是唯一的.

**证明** 只要证明对应的齐次方程组

$$\begin{cases}l(y_n)=\dfrac{y_{n+1}-2y_n+y_{n-1}}{h^2}-q_ny_n=0\quad (n=1,2,\cdots,N-1),\\ y_0=y_N=0\end{cases}$$

只有零解. 由于这里 $l(y_n)=0$ $(n=1,2,\cdots,N-1)$，由极值原理知，$y_n$ 的正的最大值和负的最小值只能是 $y_0$ 或 $y_N$，而按边界条件 $y_0=y_N=0$，故所有的 $y_n$ $(n=0,1,\cdots,N)$ 全为零. 证毕.

### 5.7.4 差分方法的收敛性

现在运用极值原理论证差分方法的收敛性并估计误差.

**定理 5.4** 设 $y_n$ 是差分问题式(5.7.10)的解，而 $y(x_n)$ 是边值问题(5.7.9)的解 $y(x)$ 在节点 $x_n$ 的值，则截断误差 $e_n=y(x_n)-y_n$ 有下列估计式：

$$|e_n|\leqslant\frac{M(b-a)^2}{96}h^2,\quad M=\max_{a\leqslant x\leqslant b}|y^{(4)}(x)|.\tag{5.7.11}$$

**证明** 由 Taylor 展开，易得

$$\begin{cases}\dfrac{y(x_{n+1})-2y(x_n)+y(x_{n-1})}{h^2}-q_ny(x_n)=r_n+\dfrac{h^2}{12}y^{(4)}(\xi_n),\quad x_{n-1}<\xi_n<x_{n+1},\\ y(x_0)=\alpha,\quad y(x_N)=\beta.\end{cases}\tag{5.7.12}$$

将式(5.7.12)与式(5.7.10)相减,知截断误差 $e_n=y(x_n)-y_n$ 满足

$$\begin{cases}l(e_n)=\dfrac{e_{n+1}-2e_n+e_{n-1}}{h^2}-q_ne_n=\dfrac{h^2}{12}y^{(4)}(\xi_n),\\ e_0=e_N=0,\end{cases}$$

其中 $\xi_n$ 一般是不知道的.于是转向下列差分问题:

$$\begin{cases}l(\varepsilon_n)=\dfrac{\varepsilon_{n+1}-2\varepsilon_n+\varepsilon_{n-1}}{h^2}-q_n\varepsilon_n=-\dfrac{h^2}{12}M,\\ \varepsilon_0=\varepsilon_N=0,\end{cases}\tag{5.7.13}$$

其中 $M=\max\limits_{a\leqslant x\leqslant b}|y^{(4)}(x)|$.首先证明上述两个差分问题的解存在下列关系:

$$|e_n|\leqslant\varepsilon_n\quad(n=0,1,\cdots,N).\tag{5.7.14}$$

事实上,由于

$$l(\varepsilon_n)=-\frac{h^2}{12}M\leqslant-\frac{h^2}{12}|y^{(4)}(\xi_n)|=-|l(e_n)|,$$

故有

$$l(\varepsilon_n-e_n)\leqslant 0,\quad l(\varepsilon_n+e_n)\leqslant 0.$$

又

$$\varepsilon_0-e_0=\varepsilon_N-e_N=0,\quad \varepsilon_0+e_0=\varepsilon_N+e_N=0,$$

利用定理 5.2,知 $\varepsilon_n-e_n\geqslant 0,\varepsilon_n+e_n\geqslant 0$,即式(5.7.14)成立.

差分问题(5.7.13)的解仍不易直接求得,于是进一步考察

$$\begin{cases}\tilde{l}(\rho_n)=\dfrac{\rho_{n+1}-2\rho_n+\rho_{n-1}}{h^2}=-\dfrac{h^2}{12}M,\\ \rho_0=\rho_N=0.\end{cases}\tag{5.7.15}$$

这里 $\tilde{l}(\rho_n-\varepsilon_n)=-q_n\varepsilon_n\leqslant 0$,又 $\rho_0-\varepsilon_0=\rho_N-\varepsilon_N=0$,故由定理 5.2(注意,当 $q_n=0$ 时,$l(\tilde{y}_n)$ 就是 $l(y_n)$)知 $\rho_n-\varepsilon_n\geqslant 0$,即 $\varepsilon_n\leqslant\rho_n$,于是有 $|e_n|\leqslant\varepsilon_n\leqslant\rho_n$.

然而 $\rho_n$ 是容易求出的.求解差分问题(5.7.15)所对应的边值问题

$$\begin{cases}\rho''=-\dfrac{h^2}{12}M,\\ \rho(a)=\rho(b)=0,\end{cases}$$

解得

$$\rho(x)=\frac{h^2}{24}M(x-a)(b-x).$$

容易验证 $\rho_n=\rho(x_n)$ 是差分问题(5.7.15)的解,注意到 $\rho(x)$ 在点 $x=\dfrac{a+b}{2}$ 达到最大值

$$\rho\left(\frac{a+b}{2}\right)=\frac{M(b-a)^2}{96}h^2,$$

因此有估计式(5.7.11).证毕.

据估计式(5.7.11)知,当 $h\to 0$ 时有 $e_n\to 0$,这表明差分方法(5.7.10)是收敛的.

## 小 结

本章研究求解常微分方程的差分方法.构造差分格式主要有两条途径:基于数值积分的构造方法和基于 Taylor 展开的构造方法.后一种方法更灵活,也更具有一般性.Taylor 展开方法还有一个优点,它在构造差分公式的同时可以得到关于截断误差的估计.

但是,直接用 Taylor 展开导出的 Taylor 级数法(见 7.3.1 节)不便于实际应用.基于 Taylor 展开构造出的四阶 Runge-Kutta 方法(见 7.3.4 节)则是电子计算机上的常用算法.四阶 Runge-Kutta 方法的优点是精度高,程序简单,计算过程稳定,并且易于调节步长.

四阶Runge-Kutta 方法也有不足之处,它要求函数 $f$ 具有较高的光滑性.如果 $f$ 的光滑性差,那么它的精度可能还不如 Euler 格式(见 7.2.1 节)或改进的 Euler 格式(见 7.2.4 节).

四阶Runge-Kutta 方法的另一个缺点是计算量比较大,需要耗费较多的机器时间(每一步需四次计算函数 $f$ 的值).相比之下,Hamming 方法(见 7.5.7 节)可以节省计算量(每一步只需两次计算函数 $f$ 的值).但 Hamming 方法是一种四步法,它不是自开始的,需要借助于四阶 Runge-Kutta 方法(或四阶 Taylor 级数法)提供开始值.

就差分方法来说,常微分方程与偏微分方程有着紧密的联系,读者可参看偏微分方程的数值解法的有关教材.

## 习 题

**1.** 就初值问题 $y'=ax+b,y(0)=0$ 分别导出 Euler 方法和改进的 Euler 方法的近似解的表达式,并与准确解 $y=\frac{1}{2}ax^2+bx$ 相比较.

**2.** 用改进的 Euler 方法解初值问题 $\begin{cases} y'=x+y, & 0<x<1, \\ y(0)=1, \end{cases}$ 取步长 $h=0.1$ 计算,并与准确解 $y=-x-1+2e^x$ 相比较.

**3.** 用改进的 Euler 方法解 $\begin{cases} y'=x^2+x-y, \\ y(0)=0, \end{cases}$ 取步长 $h=0.1$ 计算 $y(0.5)$,并与准确解 $y=-e^{-x}+x^2-x+1$ 相比较.

**4.** 用梯形方法解初值问题 $\begin{cases} y'+y=0, \\ y(0)=1, \end{cases}$ 证明其近似解为 $y_n=\left(\frac{2-h}{2+h}\right)^n$,并证明当 $h\to 0$ 时,它收敛于原初值问题的准确解 $y=e^{-x}$.

**5.** 利用 Euler 方法计算积分 $\int_0^x e^{t^2}\,dt$ 在点 $x=0.5,1,1.5,2$ 的近似值.

**6**. 取 $h=0.2$,用经典的四阶 Runge-Kutta 方法求解下列初值问题:

(1) $\begin{cases} y'=x+y, & 0<x<1, \\ y(0)=1; \end{cases}$　　(2) $\begin{cases} y'=3y/(1+x), & 0<x<1, \\ y(0)=1. \end{cases}$

**7**. 证明对任意参数 $t$,下列 Runge-Kutta 格式是二阶的:

$$\begin{cases} y_{n+1} = y_n + \dfrac{h}{2}(K_2+K_3), \\ K_1 = f(x_n, y_n), \\ K_2 = f(x_n+th, y_n+thK_1), \\ K_3 = f(x_n+(1-t)h, y_n+(1-t)hK_1). \end{cases}$$

**8**. 证明下列两种 Runge-Kutta 方法是三阶的:

(1) $\begin{cases} y_{n+1}=y_n+\dfrac{h}{4}(K_1+3K_3), \\ K_1=f(x_n,y_n), \\ K_2=f\left(x_n+\dfrac{h}{3}, y_n+\dfrac{h}{3}K_1\right), \\ K_3=f\left(x_n+\dfrac{2}{3}h, y_n+\dfrac{2}{3}hK_2\right); \end{cases}$　　(2) $\begin{cases} y_{n+1}=y_n+\dfrac{h}{9}(2K_1+3K_2+4K_3), \\ K_1=f(x_n,y_n), \\ K_2=f\left(x_n+\dfrac{h}{2}, y_n+\dfrac{h}{2}K_1\right), \\ K_3=f\left(x_n+\dfrac{3}{4}h, y_n+\dfrac{3}{4}hK_2\right). \end{cases}$

**9**. 分别用二阶显式 Adams 方法和二阶隐式 Adams 方法解下列初值问题:

$$y' = 1-y, \quad y(0) = 0,$$

取 $h=0.2, y_0=0, y_1=0.181$,计算 $y(1.0)$并与准确解 $y=1-e^{-x}$ 相比较.

**10**. 证明下列解 $y'=f(x,y)$的差分公式

$$y_{n+1} = \frac{1}{2}(y_n+y_{n-1}) + \frac{h}{4}(4y'_{n+1}-y'_n+3y'_{n-1})$$

是二阶的,并求出截断误差的首项.

**11**. 导出具有下列形式的三阶方法:

$$y_{n+1} = a_0y_n + a_1y_{n-1} + a_2y_{n-2} + h(b_0y'_n + b_1y'_{n-1} + b_2y'_{n-2}).$$

**12**. 将下列方程化为一阶方程组:

(1) $y''-3y'+2y=0, \quad y(0)=1, \quad y'(0)=1$;

(2) $y''-0.1(1-y^2)y'+y=0, \quad y(0)=1, \quad y'(0)=0$;

(3) $x''(t)=-\dfrac{x}{r^3}, \quad y''(t)=-\dfrac{y}{r^3}, \quad r=\sqrt{x^2+y^2}, \quad x(0)=0.4, \quad x'(0)=0, \quad y(0)=0,$ $y'(0)=2$.

**13**. 取 $h=0.25$,用差分法解边值问题 $\begin{cases} y''+y=0, \\ y(0)=0, \quad y(1)=1.68. \end{cases}$

**14**. 对方程 $y''=f(x,y)$可建立差分公式 $y_{n+1}=2y_n-y_{n-1}+h^2f(x_n,y_n)$,试用这一公式求解初值问题 $\begin{cases} y''=1, \\ y(0)=y(1)=0, \end{cases}$ 验证计算解恒等于准确解 $y(x)=\dfrac{x^2-x}{2}$.

**15**. 取 $h=0.2$,用差分方法解边值问题 $\begin{cases} (1+x^2)y''-xy'-3y=6x-3, \\ y(0)-y'(0)=1, \quad y(1)=2. \end{cases}$

# 第6章　方 程 求 根

## 6.1　根的搜索

数学、物理中的许多问题常常归结为求解函数方程 $f(x)=0$，这里，$f(x)$可以是代数多项式，也可以是超越函数. 方程 $f(x)=0$ 的解 $x^*$ 称为它的**根**，或称为 $f(x)$的**零点**.

设函数 $f(x)$在$[a,b]$上连续，且 $f(a)f(b)<0$，根据连续函数的性质可知方程 $f(x)=0$在区间$(a,b)$内一定有实根，这时称$[a,b]$为方程 $f(x)=0$ 的**有根区间**.

### 6.1.1　逐步搜索法

为明确起见，不妨假定 $f(a)<0$，$f(b)>0$. 从有根区间$[a,b]$的左端点 $x_0=a$ 出发，按某个预定的步长 $h$(譬如取 $h=\dfrac{b-a}{N}$，$N$ 为正整数)一步一步地向右跨，每跨一步进行一次根的"搜索"，即检查节点 $x_k=a+kh$ 上的函数值 $f(x_k)$的符号，一旦发现节点 $x_k$ 与端点 $a$ 的函数值异号，即 $f(x_k)>0$①，则可以确定一个缩小了的有根区间$[x_{k-1},x_k]$，其宽度等于预定的步长 $h$.

**例 6.1**　考察方程 $f(x)=x^3-x-1=0$. 注意到 $f(0)<0$，$f(2)>0$，知 $f(x)$在区间$(0,2)$内至少有一个实根.

**解**　设从 $x=0$ 出发，取 $h=0.5$ 为步长向右进行根的搜索，列表记录各个节点上函数值的符号(见表 6.1)，我们发现区间$(1.0,1.5)$内必有一根.

**表 6.1**

| $x$ | 0 | 0.5 | 1.0 | 1.5 |
|---|---|---|---|---|
| $f(x)$的符号 | − | − | − | + |

在具体运用上述方法时，步长 $h$ 的选择是个关键. 很明显，只要步长 $h$ 取得足够小，利用这种方法可以得到具有任意精度的近似根. 不过当 $h$ 缩小时，所要搜索的步数相应增多，从而使计算量增大. 因此，如果精度要求比较高，单用这种逐步搜索方法是不合算的. 下述二分法可以看作逐步搜索方法的一种改进.

### 6.1.2　二分法

再考察有根区间$[a,b]$，取中点 $x_0=(a+b)/2$ 将它分为两半，然后进行根的搜

① 特别地，可能有 $f(x_k)=0$，这时 $x_k$ 即为所求的根.

索,即检查 $f(x_0)$ 与 $f(a)$ 是否同号,如果确系同号,说明所求的根 $x^*$ 在 $x_0$ 的右侧,这时令 $a_1=x_0,b_1=b$;否则 $x^*$ 必在 $x_0$ 的左侧,这时令 $a_1=a,b_1=x_0$(见图 6.1).不管出现哪一种情况,新的有根区间$[a_1,b_1]$的长度仅为$[a,b]$的一半.

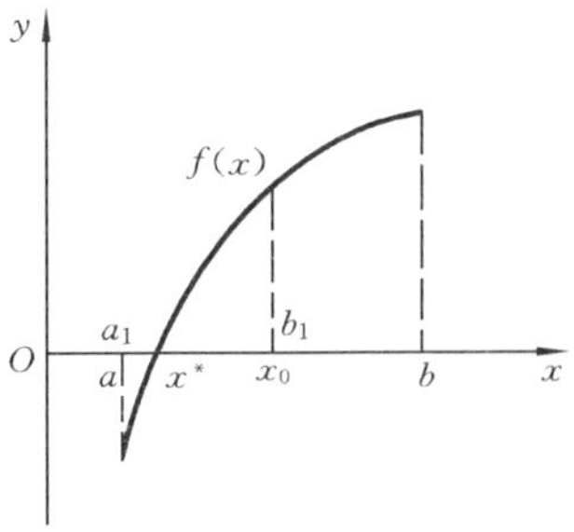

图 6.1

对压缩了的有根区间$[a_1,b_1]$又可施行同样的手续,即用中点 $x_1=(a_1+b_1)/2$ 将区间$[a_1,b_1]$再分为两半,然后通过根的搜索判定所求的根在 $x_1$ 的哪一侧,从而又确定一个新的有根区间$[a_2,b_2]$,其长度是$[a_1,b_1]$的一半.

如此反复二分下去,即可得出一系列有根区间

$$[a,b]\supseteq[a_1,b_1]\supseteq[a_2,b_2]\supseteq\cdots\supseteq[a_k,b_k]\supseteq\cdots,$$

其中每个区间都是前一个区间的一半,因此$[a_k,b_k]$的长度 $b_k-a_k=(b-a)/2^k$ 当 $k\to\infty$时趋于零.就是说,如果二分过程无限地继续下去,这些区间最终必将收缩于一点 $x^*$,该点显然就是所求的根.

每次二分后,设取有根区间$[a_k,b_k]$的中点 $x_k=(a_k+b_k)/2$ 作为根的近似值,则在二分过程中可以获得一个近似根的序列 $x_0,x_1,x_2,\cdots,x_k,\cdots$,该序列必以根 $x^*$ 为极限.

不过在实际计算时,不可能完成这个无限过程,其实也没有这种必要,因为数值分析的结果允许带有一定的误差.由于

$$|x^*-x_k|\leqslant(b_k-a_k)/2=(b-a)/2^{k+1},$$

只要二分足够多次(即 $k$ 充分大),便有$|x^*-x_k|<\varepsilon$,这里 $\varepsilon$ 为预定的精度.

**例 6.2** 求方程 $f(x)=x^3-x-1=0$ 在区间(1.0,1.5)内的一个实根,要求准确到小数点后的第二位.

**解** 这里 $a=1.0,b=1.5$,而 $f(a)<0,f(b)>0$.取$(a,b)$的中点 $x_0=1.25$ 将区间二等分,由于 $f(x_0)<0$,即 $f(x_0)$与 $f(a)$同号,故所求的根 $x^*$ 必在 $x_0$ 右侧,这时应令 $a_1=x_0=1.25,b_1=b=1.5$,而得到新的有根区间$[a_1,b_1]$.

如此反复二分下去,二分过程无需赘述.现在预估所要二分的次数,按误差估计式(6.1.1),只要二分六次($k=6$),便能达到预定的精度

$$|x^*-x_6|\leqslant 0.005.$$

二分法的计算结果如表 6.2 所示.

二分法是电子计算机上一种常用算法,下面列出**计算步骤**:

**步 1** 准备.计算 $f(x)$在有根区间$[a,b]$端点处的值 $f(a),f(b)$.

**步 2** 二分.计算 $f(x)$在区间中点$\dfrac{a+b}{2}$处的值 $f\left(\dfrac{a+b}{2}\right)$.

表 6.2

| $k$ | $a_k$ | $b_k$ | $x_k$ | $f(x_k)$符号 |
|---|---|---|---|---|
| 0 | 1.0 | 1.5 | 1.25 | − |
| 1 | 1.25 |  | 1.375 | + |
| 2 |  | 1.375 | 1.312 5 | − |
| 3 | 1.312 5 |  | 1.343 8 | + |
| 4 |  | 1.343 8 | 1.328 1 | + |
| 5 |  | 1.328 1 | 1.320 3 | − |
| 6 | 1.320 3 |  | 1.324 2 | − |

**步 3** 判断. 若 $f\left(\frac{a+b}{2}\right)=0$ 则 $\frac{a+b}{2}$ 即是根，计算过程结束. 否则作如下检验：

若 $f\left(\frac{a+b}{2}\right)$ 与 $f(a)$ 异号，则根位于区间 $\left(a,\frac{a+b}{2}\right)$ 内，这时以 $\frac{a+b}{2}$ 代替 $b$；

若 $f\left(\frac{a+b}{2}\right)$ 与 $f(a)$ 同号，则根位于区间 $\left(\frac{a+b}{2},b\right)$ 内，这时以 $\frac{a+b}{2}$ 代替 $a$.

反复执行步 2 和步 3，直到区间 $[a,b]$ 长度缩小到允许误差范围之内，此时区间中点 $\frac{a+b}{2}$ 即可作为所求的根.

二分法的优点是算法简单，而且收敛性总能得到保证.

# 6.2 迭代法

## 6.2.1 迭代过程的收敛性

考察下列形式的方程：

$$x=\varphi(x). \tag{6.2.1}$$

这种方程是隐式的，因而不能直接得出它的根. 但如果给出根的某个猜测值 $x_0$，将它代入式(6.2.1)的右端，即可求得 $x_1=\varphi(x_0)$. 然后，又可取 $x_1$ 作为猜测值，进一步得到 $x_2=\varphi(x_1)$. 如此反复迭代. 如果按公式

$$x_{k+1}=\varphi(x_k),\quad k=0,1,2,\cdots \tag{6.2.2}$$

确定的数列 $\{x_k\}$ 有极限 $x^*=\lim\limits_{k\to\infty}x_k$，则称迭代过程式(6.2.2)**收敛**. 这时极限值 $x^*$ 显然就是方程(6.2.1)的根.

上述迭代法是一种逐次逼近法，其基本思想是将隐式方程(6.2.1)归结为一组显式的计算公式(6.2.2)，就是说，迭代过程实质上是一个逐步显式化的过程.

我们用几何图像来显示这一迭代过程. 方程 $x=\varphi(x)$ 的求根问题在 $Oxy$ 平面上

就是要确定曲线 $y=\varphi(x)$ 与直线 $y=x$ 的交点 $P^*$(见图6.2).对于 $x^*$ 的某个近似值 $x_0$,在曲线 $y=\varphi(x)$ 上可确定一点 $P_0$,它以 $x_0$ 为横坐标,而纵坐标则等于 $\varphi(x_0)=x_1$.过 $P_0$ 引平行 $x$ 轴的直线,设交直线 $y=x$ 于点 $Q_1$,然后过 $Q_1$ 再作平行于 $y$ 轴的直线,它与曲线 $y=\varphi(x)$ 的交点记作 $P_1$,则点 $P_1$ 的横坐标为 $x_1$,纵坐标等于 $\varphi(x_1)=x_2$.按图6.2中箭头所示的路径继续进行下去,在曲线 $y=\varphi(x)$ 上得到点列 $P_1,P_2,\cdots$,其横坐标分别为依公式 $x_{k+1}=\varphi(x_k)$ 求得的迭代值 $x_1,x_2,\cdots$.如果点列 $\{P_k\}$ 趋于点 $P^*$,则相应的迭代值 $x_k$ 收敛到所求的根 $x^*$.

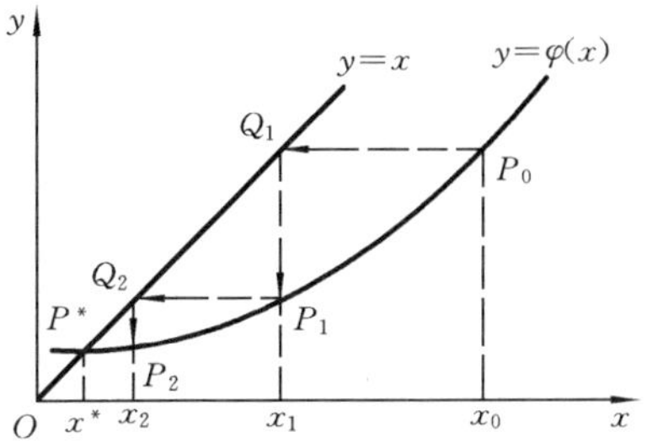


图 6.2

**例 6.3** 求方程

$$f(x)=x^3-x-1=0 \tag{6.2.3}$$

在 $x_0=1.5$ 附近的根 $x^*$.

**解** 设将方程(6.2.3)改写成 $x=\sqrt[3]{x+1}$ 的形式,据此建立迭代公式

$$x_{k+1}=\sqrt[3]{x_k+1},\quad k=0,1,2,\cdots.$$

表6.3记录了各步迭代的结果.可以看到,如果仅取六位数字,那么结果 $x_7$ 与 $x_8$ 完全相同,这时可以认为 $x_7$ 实际上已满足方程(6.2.3),即为所求的根.

**表 6.3**

| $k$ | $x_k$ | $k$ | $x_k$ |
|---|---|---|---|
| 0 | 1.5 | 5 | 1.324 76 |
| 1 | 1.357 21 | 6 | 1.324 73 |
| 2 | 1.330 86 | 7 | 1.324 72 |
| 3 | 1.325 88 | 8 | 1.324 72 |
| 4 | 1.324 94 | | |

应当指出,迭代法的效果并不是总能令人满意的.譬如,设依方程(6.2.3)的另一种等价形式 $x=x^3-1$,建立迭代公式 $x_{k+1}=x_k^3-1$,迭代初值仍取 $x_0=1.5$,则有

$$x_1=2.375,\quad x_2=12.39.$$

继续迭代下去已经没有必要,因为结果显然会越来越大,不可能趋于某个极限.称这种不收敛的迭代过程是**发散**的.一个发散的迭代过程,纵使进行了千百次迭代,其结果也是毫无价值的.

再考察一般情形.设方程 $x=\varphi(x)$ 在区间 $(a,b)$ 内有根 $x^*$,则保证迭代过程 $x_{k+1}=\varphi(x_k)$ 收敛的条件可表述为:存在定数 $0<L<1$,使对于任意 $x\in[a,b]$ 成立

$$|\varphi'(x)|\leqslant L. \tag{6.2.4}$$

事实上,由微分中值定理

$$x_{k+1}-x^*=\varphi(x_k)-\varphi(x^*)=\varphi'(\xi)(x_k-x^*),$$

其中 $\xi$ 是 $x^*$ 与 $x_k$ 之间某一点,当 $x_k\in[a,b]$ 时 $\xi\in[a,b]$.因此利用条件(6.2.4)可以

断定$|x_{k+1}-x^*|\leqslant L|x_k-x^*|$. 据此反复递推，有

$$|x_k-x^*|\leqslant L^k|x_0-x^*|,$$

故当$k\to\infty$时，迭代值$x_k$将收敛到所求的根$x^*$.

需要指出的是，在上述论证过程中，应当保证一切迭代值$x_k$全落在区间$(a,b)$内，为此要求，对于任意$x\in[a,b]$，总有$\varphi(x)\in[a,b]$. 于是有下述论断.

**定理 6.1** 假定函数$\varphi(x)$满足下列两项条件：

1° 对于任意$x\in[a,b]$，有

$$a\leqslant\varphi(x)\leqslant b, \tag{6.2.5}$$

2° 存在正数$L<1$，使对于任意$x\in[a,b]$①，有

$$|\varphi'(x)|\leqslant L<1, \tag{6.2.6}$$

则迭代过程$x_{k+1}=\varphi(x_k)$对于任意初值$x_0\in[a,b]$均收敛于方程$x=\varphi(x)$的根$x^*$②，且有如下的误差估计式：

$$|x_k-x^*|\leqslant\frac{L^k}{1-L}|x_1-x_0|. \tag{6.2.7}$$

**证明** 前已证明迭代过程的收敛性，剩下的问题是导出估计式(6.2.7). 按式(6.2.6)，有

$$|x_{k+1}-x_k|=|\varphi(x_k)-\varphi(x_{k-1})|\leqslant L|x_k-x_{k-1}|. \tag{6.2.8}$$

据此反复递推得$|x_{k+1}-x_k|\leqslant L^k|x_1-x_0|$. 于是对于任意正整数$p$，有

$$\begin{aligned}|x_{k+p}-x_k|&\leqslant|x_{k+p}-x_{k+p-1}|+|x_{k+p-1}-x_{k+p-2}|+\cdots+|x_{k+1}-x_k|\\&\leqslant(L^{k+p-1}+L^{k+p-2}+\cdots+L^k)|x_1-x_0|\leqslant\frac{L^k}{1-L}|x_1-x_0|.\end{aligned}$$

在上式中令$p\to\infty$，注意到$\lim\limits_{p\to\infty}x_{k+p}=x^*$，即得式(6.2.7). 证毕.

迭代过程是个极限过程. 在用迭代法进行实际计算时，必须按精度要求控制迭代次数. 误差估计式(6.2.7)原则上可用来确定迭代次数，但它由于含有信息$L$而不便于实际应用. 根据式(6.2.8)，对于任意正整数$p$，有

$$|x_{k+p}-x_k|\leqslant(L^{p-1}+L^{p-2}+\cdots+1)|x_{k+1}-x_k|\leqslant\frac{1}{1-L}|x_{k+1}-x_k|.$$

在上式中令$p\to\infty$，有

$$|x^*-x_k|\leqslant\frac{1}{1-L}|x_{k+1}-x_k|.$$

由此可见，只要相邻两次计算结果的偏差$|x_{k+1}-x_k|$足够小，即可保证近似值$x_k$具有足够的精度，因此可以通过检查$|x_{k+1}-x_k|$来判断迭代过程应否终止.

---

① 条件 2 可以放宽为，存在正数$L<1$，使对任意$x,\bar{x}\in[a,b]$均满足 Lipschitz 条件

$$|\varphi(x)-\varphi(\bar{x})|\leqslant L|x-\bar{x}|.$$

② 可以证明，当式(6.2.5)、(6.2.6)成立时，方程$x=\varphi(x)$在$[a,b)$内有且仅有一个根$x^*$.

下面列出迭代法的**计算步骤**:

**步 1** 准备 提供迭代初值 $x_0$.

**步 2** 迭代 计算迭代值 $x_1=\varphi(x_0)$.

**步 3** 控制 检查 $|x_1-x_0|$:若 $|x_1-x_0|>\varepsilon$($\varepsilon$ 为预先指定的精度),则以 $x_1$ 替换 $x_0$ 转步 2 继续迭代;当 $|x_1-x_0|\leqslant\varepsilon$ 时终止计算,取 $x_1$ 作为所求的结果.

在实际应用迭代法时,通常在所求的根 $x^*$ 的邻近进行考察,而研究所谓局部收敛性.

**定义 6.1** 若存在 $x^*$ 的某个邻域 $R:|x-x^*|\leqslant\delta$,使迭代过程 $x_{k+1}=\varphi(x_k)$ 对于任意初值 $x_0\in R$ 均收敛,则称迭代过程 $x_{k+1}=\varphi(x_k)$ 在根 $x^*$ 邻近具有**局部收敛性**.

**定理 6.2** 设 $x^*$ 为方程 $x=\varphi(x)$ 的根,$\varphi'(x)$ 在 $x^*$ 的邻近连续且 $|\varphi'(x^*)|<1$,则迭代过程 $x_{k+1}=\varphi(x_k)$ 在 $x^*$ 邻近具有局部收敛性.

**证明** 由连续函数的性质,存在 $x^*$ 的某个邻域 $R:|x-x^*|\leqslant\delta$,使对于任意 $x\in R$ 成立 $|\varphi'(x)|\leqslant L<1$. 此外,对于任意 $x\in R$,总有 $\varphi(x)\in R$,这是因为

$$|\varphi(x)-x^*|=|\varphi(x)-\varphi(x^*)|\leqslant L|x-x^*|\leqslant|x-x^*|,$$

于是,依据定理 6.1 可以断定,迭代过程 $x_{k+1}=\varphi(x_k)$ 对于任意初值 $x_0\in R$ 均收敛. 证毕.

**例 6.4** 求方程 $x=\mathrm{e}^{-x}$ 在 $x=0.5$ 附近的一个根,要求精度 $\varepsilon=10^{-5}$.

**解** 过 $x=0.5$ 以 $h=0.1$ 为步长搜索一次,即可发现,所求的根在区间 $(0.5,0.6)$ 内. 由于在根的邻近,$|(\mathrm{e}^{-x})'|\approx0.6$,这个值小于 1,因此迭代公式 $x_{k+1}=\mathrm{e}^{-x_k}$ 对于初值 $x_0=0.5$ 是收敛的.

表 6.4 记录了迭代的结果. 比较相邻的两次迭代值,迭代 18 次得所求的根 0.567 14.

**表 6.4**

| $k$ | $x_k$ | $k$ | $x_k$ | $k$ | $x_k$ |
|---|---|---|---|---|---|
| 0 | 0.5 | 7 | 0.568 438 0 | 14 | 0.567 118 8 |
| 1 | 0.606 530 6 | 8 | 0.566 409 4 | 15 | 0.567 157 1 |
| 2 | 0.545 239 2 | 9 | 0.567 559 6 | 16 | 0.567 135 4 |
| 3 | 0.579 703 1 | 10 | 0.566 907 2 | 17 | 0.567 147 7 |
| 4 | 0.560 064 6 | 11 | 0.567 277 2 | 18 | 0.567 140 7 |
| 5 | 0.571 172 1 | 12 | 0.567 067 3 | | |
| 6 | 0.564 862 9 | 13 | 0.567 186 3 | | |

## 6.2.2 迭代公式的加工

对于收敛的迭代过程,只要迭代足够多次,就可以使结果达到任意的精度,但有时迭代过程收敛缓慢,从而使计算量变得很大,因此迭代过程的加速是个重要的课题.

设 $x_0$ 是根 $x^*$ 的某个预测值，用迭代公式校正一次得 $x_1=\varphi(x_0)$，而由微分中值定理有

$$x_1-x^*=\varphi'(\xi)(x_0-x^*),$$

其中 $\xi$ 介于 $x^*$ 与 $x_0$ 之间.

假定 $\varphi'(x)$ 改变不大，近似地取某个近似值 $L$，则由

$$x_1-x^*\approx L(x_0-x^*),$$

得

$$x^*=\frac{1}{1-L}x_1-\frac{L}{1-L}x_0. \tag{6.2.9}$$

可以期望，按上式右端求得的

$$x_2=\frac{1}{1-L}x_1-\frac{L}{1-L}x_0=x_1+\frac{L}{1-L}(x_1-x_0)$$

是比 $x_1$ 更好的近似值.

将每得到一次改进值算作一步，并用 $\bar{x}_k$ 和 $x_k$ 分别表示第 $k$ 步的校正值和改进值，则加速迭代计算方案可表述如下：

校正 $$\bar{x}_{k+1}=\varphi(x_k),$$

改进 $$x_{k+1}=\bar{x}_{k+1}+\frac{L}{1-L}(\bar{x}_{k+1}-x_k). \tag{6.2.10}$$

**例 6.5** 求解方程 $x=e^{-x}$.

**解** 由于在 $x_0=0.5$ 附近，$(e^{-x})'\approx-0.6$，故上述计算公式的具体形式是

$$\begin{cases}\bar{x}_{k+1}=e^{-x_k},\\ x_{k+1}=\bar{x}_{k+1}-\dfrac{0.6}{1.6}(\bar{x}_{k+1}-x_k).\end{cases}$$

表 6.5 列出了计算结果.

**表 6.5**

| $k$ | $\bar{x}_k$ | $x_k$ |
|---|---|---|
| 0 | | 0.5 |
| 1 | 0.606 53 | 0.566 58 |
| 2 | 0.567 46 | 0.567 13 |
| 3 | 0.567 15 | 0.567 14 |

例 6.4 迭代 18 次得到精度 $10^{-5}$ 的结果 $x=0.567\ 14$，这里只要迭代 3 次同样得出这个结果. 加速的效果是相当显著的.

然而上述加速方案有个缺点，由于其中含有导数 $\varphi'(x)$ 的有关信息 $L$，实际使用不便.

仍设已知 $x^*$ 的某个猜测值为 $x_0$，将校正值 $x_1=\varphi(x_0)$ 再校正一次，又得

$$x_2=\varphi(x_1),$$

由于 $x_2-x^*\approx L(x_1-x^*)$ 将它与式(6.2.9)联立，消去未知的 $L$，有

$$\frac{x_1-x^*}{x_2-x^*}\approx\frac{x_0-x^*}{x_1-x^*}.$$

由此推知

$$x^*\approx\frac{x_0x_2-x_1^2}{x_0-2x_1+x_2}=x_2-\frac{(x_2-x_1)^2}{x_0-2x_1+x_2}.$$

这样构造出的改进公式确实不再含有关于导数的信息，但是它需要用两次迭代

值进行加工.如果将得到一次改进值作为一步,则计算公式如下:

$$
\begin{aligned}
&\text{校正} && \tilde{x}_{k+1}=\varphi(x_k),\\
&\text{再校正} && \bar{x}_{k+1}=\varphi(\tilde{x}_{k+1}),\\
&\text{改进} && x_{k+1}=\bar{x}_{k+1}-\frac{(\bar{x}_{k+1}-\tilde{x}_{k+1})^2}{\bar{x}_{k+1}-2\tilde{x}_{k+1}+x_k}.
\end{aligned}
\tag{6.2.11}
$$

上述处理过程称为 Aitken **方法**.

**例 6.6** 用 Aitken 方法求解方程(6.2.3).

**解** 前面曾经指出,求解这一方程的下述迭代公式是发散的:

$$x_{k+1} = x_k^3 - 1. \tag{6.2.12}$$

现在以这种迭代公式为基础形成 Aitken 算法,即

$$\tilde{x}_{k+1} = x_k^3 - 1,\quad \bar{x}_{k+1} = \tilde{x}_{k+1}^3 - 1,\quad x_{k+1} = \bar{x}_{k+1} - \frac{(\bar{x}_{k+1} - \tilde{x}_{k+1})^2}{\bar{x}_{k+1} - 2\tilde{x}_{k+1} + x_k}.$$

仍然取 $x_0=1.5$,计算结果如表 6.6 所示.

**表 6.6**

| $k$ | $\tilde{x}_k$ | $\bar{x}_k$ | $x_k$ |
|---|---|---|---|
| 0 | | | 1.5 |
| 1 | 2.375 00 | 12.396 5 | 1.416 29 |
| 2 | 1.840 92 | 5.238 88 | 1.355 65 |
| 3 | 1.491 40 | 2.317 28 | 1.328 95 |
| 4 | 1.347 10 | 1.444 35 | 1.324 80 |
| 5 | 1.325 18 | 1.327 14 | 1.324 72 |

可以看到,将发散的迭代公式(6.2.12)通过 Aitken 方法处理后,竟获得了相当好的收敛性.在 6.4 节将用几何图像解释这个有趣的现象.

## 6.3 Newton 法

### 6.3.1 Newton 公式

对于方程 $f(x)=0$,为要应用迭代法,必须先将它改写成 $x=\varphi(x)$ 的形式,即需要针对所给的函数 $f(x)$ 构造合适的迭代函数 $\varphi(x)$.

迭代函数 $\varphi(x)$ 可以是多种多样的.例如,可令 $\varphi(x)=x+f(x)$,这时相应的迭代公式是

$$x_{k+1} = x_k + f(x_k). \tag{6.3.1}$$

一般来说,这种迭代公式不一定收敛,或者收敛的速度缓慢.

运用前述加速技巧,对于迭代过程(6.3.1),其加速公式(6.2.10)具有以下形式:

$$\begin{cases} \bar{x}_{k+1} = x_k + f(x_k), \\ x_{k+1} = \bar{x}_{k+1} + \dfrac{L}{1-L}(\bar{x}_{k+1} - x_k). \end{cases}$$

记 $M=L-1$,上面两个式子可以合并写成

$$x_{k+1} = x_k - \frac{f(x_k)}{M}.$$

这种迭代公式通常称为**简化的 Newton 公式**,其相应的迭代函数是

$$\varphi(x) = x - \frac{f(x)}{M}. \tag{6.3.2}$$

需要注意的是,由于 $L$ 是 $\varphi'(x)$ 的估计值,而 $\varphi(x)=x+f(x)$,这里的 $M=L-1$ 实际上是 $f'(x)$ 的估计值. 如果用 $f'(x)$ 代替式(6.3.2)中的 $M$,则得到如下形式的迭代函数:

$$\varphi(x) = x - \frac{f(x)}{f'(x)},$$

其相应的迭代公式

$$x_{k+1} = x_k - \frac{f(x_k)}{f'(x_k)} \tag{6.3.3}$$

就是著名的 Newton **公式**.

## 6.3.2 Newton 法的几何解释

对于方程 $f(x)=0$,如果 $f(x)$ 是线性函数,则对它求根是容易的. Newton 法实质上是一种线性化方法,其基本思想是将非线性方程 $f(x)=0$ 逐步归结为某种线性方程来求解.

设已知方程 $f(x)=0$ 有近似根 $x_k$,将函数 $f(x)$ 在点 $x_k$ 展开,有

$$f(x) \approx f(x_k) + f'(x_k)(x - x_k),$$

于是方程 $f(x)=0$ 可近似地表示为

$$f(x_k) + f'(x_k)(x - x_k) = 0. \tag{6.3.4}$$

这是个线性方程,记其根为 $x_{k+1}$,则 $x_{k+1}$ 的计算公式就是 Newton 公式(6.3.3).

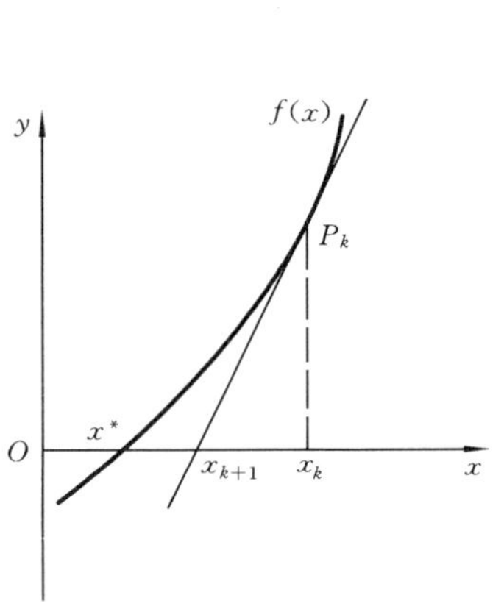


图 6.3

Newton 法有明显的几何解释. 方程 $f(x)=0$ 的根 $x^*$ 可解释为曲线 $y=f(x)$ 与 $x$ 轴的交点的横坐标(见图 6.3). 设 $x_k$ 是根 $x^*$ 的某个近似值,过曲

线 $y=f(x)$上横坐标为 $x_k$ 的点 $P_k$ 引切线，并将该切线与 $x$ 轴的交点的横坐标 $x_{k+1}$ 作为 $x^*$ 的新的近似值. 注意到切线方程为

$$y=f(x_k)+f'(x_k)(x-x_k).$$

这样求得的值 $x_{k+1}$必满足式(6.3.4)，从而就是 Newton 公式(6.3.3)的计算结果. 由于这种几何背景，Newton 法亦称**切线法**.

### 6.3.3 Newton 法的局部收敛性

对于一种迭代过程，为了保证它是有效的，需要肯定它的收敛性，同时考察它的收敛速度. 所谓迭代过程的**收敛速度**，是指在接近收敛的过程中迭代误差的下降速度.

**定义 6.2** 设迭代过程 $x_{k+1}=\varphi(x_k)$收敛于方程 $x=\varphi(x)$的根 $x^*$，如果迭代误差 $e_k=x_k-x^*$ 当 $k\to\infty$时成立下列渐近关系式：

$$\frac{e_{k+1}}{e_k^p}\to C\quad (C\neq 0\text{ 为常数}),$$

则称该迭代过程是 $p$ **阶收敛**的. 特别地，$p=1$ 时称为**线性收敛**，$p>1$ 时称为**超线性收敛**，$p=2$ 时称为**平方收敛**.

**定理 6.3** 对于迭代过程 $x_{k+1}=\varphi(x_k)$，如果 $\varphi^{(p)}(x)$在所求根 $x^*$ 的邻近连续，并且

$$\begin{cases}\varphi'(x^*)=\varphi''(x^*)=\cdots=\varphi^{(p-1)}(x^*)=0,\\ \varphi^{(p)}(x^*)\neq 0,\end{cases}\tag{6.3.5}$$

则该迭代过程在点 $x^*$ 邻近是 $p$ 阶收敛的.

**证明** 由于 $\varphi'(x^*)=0$，据定理 6.2 立即可以断定迭代过程 $x_{k+1}=\varphi(x_k)$具有局部收敛性.

再将 $\varphi(x_k)$在根 $x^*$ 处展开，利用条件(6.3.5)，则有

$$\varphi(x_k)=\varphi(x^*)+\frac{\varphi^{(p)}(\zeta)}{p!}(x_k-x^*)^p.$$

注意到
$$\varphi(x_k)=x_{k+1},\quad \varphi(x^*)=x^*,$$

由上式得
$$x_{k+1}-x^*=\frac{\varphi^{(p)}(\zeta)}{p!}(x_k-x^*)^p,$$

因此对于迭代误差，有$\dfrac{e_{k+1}}{e_k^p}\to\dfrac{\varphi^{(p)}(x^*)}{p!}$. 这表明迭代过程 $x_{k+1}=\varphi(x_k)$确实是 $p$ 阶收敛的. 证毕.

由上述定理可知，迭代过程的收敛速度依赖于迭代函数 $\varphi(x)$的选取. 如果当 $x\in[a,b]$时 $\varphi'(x)\neq 0$，则该迭代过程只可能是线性收敛的.

对于 Newton 公式(6.3.3)，其迭代函数为

$$\varphi(x)=x-\frac{f(x)}{f'(x)},\quad \varphi'(x)=\frac{f(x)f''(x)}{[f'(x)]^2}.$$

假定 $x^*$ 是 $f(x)$ 的一个单根，即 $f(x^*)=0, f'(x^*)\neq 0$，则由上式知 $\varphi'(x^*)=0$，于是依据定理 6.3 可以断定，Newton 法在根 $x^*$ 的邻近是平方收敛的.

**例 6.7** 用 Newton 法解方程

$$xe^x-1=0. \tag{6.3.6}$$

**解** 这里 Newton 公式为 $x_{k+1}=x_k-\frac{x_k-e^{-x_k}}{1+x_k}$，取迭代初值 $x_0=0.5$，迭代结果列于表 6.7 中.

**表 6.7**

| $k$ | $x_k$ |
|---|---|
| 0 | 0.5 |
| 1 | 0.571 02 |
| 2 | 0.567 16 |
| 3 | 0.567 14 |

所给方程(6.3.6)实际上是方程 $x=e^{-x}$ 的等价形式. 比较例 6.7 与例 6.5 的计算结果可以看出，Newton 法的收敛速度是很快的.

下面列出 Newton 法的**计算步骤**：

**步 1** 准备. 选定初始近似值 $x_0$，计算 $f_0=f(x_0), f_0'=f'(x_0)$.

**步 2** 迭代. 按公式 $x_1=x_0-f_0/f_0'$ 迭代一次，得新的近似值 $x_1$，计算

$$f_1=f(x_1)\cdot f_1'=f'(x_1).$$

**步 3** 控制. 如果 $x_1$ 满足 $|\delta|<\varepsilon_1$ 或 $|f_1|<\varepsilon_2$，则终止迭代，以 $x_1$ 作为所求的根；否则转步 4. 此处 $\varepsilon_1,\varepsilon_2$ 是允许误差，而

$$\delta=\begin{cases}|x_1-x_0|, & \text{当 } |x_1|<C \text{ 时},\\ \dfrac{|x_1-x_0|}{|x_1|}, & \text{当 } |x_1|\geqslant C \text{ 时},\end{cases}$$

其中 $C$ 是取绝对误差或相对误差的控制常数，一般可取 $C=1$.

**步 4** 修改. 如果迭代次数达到预先指定的次数 $N$ 或者 $f_1'=0$，则方法失败，否则以 $(x_1,f_1,f')$ 代替 $(x_0,f_0,f_0')$ 转步 2 继续迭代.

### 6.3.4 Newton 法应用举例

对于给定正数 $a$，应用 Newton 法解二次方程 $x^2-a=0$，可导出求开方值 $\sqrt{a}$ 的计算程序

$$x_{k+1}=\frac{1}{2}\left(x_k+\frac{a}{x_k}\right). \tag{6.3.7}$$

下面证明这种迭代公式对于任意初值 $x_0>0$ 都是收敛的.

事实上，对式(6.3.7)施行配方手续，易知

$$x_{k+1}-\sqrt{a}=\frac{1}{2x_k}(x_k-\sqrt{a})^2,\quad x_{k+1}+\sqrt{a}=\frac{1}{2x_k}(x_k+\sqrt{a})^2.$$

将以上两式相除得

$$\frac{x_{k+1}-\sqrt{a}}{x_{k+1}+\sqrt{a}}=\left(\frac{x_k-\sqrt{a}}{x_k+\sqrt{a}}\right)^2.$$

据此反复递推，有

$$\frac{x_k-\sqrt{a}}{x_k+\sqrt{a}}=\left(\frac{x_0-\sqrt{a}}{x_0+\sqrt{a}}\right)^{2^k},\tag{6.3.8}$$

记 $q=\dfrac{x_0-\sqrt{a}}{x_0+\sqrt{a}}$，整理式(6.3.8)，得

$$x_k-\sqrt{a}=2\sqrt{a}\frac{q^{2^k}}{1-q^{2^k}}.$$

对于任意 $x_0>0$，总有 $|q|<1$，故由上式推知，当 $k\to\infty$ 时 $x_k\to\sqrt{a}$，即迭代过程恒收敛.

**例 6.8** 求 $\sqrt{115}$.

**解** 取初值 $x_0=10$，对 $a=115$ 按式(6.3.7)迭代 3 次便得到精度为 $10^{-6}$ 的结果(见表 6.8).

**表 6.8**

| $k$ | $x_k$ |
|---|---|
| 0 | 10 |
| 1 | 10.750 000 |
| 2 | 10.723 837 |
| 3 | 10.723 805 |
| 4 | 10.723 805 |

由于式(6.3.7)对于任意初值 $x_0>0$ 均收敛，并且收敛的速度很快，因此，可取确定的初值如 $x_0=1$ 编制通用程序. 用这个通用程序求 $\sqrt{115}$，也只要迭代 7 次便得到了上面的结果 10.723 805.

再举一个例子.

对于给定的正数 $a$，应用 Newton 法于方程 $1/x-a=0$，可导出求 $1/a$ 而不用除法的计算程序，即

$$x_{k+1}=x_k(2-ax_k).$$

这个算法有实际意义，早期设计电子计算机时，为节省硬件设备，曾运用这种技术避开除法操作的设置.

下面证明这一算法当初值 $x_0$ 满足 $0<x_0<2/a$ 时是收敛的. 事实上，由于

$$x_{k+1}-\frac{1}{a}=x_k(2-ax_k)-\frac{1}{a}=-a\left(x_k-\frac{1}{a}\right)^2,$$

因而，对 $r_k=1-ax_k$ 有递推公式 $r_{k+1}=r_k^2$. 据此反复递推，有

$$r_k=r_0^{2^k}.$$

若初值满足 $0<x_0<\dfrac{2}{a}$，则对 $r_0=1-ax_0$ 有 $|r_0|<1$. 这时将有 $r_k\to 0$，从而迭代收敛.

## 6.3.5 Newton 下山法

前面已经讨论过 Newton 法的局部收敛性. 一般来说，Newton 法的收敛性依赖

于初值$x_0$的选取，如果$x_0$偏离所求的根$x^*$比较远，则 Newton 法可能发散.

例如，用 Newton 法求方程

$$x^3 - x - 1 = 0, \tag{6.3.9}$$

在$x=1.5$附近的一个根$x^*$. 设取迭代初值$x_0=1.5$，用 Newton 公式

$$x_{k+1} = x_k - \frac{x_k^3 - x_k - 1}{3x_k^2 - 1} \tag{6.3.10}$$

计算，得 $x_1=1.347\ 83$， $x_2=1.325\ 20$， $x_3=1.324\ 72$.

迭代三次得到的结果$x_3$有六位有效数字.

但是，如果改用$x_0=0.6$作为迭代初值，则依 Newton 公式(6.3.10)迭代一次得

$$x_1 = 17.9.$$

这个结果反而比$x_0=0.6$更偏离了所求的根$x^*=1.324\ 72$.

为了防止迭代发散，对迭代过程再附加一项要求，即具有单调性

$$|f(x_{k+1})| < |f(x_k)|. \tag{6.3.11}$$

满足这项要求的算法称为**下山法**.

将 Newton 法与下山法结合起来使用，即可在下山法保证函数值稳定下降的前提下，用 Newton 法加快收敛速度. 为此，将 Newton 法的计算结果$\bar{x}_{k+1} = x_k - \dfrac{f(x_k)}{f'(x_k)}$与前一步的近似值$x_k$适当加权平均作为新的改进值，即

$$x_{k+1} = \lambda \bar{x}_{k+1} + (1-\lambda)x_k, \tag{6.3.12}$$

其中$\lambda$ $(0<\lambda\leqslant 1)$称为**下山因子**. 在希望挑选下山因子时，希望使单调性条件(6.3.11)成立.

下山因子的选择是个逐步探索的过程. 设从$\lambda=1$开始反复将$\lambda$减半进行试算，如果能定出值$\lambda$使单调性条件(6.3.11)成立，则称“下山成功”. 与此相反，如果在上述过程中找不到使条件(6.3.11)成立的下山因子$\lambda$，则称“下山失败”，这时需另选初值$x_0$重算.

## 6.4 弦截法与抛物线法

上一节介绍了 Newton 法. 在用 Newton 公式(6.3.3)求$x_{k+1}$时，不但要求给出函数值$f(x_k)$，而且要求提供导数值$f'(x_k)$. 当函数$f$比较复杂时，提供它的导数值往往是有困难的. 现在设法利用迭代过程中的“老信息”$f(x_k)$，$f(x_{k-1})$，$f(x_{k-2})$，…来回避导数值$f'(x_k)$的计算，导出这类求根方法的基础是插值原理.

设$x_k, x_{k-1}, \cdots, x_{k-r}$是$f(x)=0$的一组近似根，利用函数值$f(x_k)$，$f(x_{k-1})$，…，$f(x_{k-r})$构造插值多项式$P_r(x)$，并适当选取$P_r(x)=0$的一个根作为$f(x)=0$的新

的近似根 $x_{k+1}$，这就确定了一个迭代过程，记迭代函数为 $\varphi$，且

$$x_{k+1}=\varphi(x_k,x_{k-1},\cdots,x_{k-r}).$$

下面具体考察 $r=1$(弦截法)和 $r=2$(抛物线法)两种情形.

### 6.4.1 弦截法

设 $x_k,x_{k-1}$ 是 $f(x)=0$ 的近似根，利用 $f(x_k)$，$f(x_{k-1})$ 构造一次插值多项式 $P_1(x)$，并用 $P_1(x)=0$ 的根作为 $f(x)=0$ 的新的近似根 $x_{k+1}$. 由于

$$P_1(x)=f(x_k)+\frac{f(x_k)-f(x_{k-1})}{x_k-x_{k-1}}(x-x_k),\tag{6.4.1}$$

因此有

$$x_{k+1}=x_k-\frac{f(x_k)}{f(x_k)-f(x_{k-1})}(x_k-x_{k-1}).\tag{6.4.2}$$

这样导出的迭代公式(6.4.2)可以看作 Newton 公式 $x_{k+1}=x_k-\dfrac{f(x_k)}{f'(x_k)}$ 中的导数 $f'(x)$ 用差商 $\dfrac{f(x_k)-f(x_{k-1})}{x_k-x_{k-1}}$ 取代的结果.

现在解释这种迭代过程的几何意义. 如图 6.4 所示，曲线 $y=f(x)$ 上横坐标为 $x_k,x_{k-1}$ 的点分别记作 $P_k,P_{k-1}$，则弦线 $P_kP_{k-1}$ 的斜率等于差商值 $\dfrac{f(x_k)-f(x_{k-1})}{x_k-x_{k-1}}$，其方程是

$$f(x_k)+\frac{f(x_k)-f(x_{k-1})}{x_k-x_{k-1}}(x-x_k)=0.$$

因此，按式(6.4.2)求得的 $x_{k+1}$ 实际上是弦线 $P_kP_{k-1}$ 与 $x$ 轴交点的横坐标. 这种算法因此而称为**弦截法**.

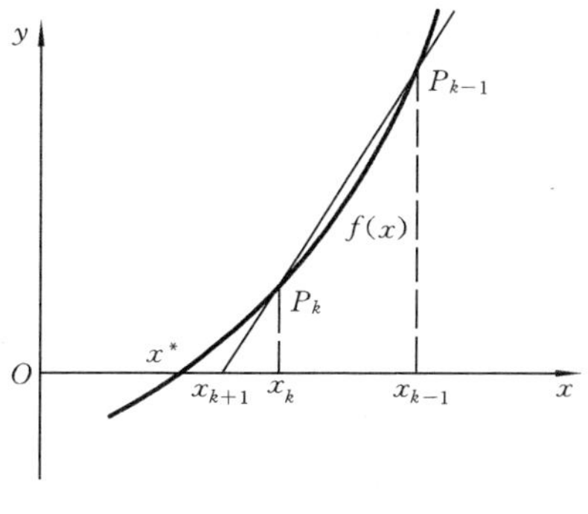


图 6.4

弦截法与切线法(Newton 法)都是线性化方法，但二者有本质的区别. 切线法在计算 $x_{k+1}$ 时只用到前一步的值 $x_k$，而弦截法(见式(6.4.2))在求 $x_{k+1}$ 时要用到前面两步的结果 $x_k,x_{k-1}$，因此使用这种方法必须先给出两个开始值 $x_0,x_1$.

**例 6.9** 用弦截法解方程

$$f(x)=xe^x-1=0.$$

**解** 设取 $x_0=0.5$，$x_1=0.6$ 作为开始值，用弦截法求得的结果如表 6.9 所示，比较例 6.7Newton 法的计算结果可以看出，弦截法的收敛速度也是相当快的.

**表 6.9**

| $k$ | $x_k$ |
|---|---|
| 0 | 0.5 |
| 1 | 0.6 |
| 2 | 0.565 32 |
| 3 | 0.567 09 |
| 4 | 0.567 14 |

下述定理断言，弦截法具有超线性的收敛性.

**定理 6.4** 假设 $f(x)$ 在根 $x^*$ 的邻域 $\Delta$：$|x-x^*|\leqslant\delta$ 内具有二阶连续导数，且对于任意

$x\in\Delta$，有 $f'(x)\neq 0$，又初值 $x_0,x_1\in\Delta$，那么当邻域 $\Delta$ 充分小时，弦截法(6.4.2)将按阶 $p=\dfrac{1+\sqrt{5}}{2}\approx 1.618$ 收敛到根 $x^*$.

由于定理 4 的证明比较烦琐，故略去不证. 下面列出弦截法的计算步骤.

**步 1** 准备. 选取初始近似值 $x_0,x_1$，计算相应的函数值 $f_0=f(x_0)$，$f_1=f(x_1)$.

**步 2** 迭代. 按公式

$$x_2=x_1-f_1\Big/\frac{f_1-f_0}{x_1-x_0}$$

迭代一次得新的近似值 $x_2$，计算 $f_2=f(x_2)$.

**步 3** 控制. 如果 $x_2$ 满足 $|\delta|\leqslant\varepsilon_1$ 或 $|f_2|\leqslant\varepsilon_2$，则认为过程收敛，终止迭代而以 $x_2$ 作为所求的根；否则执行步 4. 此处 $\varepsilon_1,\varepsilon_2$ 是允许误差，而

$$\delta=\begin{cases}|x_2-x_1|, & \text{当 } |x_2|<C \text{ 时},\\ \dfrac{|x_2-x_1|}{|x_2|}, & \text{当 } |x_2|\geqslant C \text{ 时},\end{cases}$$

其中 $C$ 是预先指定的控制数.

**步 4** 修改. 如果迭代次数达到预先指定的次数 $N$，则认为过程不收敛，计算失败；否则以 $(x_1,f_1)$，$(x_2,f_2)$ 分别代替 $(x_0,f_0)$，$(x_1,f_1)$，而后转步 2 继续迭代.

最后用弦截法讨论形如 $x=\varphi(x)$ 的方程，对 6.2.2 节的 Aitken 算法给出几何解释.

设 $x_0$ 为方程 $x=\varphi(x)$ 的一个近似根，依据迭代值 $x_1=\varphi(x_0)$，$x_2=\varphi(x_1)$ 在曲线 $y=\varphi(x)$ 上定出两点 $P_0(x_0,x_1)$ 和 $P_1(x_1,x_2)$，引弦线 $P_0P_1$ 设与直线 $y=x$ 交于一点 $P_3$（见图 6.5），则点 $P_3$ 的坐标 $x_3$（其横坐标与纵坐标相等）满足

$$x_3=x_1+\frac{x_2-x_1}{x_1-x_0}(x_3-x_0).$$

由此解出

$$x_3=\frac{x_0x_2-x_1^2}{x_0-2x_1+x_2},$$

此即 Aitken 加速公式(6.2.2 节).

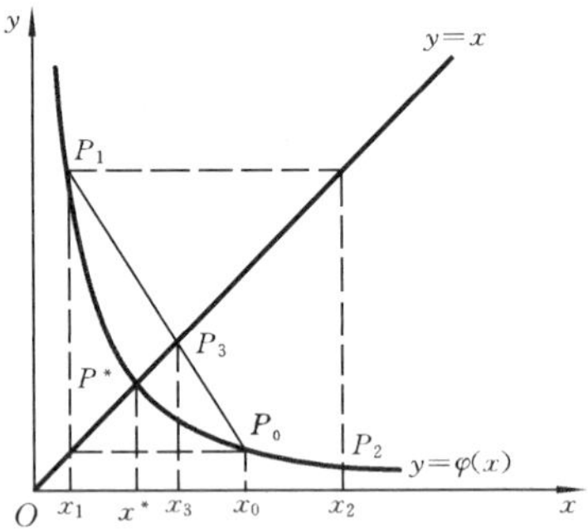


图 6.5

再考察图 6.5，所求的根 $x^*$ 是曲线 $y=\varphi(x)$ 与 $y=x$ 交点 $P^*$ 的横坐标，从图形上可以看出，尽管迭代值 $x_2$ 比 $x_0$ 和 $x_1$ 更远地偏离了 $x^*$，但按上式定出的 $x_3$ 却明显地扭转了这种发散的趋势.

## 6.4.2 抛物线法

设已知方程 $f(x)=0$ 的三个近似根 $x_k,x_{k-1},x_{k-2}$，以这三点为节点构造二次插值多项式 $P_2(x)$，并适当选取 $P_2(x)$ 的一个零点 $x_{k+1}$ 作为新的近似根，这样确定的迭

代过程称为**抛物线**法. 在几何图形上,这种方法的基本思想是用抛物线 $y=P_2(x)$ 与 $x$ 轴的交点 $x_{k+1}$ 作为所求根 $x^*$ 的近似位置(见图6.6).

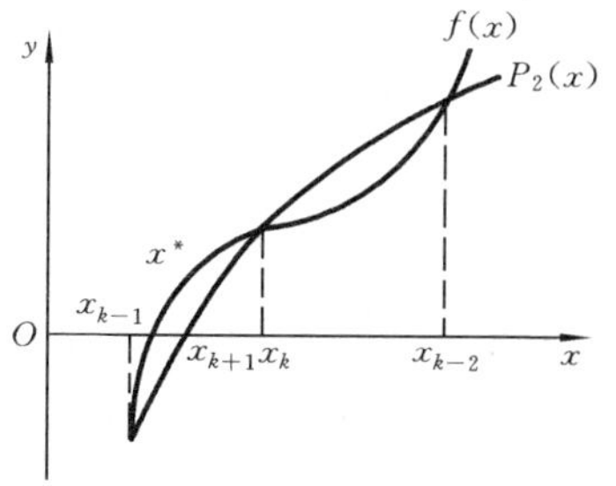


图 6.6

现在推导抛物线法的计算公式. 插值多项式

$$P_2(x)=f(x_k)+f[x_k,x_{k-1}](x-x_k)+f[x_k,x_{k-1},x_{k-2}](x-x_k)(x-x_{k-1})$$

有两个零点

$$x_{k+1}=x_k-\frac{2f(x_k)}{\omega\pm\sqrt{\omega^2-4f(x_k)f[x_k,x_{k-1},x_{k-2}]}}, \tag{6.4.3}$$

其中 $$\omega=f[x_k,x_{k-1}]+f[x_k,x_{k-1},x_{k-2}](x_k-x_{k-1}).$$

为了从式(6.4.3)定出一个值 $x_{k+1}$,需要讨论根式前正负号的取舍问题.

在 $x_k,x_{k-1},x_{k-2}$ 三个近似根中,自然假定以 $x_k$ 更接近所求的根 $x^*$,这时,为了保证精度,可以选式(6.4.3)中较接近 $x_k$ 的一个值作为新的近似根 $x_{k+1}$,为此,只要令根式前的符号与 $\omega$ 的符号相同.

**例 6.10** 用抛物线法求解方程 $f(x)=xe^x-1=0$.

**解** 设用表 6.9 中的前三个值 $x_0=0.5,x_1=0.6,x_2=0.565\ 32$ 作为开始值,计算得

$$f(x_0)=-0.175\ 639,\quad f(x_1)=-0.093\ 271,$$
$$f(x_2)=-0.005\ 031,\quad f[x_1,x_0]=2.689\ 10,$$
$$f[x_2,x_1]=2.833\ 73,\quad f[x_2,x_1,x_0]=2.214\ 18,$$

故 $$\omega=f[x_2,x_1]+f[x_2,x_1,x_0](x_2-x_1)=2.756\ 94.$$

代入式(6.4.8)求得

$$x_3=x_2-\frac{2f(x_2)}{\omega+\sqrt{\omega^2-4f(x_2)f[x_2,x_1,x_0]}}=0.567\ 14.$$

以上计算表明,抛物线法比弦截法收敛得更快.

事实上,在一定条件下可以证明,对于抛物线法,迭代误差有下列渐近关系式:

$$\frac{|e_{k+1}|}{|e_k|^{1.840}}\to\left|\frac{f'''(x^*)}{6f'(x^*)}\right|^{0.42},$$

可见抛物线法也是超线性收敛的,其收敛的阶 $p=1.840$,收敛速度比弦截法更接近于 Newton 法.

下面列出抛物线法的计算步骤.

**步 1** 准备. 选定初始近似值 $x_0,x_1,x_2$,并计算 $f(x)$ 相应的值 $f_0,f_1,f_2$,以及

$$\lambda_2=\frac{x_2-x_1}{x_1-x_0}.$$

**步 2** 迭代. 计算

$$\delta_2 = 1 + \lambda_2, \quad a = f_0\lambda_2^2 - f_1\lambda_2\delta_2 + f_2\lambda_2,$$

$$b = f_0\lambda_2^2 - f_1\delta_2^2 + f_2(\lambda_2 + \delta_2), \quad c = f_2\delta_2,$$

$$\lambda_3 = \frac{-2c}{b \pm \sqrt{b^2 - 4ac}}.$$

上式分母中的"±"号,是取分母的模较大的一个. 于是得新的近似值 $x_3 = x_2 + \lambda_3(x_2 - x_1)$,再计算 $f_3 = f(x_3)$.

**步 3** 控制. 如果 $x_3$ 满足 $|\delta| \leqslant \varepsilon_1$ 或 $|f_3| < \varepsilon_2$ ($\varepsilon_1, \varepsilon_2$ 和 $\delta$ 的意义同弦截法的计算步骤),则终止迭代,以 $x_3$ 作为所求的根;否则执行步 4.

**步 4** 修改. 如果迭代次数达到预先指定的次数 $N$,则认为过程不收敛,输出计算失效标志;否则以 $(x_1, x_2, x_3, f_1, f_2, f_3, \lambda_3)$ 分别代替 $(x_0, x_1, x_2, f_0, f_1, f_2, \lambda_2)$ 转步 2 继续迭代.

## 6.5 代数方程求根

如果 $f(x)$ 是多项式,则 $f(x)=0$ 特别地称为代数方程. 前面介绍的求根方法原则上也适用于解代数方程,但由于多项式的特殊性,可以针对其特点提供更为有效的算法.

### 6.5.1 多项式求值的秦九韶算法

多项式的一个重要特点是求值方便.

设给定多项式

$$f(x) = a_0x^n + a_1x^{n-1} + \cdots + a_{n-1}x + a_n,$$

其中系数 $a_i$ $(0 \leqslant i \leqslant n)$ 均为实数. 用一次式 $x - x_0$ 除 $f(x)$,商记作 $P(x)$,余数显然等于 $f(x_0)$,即有

$$f(x) = f(x_0) + (x - x_0)P(x). \tag{6.5.1}$$

现在具体确定 $P(x)$ 与 $f(x_0)$. 令

$$p(x) = b_0x^{n-1} + b_1x^{n-2} + \cdots + b_{n-2}x + b_{n-1},$$

代入式(6.5.1),并比较两端同次幂的系数,得

$$\begin{cases} a_0 = b_0, \\ a_i = b_i - x_0b_{i-1}, \quad 1 \leqslant i \leqslant n-1, \\ a_n = f(x_0) - x_0b_{n-1}. \end{cases}$$

从而有

$$\begin{cases} b_0 = a_0, \\ b_i = a_i + x_0b_{i-1}, \quad 1 \leqslant i \leqslant n, \\ f(x_0) = b_n. \end{cases} \tag{6.5.2}$$

这里提供的一种计算函数值 $f(x_0)$ 的有效算法称为**秦九韶法**[①]. 这种算法的优点是计算量小,结构紧凑,容易编制计算程序.

进一步考察 $f(x)$ 的 Taylor 展开式

$$f(x)=f(x_0)+f'(x_0)(x-x_0)+\frac{f''(x_0)}{2!}(x-x_0)^2+\cdots+\frac{f^{(n)}(x_0)}{n!}(x-x_0)^n.$$

将它表示为式(6.5.1)的形式,则式中

$$P(x)=f'(x_0)+\frac{f''(x_0)}{2!}(x-x_0)+\cdots+\frac{f^{(n)}(x_0)}{n!}(x-x_0)^{n-1}.$$

由此可见,导数 $f'(x_0)$ 又可看作 $P(x)$ 用因式 $x-x_0$ 相除得出的余数,即有

$$P(x)=f'(x_0)+(x-x_0)Q(x),$$

其中 $Q(x)$ 是 $n-2$ 次多项式. 设

$$Q(x)=c_0x^{n-2}+c_1x^{n-3}+\cdots+c_{n-3}x+c_{n-2},$$

那么,再用秦九韶算法又可求出值 $f'(x_0)$,对应于式(6.5.2),这里计算公式是

$$\begin{cases}c_0=b_0,\\ c_i=b_i+x_0c_{i-1}, \quad 1\leqslant i\leqslant n-1,\\ f'(x_0)=c_{n-1}.\end{cases} \tag{6.5.3}$$

继续这一过程,可以依次求出 $f(x)$ 在点 $x_0$ 的各阶导数.

### 6.5.2 代数方程的 Newton 法

再就多项式方程

$$f(x)=a_0x^n+a_1x^{n-1}+\cdots+a_{n-1}x+a_n=0$$

考察 Newton 公式

$$x_{k+1}=x_k-\frac{f(x_k)}{f'(x_k)}. \tag{6.5.4}$$

据式(6.5.2)与式(6.5.3)、式(6.5.4)中的函数值 $f(x_k)$ 和导数值 $f'(x_k)$ 均可方便地求出

$$\begin{cases}b_0=a_0,\\ b_i=a_i+x_kb_{i-1}, \quad 1\leqslant i\leqslant n,\\ f(x_k)=b_n,\end{cases} \tag{6.5.5}$$

$$\begin{cases}c_0=b_0,\\ c_i=b_i+x_kc_{i-1}, \quad 1\leqslant i\leqslant n-1,\\ f'(x_k)=c_{n-1}.\end{cases} \tag{6.5.6}$$

---

① 这种算法是我国宋代的一位数学家秦九韶最先提出的. 外国文献中通常称这种算法为 Horner 算法,其实 Horner 的工作比秦九韶晚了五六个世纪.

### 6.5.3 劈因子法

如果能从多项式 $f(x)=a_0x^n+a_1x^{n-1}+\cdots+a_{n-1}x+a_n$ 中分离出一个二次因式

$$\omega^*(x)=x^2+u^*x+v^*,$$

就能获得它的一对共轭复根.劈因子法的基本思想是,从某个近似的二次因子

$$\omega(x)=x^2+ux+v$$

出发,用某种迭代过程使之逐步精确化.

用二次式 $\omega(x)$除 $f(x)$,商记作 $p(x)$,它是个 $n-2$ 次多项式,余式为一次式,记作 $r_0x+r_1$,即

$$f(x)=(x^2+ux+v)p(x)+r_0x+r_1. \tag{6.5.7}$$

显然,$r_0,r_1$ 均为 $u,v$ 的函数 $\begin{cases}r_0=r_0(u,v),\\ r_1=r_1(u,v).\end{cases}$ 劈因子法的目的就是逐步修改 $u,v$ 的值,使余数 $r_0,r_1$ 变得很小.考察方程

$$\begin{cases}r_0(u,v)=0,\\ r_1(u,v)=0.\end{cases} \tag{6.5.8}$$

这是关于 $u,v$ 的非线性方程组,设它有解$(u^*,v^*)$,将 $r_0(u^*,v^*)=0,r_1(u^*,v^*)=0$ 的左端在$(u,v)$展开到一阶项,则有

$$\begin{cases}r_0+\dfrac{\partial r_0}{\partial u}(u^*-u)+\dfrac{\partial r_0}{\partial v}(v^*-v)\approx 0,\\[2ex] r_1+\dfrac{\partial r_1}{\partial u}(u^*-u)+\dfrac{\partial r_1}{\partial v}(v^*-v)\approx 0.\end{cases}$$

这样,用 Newton 法的处理思想将非线性方程组(6.5.8)线性化,归结得到下列线性方程组:

$$\begin{cases}r_0+\dfrac{\partial r_0}{\partial u}\Delta u+\dfrac{\partial r_0}{\partial v}\Delta v=0,\\[2ex] r_1+\dfrac{\partial r_1}{\partial u}\Delta u+\dfrac{\partial r_1}{\partial v}\Delta v=0.\end{cases} \tag{6.5.9}$$

从方程组(6.5.9)解出增量 $\Delta u,\Delta v$,即可得到改进的二次因式

$$\omega(x)=x^2+(u+\Delta u)x+v+\Delta v.$$

以下具体说明如何计算方程组(6.5.9)的各个系数.

(1) 计算 $r_0$ 和 $r_1$.将

$$P(x)=b_0x^{n-2}+b_1x^{n-3}+\cdots+b_{n-3}x+b_{n-2}$$

代入式(6.5.7),并比较各次幂的系数,易知

$$\begin{cases}a_0=b_0,\\ a_1=b_1+ub_0,\\ a_i=b_i+ub_{i-1}+vb_{i-2}, \quad 2\leqslant i\leqslant n-2,\\ a_{n-1}=ub_{n-2}+vb_{n-3}+r_0,\\ a_n=vb_{n-2}+r_1,\end{cases}$$

于是 $r_0, r_1$ 的计算公式为

$$\begin{cases} b_0 = a_0, \\ b_1 = a_1 - ub_0, \\ b_i = a_i - ub_{i-1} - vb_{i-2}, \quad 2 \leqslant i \leqslant n, \\ r_0 = b_{n-1}, \\ r_1 = b_n + ub_{n-1}. \end{cases} \tag{6.5.10}$$

(2) 计算 $\dfrac{\partial r_0}{\partial v}, \dfrac{\partial r_1}{\partial v}$. 对式(6.5.7)关于 $v$ 求导,得

$$P(x) = -(x^2 + ux + v)\frac{\partial P}{\partial v} + s_0 x + s_1, \tag{6.5.11}$$

其中

$$s_0 = -\frac{\partial r_0}{\partial v}, \quad s_1 = -\frac{\partial r_1}{\partial v}. \tag{6.5.12}$$

可见,用 $x^2+ux+v$ 除 $P(x)$,作为余式可以得到 $s_0x+s_1$. 由于 $P(x)$ 是 $n-2$ 次多项式,这里商 $\dfrac{\partial P}{\partial v}$ 是 $n-4$ 次多项式,记

$$\frac{\partial P}{\partial v} = c_0 x^{n-4} + c_1 x^{n-5} + \cdots + c_{n-5} x + c_{n-4},$$

则相当于式(6.5.10),这里有

$$\begin{cases} c_0 = b_0, \\ c_1 = b_1 - ub_0, \\ c_i = b_i - uc_{i-1} - vc_{i-2}, \quad 2 \leqslant i \leqslant n-2, \\ s_0 = c_{n-3}, \\ s_1 = c_{n-2} + uc_{n-3}, \end{cases}$$

而按式(6.5.12)得

$$\frac{\partial r_0}{\partial v} = -s_0, \quad \frac{\partial r_1}{\partial v} = -s_1.$$

(3) 计算 $\dfrac{\partial r_0}{\partial u}, \dfrac{\partial r_1}{\partial u}$. 对式(6.5.7)关于 $u$ 求导,得

$$xP(x) = -(x^2+ux+v)\frac{\partial P}{\partial u} - \frac{\partial r_0}{\partial u}x - \frac{\partial r_1}{\partial u}.$$

另外,由式(6.5.11)有

$$\begin{aligned} xP(x) &= -(x^2+ux+v)x\frac{\partial P}{\partial v} + (s_0x+s_1)x \\ &= -(x^2+ux+v)\left(x\frac{\partial P}{\partial v} - s_0\right) - (us_0 - s_1)x - vs_0. \end{aligned}$$

比较以上两式可知

$$\frac{\partial r_0}{\partial u} = us_0 - s_1, \quad \frac{\partial r_1}{\partial u} = vs_0.$$

## 小 结

方程 $f(x)=0$ 求根有多种方法，本章重点介绍了 Newton 法. Newton 法是一种行之有效的迭代法，在单根附近具有较高的收敛速度. 应用 Newton 法的关键在于选取足够精确的初值. 如果初值选取不当(偏离所求的根比较远)，则 Newton 法可能发散. Newton 下山法(见 6.3.5 节)有时可用来克服这个局限性.

Newton 法的另一个局限性是要求计算导数值. 如果函数 $f$ 的形式复杂而不便于求导，则可用导数的估值或差商代替导数，而得出简化的 Newton 法(见 6.3.1 节)或近似的 Newton 法(见 6.4.1 节). 不过这样处理势必会影响收敛速度.

应当指出，对于代数方程 $a_0x^n+a_1x^{n-1}+\cdots+a_n=0$，其求根问题包含有许多深刻的理论和有效的算法，关于这方面的知识，请读者参看文献[9]的第 6 章《高次代数方程解法》.

## 习 题

**1.** 用二分法求方程 $x^2-x-1=0$ 的正根，要求误差小于 0.05.

**2.** 用比例求根法求 $f(x)=1-x\sin x=0$ 在区间(0,2)内的一个根，直到近似根 $x_k$ 满足精度 $|f(x_k)|<0.005$时终止计算.

**3.** 为求方程 $x^3-x^2-1=0$ 在 $x_0=1.5$ 附近的一个根，设将方程改写成下列等价形式，并建立相应的迭代公式.

(1) $x=1+1/x^2$，迭代公式 $x_{k+1}=1+1/x_k^2$；

(2) $x^3=1+x^2$，迭代公式 $x_{k+1}=\sqrt[3]{1+x_k^2}$；

(3) $x^2=\dfrac{1}{x-1}$，迭代公式 $x_{k+1}=1/\sqrt{x_k-1}$.

试分析每种迭代公式的收敛性，并选取一种公式求出具有四位有效数字的近似根.

**4.** 比较以下两种求 $e^x+10x-2=0$ 的根到三位小数所需的计算量：

(1) 在区间(0,1)内用二分法； (2) 用迭代法 $x_{k+1}=(2-e^{x_k})/10$，取初值 $x_0=0$.

**5.** 给定函数 $f(x)$，设对一切 $x$，$f'(x)$存在且 $0<m\leqslant f'(x)\leqslant M$，证明对于范围 $0<\lambda<2/M$ 内的任意定数$\lambda$，迭代过程 $x_{k+1}=x_k-\lambda f(x_k)$均收敛于 $f(x)$的根 $x^*$.

**6.** 已知 $x=\varphi(x)$在区间$(a,b)$内只有一根，且当 $a<x<b$ 时，$|\varphi'(x)|\geqslant k>1$，

(1) 如何将 $x=\varphi(x)$化为适于迭代的形式？

(2) 将 $x=\tan x$ 化为适于迭代的形式，并求 $x=4.5$ rad 附近的根.

**7.** 用下列方法求 $f(x)=x^3-3x-1=0$ 在 $x_0=2$ 附近的根. 根的准确值 $x^*=1.879\ 385\ 24\cdots$，要求计算结果准确到四位有效数字.

(1) 用 Newton 法；

(2) 用弦截法，取 $x_0=2$，$x_1=1.9$；

(3) 用抛物线法，取 $x_0=1$，$x_1=3$，$x_2=2$.

**8.** 分别用二分法和 Newton 法求 $x-\tan x=0$ 的最小正根.

**9.** 研究求$\sqrt{a}$的 Newton 公式 $x_{k+1}=\frac{1}{2}\left(x_k+\frac{a}{x_k}\right)$,$x_0>0$,证明:对于一切 $k=1,2,\cdots$,有 $x_k\geqslant\sqrt{a}$,且序列 $x_1,x_2,\cdots$是单调递减的.

**10.** 对于 $f(x)=0$ 的 Newton 公式 $x_{k+1}=x_k-\frac{f(x_k)}{f'(x_k)}$,证明

$$R_k=\frac{x_k-x_{k-1}}{(x_{k-1}-x_{k-2})^2}$$

收敛到$-\frac{f''(x^*)}{2f'(x^*)}$,这里 $x^*$ 为 $f(x)=0$ 的根.

**11.** 试就下列函数讨论 Newton 法的收敛性和收敛速度:

(1) $f(x)=\begin{cases}\sqrt{x}, & x\geqslant 0,\\ -\sqrt{-x}, & x<0;\end{cases}$　　(2) $f(x)=\begin{cases}\sqrt[3]{x^2} & x\geqslant 0,\\ -\sqrt[3]{x^2}, & x<0.\end{cases}$

**12.** 应用 Newton 法于方程 $x^3-a=0$,导出求立方根$\sqrt[3]{a}$的迭代公式,并讨论其收敛性.

**13.** 应用 Newton 法于方程 $f(x)=1-\frac{a}{x^2}=0$,导出求$\sqrt{a}$的迭代公式,并求 $\sqrt{115}$的值.

**14.** 应用 Newton 法于方程 $f(x)=x^n-a=0$ 和 $f(x)=1-\frac{a}{x^n}=0$,分别导出求$\sqrt[n]{a}$的迭代公式,并求

$$\lim_{k\to\infty}\frac{\sqrt[n]{a}-x_{k+1}}{(\sqrt[n]{a}-x_k)^2}.$$

**15.** 证明迭代公式 $x_{k+1}=\frac{x_k(x_k^2+3a)}{3x_k^2+a}$是计算$\sqrt{a}$的三阶方法.假定初值 $x_0$ 充分靠近根 $x^*$,求

$$\lim_{k\to\infty}\frac{\sqrt{a}-x_{k+1}}{(\sqrt{a}-x_k)^3}.$$

# 第7章　解线性方程组的直接方法

## 7.1　引言

在自然科学和工程技术中，很多问题的解决常常归结为求解线性代数方程组，例如，电学中的网络问题，船体数学放样中建立三次样条函数问题，用最小二乘法求实验数据的曲线拟合问题，解非线性方程组问题，用差分法或者有限元方法解常微分方程、偏微分方程边值问题等，都导致求解线性代数方程组. 而这些方程组的系数矩阵大致分为两种，一种是低阶稠密矩阵（例如，阶数上界大约为 150 的矩阵），另一种是大型稀疏矩阵（即阶数高且零元素较多的矩阵）.

关于线性方程组的数值解法一般有两类.

**1. 直接法**

直接法就是经过有限步算术运算即可求得方程组精确解的方法（若计算过程中没有舍入误差）. 但实际计算中由于舍入误差的存在和影响，这种方法也只能求得线性方程组的近似解. 本章将阐述这类算法中最基本的 Gauss 消去法及其某些变形. 这类方法是解低阶稠密矩阵方程组的有效方法，近几十年来直接法在求解具有较大型稀疏矩阵方程组方面也取得了较大进展.

**2. 迭代法**

迭代法就是用某种极限过程去逐步逼近线性方程组精确解的方法. 迭代法具有存储单元较少、程序设计简单、原始系数矩阵在计算过程中始终不变等优点，但存在收敛性及收敛速度方面的问题. 迭代法是解大型稀疏矩阵方程组（尤其是由微分方程离散后得到的大型方程组）的重要方法（见第 8 章）.

## 7.2　Gauss 消去法

本节介绍 Gauss 消去法（逐次消去法）以及消去法和矩阵三角分解之间的关系. 虽然 Gauss 消去法是一个古老的求解线性方程组的方法（早在公元前 250 年我国就掌握了解三元一次联立方程组的方法），但由它改进、变形得到的主元素消去法、三角分解法仍然是目前计算机上常用的有效方法.

### 7.2.1 消元手续

设有线性方程组

$$\begin{cases} a_{11}x_1 + a_{12}x_2 + \cdots + a_{1n}x_n = b_1, \\ a_{21}x_1 + a_{22}x_2 + \cdots + a_{2n}x_n = b_2, \\ \qquad\qquad\qquad \vdots \\ a_{n1}x_1 + a_{n2}x_2 + \cdots + a_{nn}x_n = b_n, \end{cases} \tag{7.2.1}$$

或写成矩阵形式 $\boldsymbol{Ax}=\boldsymbol{b}$,其中

$$\boldsymbol{A} = \begin{pmatrix} a_{11} & a_{12} & \cdots & a_{1n} \\ a_{21} & a_{22} & \cdots & a_{2n} \\ \vdots & \vdots & & \vdots \\ a_{n1} & a_{n2} & \cdots & a_{nn} \end{pmatrix}, \quad \boldsymbol{x} = \begin{pmatrix} x_1 \\ x_2 \\ \vdots \\ x_n \end{pmatrix}, \quad \boldsymbol{b} = \begin{pmatrix} b_1 \\ b_2 \\ \vdots \\ b_n \end{pmatrix},$$

$\boldsymbol{A}$ 为非奇异矩阵. 下面举一个简单的例子来说明消去法的基本思想.

**例 7.1** 用消去法解方程组

$$\begin{cases} x_1 + x_2 + x_3 = 6, & (7.2.2) \\ 4x_2 - x_3 = 5, & (7.2.3) \\ 2x_1 - 2x_2 + x_3 = 1. & (7.2.4) \end{cases}$$

**解** 第一步,将式(7.2.2)乘以−2 加到式(7.2.4)上去,消去式(7.2.4)中的未知数 $x_1$,得到

$$-4x_2 - x_3 = -11. \tag{7.2.5}$$

第二步,将式(7.2.3)加到式(7.2.5)上,消去式(7.2.5)中的未知数 $x_2$,得到与原方程组等价的三角方程组

$$\begin{cases} x_1 + x_2 + x_3 = 6, \\ \quad 4x_2 - x_3 = 5, \\ \qquad -2x_3 = -6. \end{cases} \tag{7.2.6}$$

显然方程组(7.2.6)是容易求解的,解为 $\boldsymbol{x}^* = (1,2,3)^{\mathrm{T}}$. 上述过程相当于

$$(\boldsymbol{A} \mid \boldsymbol{b}) = \left(\begin{array}{ccc|c} 1 & 1 & 1 & 6 \\ 0 & 4 & -1 & 5 \\ 2 & -2 & 1 & 1 \end{array}\right) \to \left(\begin{array}{ccc|c} 1 & 1 & 1 & 6 \\ 0 & 4 & -1 & 5 \\ 0 & -4 & -1 & -11 \end{array}\right) \to \left(\begin{array}{ccc|c} 1 & 1 & 1 & 6 \\ 0 & 4 & -1 & 5 \\ 0 & 0 & -2 & -6 \end{array}\right).$$

$$(-2)\times \boldsymbol{r}_1 {}^{①} + \boldsymbol{r}_3 \to \boldsymbol{r}_3, \quad \boldsymbol{r}_2 + \boldsymbol{r}_3 \to \boldsymbol{r}_3.$$

由此看出,用消去法解方程组的基本思想是,用逐次消去未知数的方法把原来方程组 $\boldsymbol{Ax}=\boldsymbol{b}$ 化为与其等价的三角方程组,而求解三角方程组就容易了. 换句话说,上

---

① $\boldsymbol{r}_i$ 表示矩阵的第 $i$ 行.

述过程就是用行的初等变换将原方程组系数矩阵化为简单形式，从而将求解原方程组(7.2.1)的问题转化为求解简单方程组的问题.

下面来讨论一般的解 $n$ 阶方程组的 Gauss 消去法.

将式(7.2.1)记作 $\boldsymbol{A}^{(1)}\boldsymbol{x}=\boldsymbol{b}^{(1)}$，其中 $\boldsymbol{A}^{(1)}=(a_{ij}^{(1)})=(a_{ij})$，　$\boldsymbol{b}^{(1)}=\boldsymbol{b}$.

(1) 第一次消元. 设 $a_{11}^{(1)}\neq 0$，首先对行计算乘数 $m_{i1}=a_{i1}^{(1)}/a_{11}^{(1)}$ $(i=2,3,\cdots,n)$，用 $-m_{i1}$ 乘式(7.2.1)的第 1 个方程，加到第 $i$ $(i=2,3,\cdots,n)$ 个方程上，消去式(7.2.1)的第 2 个方程直到第 $n$ 个方程中的未知数 $x_1$，得与式(7.2.1)等价的方程组

$$\begin{pmatrix} a_{11}^{(1)} & a_{12}^{(1)} & \cdots & a_{1n}^{(1)} \\ 0 & a_{22}^{(2)} & \cdots & a_{2n}^{(2)} \\ \vdots & \vdots & & \vdots \\ 0 & a_{n2}^{(2)} & \cdots & a_{nn}^{(2)} \end{pmatrix} \begin{pmatrix} x_1 \\ x_2 \\ \vdots \\ x_n \end{pmatrix} = \begin{pmatrix} b_1^{(1)} \\ b_2^{(2)} \\ \vdots \\ b_n^{(2)} \end{pmatrix}, \tag{7.2.7}$$

简记作 $\boldsymbol{A}^{(2)}\boldsymbol{x}=\boldsymbol{b}^{(2)}$，其中

$$a_{ij}^{(2)}=a_{ij}^{(1)}-m_{i1}a_{1j}^{(1)},\quad b_i^{(2)}=b_i^{(1)}-m_{i1}b_1^{(1)}\quad (i,j=2,3,\cdots,n).$$

(2) 一般第 $k$ $(1\leqslant k\leqslant n-1)$ 次消元. 设第 $k-1$ 步计算已经完成，即已计算好与式(7.2.1)等价的方程组

$$\boldsymbol{A}^{(k)}\boldsymbol{x}=\boldsymbol{b}^{(k)}, \tag{7.2.8}$$

且已消去未知数 $x_1,x_2,\cdots,x_{k-1}$，其中 $\boldsymbol{A}^{(k)}$ 具有如下形式：

$$\boldsymbol{A}^{(k)}=\begin{pmatrix} a_{11}^{(1)} & a_{12}^{(1)} & \cdots & \cdots & \cdots & a_{1n}^{(1)} \\ & a_{22}^{(2)} & \cdots & \cdots & \cdots & a_{2n}^{(2)} \\ & & \ddots & & & \vdots \\ & & & a_{kk}^{(k)} & \cdots & a_{kn}^{(k)} \\ & & & \vdots & & \vdots \\ & & & a_{nk}^{(k)} & \cdots & a_{nn}^{(k)} \end{pmatrix}.$$

设 $a_{kk}^{(k)}\neq 0$，计算乘数 $m_{ik}=a_{ik}^{(k)}/a_{kk}^{(k)}$　$(i=k+1,\cdots,n)$，用 $-m_{ik}$ 乘式(7.2.8)的第 $k$ 个方程加上第 $i$ $(i=k+1,\cdots,n)$ 个方程，消去第 $k+1$ 个方程直到第 $n$ 个方程的未知数 $x_k$，得到与式(7.2.1)等价的方程组 $\boldsymbol{A}^{(k+1)}\boldsymbol{x}=\boldsymbol{b}^{(k+1)}$.

$\boldsymbol{A}^{(k+1)}$ 元素的计算公式为

$$\begin{cases} a_{ij}^{(k+1)}=a_{ij}^{(k)}-m_{ik}a_{kj}^{(k)} & (i,j=k+1,\cdots,n), \\ b_i^{(k+1)}=b_i^{(k)}-m_{ik}b_k^{(k)} & (i=k+1,\cdots,n). \end{cases} \tag{7.2.9}$$

显然 $\boldsymbol{A}^{(k+1)}$ 的第 1 行直到第 $k$ 行与 $\boldsymbol{A}^{(k)}$ 相同.

(3) 继续这一过程，直到完成第 $n-1$ 次消元. 最后得到与原方程组等价的三角方程组

$$\boldsymbol{A}^{(n)}\boldsymbol{x}=\boldsymbol{b}^{(n)} \tag{7.2.10}$$

或
$$\begin{pmatrix} a_{11}^{(1)} & a_{12}^{(1)} & \cdots & a_{1n}^{(1)} \\ & a_{22}^{(2)} & \cdots & a_{2n}^{(2)} \\ & & \ddots & \vdots \\ & & & a_{nn}^{(n)} \end{pmatrix} \begin{pmatrix} x_1 \\ x_2 \\ \vdots \\ x_n \end{pmatrix} = \begin{pmatrix} b_1^{(1)} \\ b_2^{(2)} \\ \vdots \\ b_n^{(n)} \end{pmatrix}.$$

由式(7.2.1)约化为式(7.2.10)的过程称为**消元过程**.

求解三角方程组(7.2.10),设 $a_{ii}^{(i)} \neq 0\ (i=1,2,\cdots,n-1)$,易得求解公式

$$\begin{cases} x_n = b_n^{(n)}/a_{nn}^{(n)}, \\ x_k = \left(b_k^{(k)} - \sum\limits_{j=k+1}^{n} a_{kj}^{(k)} x_j\right) \Big/ a_{kk}^{(k)} \end{cases} \quad (k = n-1, n-2, \cdots, 2, 1). \tag{7.2.11}$$

式(7.2.10)的求解过程称为**回代过程**.

如果 $a_{11}^{(1)}=0$,那么,由于 $\boldsymbol{A}$ 为非奇异矩阵,所以 $\boldsymbol{A}$ 的第 1 列一定有元素不等于零,例如 $a_{i_1,1} \neq 0$,于是可交换两行元素($\boldsymbol{r}_1 \longleftrightarrow \boldsymbol{r}_{i_1}$),将 $a_{i_1,1}$ 调到第 1 行第 1 列的位置,然后进行消元计算,这时 $\boldsymbol{A}^{(2)}$ 右下角矩阵($n-1$ 阶)亦为非奇异矩阵.继续这一过程,Gauss 消去法照样可进行计算.

总结上述讨论即有如下定理.

**定理 7.1** 如果 $\boldsymbol{A}$ 为 $n$ 阶非奇异矩阵,则可通过 Gauss 消去法(及交换两行的初等变换)将方程组(7.2.1)化为三角方程组(7.2.10).

$\boldsymbol{A}$ 在什么条件下才能保证 $a_{kk}^{(k)} \neq 0\ (k=1,2,\cdots,n)$? 下面的引理给出了这个条件.

**引理** 约化的主元素 $a_{ii}^{(i)} \neq 0\ (i=1,2,\cdots,k)$的充要条件是矩阵 $\boldsymbol{A}$ 的顺序主子式 $D_i \neq 0\ (i=1,2,\cdots,k)$,即

$$D_1 = a_{11} \neq 0,$$

$$D_i = \begin{vmatrix} a_{11} & \cdots & a_{1k} \\ \vdots & & \vdots \\ a_{i1} & \cdots & a_{ii} \end{vmatrix} \neq 0 \quad (i = 2,3,\cdots,k). \tag{7.2.12}$$

**证明** 利用归纳法证明引理的充分性.显然,当 $k=1$ 时引理的充分性是成立的,现假设引理对 $k-1$ 是成立的,求证引理对 $k$ 亦成立.由归纳法,设 $a_{ii}^{(i)} \neq 0\ (i=1,2,\cdots,k-1)$,于是可用 Gauss 消去法将 $\boldsymbol{A}^{(1)}=\boldsymbol{A}$ 约化到 $\boldsymbol{A}^{(k)}$ 中,即

$$\boldsymbol{A}^{(1)} \to \boldsymbol{A}^{(k)} = \begin{pmatrix} a_{11}^{(1)} & a_{12}^{(1)} & \cdots & \cdots & \cdots & a_{1n}^{(1)} \\ & a_{22}^{(2)} & \cdots & \cdots & \cdots & a_{2n}^{(2)} \\ & & \ddots & & & \vdots \\ & & & \boxed{\begin{matrix} a_{kk}^{(k)} & \cdots & a_{kn}^{(k)} \\ \vdots & & \vdots \\ a_{nk}^{(k)} & \cdots & a_{nn}^{(k)} \end{matrix}} \end{pmatrix},$$

且有
$$D_2=\begin{vmatrix} a_{11}^{(1)} & a_{12}^{(1)} \\ 0 & a_{22}^{(2)} \end{vmatrix}=a_{11}^{(1)}a_{22}^{(2)},\quad D_3=a_{11}^{(1)}a_{22}^{(2)}a_{33}^{(3)},$$

$$D_k=\begin{vmatrix} a_{11}^{(1)} & a_{12}^{(1)} & \cdots & a_{1k}^{(1)} \\ & a_{22}^{(2)} & \cdots & a_{2k}^{(2)} \\ & & \ddots & \vdots \\ & & & a_{kk}^{(k)} \end{vmatrix}=a_{11}^{(1)}a_{22}^{(2)}\cdots a_{kk}^{(k)}. \tag{7.2.13}$$

由设 $D_i\neq 0\ (i=1,2,\cdots,k)$ 及式(7.2.13)，有 $a_{kk}^{(k)}\neq 0$，即引理的充分性对 $k$ 成立.

显然，由假设 $a_{ii}^{(i)}\neq 0\ (i=1,2,\cdots,k)$，利用式(7.2.13)亦可推出 $D_i\neq 0\ (i=1,2,\cdots,k)$.

**推论** 如果 $\boldsymbol{A}$ 的顺序主子式 $D_k\neq 0\ (k=1,2,\cdots,n-1)$，则
$$\begin{cases} a_{11}^{(1)}=D_1, \\ a_{kk}^{(k)}=D_k/D_{k-1} \quad (k=2,3,\cdots,n). \end{cases}$$

**定理 7.2** 如果 $n$ 阶矩阵 $\boldsymbol{A}$ 的所有顺序主子式均不为零，即 $D_i\neq 0\ (i=1,2,\cdots,n)$，则可通过 Gauss 消去法（不进行交换两行的初等变换），将方程组(7.2.1)约化为三角方程组(7.2.10).

计算公式如下：

(1) 消元计算($k=1,2,\cdots,n-1$).
$$m_{ik}=a_{ik}^{(k)}/a_{kk}^{(k)} \quad (i=k+1,\cdots,n),$$
$$a_{ij}^{(k+1)}=a_{ij}^{(k)}-m_{ik}a_{kj}^{(k)} \quad (i,j=k+1,\cdots,n),$$
$$b_i^{(k+1)}=b_i^{(k)}-m_{ik}b_k^{(k)} \quad (i=k+1,\cdots,n).$$

(2) 回代计算. 求解公式为式(7.2.11).

### 7.2.2 矩阵的三角分解

下面借助矩阵理论进一步对消去法作些分析，从而建立 Gauss 消去法与矩阵因式分解的关系.

设式(7.2.1)中 $\boldsymbol{A}$ 的各顺序主子式均不为零. 由于对 $\boldsymbol{A}$ 施行行的初等变换相当于用初等矩阵左乘 $\boldsymbol{A}$，于是对式(7.2.1)施行第一次消元后化为式(7.2.7)，这时 $\boldsymbol{A}^{(1)}$ 化为 $\boldsymbol{A}^{(2)}$，$\boldsymbol{b}^{(1)}$ 化为 $\boldsymbol{b}^{(2)}$，即
$$\boldsymbol{L}_1\boldsymbol{A}^{(1)}=\boldsymbol{A}^{(2)},\quad \boldsymbol{L}_1\boldsymbol{b}^{(1)}=\boldsymbol{b}^{(2)},$$

其中
$$\boldsymbol{L}_1=\begin{pmatrix} 1 & & & & \\ -m_{21} & 1 & & & \\ -m_{31} & & 1 & & \\ \vdots & & & \ddots & \\ -m_{n1} & & & & 1 \end{pmatrix}.$$

一般第 $k$ 步消元，$\boldsymbol{A}^{(k)}$ 化为 $\boldsymbol{A}^{(k+1)}$，$\boldsymbol{b}^{(k)}$ 化为 $\boldsymbol{b}^{(k+1)}$，相当于

$$\boldsymbol{L}_k\boldsymbol{A}^{(k)}=\boldsymbol{A}^{(k+1)},\quad \boldsymbol{L}_k\boldsymbol{b}^{(k)}=\boldsymbol{b}^{(k+1)}.$$

重复这一过程，最后得到

$$\begin{cases}\boldsymbol{L}_{n-1}\cdots\boldsymbol{L}_2\boldsymbol{L}_1\boldsymbol{A}^{(1)}=\boldsymbol{A}^{(n)},\\ \boldsymbol{L}_{n-1}\cdots\boldsymbol{L}_2\boldsymbol{L}_1\boldsymbol{b}^{(1)}=\boldsymbol{b}^{(n)},\end{cases}\tag{7.2.14}$$

其中

$$\boldsymbol{L}_k=\begin{pmatrix}1 & & & & & \\ & \ddots & & & & \\ & & 1 & & & \\ & & -m_{k+1,k} & 1 & & \\ & & \vdots & & \ddots & \\ & & -m_{nk} & & & 1\end{pmatrix}.$$

将上三角矩阵 $\boldsymbol{A}^{(n)}$ 记作 $\boldsymbol{U}$，由式(7.2.14)得到

$$\boldsymbol{A}=\boldsymbol{L}_1^{-1}\boldsymbol{L}_2^{-1}\cdots\boldsymbol{L}_{n-1}^{-1}\boldsymbol{U}=\boldsymbol{L}\boldsymbol{U},$$

其中

$$\boldsymbol{L}=\boldsymbol{L}_1^{-1}\boldsymbol{L}_2^{-1}\cdots\boldsymbol{L}_{n-1}^{-1}=\begin{pmatrix}1 & & & & \\ m_{21} & 1 & & & \\ m_{31} & m_{32} & 1 & & \\ \vdots & \vdots & \ddots & \ddots & \\ m_{n1} & m_{n2} & \cdots & m_{n,n-1} & 1\end{pmatrix}$$

为单位下三角矩阵.

这就是说，Gauss 消去法实质上产生了一个将 $\boldsymbol{A}$ 分解为两个三角矩阵相乘的因式分解，于是得到如下重要定理，它在解方程组的直接法中起着重要作用.

**定理 7.3**(矩阵的 LU 分解)　设 $\boldsymbol{A}$ 为 $n$ 阶矩阵，如果 $\boldsymbol{A}$ 的顺序主子式 $D_i\neq 0\ (i=1,2,\cdots,n-1)$，则 $\boldsymbol{A}$ 可分解为一个单位下三角矩阵 $\boldsymbol{L}$ 和一个上三角矩阵 $\boldsymbol{U}$ 的乘积，且这种分解是唯一的.

**证明**　根据以上 Gauss 消去法的矩阵分析，$\boldsymbol{A}=\boldsymbol{L}\boldsymbol{U}$ 的存在性已经得到证明，现仅在 $\boldsymbol{A}$ 为非奇异矩阵的假定下来证明它的唯一性，当 $\boldsymbol{A}$ 为奇异矩阵的情况留作课外练习.

设

$$\boldsymbol{A}=\boldsymbol{L}\boldsymbol{U}=\boldsymbol{L}_1\boldsymbol{U}_1,$$

其中 $\boldsymbol{L},\boldsymbol{L}_1$ 为单位下三角矩阵，$\boldsymbol{U},\boldsymbol{U}_1$ 为上三角矩阵.

由于 $\boldsymbol{U}_1^{-1}$ 存在，故

$$\boldsymbol{L}^{-1}\boldsymbol{L}_1=\boldsymbol{U}\boldsymbol{U}_1^{-1}.$$

上式右端为上三角矩阵，左端为单位下三角矩阵，从而上式两端都必须等于单位矩阵，故 $\boldsymbol{U}=\boldsymbol{U}_1$，$\boldsymbol{L}=\boldsymbol{L}_1$. 证毕.

**例 7.2**　对于例 7.1，系数矩阵 $\boldsymbol{A}=\begin{pmatrix}1 & 1 & 1\\ 0 & 4 & -1\\ 2 & -2 & 1\end{pmatrix}$，由 Gauss 消去法，有

$$m_{21}=0,\quad m_{31}=2,\quad m_{32}=-1,$$

故
$$A=\begin{pmatrix}1&0&0\\0&1&0\\2&-1&1\end{pmatrix}\begin{pmatrix}1&1&1\\0&4&-1\\0&0&-2\end{pmatrix}=LU.$$

## 7.2.3 计算量

下面考虑解式(7.2.1)的Gauss消去法的计算量.

(1) 消元过程的计算量. 第一步计算乘数 $m_{i1}$ $(i=2,3,\cdots,n)$需要 $n-1$ 次除法运算，计算 $a_{ij}^{(2)}$ $(i,j=2,3,\cdots,n)$需要$(n-1)^2$ 次乘法运算及$(n-1)^2$ 次加、减法运算. 一般可列表(见表7.1)计算.

表 7.1

| 第 $k$ 步 | 加、减法次数 | 乘法次数 | 除法次数 |
|---|---|---|---|
| 1 | $(n-1)^2$ | $(n-1)^2$ | $n-1$ |
| 2 | $(n-2)^2$ | $(n-2)^2$ | $n-2$ |
| ⋮ | ⋮ | ⋮ | ⋮ |
| $n-1$ | 1 | 1 | 1 |
| 合　计 | $n(n-1)(2n-1)/6$ | $n(n-1)(2n-1)/6$ | $n(n-1)/2$ |

这里利用了求和公式

$$\sum_{i=1}^{n} i=n(n+1)/2,\quad \sum_{i=1}^{n} i^2=n(n+1)(2n+1)/6\quad (n\geqslant 1).$$

消元过程所需的乘、除法次数 $MD$ 及加、减法次数 $AS$ 分别为

$$MD=n(n^2-1)/3,\quad AS=n(n-1)(2n-1)/6.$$

(2) 计算 $\boldsymbol{b}^{(n)}$ 的计算量.

$$MD=(n-1)+(n-2)+\cdots+2+1=n(n-1)/2,\quad AS=n(n-1)/2.$$

(3) 解 $\boldsymbol{A}^{(n)}x=\boldsymbol{b}^{(n)}$ 所需的计算量. $MD=n(n+1)/2$，$AS=n(n-1)/2$. 解式(7.2.1)所需的总的乘除法次数及加减法次数分别为

$$MD=n^3/3+n^2-n/3\approx n^3/3\quad (\text{当 } n \text{ 比较大时}),$$
$$AS=n(n-1)(2n+5)/6\approx n^3/3\quad (\text{当 } n \text{ 比较大时}).$$

**定理 7.4** 如果 $\boldsymbol{A}$ 为 $n$ 阶非奇异矩阵，则用Gauss消去法解式(7.2.1)所需乘除法次数及加减法次数分别为

1° $MD=n^3/3+n^2-n/3$；

2° $AS=n(n-1)(2n+5)/6$.

如果用Cramer法则解式(7.2.1)，就需要计算 $n+1$ 个 $n$ 阶行列式，若行列式计

算是用子式展开,总共需要$(n+1)!$次乘法运算. 例如 $n=10$ 时,Gauss 消去法需要 430 次乘、除法运算,而 Cramer 法则却需要 39 916 800 次乘法运算. 由此可见,用 Cramer 法则解式(7.2.1)工作量太大,不便使用.

## 7.3 Gauss 主元素消去法

由 Gauss 消去法知道,在消元过程中可能出现 $a_{kk}^{(k)}=0$ 的情况,这时消去法将无法进行;即使在主元素 $a_{kk}^{(k)}\neq 0$ 但很小时,用其作除数,也会导致其他元素数量级的严重增长和舍入误差的扩散,最后会使得计算解不可靠.

**例 7.3** 求解方程组

$$\begin{pmatrix} 0.001 & 2.000 & 3.000 \\ -1.000 & 3.712 & 4.623 \\ -2.000 & 1.072 & 5.643 \end{pmatrix}\begin{pmatrix} x_1 \\ x_2 \\ x_3 \end{pmatrix}=\begin{pmatrix} 1.000 \\ 2.000 \\ 3.000 \end{pmatrix}.$$

用四位浮点数进行计算. 精确解舍入到四位有效数字为

$$\boldsymbol{x}^*=(-0.490\,4,\ -0.051\,04,\ 0.367\,5)^{\mathrm{T}}.$$

**解** [方法 1] 用 Gauss 消去法求解.

$$(\boldsymbol{A},\boldsymbol{b})=\left(\begin{array}{ccc:c} 0.001 & 2.000 & 3.000 & 1.000 \\ -1.000 & 3.712 & 4.623 & 2.000 \\ -2.000 & 1.072 & 5.643 & 3.000 \end{array}\right) \begin{array}{l} m_{21}=-1.000/0.001=-1000 \\ m_{31}=-2.000/0.001=-2000 \end{array}$$

$$\to\left(\begin{array}{ccc:c} 0.001 & 2.000 & 3.000 & 1.000 \\ 0 & 2004 & 3005 & 1002 \\ 0 & 4001 & 6006 & 2003 \end{array}\right) m_{32}=4001/2004=1.997$$

$$\to\left(\begin{array}{ccc:c} 0.001 & 2.000 & 3.000 & 1.000 \\ 0 & 2004 & 3005 & 1002 \\ 0 & 0 & 5.000 & 2.000 \end{array}\right),$$

计算解为 $$\bar{\boldsymbol{x}}=(-0.400\,0,\ -0.099\,80,\ 0.400\,0)^{\mathrm{T}}.$$

显然,计算解 $\bar{\boldsymbol{x}}$ 是一个很坏的结果,不能作为方程组的近似解. 其原因是在消元计算时用了小主元 0.001,使得约化后的方程组元素数量级大大增长,经再舍入使得在计算第 3 行第 3 列的元素时发生了严重的相消情况(第 3 行第 3 列的元素舍入到第四位数字的正确值是 5.922),因此经消元后得到的三角方程组就不准确了.

[方法 2] 交换行,避免绝对值小的主元作除数.

$$(\boldsymbol{A},\boldsymbol{b})\xrightarrow{r_1\leftrightarrow r_3}\left(\begin{array}{ccc:c} -2.000 & 1.072 & 5.643 & 3.000 \\ -1.000 & 3.712 & 4.623 & 2.000 \\ 0.001 & 2.000 & 3.000 & 1.000 \end{array}\right) \begin{array}{l} m_{21}=0.500\,0 \\ m_{31}=-0.000\,5 \end{array}$$

$$\rightarrow\left[\begin{array}{ccc|c}-2.000 & 1.072 & 5.643 & 3.000\\ 0 & 3.176 & 1.801 & 0.5000\\ 0 & 2.001 & 3.003 & 1.002\end{array}\right] m_{32}=0.6300$$

$$\rightarrow\left[\begin{array}{ccc|c}-2.000 & 1.072 & 5.643 & 3.000\\ 0 & 3.176 & 1.801 & 0.5000\\ 0 & 0 & 1.868 & 0.6870\end{array}\right],$$

得计算解为 $\boldsymbol{x}=(-0.4900,\ -0.05113,\ 0.3678)^{\mathrm{T}}\approx\boldsymbol{x}^*$.

这个例子告诉我们,在采用 Gauss 消去法解方程组时,小主元可能产生麻烦,故应避免采用绝对值小的主元素 $a_{kk}^{(k)}$. 对一般矩阵来说,最好每一步都选取系数矩阵(或消元后的低阶矩阵)中绝对值最大的元素作为主元素,以使 Gauss 消去法具有较好的数值稳定性.

下面介绍主元素消去法. 本节总假定方程组(7.2.1)的 $\boldsymbol{A}$ 非奇异.

### 7.3.1 完全主元素消去法

设方程组(7.2.1)的增广矩阵为

$$\boldsymbol{B}=\left[\begin{array}{cccccc|c}a_{11} & a_{12} & \cdots & a_{1j_1} & \cdots & a_{1n} & b_1\\ a_{21} & a_{22} & \cdots & a_{2j_1} & \cdots & a_{2n} & b_2\\ \vdots & \vdots & & \vdots & & \vdots & \vdots\\ a_{i_11} & a_{i_12} & \cdots & a_{i_1j_1} & \cdots & a_{i_1n} & b_{i_1}\\ \vdots & \vdots & & \vdots & & \vdots & \vdots\\ a_{n1} & a_{n2} & \cdots & a_{nj_1} & \cdots & a_{nn} & b_n\end{array}\right].$$

首先在 $\boldsymbol{A}$ 中选取绝对值最大的元素作为主元素,例如 $|a_{i_1j_1}|=\max\limits_{\substack{1\leqslant i\leqslant n\\ 1\leqslant j\leqslant n}}|a_{ij}|\neq 0$,然后交换 $\boldsymbol{B}$ 的第 1 行与第 $i_1$ 行,第 1 列与第 $j_1$ 列,经第一次消元计算得

$$(\boldsymbol{A},\boldsymbol{b})\rightarrow(\boldsymbol{A}^{(2)},\boldsymbol{b}^{(2)}).$$

重复上述过程,设已完成第 $k-1$ 步的选主元素,交换两行及交换两列,消元计算,$(\boldsymbol{A},\boldsymbol{b})$约化为

$$(\boldsymbol{A}^{(k)},\boldsymbol{b}^{(k)})=\left[\begin{array}{cccccc|c}a_{11} & a_{12} & \cdots & \cdots & \cdots & a_{1n} & b_1\\ & a_{22} & \cdots & \cdots & \cdots & a_{2n} & b_2\\ & & \ddots & & & \vdots & \vdots\\ & & & a_{kk} & \cdots & a_{kn} & b_k\\ & & & \vdots & & \vdots & \vdots\\ & & & a_{nk} & \cdots & a_{nn} & b_n\end{array}\right],$$

其中 $\boldsymbol{A}^{(k)}$ 元素仍记作 $a_{ij}$,$\boldsymbol{b}^{(k)}$ 元素仍记作 $b_i$ $(k=1,2,\cdots,n-1)$.

第 $k$ 步选主元素(在 $\boldsymbol{A}^{(k)}$ 右下角方框内选),即确定 $i_k, j_k$ 使

$$|a_{i_k j_k}| = \max_{\substack{k\leqslant i\leqslant n \\ k\leqslant j\leqslant n}} |a_{ij}| \neq 0.$$

交换$(\boldsymbol{A}^{(k)}, \boldsymbol{b}^{(k)})$第 $k$ 行与 $i_k$ 行元素交换$(\boldsymbol{A}^{(k)})$第 $k$ 列与 $j_k$ 列元素,将 $a_{i_k j_k}$ 调到$(k,k)$位置,再进行消元计算,最后将原方程组化为

$$\begin{pmatrix} a_{11} & a_{12} & \cdots & a_{1n} \\ & a_{22} & \cdots & a_{2n} \\ & & \ddots & \vdots \\ & & & a_{nn} \end{pmatrix} \begin{pmatrix} y_1 \\ y_2 \\ \vdots \\ y_n \end{pmatrix} = \begin{pmatrix} b_1 \\ b_2 \\ \vdots \\ b_n \end{pmatrix},$$

其中 $y_1, y_2, \cdots, y_n$ 的次序为未知数 $x_1, x_2, \cdots, x_n$ 调换后的次序. 回代求解得

$$\begin{cases} y_n = b_n / a_{nn}, \\ y_i = \left(b_i - \sum\limits_{j=i+1}^{n} a_{ij} y_j\right) \Big/ a_{ii} \quad (i = n-1, \cdots, 2, 1). \end{cases}$$

**算法 1**　完全主元素消去法,其步骤如下:

设 $\boldsymbol{Ax}=\boldsymbol{b}$. 本算法用 $\boldsymbol{A}$ 的带有行、列交换的 Gauss 消去法①,消元结果冲掉 $\boldsymbol{A}$,乘数 $m_{ij}$ 冲掉 $a_{ij}$,计算解 $\boldsymbol{x}$ 冲掉常数项 $\boldsymbol{b}$,用 $k$ 表示对 $\boldsymbol{A}$ 的消元次数. 用一整型数组 $\mathrm{Iz}(n)$开始记录未知数 $x_1, x_2, \cdots, x_n$ 的次序(即下标 $1,2,\cdots,n$),最后记录调换后未知数的下标.

**步 1**　对于 $i=1,2,\cdots,n$,有 $\mathrm{Iz}(i) \leftarrow i$; 对于 $k=1,2,\cdots,n-1$,做到步 6.

**步 2**　选主元素 $|a_{i_k j_k}| = \max\limits_{\substack{k\leqslant i\leqslant n \\ k\leqslant j\leqslant n}} |a_{ij}|$.

**步 3**　如果 $a_{i_k j_k}=0$,则计算停止(这时 $\det\boldsymbol{A}=0$).

**步 4**　(1) 如果 $i_k=k$,则转(2),否则换行:$a_{kj} \longleftrightarrow a_{i_k j}$ $(j=k,k+1,\cdots,n)$, $b_k \longleftrightarrow b_{i_k}$;

(2) 如果 $j_k=k$,则转步 5,否则换列:$a_{ik} \longleftrightarrow a_{ij_k}$ $(i=1,2,\cdots,n)$, $\mathrm{Iz}(k) \longleftrightarrow \mathrm{Iz}(j_k)$.

**步 5**　计算乘数　$a_{ik} \leftarrow m_{ik} = a_{ik}/a_{kk}$　$(i=k+1,\cdots,n)$.

**步 6**　消元计算　$a_{ij} \leftarrow a_{ij} - m_{ik} a_{kj}$　$(i=k+1,\cdots,n; j=k+1,\cdots,n)$;

$b_i \leftarrow b_i - m_{ik} b_k$　$(i=k+1,\cdots,n)$.

**步 7**　回代求解

(1) $b_n \leftarrow b_n / a_{n,n}$;　(2) 对于 $i=n-1,n-2,\cdots,2,1$,　$b_i \leftarrow \left(b_i - \sum\limits_{j=i+1}^{n} a_{ij} b_j\right) / a_{ii}$.

**步 8**　调整未知数的次序

(1) 对于 $i=1,2,\cdots,n$; $a_i, \mathrm{Iz}(i) \leftarrow b_i$;　(2) 对于 $i=1,2,\cdots,n$; $b_i \leftarrow a_{1i}$.

## 7.3.2　列主元素消去法

完全主元素消去法在选主元素时要花费较多机器时间. 下面介绍另一种常用的

① 在实际计算中可以考虑设计不进行行、列交换的算法.

方法即列主元素消去法. 它仅考虑依次按列选主元素，然后换行使之变到主元位置上，再进行消元计算. 设用列主元素消去法解 $\boldsymbol{Ax}=\boldsymbol{b}$ 已完成 $k-1$ 步计算，即有

$$(\boldsymbol{A},\boldsymbol{b})\rightarrow(\boldsymbol{A}^{(k)},\boldsymbol{b}^{(k)})=\left(\begin{array}{cccccc:c} a_{11}^{(1)} & a_{12}^{(1)} & \cdots & \cdots & \cdots & a_{1n}^{(1)} & b_1^{(1)} \\ & a_{22}^{(2)} & \cdots & \cdots & \cdots & a_{2n}^{(2)} & b_2^{(2)} \\ & & \ddots & & & \vdots & \vdots \\ & & & \boxed{a_{kk}^{(k)}} & \cdots & a_{kn}^{(k)} & b_k^{(k)} \\ & & & \vdots & & \vdots & \vdots \\ & & & a_{nk}^{(k)} & \cdots & a_{nn}^{(k)} & b_n^{(n)} \end{array}\right),$$

且 $\boldsymbol{A}^{(k)}x=\boldsymbol{b}^{(k)}$ 与 $\boldsymbol{Ax}=\boldsymbol{b}$ 等价，第 $k$ 步选主元素（在 $\boldsymbol{A}^{(k)}$ 第 $k$ 列方框内选），即确定 $i_k$ 使

$$|a_{i_k,k}^{(k)}|=\max_{k\leqslant i\leqslant n}|a_{ik}^{(k)}|.$$

**算法 2** 列主元素消去法，其步骤如下：

设 $\boldsymbol{Ax}=\boldsymbol{b}$. 本算法用 $\boldsymbol{A}$ 的具有行交换的列主元素消去法①，消元结果冲掉 $\boldsymbol{A}$，乘数 $m_{ij}$ 冲掉 $a_{ij}$，计算解 $\boldsymbol{x}$ 冲掉常数项 $\boldsymbol{b}$，行列式存放在 $\det\boldsymbol{A}$.

**步 1** $\det\boldsymbol{A}\leftarrow 1$，对于 $k=1,2,\cdots,n-1$ 做到步 7.

**步 2** 按列选主元素 $|a_{i_kk}|=\max\limits_{k\leqslant i\leqslant n}|a_{ik}|$.

**步 3** 如果 $a_{i_kk}=0$，则 $\det\boldsymbol{A}\leftarrow 0$，计算停止.

**步 4** 如果 $i_k=k$，则转步 5，否则换行：

$$a_{kj}\longleftrightarrow a_{i_kj}\ (j=k,k+1,\cdots,n),\quad b_k\longleftrightarrow b_{i_k},\quad \det\boldsymbol{A}\leftarrow-\det\boldsymbol{A}.$$

**步 5** 计算乘数 $m_{ik}$ $\quad a_{ik}\leftarrow m_{ik}=a_{ik}/a_{kk}\ (i=k+1,\cdots,n)(|m_{ik}|\leqslant 1)$.

**步 6** 消元计算

$$a_{ij}\leftarrow a_{ij}-m_{ik}a_{kj}\quad (i,j=k+1,\cdots,n),\quad b_i\leftarrow b_i-m_{ik}b_k\quad (i=k+1,\cdots,n).$$

**步 7** $\det\boldsymbol{A}\leftarrow a_{kk}\det\boldsymbol{A}$.

**步 8** 回代求解

$$b_n\leftarrow b_n/a_{nn},\quad b_i\leftarrow\Big(b_i-\sum_{j=i+1}^{n}a_{ij}b_j\Big)\Big/a_{ii}\quad (i=n-1,n-2,\cdots,1).$$

**步 9** $\det\boldsymbol{A}\leftarrow a_{nn}\det\boldsymbol{A}$.

例 7.3 的方法 2 用的就是列主元素消去法.

下面用矩阵运算来描述解式(7.2.1)的列主元素消去法：

$$\begin{cases}\boldsymbol{L}_1\boldsymbol{I}_{1i_1}\boldsymbol{A}^{(1)}=\boldsymbol{A}^{(2)},\quad \boldsymbol{L}_1\boldsymbol{I}_{1i_1}\boldsymbol{b}^{(1)}=\boldsymbol{b}^{(2)},\\ \boldsymbol{L}_k\boldsymbol{I}_{ki_k}\boldsymbol{A}^{(k)}=\boldsymbol{A}^{(k+1)},\quad \boldsymbol{L}_k\boldsymbol{I}_{ki_k}\boldsymbol{b}^{(k)}=\boldsymbol{b}^{(k+1)},\end{cases}\tag{7.3.1}$$

其中 $\boldsymbol{L}_k$ 的元素满足 $|m_{ik}|\leqslant 1\ (k=1,2,\cdots,n-1)$，$\boldsymbol{I}_{ki_k}$ 是初等排列矩阵（由交换单位矩阵 $\boldsymbol{I}$ 的第 $k$ 行与第 $i_k$ 行得到）.

---

① 在列主元素消去法中，可考虑用一整型数组 Ip($n$) 来记录主行.

利用式(7.3.1)得到

$$\boldsymbol{L}_{n-1}\boldsymbol{I}_{n-1,i_{n-1}}\cdots\boldsymbol{L}_2\boldsymbol{I}_{2i_2}\boldsymbol{L}_1\boldsymbol{I}_{1i_1}\boldsymbol{A}=\boldsymbol{A}^{(n)}=\boldsymbol{U},$$

简记作

$$\widetilde{\boldsymbol{P}}\boldsymbol{A}=\boldsymbol{U},\quad \widetilde{\boldsymbol{P}}\boldsymbol{b}=\boldsymbol{b}^{(n)},$$

其中

$$\widetilde{\boldsymbol{P}}=\boldsymbol{L}_{n-1}\boldsymbol{I}_{n-1,i_{n-1}}\cdots\boldsymbol{L}_2\boldsymbol{I}_{2i_2}\boldsymbol{L}_1\boldsymbol{I}_{1i_1}.$$

下面就 $n=4$ 的情况来考察一下矩阵 $\widetilde{\boldsymbol{P}}$.

$$\begin{aligned}\boldsymbol{U}&=\boldsymbol{A}^{(4)}=\boldsymbol{L}_3\boldsymbol{I}_{3i_3}\boldsymbol{L}_2\boldsymbol{I}_{2i_2}\boldsymbol{L}_1\boldsymbol{I}_{1i_1}\boldsymbol{A}\\&=\boldsymbol{L}_3(\boldsymbol{I}_{3i_3}\boldsymbol{L}_2\boldsymbol{I}_{3i_3})(\boldsymbol{I}_{3i_3}\boldsymbol{L}_{2i_2}\boldsymbol{L}_1\boldsymbol{I}_{2i_2}\boldsymbol{I}_{3i_3})(\boldsymbol{I}_{3i_3}\boldsymbol{I}_{2i_2}\boldsymbol{I}_{1i_1})\boldsymbol{A}\\&\equiv\widetilde{\boldsymbol{L}}_3\widetilde{\boldsymbol{L}}_2\widetilde{\boldsymbol{L}}_1\boldsymbol{P}\boldsymbol{A},\end{aligned}\tag{7.3.2}$$

其中

$$\widetilde{\boldsymbol{L}}_1=\boldsymbol{I}_{3i_3}\boldsymbol{I}_{2i_2}\boldsymbol{L}_1\boldsymbol{I}_{2i_2}\boldsymbol{I}_{3i_3},\quad \widetilde{\boldsymbol{L}}_2=\boldsymbol{I}_{3i_3}\boldsymbol{L}_2\boldsymbol{I}_{3i_3},\quad \widetilde{\boldsymbol{L}}_3=\boldsymbol{L}_3,\quad \boldsymbol{P}=\boldsymbol{I}_{3i_3}\boldsymbol{I}_{2i_2}\boldsymbol{I}_{1i_1}.$$

由本章的习题 8 知 $\widetilde{\boldsymbol{L}}_k$ $(k=1,2,3)$亦为单位下三角阵，其元素的绝对值不大于 1. 记 $\boldsymbol{L}^{-1}=\widetilde{\boldsymbol{L}}_3\widetilde{\boldsymbol{L}}_2\widetilde{\boldsymbol{L}}_1$，由式(7.3.2)得到 $\boldsymbol{PA}=\boldsymbol{LU}$，其中 $\boldsymbol{P}$ 为排列矩阵，$\boldsymbol{L}$ 为单位下三角阵，$\boldsymbol{U}$ 为上三角阵. 这说明对式(7.2.1)应用列主元素消去法，相当于对$(\boldsymbol{A}|\boldsymbol{b})$先进行一系列行交换后再对 $\boldsymbol{PAx}=\boldsymbol{Pb}$ 应用 Gauss 消去法. 在实际计算中只能在计算过程中进行行的交换.

总结以上的讨论可得如下定理.

**定理 7.5**(列主元素的三角分解定理)　如果 $\boldsymbol{A}$ 为非奇异矩阵，则存在排列矩阵 $\boldsymbol{P}$，使

$$\boldsymbol{PA}=\boldsymbol{LU},$$

其中 $\boldsymbol{L}$ 为单位下三角阵，$\boldsymbol{U}$ 为上三角阵.

$\boldsymbol{L}$ 元素存放在数组 $\boldsymbol{A}$ 的下三角部分，$\boldsymbol{U}$ 元素存放在 $\boldsymbol{A}$ 上三角部分，由整型数组 Ip($n$)记录可知 $\boldsymbol{P}$ 的情况.

### 7.3.3　Gauss-Jordan 消去法

Gauss 消去法始终是消去对角线下方的元素，现考虑 Gauss 消去法的一种修正，即消去对角线下方和上方的元素，这种方法称为 Gauss-Jordan 消去法.

设用 Gauss-Jordan 消去法已完成$(k-1)$步，于是 $\boldsymbol{Ax}=\boldsymbol{b}$ 化为等价方程组 $\boldsymbol{A}^{(k)}\boldsymbol{x}=\boldsymbol{b}^{(k)}$，其中

$$(\boldsymbol{A}^{(k)},\boldsymbol{b}^{(k)})=\left(\begin{array}{ccccccc:c}1 & & & & a_{1k} & \cdots & a_{1n} & b_1\\ & 1 & & & \vdots & & \vdots & \vdots\\ & & \ddots & & \vdots & & \vdots & \vdots\\ & & & 1 & a_{k-1,k} & \cdots & a_{k-1,n} & \vdots\\ & & & & a_{kk} & \cdots & a_{kn} & b_k\\ & & & & \vdots & & \vdots & \vdots\\ & & & & a_{nk} & \cdots & a_{nn} & b_n\end{array}\right),\quad k=1,2,\cdots,n.$$

在第 $k$ 步计算时，考虑对上述矩阵的第 $k$ 行上、下都进行消元计算.

**步 1**　按列选主元素，即确定 $i_k$ 使 $|a_{i_k k}|=\max\limits_{k\leqslant i\leqslant n}|a_{ik}|$.

**步 2**　换行（当 $i_k\neq k$）交换 $(\boldsymbol{A},\boldsymbol{b})$ 第 $k$ 行与第 $i_k$ 行元素.

**步 3**　计算乘数　$m_{ik}=-a_{ik}/a_{kk}\ (i=1,2,\cdots,n;i\neq k)$，$m_{kk}=1/a_{kk}$.

（$m_{ik}$ 可保存在存放 $a_{ik}$ 的单元中.）

**步 4**　消元计算

$$a_{ij}\leftarrow a_{ij}+m_{ik}a_{kj}\quad\begin{pmatrix}i=1,2,\cdots,n;i\neq k;\\ j=k+1,\cdots,n\end{pmatrix},$$

$$b_i\leftarrow b_i+m_{ik}b_k\quad(i=1,2,\cdots,n;i\neq k).$$

**步 5**　计算主行 $a_{kj}\leftarrow a_{kj}\cdot m_{kk}\ (j=k,k+1,\cdots,n)$，$b_k\leftarrow b_k\cdot m_{kk}$.

上述过程结束后，有

$$(\boldsymbol{A},\boldsymbol{b})\rightarrow(\boldsymbol{A}^{(k+1)},\boldsymbol{b}^{(k+1)})=\left(\begin{array}{cccc:c}1 & & & & \hat{b}_1\\ & 1 & & & \hat{b}_2\\ & & \ddots & & \vdots\\ & & & 1 & \hat{b}_n\end{array}\right).$$

这说明用 Gauss-Jordan 消去法将 $\boldsymbol{A}$ 约化为单位矩阵，计算解就在常数项位置得到，因此用不着回代求解. 用 Gauss-Jordan 消去法解方程组的计算量大约需要 $n^3/2$ 次乘除法运算，比 Gauss 消去法计算量大，但用 Gauss-Jordan 消去法求一个矩阵的逆矩阵还是比较合适的.

**定理 7.6**（Gauss-Jordan 消去法求逆矩阵）　设 $\boldsymbol{A}$ 为非奇异矩阵，方程组 $\boldsymbol{AX}=\boldsymbol{I}_n$ 的增广矩阵为 $\boldsymbol{C}=(\boldsymbol{A}\ \vdots\ \boldsymbol{I}_n)$. 如果对 $\boldsymbol{C}$ 应用 Gauss-Jordan 消去法化为 $(\boldsymbol{I}_n\ \vdots\ \boldsymbol{T})$，则 $\boldsymbol{A}^{-1}=\boldsymbol{T}$.

事实上，求 $\boldsymbol{A}$ 的逆矩阵 $\boldsymbol{A}^{-1}$，即求 $n$ 阶矩阵 $\boldsymbol{X}$，使 $\boldsymbol{AX}=\boldsymbol{I}_n$，其中 $\boldsymbol{I}_n$ 为单位矩阵. 将 $\boldsymbol{X}$ 按列分块 $\boldsymbol{X}=(\boldsymbol{x}_1,\boldsymbol{x}_2,\cdots,\boldsymbol{x}_n)$，$\boldsymbol{I}=(\boldsymbol{e}_1,\boldsymbol{e}_2,\cdots,\boldsymbol{e}_n)$，于是求解 $\boldsymbol{AX}=\boldsymbol{I}_n$ 等价于求解 $n$ 个方程组 $\boldsymbol{Ax}_j=\boldsymbol{e}_j\ (j=1,2,\cdots,n)$. 我们可用 Gauss-Jordan 消去法求解 $\boldsymbol{AX}=\boldsymbol{I}_n$.

**例 7.4**　用 Gauss-Jordan 消去法求 $\boldsymbol{A}=\begin{pmatrix}1 & 2 & 3\\ 2 & 4 & 5\\ 3 & 5 & 6\end{pmatrix}$ 的逆矩阵 $\boldsymbol{A}^{-1}$.

**解**　$$\boldsymbol{C}=\left(\begin{array}{ccc:ccc}1 & 2 & 3 & 1 & 0 & 0\\ 2 & 4 & 5 & 0 & 1 & 0\\ 3 & 5 & 6 & 0 & 0 & 1\end{array}\right)\xrightarrow{r_1\leftrightarrow r_3}\left(\begin{array}{ccc:ccc}\boxed{3} & 5 & 6 & 0 & 0 & 1\\ 2 & 4 & 5 & 0 & 1 & 0\\ 1 & 2 & 3 & 1 & 0 & 0\end{array}\right)$$

$$\xrightarrow{\text{第一次消元}}\left(\begin{array}{ccc:cc}1 & 5/3 & 2 & 0 & 0\\ 0 & 2/3 & 1 & 0 & 1\\ 0 & 1/3 & 1 & 1 & 0\end{array}\ \underset{\boldsymbol{c}_3}{\boxed{\begin{array}{r}1/3\\ -2/3\\ -1/3\end{array}}}\right)$$

$$\xrightarrow{\text{第二次消元}}\left(\begin{array}{ccc:c|cc|} 1 & 0 & -1/2 & 0 & -5/2 & 2 \\ 0 & 1 & 3/2 & 0 & 3/2 & -1 \\ 0 & 0 & \boxed{1/2} & 1 & -1/2 & 0 \end{array}\right)$$

$$\boldsymbol{c}_2$$

$$\xrightarrow{\text{第三次消元}}\left(\begin{array}{ccc:ccc} 1 & 0 & 0 & 1 & -3 & 2 \\ 0 & 1 & 0 & -3 & 3 & -1 \\ 0 & 0 & 1 & 2 & -1 & 0 \end{array}\right)=(\boldsymbol{I}_n\,|\,\boldsymbol{A}^{-1}).$$

$$\boldsymbol{c}_1$$

小方框内为每次按列所选的主元素，且

$\boldsymbol{m}_1=(m_{11},m_{21},m_{31})^{\mathrm{T}}=\boldsymbol{c}_3$，　$\boldsymbol{m}_2=(m_{12},m_{22},m_{32})^{\mathrm{T}}=\boldsymbol{c}_2$，　$\boldsymbol{m}_3=(m_{13},m_{23},m_{33})^{\mathrm{T}}=\boldsymbol{c}_1$.

为了节省内存单元，不必将单位矩阵存放起来，$\boldsymbol{c}_3$ 存放在 $\boldsymbol{A}$ 的第 1 列位置，$\boldsymbol{c}_2$ 存放在 $\boldsymbol{A}$ 的第 2 列位置，$\boldsymbol{c}_1$ 存放在 $\boldsymbol{A}$ 的第 3 列位置，经消元计算，最后再调整一下列就可在 $\boldsymbol{A}$ 的位置得到 $\boldsymbol{A}^{-1}$. 注意第 $k$ 步消元时，由 $\boldsymbol{A}$ 的第 $k$ 列

$$\boldsymbol{a}_k=(a_{1k},\cdots,a_{kk},\cdots,a_{nk})^{\mathrm{T}}$$

计算 $\boldsymbol{m}_k=\left(-\dfrac{a_{1k}}{a_{kk}},\cdots,-1,\cdots,-\dfrac{a_{nk}}{a_{kk}}\right)^{\mathrm{T}}$ 且冲掉 $\boldsymbol{a}_k$.

最后，在 $\boldsymbol{A}$ 位置如何调整列呢？事实上，在 $\boldsymbol{A}$ 位置最后得到矩阵 $\boldsymbol{PA}\equiv\boldsymbol{A}_1$（其中 $\boldsymbol{P}$ 为排列矩阵）的逆矩阵 $\boldsymbol{A}_1^{-1}$，于是 $\boldsymbol{A}^{-1}=\boldsymbol{A}_1^{-1}\boldsymbol{P}$.

**算法 3**　Gauss-Jordan 列主元素方法求逆，其步骤如下.

本算法是用列主元素的 Gauss-Jordan 方法求 $\boldsymbol{A}^{-1}$，计算结果存放在原矩阵 $\boldsymbol{A}$ 的数组中. 用整型数组 $\mathrm{Ip}(n)$ 记录主行，$\boldsymbol{A}$ 的行列式值存放在 $\det\boldsymbol{A}$.

**步 1**　$\det\boldsymbol{A}\leftarrow1$；对于 $k=1,2,\cdots,n$ 做到步 8.

**步 2**　按列选主元素 $|a_{i_k k}|=\max\limits_{k\leqslant i\leqslant n}|a_{ik}|$；$c_0\leftarrow a_{i_k k}$，$\mathrm{Ip}(k)\leftarrow i_k$.

**步 3**　如果 $c_0=0$，则计算停止（此时 $\boldsymbol{A}$ 为奇异矩阵）.

**步 4**　如果 $i_k=k$，则转步 5，否则换行：$a_{kj}\longleftrightarrow a_{i_k j}$ $(j=1,2,\cdots,n)$，$\det\boldsymbol{A}\leftarrow-\det\boldsymbol{A}$.

**步 5**　$\det\boldsymbol{A}\leftarrow\det\boldsymbol{A}\cdot c_0$.

**步 6**　计算 $h\leftarrow a_{kk}\leftarrow1/c_0$；$a_{ik}\leftarrow m_{ik}=-a_{ik}\cdot h$ $(i=1,2,\cdots,n;i\neq k)$.

**步 7**　消元计算　$a_{ij}\leftarrow a_{ij}+m_{ik}a_{kj}$　$\begin{pmatrix}i=1,2,\cdots,n;i\neq k\\ j=1,2,\cdots,n;j\neq k\end{pmatrix}$.

**步 8**　计算主行　$a_{kj}\leftarrow a_{kj}\cdot h$　$(j=1,2,\cdots,n;j\neq k)$.

**步 9**　交换列对于 $k=n-1,n-2,\cdots,2,1$，

(1) $t=\mathrm{Ip}(k)$；

(2) 如果 $t\leqslant k$，则转(3)，否则换列：$a_{ik}\longleftrightarrow a_{it}$ $(i=1,2,\cdots,n)$；

(3) 继续循环.

## 7.4 Gauss 消去法的变形

Gauss 消去法有很多变形，有的是 Gauss 消去法的改进、改写，有的是用于某一类特殊性质矩阵的 Gauss 消去法的简化.

### 7.4.1 直接三角分解法

将 Gauss 消去法改写为紧凑形式，可以直接从矩阵 $\boldsymbol{A}$ 的元素得到计算 $\boldsymbol{L}$,$\boldsymbol{U}$ 元素的递推公式，而不需任何中间步骤，这就是所谓**直接三角分解法**. 一旦实现了矩阵 $\boldsymbol{A}$ 的 LU 分解，那么求解式(7.2.1)的问题就等价于求解以下两个三角方程组：

(1) $\boldsymbol{Ly}=\boldsymbol{b}$，求 $\boldsymbol{y}$；　　(2) $\boldsymbol{Ux}=\boldsymbol{y}$，求 $\boldsymbol{x}$.

**1. 不选主元的三角分解法**

设 $\boldsymbol{A}$ 为非奇异矩阵，且有分解式 $\boldsymbol{A}=\boldsymbol{LU}$，其中 $\boldsymbol{L}$ 为单位下三角阵，$\boldsymbol{U}$ 为上三角阵，即

$$\boldsymbol{A}=\begin{pmatrix}1 & & & \\ l_{21} & 1 & & \\ \vdots & \ddots & \ddots & \\ l_{n1} & \cdots & l_{n,n-1} & 1\end{pmatrix}\begin{pmatrix}u_{11} & u_{12} & \cdots & u_{1n} \\ & u_{22} & \cdots & u_{2n} \\ & & \ddots & \vdots \\ & & & u_{nn}\end{pmatrix}. \tag{7.4.1}$$

下面说明 $\boldsymbol{L}$,$\boldsymbol{U}$ 的元素可以由 $n$ 步直接计算定出，其中第 $r$ 步定出 $\boldsymbol{U}$ 的第 $r$ 行和 $\boldsymbol{L}$ 的第 $r$ 列元素. 由式(7.4.1)，有

$$a_{1i}=u_{1i}\quad(i=1,2,\cdots,n),$$

于是得 $\boldsymbol{U}$ 的第 1 行元素；

$$a_{i1}=l_{i1}u_{11},\quad l_{i1}=a_{i1}/u_{11}\quad(i=2,\cdots,n),$$

于是得 $\boldsymbol{L}$ 的第 1 列元素.

设已经定出 $\boldsymbol{U}$ 的第 1 行到第 $r-1$ 行元素与 $\boldsymbol{L}$ 的第 1 列到第 $r-1$ 列元素. 由式(7.4.1)，利用矩阵乘法，有

$$a_{ri}=\sum_{k=1}^{n}l_{rk}u_{ki}=\sum_{k=1}^{r-1}l_{rk}u_{ki}+u_{ri}\quad(当\ r<k,l_{rk}=0\ 时),$$

故

$$u_{ri}=a_{ri}-\sum_{k=1}^{r-1}l_{rk}u_{ki}\quad(i=r,r+1,\cdots,n),$$

又由式(7.4.1)有

$$a_{ir}=\sum_{k=1}^{n}l_{ik}u_{kr}=\sum_{k=1}^{r-1}l_{ik}u_{kr}+l_{ir}u_{rr}.$$

总结上述讨论，得到用直接三角分解法解 $\boldsymbol{Ax}=\boldsymbol{b}$(要求 $\boldsymbol{A}$ 所有顺序主子式都不为零)的计算公式，步骤如下.

**步 1** $u_{1i}=a_{1i}\ (i=1,2,\cdots,n)$, $l_{i1}=a_{i1}/u_{11}\ (i=2,3,\cdots,n)$,
计算 $\boldsymbol{U}$ 第 $r$ 行,$\boldsymbol{L}$ 的第 $r$ 列元素,$r=2,3,\cdots,n$.

**步 2**
$$u_{ri}=a_{ri}-\sum_{k=1}^{r-1}l_{rk}u_{ki}\quad(i=r,r+1,\cdots,n). \tag{7.4.2}$$

**步 3**
$$l_{ir}=\left(a_{ir}-\sum_{k=1}^{r-1}l_{ik}u_{kr}\right)\Big/u_{rr}\quad(i=r+1,\cdots,n;r\neq n), \tag{7.4.3}$$

求解 $\boldsymbol{Ly}=\boldsymbol{b},\boldsymbol{Ux}=\boldsymbol{y}$ 计算公式.

**步 4**
$$\begin{cases}y_1=b_1,\\ y_i=b_i-\displaystyle\sum_{k=1}^{i-1}l_{ik}y_k\quad(i=2,3,\cdots,n).\end{cases} \tag{7.4.4}$$

**步 5**
$$\begin{cases}x_n=y_n/u_{nn},\\ x_i=\left(y_i-\displaystyle\sum_{k=i+1}^{n}u_{ik}x_k\right)\Big/u_{ii}\quad(i=n-1,n-2,\cdots,1).\end{cases} \tag{7.4.5}$$

**例 7.5** 用直接三角分解法解 $\begin{pmatrix}1&2&3\\2&5&2\\3&1&5\end{pmatrix}\begin{pmatrix}x_1\\x_2\\x_3\end{pmatrix}=\begin{pmatrix}14\\18\\20\end{pmatrix}$.

**解** 用分解公式(7.4.2)、(7.4.3)计算,得

$$\boldsymbol{A}=\begin{pmatrix}1&0&0\\2&1&0\\3&-5&1\end{pmatrix}\begin{pmatrix}1&2&3\\0&1&-4\\0&0&-24\end{pmatrix}=\boldsymbol{LU}.$$

求解 $$\boldsymbol{Ly}=(14,18,20)^{\mathrm{T}},$$
得 $$\boldsymbol{y}=(14,-10,-72)^{\mathrm{T}},$$
求解 $$\boldsymbol{Ux}=(14,-10,-72)^{\mathrm{T}},$$
得 $$\boldsymbol{x}=(1,2,3)^{\mathrm{T}}.$$

在用计算机计算时,由于计算好 $u_{ri}$ 后 $a_{ri}$ 就不用了,因此计算好 $\boldsymbol{L},\boldsymbol{U}$ 的元素后就存放在 $\boldsymbol{A}$ 的相应位置.例如

$$\boldsymbol{A}=\begin{pmatrix}a_{11}&a_{12}&a_{13}&a_{14}\\a_{21}&a_{22}&a_{23}&a_{24}\\a_{31}&a_{32}&a_{33}&a_{34}\\a_{41}&a_{42}&a_{43}&a_{44}\end{pmatrix}\rightarrow\begin{pmatrix}u_{11}&u_{12}&u_{13}&u_{14}\\l_{21}&u_{22}&u_{23}&u_{24}\\l_{31}&l_{32}&u_{33}&u_{34}\\l_{41}&l_{42}&l_{43}&u_{44}\end{pmatrix}.$$

最后在存放 $\boldsymbol{A}$ 的数组中得到 $\boldsymbol{L},\boldsymbol{U}$ 的元素.

由直接三角分解计算公式,需要计算形如 $\sum a_ib_i$ 的式子,可采用“双精度累加”,以提高精度.

直接分解法大约需要 $n^3/3$ 次乘、除法运算,和 Gauss 消去法的计算量基本相同.

如果已经实现了 $\boldsymbol{A}=\boldsymbol{LU}$ 的分解计算,且 $\boldsymbol{L},\boldsymbol{U}$ 保存在 $\boldsymbol{A}$ 的相应位置,则用直接三

角分解法解具有相同系数的方程组 $\boldsymbol{A}\boldsymbol{x}=(\boldsymbol{b}_1,\boldsymbol{b}_2,\cdots,\boldsymbol{b}_m)$ 是相当方便的,每解一个方程组 $\boldsymbol{A}\boldsymbol{x}=\boldsymbol{b}_j$ 仅需要增加 $n^2$ 次乘除法运算.

矩阵 $\boldsymbol{A}$ 的分解公式(7.4.2)、(7.4.3)又称为 Doolittle **分解公式**.

**2. 选主元的三角分解法**

从直接三角分解公式可看出,当 $u_{rr}=0$ 时计算将中断或者当 $u_{rr}$ 绝对值很小时,按分解公式计算可能引起舍入误差的累积. 但如果 $\boldsymbol{A}$ 非奇异,就可通过交换 $\boldsymbol{A}$ 的行实现矩阵 $\boldsymbol{PA}$ 的 LU 分解,因此可采用与列主元素消去法类似的方法(可以证明下述方法与列主元素消去法等价),将直接三角分解法修改为(部分)选主元的三角分解法.

设第 $r-1$ 步分解已完成,这时有

$$\boldsymbol{A}\to\begin{pmatrix} u_{11} & u_{12} & \cdots & \cdots & \cdots & \cdots & u_{1n} \\ l_{21} & u_{22} & & & & & \vdots \\ l_{31} & l_{32} & \ddots & & & & \vdots \\ \vdots & & \ddots & u_{r-1,r-1} & \cdots & \cdots & u_{n-1,n} \\ \vdots & & & l_{r,r-1} & a_{rr} & \cdots & a_{rn} \\ \vdots & & & \vdots & \vdots & & \vdots \\ l_{n1} & l_{n2} & \cdots & l_{n,r-1} & a_{nr} & \cdots & a_{nn} \end{pmatrix}.$$

第 $r$ 步分解需用到式(7.4.2)及式(7.4.3),为了避免用小的数 $u_{rr}$ 作除数,引进量

$$s_i=a_{ir}-\sum_{k=1}^{r-1}l_{ik}u_{kr}\quad(i=r,r+1,\cdots,n),$$

于是有

$$u_{rr}=s_r,\quad l_{ir}=s_i/s_r\ (i=r+1,\cdots,n),\quad \max_{r\leqslant i\leqslant n}|s_i|=|s_{i_r}|.$$

用 $s_{i_r}$ 作为 $u_{rr}$,交换 $\boldsymbol{A}$ 的 $r$ 行与 $i_r$ 行元素(将 $(i,j)$ 位置的新元素仍记作 $l_{ij}$ 及 $a_{ij}$),于是有 $|l_{ir}|\leqslant 1\ (i=r+1,\cdots,n)$. 由此再进行第 $r$ 步分解计算.

**算法 4** 选主元的三角分解法,其步骤如下:

设 $\boldsymbol{A}\boldsymbol{x}=\boldsymbol{b}$,其中 $\boldsymbol{A}$ 为非奇异矩阵. 本算法采用列主元的三角分解法,用 $\boldsymbol{PA}=\boldsymbol{I}_{n-1,i_{n-1}}\cdots\boldsymbol{I}_{1i_1}\boldsymbol{A}$ 的三角分解冲掉 $\boldsymbol{A}$,用整型数组Ip$(n)$记录主行,解 $\boldsymbol{x}$ 存放在 $\boldsymbol{b}$ 内.

对于 $r=1,2,\cdots,n$,做到步 4.

**步 1** 计算 $s_i$ $\quad a_{ir}\leftarrow s_i=a_{ir}-\sum_{k=1}^{r-1}l_{ik}u_{kr}\quad(i=r,r+1,\cdots,n).$

**步 2** 选主元 $\quad|s_{i_r}|=\max_{r\leqslant i\leqslant n}|s_i|,\quad \mathrm{Ip}(r)\leftarrow i_r.$

**步 3** 交换 $\boldsymbol{A}$ 的 $r$ 行与 $i_r$ 行元素 $\quad a_{ri}\longleftrightarrow a_{i_r i}\quad(i=1,2,\cdots,n).$

**步 4** 计算 $\boldsymbol{U}$ 的第 $r$ 行元素,$\boldsymbol{L}$ 的第 $r$ 列元素

$$a_{rr}=u_{rr}=s_r,$$

$$a_{ir} \leftarrow l_{ir} = s_i / u_{rr} = a_{ir} / a_{rr} \quad (i = r+1, \cdots, n),$$

$$a_{ri} \leftarrow u_{ri} = a_{ri} - \sum_{k=1}^{r-1} l_{rk} u_{ki} \quad (i = r+1, \cdots, n),$$

这时有$|l_{ir}| \leqslant 1$.

上述计算过程完成后就实现了 $\boldsymbol{PA}$ 的 LU 分解，且 $\boldsymbol{U}$ 保存在 $\boldsymbol{A}$ 上三角部分，$\boldsymbol{L}$ 保存在 $\boldsymbol{A}$ 的下三角部分，排列阵 $\boldsymbol{P}$ 由 Ip($n$)最后记录可知.

求解　$\boldsymbol{Ly}=\boldsymbol{Pb}$ 及 $\boldsymbol{Ux}=\boldsymbol{y}$.

**步 5**　$i=1,2,\cdots,n-1$,

(1) $t \leftarrow \mathrm{Ip}(i)$；(2) 如果 $i=t$，则转(3)，否则 $b_i \longleftrightarrow b_t$；(3) 继续循环.

**步 6**
$$b_i \leftarrow b_i - \sum_{k=1}^{i-1} l_{ik} b_k \quad (i = 2,3,\cdots,n).$$

**步 7**　$b_n \leftarrow b_n / u_{nn}$，　$b_i \leftarrow \left(b_i - \sum_{k=i+1}^{n} u_{ik} b_k\right) \Big/ u_{ii} \quad (i = n-1, \cdots, 1).$

利用算法 4 的结果(实现 $\boldsymbol{PA}=\boldsymbol{LU}$ 三角分解)，则可以计算 $\boldsymbol{A}$ 的逆矩阵

$$\boldsymbol{A}^{-1} = \boldsymbol{U}^{-1}\boldsymbol{L}^{-1}\boldsymbol{P}.$$

利用 $\boldsymbol{PA}$ 的三角分解计算 $\boldsymbol{A}^{-1}$ 步骤：

(1) 计算上三角阵的逆矩阵 $\boldsymbol{U}^{-1}$；

(2) 计算 $\boldsymbol{U}^{-1}\boldsymbol{L}^{-1}$；

(3) 交换 $\boldsymbol{U}^{-1}\boldsymbol{L}^{-1}$列(利用 Ip($n$)最后记录).

上述方法求 $\boldsymbol{A}^{-1}$大约需要 $n^3$ 次乘法运算.

## 7.4.2　平方根法

应用有限元法解结构力学问题，最后归结为求解线性方程组，这时系数矩阵大多具有对称正定性质. 所谓平方根法，就是利用对称正定矩阵的三角分解而得到的求解对称正定方程组的一种有效方法，目前在计算机上广泛应用平方根法解此类方程组.

设 $\boldsymbol{A}$ 为对称阵，且 $\boldsymbol{A}$ 的所有顺序主子式均不为零，由定理 7.3 知，$\boldsymbol{A}$ 可唯一分解为式(7.4.1)的形式.

为了利用 $\boldsymbol{A}$ 的对称性，将 $\boldsymbol{U}$ 再分解，即

$$\boldsymbol{U} = \begin{pmatrix} u_{11} & & & \\ & u_{22} & & \\ & & \ddots & \\ & & & u_{nn} \end{pmatrix} \begin{pmatrix} 1 & \dfrac{u_{12}}{u_{11}} & \cdots & \dfrac{u_{1n}}{u_{11}} \\ & \ddots & \ddots & \vdots \\ & & \ddots & \dfrac{u_{n-1,n}}{u_{n-1,n-1}} \\ & & & 1 \end{pmatrix} = \boldsymbol{DU}_0,$$

其中 $\boldsymbol{D}$ 为对角阵，$\boldsymbol{U}_0$ 为单位上三角阵. 于是

$$\boldsymbol{A} = \boldsymbol{LU} = \boldsymbol{LDU}_0. \tag{7.4.6}$$

又
$$A = A^{\mathrm{T}} = U_0^{\mathrm{T}}(DL^{\mathrm{T}}),$$
由分解的唯一性即得 $U_0^{\mathrm{T}}=L$，代入式(7.4.6)得到对称矩阵 $A$ 的分解式 $A=LDL^{\mathrm{T}}$.

总结上述讨论，有以下定理.

**定理 7.7**（对称阵的三角分解定理） 设 $A$ 为 $n$ 阶对称阵，且 $A$ 的所有顺序主子式均不为零，则 $A$ 可唯一分解为
$$A = LDL^{\mathrm{T}},$$
其中 $L$ 为单位下三角阵，$D$ 为对角阵.

现设 $A$ 为对称正定矩阵. 首先说明 $A$ 的分解式 $A=LDL^{\mathrm{T}}$ 中 $D$ 的对角元素 $d_i$ 均为正数. 事实上，由 $A$ 的对称正定性，7.2 节的推论成立，即
$$d_1 = D_1 > 0, \quad d_i = D_i/D_{i-1} > 0 \quad (i = 2,3,\cdots,n).$$
于是
$$D = \begin{pmatrix} d_1 & & \\ & \ddots & \\ & & d_n \end{pmatrix} = \begin{pmatrix} \sqrt{d_1} & & \\ & \ddots & \\ & & \sqrt{d_n} \end{pmatrix} \begin{pmatrix} \sqrt{d_1} & & \\ & \ddots & \\ & & \sqrt{d_n} \end{pmatrix} = D^{\frac{1}{2}} D^{\frac{1}{2}},$$
由定理 7.7 得到
$$A = LDL^{\mathrm{T}} = LD^{\frac{1}{2}} D^{\frac{1}{2}} L^{\mathrm{T}} = (LD^{\frac{1}{2}})(LD^{\frac{1}{2}})^{\mathrm{T}} = L_1 L_1^{\mathrm{T}},$$
其中 $L_1=LD^{\frac{1}{2}}$ 为下三角阵.

**定理 7.8**（对称正定矩阵的三角分解或 Cholesky 分解） 如果 $A$ 为 $n$ 阶对称正定矩阵，则存在一个实的非奇异下三角阵 $L$ 使 $A=LL^{\mathrm{T}}$，当限定 $L$ 的对角元素为正时，这种分解是唯一的.

下面用直接分解方法来确定计算 $L$ 元素的递推公式. 因为
$$A = \begin{pmatrix} l_{11} & & & \\ l_{21} & l_{22} & & \\ \vdots & \vdots & \ddots & \\ l_{n1} & l_{n2} & \cdots & l_{nn} \end{pmatrix} \begin{pmatrix} l_{11} & l_{21} & \cdots & l_{n1} \\ & l_{22} & \cdots & l_{n2} \\ & & \ddots & \vdots \\ & & & l_{nn} \end{pmatrix},$$
其中 $l_{ii}>0$ $(i=1,2,\cdots,n)$. 由矩阵乘法及 $l_{jk}=0$ （当 $j<k$ 时），得
$$a_{ij} = \sum_{k=1}^{n} l_{ik} l_{jk} = \sum_{k=1}^{j-1} l_{ik} l_{jk} + l_{jj} l_{ij},$$
于是得到以下解对称正定方程组 $Ax=b$ 的平方根法计算公式.

对于 $j=1,2,\cdots,n$，

**步 1**
$$l_{jj} = \left(a_{jj} - \sum_{k=1}^{j-1} l_{jk}^2\right)^{\frac{1}{2}}. \tag{7.4.7}$$

**步 2**
$$l_{ij} = \left(a_{ij} - \sum_{k=1}^{j-1} l_{ik} l_{jk}\right) \Big/ l_{jj} \quad (i = j+1,\cdots,n),$$

求解 $\boldsymbol{Ax}=\boldsymbol{b}$，即求解如下两个三角方程组：

(1) $\boldsymbol{Ly}=\boldsymbol{b}$，求 $\boldsymbol{y}$；　　(2) $\boldsymbol{L}^{\mathrm{T}}\boldsymbol{x}=\boldsymbol{y}$，求 $\boldsymbol{x}$.

**步 3**　$$y_i=\left(b_i-\sum_{k=1}^{i-1}l_{ik}y_k\right)\Big/l_{ii}\quad(i=1,2,\cdots,n).\tag{7.4.8}$$

**步 4**　$$x_i=\left(b_i-\sum_{k=i+1}^{n}l_{ki}x_k\right)\Big/l_{ii}\quad(i=n,n-1,\cdots,1).$$

由式(7.4.7)知 $a_{jj}=\sum\limits_{k=1}^{j}l_{jk}^2\quad(j=1,2,\cdots,n)$，所以

$$l_{jk}^2\leqslant a_{jj}\leqslant\max_{1\leqslant j\leqslant n}\{a_{jj}\},$$

$$\max_{j,k}\{l_{jk}^2\}\leqslant\max_{1\leqslant j\leqslant n}\{a_{jj}\}.$$

上面分析说明，分解过程中元素 $l_{jk}$ 的数量级不会增长且对角元素 $l_{jj}$ 恒为正数. 于是不选主元素的平方根法是一个数值稳定的方法.

当求出 $\boldsymbol{L}$ 的第 $j$ 列元素时，$\boldsymbol{L}^{\mathrm{T}}$ 的第 $j$ 行元素亦就算出，所以平方根法约需 $n^3/6$ 次乘除法运算，大约为一般直接 LU 分解法计算量的一半.

由于 $\boldsymbol{A}$ 为对称阵，因此在用计算机计算时只需存储 $\boldsymbol{A}$ 的下三角部分，共需要存储 $n(n+1)/2$ 个元素，可用一维数组存放，即 $\{a_{11},a_{21},a_{22},\cdots,a_{n1},a_{n2},\cdots,a_{nn}\}$.

矩阵元素 $a_{ij}$ 存放于一维数组的第 $\left(i\cdot\dfrac{i-1}{2}+j\right)$ 个元素，$\boldsymbol{L}$ 的元素存放在 $\boldsymbol{A}$ 的相应位置.

由式(7.4.7)可看出，用平方根法解对称正定方程组时，计算 $\boldsymbol{L}$ 的元素 $l_{ii}$ 需要用到开方运算，为了避免开方运算，下面用定理 7.7 的分解式 $\boldsymbol{A}=\boldsymbol{LDL}^{\mathrm{T}}$，即

$$\boldsymbol{A}=\begin{pmatrix}1&&&&\\l_{21}&1&&&\\l_{31}&l_{32}&1&&\\\vdots&\vdots&\ddots&\ddots&\\l_{n1}&l_{n2}&\cdots&l_{n,n-1}&1\end{pmatrix}\begin{pmatrix}d_1&&&\\&d_2&&\\&&\ddots&\\&&&\ddots&\\&&&&d_n\end{pmatrix}\begin{pmatrix}1&l_{21}&l_{31}&\cdots&l_{n1}\\&1&l_{32}&\cdots&l_{n2}\\&&\ddots&\ddots&\vdots\\&&&\ddots&l_{n-1,n-1}\\&&&&1\end{pmatrix},$$

按行计算 $\boldsymbol{L}$ 的元素 $l_{ij}\ (j=1,2,\cdots,i-1)$. 由矩阵乘法，并注意 $l_{jj}=1,l_{jk}=0\ (j<k)$，得

$$a_{ij}=\sum_{k=1}^{n}(\boldsymbol{LD})_{ik}(\boldsymbol{L}^{\mathrm{T}})_{kj}=\sum_{k=1}^{n}l_{ik}d_kl_{jk}=\sum_{k=1}^{j-1}l_{ik}d_kl_{jk}+l_{ij}d_jl_{jj}.$$

于是得到以下计算 $\boldsymbol{L}$ 的元素及 $\boldsymbol{D}$ 的对角元素公式：

对于 $i=1,2,\cdots,n$，

**步 1**　$$l_{ij}=\left(a_{ij}-\sum_{k=1}^{j-1}l_{ik}d_kl_{jk}\right)\Big/d_j\quad(j=1,2,\cdots,i-1).\tag{7.4.9}$$

**步 2**　$$d_i=a_{ii}-\sum_{k=1}^{i-1}l_{ik}^2d_k.$$

为避免重复计算，引进 $t_{ij}=l_{ij}d_j$，由式(7.4.9)得到以下按行计算 $\boldsymbol{L},\boldsymbol{T}$ 元素的公式：

对于 $i=1,2,\cdots,n$，

**步 1**
$$t_{ij}=a_{ij}-\sum_{k=1}^{j-1}t_{ik}l_{jk}\quad (j=1,2,\cdots,i-1).$$

**步 2**
$$l_{ij}=t_{ij}/d_j\ (j=1,2,\cdots,i-1).$$

**步 3**
$$d_i=a_{ii}-\sum_{k=1}^{i-1}t_{ik}l_{ik}.\tag{7.4.10}$$

计算出 $\boldsymbol{T}=\boldsymbol{LD}$ 的第 $i$ 行元素 $t_{ij}$ $(j=1,2,\cdots,i-1)$后，存放在 $\boldsymbol{A}$ 的第 $i$ 行相应位置，然后再计算 $\boldsymbol{L}$ 的第 $i$ 行元素，存放在 $\boldsymbol{A}$ 的第 $i$ 行. $\boldsymbol{D}$ 的对角元素存放在 $\boldsymbol{A}$ 的相应位置. 例如，

$$\boldsymbol{A}=\begin{pmatrix}a_{11}&a_{21}&a_{31}&a_{41}\\a_{21}&a_{22}&a_{32}&a_{42}\\a_{31}&a_{32}&a_{33}&a_{43}\\a_{41}&a_{42}&a_{43}&a_{44}\end{pmatrix}\rightarrow\begin{pmatrix}d_1&&&\\l_{21}&d_2&&\\l_{31}&l_{32}&d_3&\\t_{41}&t_{42}&t_{43}&t_{44}\end{pmatrix}\rightarrow\begin{pmatrix}d_1&&&\\l_{21}&d_2&&\\l_{31}&l_{32}&d_3&\\l_{41}&l_{42}&l_{43}&d_4\end{pmatrix}.$$

对称正定矩阵 $\boldsymbol{A}$ 按 $\boldsymbol{LDL}^{\mathrm{T}}$ 分解和按 $\boldsymbol{LL}^{\mathrm{T}}$ 分解计算量差不多，但 $\boldsymbol{LDL}^{\mathrm{T}}$ 分解不需要开方计算. 求解 $\boldsymbol{Ly}=\boldsymbol{b},\boldsymbol{DL}^{\mathrm{T}}\boldsymbol{x}=\boldsymbol{y}$ 的计算公式分别为步 4、步 5 所述公式.

**步 4**
$$\begin{cases}y_1=b_1,\\ y_i=b_i-\sum\limits_{k=1}^{i-1}l_{ik}y_k\quad (i=2,\cdots,n).\end{cases}\tag{7.4.11}$$

**步 5**
$$\begin{cases}x_n=y_n/d_n,\\ x_i=y_i/d_i-\sum\limits_{k=i+1}^{n}l_{ki}x_k\quad (i=n-1,\cdots,2,1).\end{cases}$$

计算公式(7.4.10)、(7.4.11)称为**改进的平方根法**.

### 7.4.3 追赶法

在一些实际问题中，例如解常微分方程边值问题，解热传导方程以及船体数学放样中建立三次样条函数等中，都会要求解系数矩阵为对角占优的三对角方程组

$$\begin{pmatrix}b_1&c_1&&&&\\a_2&b_2&c_2&&&\\&\ddots&\ddots&\ddots&&\\&&a_i&b_i&c_i&\\&&&\ddots&\ddots&\ddots\\&&&a_{n-1}&b_{n-1}&c_{n-1}\\&&&&a_n&b_n\end{pmatrix}\begin{pmatrix}x_1\\x_2\\\vdots\\x_i\\\vdots\\x_{n-1}\\x_n\end{pmatrix}=\begin{pmatrix}f_1\\f_2\\\vdots\\f_i\\\vdots\\f_{n-1}\\f_n\end{pmatrix},$$

简记作
$$Ax=f, \tag{7.4.12}$$
其中 $A$ 满足下列对角占优条件：

(1) $|b_1|>|c_1|>0$；

(2) $|b_i|\geqslant|a_i|+|c_i|$，$a_i,c_i\neq 0\ (i=2,3,\cdots,n-1)$；

(3) $|b_n|>|a_n|>0$.

下面利用矩阵的直接三角分解法来推导解三对角方程组(7.4.12)的计算公式.由系数阵 $A$ 的特点,可以将 $A$ 分解为两个三角阵的乘积,即
$$A=LU$$
其中 $L$ 为下三角阵,$U$ 为单位上三角阵.下面说明这种分解是可能的.设
$$A=\begin{pmatrix} b_1 & c_1 & & & \\ a_2 & b_2 & c_2 & & \\ & \ddots & \ddots & \ddots & \\ & & a_{n-1} & b_{n-1} & c_{n-1} \\ & & & a_n & b_n \end{pmatrix}=\begin{pmatrix} \alpha_1 & & & & \\ \gamma_2 & \alpha_2 & & & \\ & \gamma_3 & \alpha_3 & & \\ & & \ddots & \ddots & \\ & & & \gamma_n & \alpha_n \end{pmatrix}\begin{pmatrix} 1 & \beta_1 & & & \\ & 1 & \beta_2 & & \\ & & \ddots & \ddots & \\ & & & 1 & \beta_{n-1} \\ & & & & 1 \end{pmatrix}, \tag{7.4.13}$$
其中 $\alpha_i,\beta_i,\gamma_i$ 为待定系数.比较式(7.4.13)两端即得
$$\left.\begin{array}{l} b_1=\alpha_1,\quad c_1=\alpha_1\beta_1, \\ a_i=\gamma_i,\quad b_i=\gamma_i\beta_{i-1}+\alpha_i\quad (i=2,\cdots,n), \\ c_i=\alpha_i\beta_i\quad (i=2,3,\cdots,n-1). \end{array}\right\} \tag{7.4.14}$$
由 $\alpha_1=b_1\neq 0$,$|b_1|>|c_1|>0$,$\beta_1=c_1/b_1$,得 $0<|\beta_1|<1$.下面用归纳法证明
$$|\alpha_i|>|c_i|\neq 0\quad (i=1,2,\cdots,n-1), \tag{7.4.15}$$
即
$$0<|\beta_i|<1,$$
从而由式(7.4.14)可求出 $\beta_i$.

式(7.4.15)对 $i=1$ 是成立的.现设式(7.4.15)对 $i-1$ 成立,求证对 $i$ 亦成立.

由归纳法假设 $0<|\beta_{i-1}|<1$,又由式(7.4.15)及 $A$ 的假设条件,有
$$|\alpha_i|=|b_i-a_i\beta_{i-1}|\geqslant|b_i|-|a_i\beta_{i-1}|>|b_i|-|a_i|\geqslant|c_i|\neq 0,$$
也就是 $0<|\beta_i|<1$.由式(7.4.14)得到
$$\alpha_i=b_i-a_i\beta_{i-1}\quad (i=2,3,\cdots,n),\quad \beta_i=c_i/(b_i-a_i\beta_{i-1})\quad (i=2,3,\cdots,n-1).$$
这就是说,由 $A$ 的假设条件完全确定了$\{\alpha_i\}$,$\{\beta_i\}$,$\{\gamma_i\}$,实现了 $A$ 的 LU 分解.

求解 $Ax=f$ 等价于解两个三角方程组 $Ly=f$ 与 $Ux=y$,先后求 $y$ 与 $x$,从而得到以下解三对角方程组的**追赶法公式**：

**步 1** 计算$\{\beta_i\}$的递推公式
$$\beta_1=c_1/b_1,\quad \beta_i=c_i/(b_i-a_i\beta_{i-1})\quad (i=2,3,\cdots,n-1);$$

**步 2** 解 $Ly=f$：$y_1=f_1/b_1$，$y_i=(f_i-a_iy_{i-1})/(b_i-a_i\beta_{i-1})\quad (i=2,3,\cdots,n)$；

**步 3** 解 $Ux=y$：$x_n=y_n$，$x_i=y_i-\beta_ix_{i+1}\quad (i=n-1,n-2,\cdots,2,1)$.

将计算系数 $\beta_1\to\beta_2\to\cdots\to\beta_{n-1}$ 及 $y_1\to y_2\to\cdots\to y_n$ 的过程称为**追的过程**，将计算方程组的解 $x_n\to x_{n-1}\to\cdots\to x_1$ 的过程称为**赶的过程**.

总结上述讨论，有以下定理.

**定理 7.9** 设有三对角方程组 $\boldsymbol{Ax}=\boldsymbol{f}$，其中 $\boldsymbol{A}$ 满足对角占优条件，则 $\boldsymbol{A}$ 为非奇异矩阵且由追赶法计算公式中 $\{\alpha_i\}$，$\{\beta_i\}$ 满足：

1° $0<|\beta_i|<1 \quad (i=1,2,\cdots,n-1)$；

2° $0<|c_i|\leqslant|b_i|-|a_i|<|\alpha_i|<|b_i|+|a_i| \quad (i=2,3,\cdots,n-1)$，

$0<|b_n|-|a_n|<|\alpha_n|<|b_n|+|a_n|$.

追赶法公式实际上就是把 Gauss 消去法用到求解三对角方程组上去的结果. 这时由于 $\boldsymbol{A}$ 特别简单，因此使得求解的计算公式也非常简单，计算量仅为 $5n-4$ 次乘除法运算，而另外增加解一个方程组 $\boldsymbol{Ax}=\boldsymbol{f}_2$ 仅需增加 $3n-2$ 次乘除运算. 易见追赶法的计算量是比较小的.

定理 7.9 的 1°、2°说明追赶法计算公式中不会出现中间结果数量级的巨大增长和舍入误差的严重累积.

在用计算机计算时，只需用三个一维数组分别存储 $\boldsymbol{A}$ 的三条对角线元素 $\{a_i\}$，$\{b_i\}$，$\{c_i\}$，此外还需要用两组存储单元保存 $\{\beta_i\}$，$\{y_i\}$ 或 $\{x_i\}$.

## 7.5 向量和矩阵的范数

为了研究线性方程组近似解的误差估计和迭代法的收敛性，需要对 $\mathbf{R}^n$（$n$ 维向量空间）中向量（或 $\mathbf{R}^{n\times n}$ 中矩阵）的"大小"引进某种度量——向量（或矩阵）范数的概念. 向量范数概念是三维 Euclid 空间中向量长度概念的推广，在数值分析中起着重要作用.

我们用 $\mathbf{R}^n$ 表示 $n$ 维实向量空间，用 $\mathbf{C}^n$ 表示 $n$ 维复向量空间，首先将向量长度概念推广到 $\mathbf{R}^n$（或 $\mathbf{C}^n$）中.

**定义 7.1** 设

$$\boldsymbol{x}=(x_1,x_2,\cdots,x_n)^{\mathrm{T}}, \quad \boldsymbol{y}=(y_1,y_2,\cdots,y_n)^{\mathrm{T}}\in\mathbf{R}^n（或 \mathbf{C}^n），$$

将实数 $(\boldsymbol{x},\boldsymbol{y})=\boldsymbol{y}^{\mathrm{T}}\boldsymbol{x}=\sum_{i=1}^{n}x_iy_i$（或复数 $(\boldsymbol{x},\boldsymbol{y})=\boldsymbol{y}^H\boldsymbol{x}=\sum_{i=1}^{n}x_i\overline{y_i}$，其中 $\boldsymbol{y}^H=\overline{\boldsymbol{y}}^{\mathrm{T}}$）称为向量 $\boldsymbol{x},\boldsymbol{y}$ 的**数量积**. 将非负实数

$$\|\boldsymbol{x}\|_2=(\boldsymbol{x},\boldsymbol{x})^{\frac{1}{2}}=\left(\sum_{i=1}^{n}x_i^2\right)^{\frac{1}{2}}$$

或

$$\|\boldsymbol{x}\|_2=(\boldsymbol{x},\boldsymbol{x})^{\frac{1}{2}}=\left(\sum_{i=1}^{n}|x_i|^2\right)^{\frac{1}{2}}$$

称为向量 $\boldsymbol{x}$ 的 Euclid **范数**.

下述定理可在线性代数书中找到.

**定理 7.10** 设 $\boldsymbol{x},\boldsymbol{y}\in\mathbf{R}^n$(或 $\mathbf{C}^n$),则

1° $(\boldsymbol{x},\boldsymbol{x})=0$,当且仅当 $\boldsymbol{x}=\boldsymbol{0}$ 时成立;

2° $(\alpha\boldsymbol{x},\boldsymbol{y})=\alpha(\boldsymbol{x},\boldsymbol{y})$,$\alpha$ 为实数(或$(\boldsymbol{x},\alpha\boldsymbol{y})=\bar{\alpha}(\boldsymbol{x},\boldsymbol{y})$,$\alpha$ 为复数);

3° $(\boldsymbol{x},\boldsymbol{y})=(\boldsymbol{y},\boldsymbol{x})$(或$(\boldsymbol{x},\boldsymbol{y})=\overline{(\boldsymbol{y},\boldsymbol{x})}$);

4° $(\boldsymbol{x}_1+\boldsymbol{x}_2,\boldsymbol{y})=(\boldsymbol{x}_1,\boldsymbol{y})+(\boldsymbol{x}_2,\boldsymbol{y})$;

5° (Cauchy-Schwarz 不等式)$|(\boldsymbol{x},\boldsymbol{y})|\leqslant\|\boldsymbol{x}\|_2\cdot\|\boldsymbol{y}\|_2$,等式当且仅当 $\boldsymbol{x}$ 与 $\boldsymbol{y}$ 线性相关时成立;

6° (三角不等式)$\|\boldsymbol{x}+\boldsymbol{y}\|_2\leqslant\|\boldsymbol{x}\|_2+\|\boldsymbol{y}\|_2$.

还可以用其他办法来度量 $\mathbf{R}^n$ 中向量的"大小". 例如 $\boldsymbol{x}=(x_1,x_2)^{\mathrm{T}}\in\mathbf{R}^2$,用一个 $\boldsymbol{x}$ 的函数 $N(\boldsymbol{x})=\max\limits_{i=1,2}|x_i|$ 求度量 $\boldsymbol{x}$ 的"大小",而且这种度量 $\boldsymbol{x}$"大小"的方法计算起来比 Euclid 范数方便. 在许多应用中,对度量向量 $\boldsymbol{x}$"大小"的函数 $N(\boldsymbol{x})$都要求是正定的、齐次的且满足三角不等式. 下面给出向量范数的一般定义.

**定义 7.2**(向量的范数) 如果向量 $\boldsymbol{x}\in\mathbf{R}^n$(或 $\mathbf{C}^n$)的某个实值函数 $N(\boldsymbol{x})=\|\boldsymbol{x}\|$,满足条件

1° $\|\boldsymbol{x}\|\geqslant0$($\|\boldsymbol{x}\|=0$ 当且仅当 $\boldsymbol{x}=\boldsymbol{0}$) (正定条件);

2° $\|\alpha\boldsymbol{x}\|=|\alpha|\,\|\boldsymbol{x}\|$,$\forall\alpha\in\mathbf{R}$(或 $\alpha\in\mathbf{C}$); (7.5.1)

3° $\|\boldsymbol{x}+\boldsymbol{y}\|\leqslant\|\boldsymbol{x}\|+\|\boldsymbol{y}\|$ (三角不等式),

则称 $N(\boldsymbol{x})$是 $\mathbf{R}^n$(或 $\mathbf{C}^n$)上的一个**向量范数(或模)**.

由条件 3°可推出不等式 $|\,\|\boldsymbol{x}\|-\|\boldsymbol{y}\|\,|\leqslant\|\boldsymbol{x}-\boldsymbol{y}\|$. (7.5.2)

下面给出几种常用的向量范数.

(1) 向量的∞-**范数(最大范数)**:$\|\boldsymbol{x}\|_\infty=\max\limits_{1\leqslant i\leqslant n}|x_i|$.

容易验证这样定义的向量 $\boldsymbol{x}$ 的函数 $N(\boldsymbol{x})=\|\boldsymbol{x}\|_\infty$满足向量范数的三个条件.

(2) 向量的 1-**范数**:$\|\boldsymbol{x}\|_1=\sum\limits_{i=1}^{n}|x_i|$. 同样可证 $N(\boldsymbol{x})=\|\boldsymbol{x}\|_1$ 是 $\mathbf{R}^n$ 上的一个向量范数.

(3) 向量的 2- **范数**:$\|\boldsymbol{x}\|_2=(\boldsymbol{x},\boldsymbol{x})^{\frac{1}{2}}=\left(\sum\limits_{i=1}^{n}x_i^2\right)^{\frac{1}{2}}$. 由定理 7.10 知,$N(\boldsymbol{x})=\|\boldsymbol{x}\|_2$ 是 $\mathbf{R}^n$ 上一个向量范数,称为向量 $\boldsymbol{x}$ 的 Euclid 范数.

(4) 向量的 $p$- **范数**:$\|\boldsymbol{x}\|_p=\left(\sum\limits_{i=1}^{n}|x_i|^p\right)^{1/p}$,其中 $p\in[1,\infty)$. 可以证明向量函数 $N(\boldsymbol{x})\equiv\|\boldsymbol{x}\|_p$ 是 $\mathbf{R}^n$ 上向量的范数,且容易说明上述三种范数是 $p$ 范数的特殊情况($\|\boldsymbol{x}\|_\infty=\lim\limits_{p\to\infty}\|x\|_p$).

**例 7.6** 计算向量 $\boldsymbol{x}=(1,-2,3)^{\mathrm{T}}$ 的各种范数.

**解** $\|\boldsymbol{x}\|_1=6$，$\|\boldsymbol{x}\|_\infty=3$，$\|\boldsymbol{x}\|_2=\sqrt{14}$.

**定义 7.3** 设$\{\boldsymbol{x}^{(k)}\}$为 $\mathbf{R}^n$ 中一向量序列，$\boldsymbol{x}^*\in\mathbf{R}^n$，记 $\boldsymbol{x}^{(k)}=(x_1^{(k)},x_2^{(k)},\cdots,x_n^{(k)})^{\mathrm{T}}$，$\boldsymbol{x}^*=(x_1^*,x_2^*,\cdots,x_n^*)^{\mathrm{T}}$. 如果$\lim\limits_{k\to\infty}x_i^{(k)}=x_i^*\ (i=1,2,\cdots,n)$，则称 $\boldsymbol{x}^{(k)}$ **收敛**于向量 $x^*$，记作

$$\lim_{k\to\infty}\boldsymbol{x}^{(k)}=\boldsymbol{x}^*.$$

**定理 7.11**（$N(\boldsymbol{x})$的连续性） 设非负函数 $N(\boldsymbol{x})=\|\boldsymbol{x}\|$ 为 $\mathbf{R}^n$ 上任一向量范数，则$N(\boldsymbol{x})$是 $\boldsymbol{x}$ 分量 $x_1,x_2,\cdots,x_n$ 的连续函数.

**证明** 设 $\boldsymbol{x}=\sum\limits_{i=1}^n x_j\boldsymbol{e}_i$，$\boldsymbol{y}=\sum\limits_{i=1}^n y_i\boldsymbol{e}_i$，其中 $\boldsymbol{e}_i=(0,\cdots,1,0,\cdots,0)^{\mathrm{T}}$（即第 $i$ 个元素为 1）.

只需证明当 $\boldsymbol{x}\to\boldsymbol{y}$ 时 $N(\boldsymbol{x})\to N(\boldsymbol{y})$即可. 事实上，

$$\begin{aligned}|N(\boldsymbol{x})-N(\boldsymbol{y})|&=|\,\|\boldsymbol{x}\|-\|\boldsymbol{y}\|\,|\leqslant\|\boldsymbol{x}-\boldsymbol{y}\|=\left\|\sum_{i=1}^n(x_i-y_i)\boldsymbol{e}_i\right\|\\&\leqslant\sum_{i=1}^n|x_i-y_i|\,\|\boldsymbol{e}_i\|\leqslant\|\boldsymbol{x}-\boldsymbol{y}\|_\infty\sum_{i=1}^n\|\boldsymbol{e}_i\|,\end{aligned}$$

即
$$|N(\boldsymbol{x})-N(\boldsymbol{y})|\leqslant c\|\boldsymbol{x}-\boldsymbol{y}\|_\infty\to 0\quad(\text{当 }\boldsymbol{x}\to\boldsymbol{y}\text{ 时}),$$

其中
$$c=\sum_{i=1}^n\|\boldsymbol{e}_i\|.$$

**定理 7.12**（向量范数的等价性） 设 $\|\boldsymbol{x}\|_s$，$\|\boldsymbol{x}\|_t$ 为 $\mathbf{R}^n$ 上向量的任意两种范数，则存在常数 $c_1,c_2>0$，使得

$$c_1\|\boldsymbol{x}\|_s\leqslant\|\boldsymbol{x}\|_t\leqslant c_2\|\boldsymbol{x}\|_s,\quad \text{对一切 }\boldsymbol{x}\in\mathbf{R}^n.$$

**证明** 只要就 $\|\boldsymbol{x}\|_s=\|\boldsymbol{x}\|_\infty$ 证明上式成立即可，即证明存在常数 $c_1,c_2>0$，使

$$c_1\leqslant\frac{\|\boldsymbol{x}\|_t}{\|\boldsymbol{x}\|_\infty}\leqslant c_2,\quad \text{对一切 }\boldsymbol{x}\in\mathbf{R}^n\text{ 且 }\boldsymbol{x}\neq\boldsymbol{0}.$$

考虑泛函 $f(\boldsymbol{x})=\|\boldsymbol{x}\|_t\geqslant 0$，$\boldsymbol{x}\in\mathbf{R}^n$.

记 $S=\{\boldsymbol{x}\mid\|\boldsymbol{x}\|_\infty=1,\boldsymbol{x}\in\mathbf{R}^n\}$，则 $S$ 是一个有界闭集. 由于 $f(\boldsymbol{x})$为 $S$ 上的连续函数，所以 $f(\boldsymbol{x})$于 $S$ 上达到最大、最小值. 设 $\boldsymbol{x}\in\mathbf{R}^n$ 且 $\boldsymbol{x}\neq 0$，则$\dfrac{\boldsymbol{x}}{\|\boldsymbol{x}\|_\infty}\in S$，从而有

$$f(\boldsymbol{x}')=c_1\leqslant f\left(\frac{\boldsymbol{x}}{\|\boldsymbol{x}\|_\infty}\right)\leqslant c_2=f(\boldsymbol{x}''),\tag{7.5.3}$$

其中 $\boldsymbol{x}',\boldsymbol{x}''\in S$. 显然 $c_1,c_2>0$，上式为 $c_1\leqslant\left\|\dfrac{\boldsymbol{x}}{\|\boldsymbol{x}\|_\infty}\right\|\leqslant c_2$，即

$$c_1\|\boldsymbol{x}\|_\infty\leqslant\|\boldsymbol{x}\|_t\leqslant c_2\|\boldsymbol{x}\|_\infty,\quad \text{对一切 }\boldsymbol{x}\in\mathbf{R}^n.$$

注意，定理 7.12 不能推广到无穷维空间. 由定理 7.12 可得到结论：如果在一种范数意义下向量序列收敛，则在任何一种范数意义下该向量序列亦收敛.

**定理 7.13**　$\lim\limits_{k\to\infty}\boldsymbol{x}^{(k)}=\boldsymbol{x}^* \Longleftrightarrow \|\boldsymbol{x}^{(k)}-\boldsymbol{x}^*\|\to 0$ （当 $k\to\infty$ 时），其中 $\|\cdot\|$ 为向量的任一种范数.

**证明**　显然，$\lim\limits_{k\to\infty}\boldsymbol{x}^{(k)}=\boldsymbol{x}^* \Longleftrightarrow \|\boldsymbol{x}^{(k)}-\boldsymbol{x}^*\|_\infty\to 0$ （当 $k\to\infty$ 时），而对于 $\mathbf{R}^n$ 上任一种范数 $\|\cdot\|$，由定理 7.11，存在常数 $c_1,c_2>0$，使

$$c_1\|\boldsymbol{x}^{(k)}-\boldsymbol{x}^*\|_\infty\leqslant\|\boldsymbol{x}^{(k)}-\boldsymbol{x}^*\|\leqslant c_2\|\boldsymbol{x}^{(k)}-\boldsymbol{x}^*\|_\infty,$$

于是又有　$\|\boldsymbol{x}^{(k)}-\boldsymbol{x}^*\|_\infty\to 0 \Longleftrightarrow \|\boldsymbol{x}^{(k)}-\boldsymbol{x}^*\|\to 0$ （当 $k\to\infty$ 时）.

下面将向量范数概念推广到矩阵上去. 用 $\mathbf{R}^{n\times n}$ 表示 $n\times n$ 矩阵的集合（本质上是和 $\mathbf{R}^{n\times n}$ 一样的向量空间），则由 $\mathbf{R}^{n\times n}$ 上 2-范数可以得到 $\mathbf{R}^{n\times n}$ 中矩阵的一种范数

$$F(\boldsymbol{A})=\|\boldsymbol{A}\|_F=\left(\sum_{i,j=1}^{n}a_{ij}^2\right)^{\frac{1}{2}}$$

称为 $\boldsymbol{A}$ 的 Frobenius **范数**. $\|\boldsymbol{A}\|_F$ 显然满足正定性、齐次性及三角不等式.

下面给出矩阵范数的一般定义.

**定义 7.4**（矩阵范数）　如果矩阵 $\boldsymbol{A}\in\mathbf{R}^{n\times n}$ 的某个非负的实值函数 $N(\boldsymbol{A})=\|\boldsymbol{A}\|$，满足条件

1° $\|\boldsymbol{A}\|\geqslant 0$（$\|\boldsymbol{A}\|=0\Longleftrightarrow\boldsymbol{A}=0$）　（正定条件）；

2° $\|c\boldsymbol{A}\|=|c|\,\|\boldsymbol{A}\|$，$c$ 为实数　（齐次条件）；　(7.5.4)

3° $\|\boldsymbol{A}+\boldsymbol{B}\|\leqslant\|\boldsymbol{A}\|+\|\boldsymbol{B}\|$　（三角不等式）；

4° $\|\boldsymbol{AB}\|\leqslant\|\boldsymbol{A}\|\,\|\boldsymbol{B}\|$，

则称 $N(\boldsymbol{A})$ 是 $\mathbf{R}^{n\times n}$ 上的一个**矩阵范数**（或模）.

上面定义的 $F(\boldsymbol{A})=\|\boldsymbol{A}\|_F$ 就是 $\mathbf{R}^{n\times n}$ 上的一个矩阵范数.

由于在大多数与估计有关的问题中，矩阵和向量会同时参与讨论，所以希望引进一种矩阵的范数，它是和向量范数相联系而且和向量范数相容的，即

$$\|\boldsymbol{Ax}\|\leqslant\|\boldsymbol{A}\|\,\|\boldsymbol{x}\| \tag{7.5.5}$$

对于任意向量 $\boldsymbol{x}\in\mathbf{R}^n$ 及 $\boldsymbol{A}\in\mathbf{R}^{n\times n}$ 都成立.

为此再引进一种矩阵范数.

**定义 7.5**（矩阵的算子范数）　设 $\boldsymbol{x}\in\mathbf{R}^n$，$\boldsymbol{A}\in\mathbf{R}^{n\times n}$，给出一种向量范数 $\|\boldsymbol{x}\|_v$（如 $v=1,2$ 或 $\infty$），相应地定义一个矩阵的非负函数

$$\|\boldsymbol{A}\|_v=\max_{x\neq 0}\frac{\|\boldsymbol{Ax}\|_v}{\|\boldsymbol{x}\|_v}. \tag{7.5.6}$$

可验证 $\|\boldsymbol{A}\|_v$ 满足定义 7.4（见下面定理），所以 $\|\boldsymbol{A}\|_v$ 是 $\mathbf{R}^{n\times n}$ 上的一个矩阵范数，称为 $\boldsymbol{A}$ 的**算子范数**.

**定理 7.14**　设 $\|\boldsymbol{x}\|_v$ 是 $\mathbf{R}^n$ 上一个向量范数，则 $\|\boldsymbol{A}\|_v$ 是 $\mathbf{R}^{n\times n}$ 上的矩阵范数，且满足相容条件

$$\|\boldsymbol{Ax}\|_v\leqslant\|\boldsymbol{A}\|_v\|\boldsymbol{x}\|_v. \tag{7.5.7}$$

**证明**　由式(7.5.6)知，相容性条件式(7.5.7)是显然的. 现只验证定义 7.4 中条

件 4°.

由式(7.5.7),有

$$\|ABx\|_v\leqslant\|A\|_v\|Bx\|_v\leqslant\|A\|_v\|B\|_v\|x\|_v.$$

当 $x\neq 0$ 时,有

$$\frac{\|ABx\|_v}{\|x\|_v}\leqslant\|A\|_v\|B\|_v,\quad \|AB\|_v=\max_{x\neq 0}\frac{\|ABx\|_v}{\|x\|_v}\leqslant\|A\|_v\|B\|_v.$$

显然这种矩阵范数 $\|A\|_v$ 依赖于向量范数 $\|x\|_v$ 的具体含义. 也就是说,当给出一种具体的向量范数 $\|x\|_v$ 时,相应地就得到了一种矩阵范数 $\|A\|_v$.

**定理 7.15** 设 $x\in\mathbf{R}^n$,$A\in\mathbf{R}^{n\times n}$,则

1° $\|A\|_\infty=\max\limits_{1\leqslant i\leqslant n}\sum\limits_{j=1}^{n}|a_{ij}|$ (称为 $A$ 的**行范数**);

2° $\|A\|_1=\max\limits_{1\leqslant j\leqslant n}\sum\limits_{i=1}^{n}|a_{ij}|$ (称为 $A$ 的**列范数**);

3° $\|A\|_2=\sqrt{\lambda_{\max}(A^{\mathrm{T}}A)}$ (称为 $A$ 的 2- **范数**),

其中 $\lambda_{\max}(A^{\mathrm{T}}A)$表示 $A^{\mathrm{T}}A$ 的最大特征值.

**证明** 只就1°、3°给出证明,2°同理可证.

1° 设 $x=(x_1,x_2,\cdots,x_n)^{\mathrm{T}}\neq\mathbf{0}$, 不妨设 $A\neq\mathbf{0}$. 记 $t=\max|x_i|$, $\mu=\max\limits_{1\leqslant i\leqslant n}\sum\limits_{j=1}^{n}|a_{ij}|$,则

$$\|Ax\|_\infty=\max_{1\leqslant i\leqslant n}\left|\sum_{j=1}^{n}a_{ij}x_j\right|\leqslant\max_i\sum_{j=1}^{n}|a_{ij}||x_j|\leqslant t\max_i\sum_{j=1}^{n}|a_{ij}|.$$

这说明,对于任何非零 $x\in\mathbf{R}^n$,有

$$\frac{\|Ax\|_\infty}{\|x\|_\infty}\leqslant\mu. \tag{7.5.8}$$

下面说明,有一向量 $x_0\neq\mathbf{0}$,使$\dfrac{\|Ax_0\|_\infty}{\|x_0\|_\infty}=\mu$. 设 $\mu=\sum\limits_{j=1}^{n}|a_{i_0j}|$,取向量

$$x_0=(x_1,x_2,\cdots,x_n)^{\mathrm{T}},$$

其中

$$x_j=\operatorname{sgn}(a_{i_0j})\quad(j=1,2,\cdots,n).$$

显然 $\|x_0\|_\infty=1$,且 $Ax_0$ 的第 $i_0$ 个分量为$\sum\limits_{i=1}^{n}a_{i_0j}x_j=\sum\limits_{j=1}^{n}|a_{i_0j}|$,这说明

$$\|Ax_0\|_\infty=\max_i\sum_{j=1}^{n}|a_{ij}x_j|=\sum_{j=1}^{n}|a_{i_0j}|=\mu.$$

3° 由于 $\|Ax\|_2^2=(Ax,Ax)=(A^{\mathrm{T}}Ax,x)\geqslant 0$,对于一切 $x\in\mathbf{R}^n$,从而 $A^{\mathrm{T}}A$ 的特征值为非负实数,设为

$$\lambda_1\geqslant\lambda_2\geqslant\cdots\geqslant\lambda_n\geqslant 0. \tag{7.5.9}$$

$A^{\mathrm{T}}A$ 为对称矩阵,设 $u_1,u_2,\cdots,u_n$ 为 $A^{\mathrm{T}}A$ 的相应于式(7.5.9)的特征向量且

$(\boldsymbol{u}_i,\boldsymbol{u}_j)=\delta_{ij}$，又设 $\boldsymbol{x}\in\mathbf{R}^n$ 为任一非零向量，于是有

$$\boldsymbol{x}=\sum_{i=1}^{n}c_i\boldsymbol{u}_i,$$

其中 $c_i$ 为组合系数.

$$\frac{\|\boldsymbol{Ax}\|_2^2}{\|\boldsymbol{x}\|_2^2}=\frac{(\boldsymbol{A}^{\mathrm{T}}\boldsymbol{Ax},\boldsymbol{x})}{(\boldsymbol{x},\boldsymbol{x})}\leqslant\frac{\sum_{i=1}^{n}c_i^2\lambda_1}{\sum_{i=1}^{n}c_i^2}=\lambda_1.$$

另一方面，取 $\boldsymbol{x}=\boldsymbol{u}_1$，则上式等号成立，故

$$\|\boldsymbol{A}\|_2=\max_{x\neq 0}\frac{\|\boldsymbol{Ax}\|_2}{\|\boldsymbol{x}\|_2}=\sqrt{\lambda_1}=\sqrt{\lambda_{\max}(\boldsymbol{A}^{\mathrm{T}}\boldsymbol{A})}.$$

由定理 7.15 看出，计算一个矩阵的 $\|\boldsymbol{A}\|_\infty$，$\|\boldsymbol{A}\|_1$ 还是比较容易的，而矩阵的 2-范数 $\|\boldsymbol{A}\|_2$ 在计算上不方便. 但是矩阵的 2-范数具有许多好的性质，它在理论上是有用的.

**例 7.7** $\boldsymbol{A}=\begin{pmatrix}1 & -2\\ -3 & 4\end{pmatrix}$，计算 $\boldsymbol{A}$ 的各种范数.

**解** $\|\boldsymbol{A}\|_1=6$，$\|\boldsymbol{A}\|_\infty=7$，$\|\boldsymbol{A}\|_F\approx 5.477$，$\|\boldsymbol{A}\|_2=\sqrt{15+\sqrt{221}}\approx 5.46$.

对于复矩阵(即 $\boldsymbol{A}\in\mathbf{C}^{n\times n}$)，定理 7.15 中的 1°、2° 显然成立；3°则应改为

$$\|\boldsymbol{A}\|_2=\max_{\boldsymbol{x}\neq\boldsymbol{0}}\left(\frac{\boldsymbol{x}^{\mathrm{H}}\boldsymbol{A}^{\mathrm{H}}\boldsymbol{Ax}}{\boldsymbol{x}^{\mathrm{H}}\boldsymbol{x}}\right)=\sqrt{\lambda_{\max}(\boldsymbol{A}^{\mathrm{H}}\boldsymbol{A})}.$$

其中 $\boldsymbol{A}^{\mathrm{H}}=\overline{\boldsymbol{A}}^{\mathrm{T}}$($\boldsymbol{A}$ 共轭转置).

**定义 7.6** 设 $\boldsymbol{A}\in\mathbf{R}^{n\times n}$ 的特征值为 $\lambda_i$ $(i=1,2,\cdots,n)$，称 $\rho(\boldsymbol{A})=\max\limits_{1\leqslant i\leqslant n}|\lambda_i|$ 为 $\boldsymbol{A}$ 的**谱半径**.

**定理 7.16**(特征值上界) 设 $\boldsymbol{A}\in\mathbf{R}^{n\times n}$，则 $\rho(\boldsymbol{A})\leqslant\|\boldsymbol{A}\|$，即 $\boldsymbol{A}$ 的谱半径不超过 $\boldsymbol{A}$ 的任何一种算子范数(对于 $\|\boldsymbol{A}\|_F$ 亦对).

**证明** 设 $\lambda$ 是 $\boldsymbol{A}$ 的任一特征值，$\boldsymbol{x}$ 为相应的特征向量，则 $\boldsymbol{Ax}=\lambda\boldsymbol{x}$，由式(7.5.7)得

$$|\lambda|\ \|\boldsymbol{x}\|=\|\lambda\boldsymbol{x}\|=\|\boldsymbol{Ax}\|\leqslant\|\boldsymbol{A}\|\ \|\boldsymbol{x}\|,$$

即

$$|\lambda|\leqslant\|\boldsymbol{A}\|.$$

**定理 7.17** 如果 $\boldsymbol{A}\in\mathbf{R}^{n\times n}$ 为对称矩阵，则 $\|\boldsymbol{A}\|_2=\rho(\boldsymbol{A})$.

证明留作习题.

**定理 7.18** 如果 $\|\boldsymbol{B}\|<1$，则 $\boldsymbol{I}\pm\boldsymbol{B}$ 为非奇异矩阵，且 $\|(\boldsymbol{I}\pm\boldsymbol{B})^{-1}\|\leqslant\dfrac{1}{1-\|\boldsymbol{B}\|}$，其中 $\|\cdot\|$ 是指矩阵的算子范数.

**证明** 用反证法. 若 $\det(\boldsymbol{I}\pm\boldsymbol{B})=0$，则 $(\boldsymbol{I}\pm\boldsymbol{B})\boldsymbol{x}=\boldsymbol{0}$ 有非零解，即存在 $\boldsymbol{x}_0\neq\boldsymbol{0}$ 使

$\boldsymbol{B}\boldsymbol{x}_0=\boldsymbol{x}_0$，$\dfrac{\|\boldsymbol{B}\boldsymbol{x}_0\|}{\|\boldsymbol{x}_0\|}=1$，故 $\|\boldsymbol{B}\|\geqslant 1$，与假设矛盾. 又由 $(\boldsymbol{I}\pm\boldsymbol{B})(\boldsymbol{I}\pm\boldsymbol{B})^{-1}=\boldsymbol{I}$，有

$$(\boldsymbol{I}\pm\boldsymbol{B})^{-1}=\boldsymbol{I}\mp\boldsymbol{B}(\boldsymbol{I}-\boldsymbol{B})^{-1},$$

从而

$$\|(\boldsymbol{I}\pm\boldsymbol{B})^{-1}\|\leqslant\|\boldsymbol{I}\|+\|\boldsymbol{B}\|\,\|(\boldsymbol{I}\pm\boldsymbol{B})^{-1}\|,$$

$$\|(\boldsymbol{I}\pm\boldsymbol{B})^{-1}\|\leqslant\frac{1}{1-\|\boldsymbol{B}\|}.$$

# 7.6 误差分析

## 7.6.1 矩阵的条件数

考虑线性方程组 $\boldsymbol{A}\boldsymbol{x}=\boldsymbol{b}$，其中设 $\boldsymbol{A}$ 为非奇异矩阵，$\boldsymbol{x}$ 为方程组的精确解.

由于 $\boldsymbol{A}$（或 $\boldsymbol{b}$）元素是测量得到的，或者是计算的结果，所以 $\boldsymbol{A}$（或 $\boldsymbol{b}$）常带有某些观测误差或者包含有舍入误差. 因此，在处理实际问题 $(\boldsymbol{A}+\delta\boldsymbol{A})\boldsymbol{x}=\boldsymbol{b}+\delta\boldsymbol{b}$ 时，通常要考虑 $\boldsymbol{A}$（或 $\boldsymbol{b}$）的微小误差对解的影响，即考虑估计 $\boldsymbol{x}-\boldsymbol{y}$，其中 $\boldsymbol{y}$ 是 $(\boldsymbol{A}+\delta\boldsymbol{A})\boldsymbol{y}=\boldsymbol{b}+\delta\boldsymbol{b}$ 的解.

首先考察一个例子.

**例 7.8** 设有方程组

$$\begin{pmatrix}1 & 1\\1 & 1.0001\end{pmatrix}\begin{pmatrix}x_1\\x_2\end{pmatrix}=\begin{pmatrix}2\\2\end{pmatrix}$$

或

$$\boldsymbol{A}\boldsymbol{x}=\boldsymbol{b},\tag{7.6.1}$$

它的精确解为

$$\boldsymbol{x}=(2,0)^{\mathrm{T}}.$$

现在考虑常数项的微小变化对方程组解的影响，即考察方程组

$$\begin{pmatrix}1 & 1\\1 & 1.000\,1\end{pmatrix}\begin{pmatrix}y_1\\y_2\end{pmatrix}=\begin{pmatrix}2\\2.000\,1\end{pmatrix}$$

或

$$\boldsymbol{A}(\boldsymbol{x}+\delta\boldsymbol{x})=\boldsymbol{b}+\delta\boldsymbol{b},\tag{7.6.2}$$

其中 $\delta\boldsymbol{b}=(0,\ 0.000\,1)^{\mathrm{T}}$，$\boldsymbol{y}=\boldsymbol{x}+\delta\boldsymbol{x}$，$\boldsymbol{x}$ 为式(7.6.1)的解. 显然方程组(7.6.2)的解为

$$\boldsymbol{x}+\delta\boldsymbol{x}=(1,1)^{\mathrm{T}}.$$

可以看到，式(7.6.1)的常数项 $\boldsymbol{b}$ 的第二个分量只有 $\dfrac{1}{10\,000}$ 的微小变化，方程组的解却变化很大. 这样的方程组称为病态方程组.

**定义 7.7** 如果矩阵 $\boldsymbol{A}$ 或常数项 $\boldsymbol{b}$ 的微小变化，引起方程组 $\boldsymbol{A}\boldsymbol{x}=\boldsymbol{b}$ 解的巨大变化，则称此方程组为**病态方程组**，矩阵 $\boldsymbol{A}$ 称为**病态矩阵**（相对于方程组而言），否则称方程组为**良态方程组**，$\boldsymbol{A}$ 称为**良态矩阵**.

应该注意，矩阵的病态性质是矩阵本身的特性，下面希望找出刻画矩阵病态性质

的量.设有方程组

$$\boldsymbol{A}\boldsymbol{x}=\boldsymbol{b}, \tag{7.6.3}$$

其中 $\boldsymbol{A}$ 为非奇异阵，$\boldsymbol{x}$ 为式(7.6.3)的精确解.下面研究当方程组的系数矩阵 $\boldsymbol{A}$(或 $\boldsymbol{b}$)有微小误差(扰动)时对解的影响.

现设 $\boldsymbol{A}$ 是精确的，$\boldsymbol{b}$ 有误差 $\delta\boldsymbol{b}$，解为 $\boldsymbol{x}+\delta\boldsymbol{x}$，则

$$\boldsymbol{A}(\boldsymbol{x}+\delta\boldsymbol{x})=\boldsymbol{b}+\delta\boldsymbol{b},\quad \delta\boldsymbol{x}=\boldsymbol{A}^{-1}\delta\boldsymbol{b},\quad \|\delta\boldsymbol{x}\|\leqslant\|\boldsymbol{A}^{-1}\|\,\|\delta\boldsymbol{b}\|. \tag{7.6.4}$$

由式(7.6.3)，有

$$\|\boldsymbol{b}\|\leqslant\|\boldsymbol{A}\|\,\|\boldsymbol{x}\|,$$

即

$$\frac{1}{\|\boldsymbol{x}\|}\leqslant\frac{\|\boldsymbol{A}\|}{\|\boldsymbol{b}\|}\quad(\text{设 }\boldsymbol{b}\neq\boldsymbol{0}), \tag{7.6.5}$$

于是由式(7.6.4)式及式(7.6.5)，有如下定理.

**定理 7.19** 设 $\boldsymbol{A}$ 是非奇异阵，$\boldsymbol{A}\boldsymbol{x}=\boldsymbol{b}\neq\boldsymbol{0}$，且 $\boldsymbol{A}(\boldsymbol{x}+\delta\boldsymbol{x})=\boldsymbol{b}+\delta\boldsymbol{b}$，则

$$\frac{\|\delta\boldsymbol{x}\|}{\|\boldsymbol{x}\|}\leqslant\|\boldsymbol{A}^{-1}\|\,\|\boldsymbol{A}\|\frac{\|\delta\boldsymbol{b}\|}{\|\boldsymbol{b}\|}.$$

上式给出了解的相对误差的上界，常数项 $\boldsymbol{b}$ 的相对误差在解中可能放大 $\|\boldsymbol{A}^{-1}\|\,\|\boldsymbol{A}\|$ 倍.

现设 $\boldsymbol{b}$ 是精确的，$\boldsymbol{A}$ 有微小误差(扰动)$\delta\boldsymbol{A}$，解为 $\boldsymbol{x}+\delta\boldsymbol{x}$，则

$$(\boldsymbol{A}+\delta\boldsymbol{A})(\boldsymbol{x}+\delta\boldsymbol{x})=\boldsymbol{b},$$

$$(\boldsymbol{A}+\delta\boldsymbol{A})\delta\boldsymbol{x}=-(\delta\boldsymbol{A})\boldsymbol{x}. \tag{7.6.6}$$

如果 $\delta\boldsymbol{A}$ 不受限制的话，$\boldsymbol{A}+\delta\boldsymbol{A}$ 可能奇异，而

$$(\boldsymbol{A}+\delta\boldsymbol{A})=\boldsymbol{A}(\boldsymbol{I}+\boldsymbol{A}^{-1}\delta\boldsymbol{A}).$$

由定理 7.18 知，当 $\|\boldsymbol{A}^{-1}\delta\boldsymbol{A}\|<1$ 时，$(\boldsymbol{I}+\boldsymbol{A}^{-1}\delta\boldsymbol{A})^{-1}$ 存在，由式(7.6.6)，有

$$\delta\boldsymbol{x}=-(\boldsymbol{I}+\boldsymbol{A}^{-1}\delta\boldsymbol{A})^{-1}\boldsymbol{A}^{-1}(\delta\boldsymbol{A})\boldsymbol{x},\quad \|\delta\boldsymbol{x}\|\leqslant\frac{\|\boldsymbol{A}^{-1}\|\,\|\delta\boldsymbol{A}\|\,\|\boldsymbol{x}\|}{1-\|\boldsymbol{A}^{-1}(\delta\boldsymbol{A})\|}.$$

设 $\|\boldsymbol{A}^{-1}\|\,\|\delta\boldsymbol{A}\|<1$，即得

$$\frac{\|\delta\boldsymbol{x}\|}{\|\boldsymbol{x}\|}\leqslant\frac{\|\boldsymbol{A}^{-1}\|\,\|\boldsymbol{A}\|\dfrac{\|\delta\boldsymbol{A}\|}{\|\boldsymbol{A}\|}}{1-\|\boldsymbol{A}^{-1}\|\,\|\boldsymbol{A}\|\dfrac{\|\delta\boldsymbol{A}\|}{\|\boldsymbol{A}\|}}. \tag{7.6.7}$$

**定理 7.20** 设 $\boldsymbol{A}$ 为非奇异矩阵，$\boldsymbol{A}\boldsymbol{x}=\boldsymbol{b}\neq\boldsymbol{0}$，且$(\boldsymbol{A}+\delta\boldsymbol{A})(\boldsymbol{x}+\delta\boldsymbol{x})=\boldsymbol{b}$，如果 $\|\boldsymbol{A}^{-1}\|\,\|\delta\boldsymbol{A}\|<1$，则式(7.6.7)成立.

如果 $\delta\boldsymbol{A}$ 充分小，且在 $\|\boldsymbol{A}^{-1}\|\,\|\delta\boldsymbol{A}\|<1$ 条件下，那么式(7.6.7)说明矩阵 $\boldsymbol{A}$ 的相对误差 $\dfrac{\|\delta\boldsymbol{A}\|}{\|\boldsymbol{A}\|}$ 在解中可能放大 $\|\boldsymbol{A}^{-1}\|\,\|\boldsymbol{A}\|$ 倍.

总之，量 $\|\boldsymbol{A}^{-1}\|\,\|\boldsymbol{A}\|$ 愈小，由 $\boldsymbol{A}$(或 $\boldsymbol{b}$)的相对误差引起的解的相对误差就愈小；量 $\|\boldsymbol{A}^{-1}\|\,\|\boldsymbol{A}\|$ 愈大，该解的相对误差就可能愈大.所以量 $\|\boldsymbol{A}^{-1}\|\,\|\boldsymbol{A}\|$ 实际上刻画了解对原始数据变化的灵敏度，即刻画了方程组的病态程度，于是引进下述定

义.

**定义 7.8** 设 $\boldsymbol{A}$ 为非奇异矩阵,称数 $\text{cond}(\boldsymbol{A})_v=\|\boldsymbol{A}^{-1}\|_v\|\boldsymbol{A}\|_v$ ($v=1,2$ 或 $\infty$)为矩阵 $\boldsymbol{A}$ 的**条件数**.

由此看出矩阵的条件数与范数有关.

矩阵的条件数是一个十分重要的概念.由上面讨论知,当 $\boldsymbol{A}$ 的条件数相对地大时,即 $\text{cond}(\boldsymbol{A})\gg 1$ 时,式(7.6.3)是病态的(即 $\boldsymbol{A}$ 是病态矩阵,或者说 $\boldsymbol{A}$ 是坏条件的);当 $\boldsymbol{A}$ 的条件数相对地小时,式(7.6.3)是良态的(或者说 $\boldsymbol{A}$ 是好条件的).$\boldsymbol{A}$ 的条件数愈大,方程组的病态程度愈严重,也就愈难得到方程组的比较准确的解.

通常使用的条件数有

(1) $\text{cond}(\boldsymbol{A})_\infty=\|\boldsymbol{A}^{-1}\|_\infty\|\boldsymbol{A}\|_\infty$;

(2) $\boldsymbol{A}$ 的谱条件数

$$\text{cond}(\boldsymbol{A})_2=\|\boldsymbol{A}\|_2\|\boldsymbol{A}^{-1}\|_2=\sqrt{\frac{\lambda_{\max}(\boldsymbol{A}^{\mathrm{T}}\boldsymbol{A})}{\lambda_{\min}(\boldsymbol{A}^{\mathrm{T}}\boldsymbol{A})}}.$$

当 $\boldsymbol{A}$ 为对称阵时,$\text{cond}(\boldsymbol{A})_2=\dfrac{|\lambda_1|}{|\lambda_n|}$,其中 $\lambda_1,\lambda_n$ 为 $\boldsymbol{A}$ 的绝对值最大和绝对值最小的特征值.

条件数有如下性质:

(1) 对任何非奇异矩阵 $\boldsymbol{A}$,都有 $\text{cond}(\boldsymbol{A})_v\geqslant 1$.事实上,

$$\text{cond}(\boldsymbol{A})_v=\|\boldsymbol{A}^{-1}\|_v\|\boldsymbol{A}\|_v\geqslant\|\boldsymbol{A}^{-1}\boldsymbol{A}\|_v=1.$$

(2) 设 $\boldsymbol{A}$ 为非奇异矩阵,$c$ 为不等于零的常数,则 $\text{cond}(c\boldsymbol{A})_v=\text{cond}(\boldsymbol{A})_v$.

(3) 如果 $\boldsymbol{A}$ 为正交矩阵,则 $\text{cond}(\boldsymbol{A})_2=1$;如果 $\boldsymbol{A}$ 为非奇异矩阵,$\boldsymbol{R}$ 为正交矩阵,则

$$\text{cond}(\boldsymbol{R}\boldsymbol{A})_2=\text{cond}(\boldsymbol{A}\boldsymbol{R})_2=\text{cond}(\boldsymbol{A})_2.$$

**例 7.9** 已知 Hilbert 矩阵

$$\boldsymbol{H}_n=\begin{pmatrix}1 & \frac{1}{2} & \cdots & \frac{1}{n}\\ \frac{1}{2} & \frac{1}{3} & \cdots & \frac{1}{n+1}\\ \vdots & \vdots & & \vdots\\ \frac{1}{n} & \frac{1}{1+n} & \cdots & \frac{1}{2n-1}\end{pmatrix},$$

计算 $\boldsymbol{H}_3$ 的条件数.

**解** $\boldsymbol{H}_3=\begin{pmatrix}1 & \frac{1}{2} & \frac{1}{3}\\ \frac{1}{2} & \frac{1}{3} & \frac{1}{4}\\ \frac{1}{3} & \frac{1}{4} & \frac{1}{5}\end{pmatrix}$, $\boldsymbol{H}_3^{-1}=\begin{pmatrix}9 & -36 & 30\\ -36 & 192 & -180\\ 30 & -180 & 180\end{pmatrix}$.

(1) 计算 $\boldsymbol{H}_3$ 条件数 $\text{cond}(\boldsymbol{H}_3)_\infty$.

$$\|\boldsymbol{H}_3\|_\infty=11/6,\quad \|\boldsymbol{H}_3^{-1}\|_\infty=408,$$

所以 $\text{cond}(\boldsymbol{H}_3)_\infty=748$. 同样可计算 $\text{cond}(\boldsymbol{H}_6)=2.9\times10^6$. 一般当 $n$ 愈大时,$\boldsymbol{H}_n$ 的病态愈严重.

(2) 考虑方程组

$$\boldsymbol{H}_3\boldsymbol{x}=(11/6,13/12,47/60)^{\mathrm{T}}=\boldsymbol{b}.$$

设 $\boldsymbol{H}_3$ 及 $\boldsymbol{b}$ 有微小误差(取三位有效数字),有

$$\begin{pmatrix}1.00 & 0.500 & 0.333\\ 0.500 & 0.333 & 0.250\\ 0.333 & 0.250 & 0.200\end{pmatrix}\begin{pmatrix}x_1+\delta x_1\\ x_2+\delta x_2\\ x_3+\delta x_3\end{pmatrix}=\begin{pmatrix}1.83\\ 1.08\\ 0.783\end{pmatrix},\tag{7.6.8}$$

简记作 $(\boldsymbol{H}_3+\delta\boldsymbol{H}_3)(\boldsymbol{x}+\delta\boldsymbol{x})=\boldsymbol{b}+\delta\boldsymbol{b}$. 方程组 $\boldsymbol{H}_3\boldsymbol{x}=\boldsymbol{b}$ 与式(7.6.8)的精确解为

$$\boldsymbol{x}=(1,1,1)^{\mathrm{T}},\quad \boldsymbol{x}+\delta\boldsymbol{x}=(1.089\,512\,538,\ 0.487\,967\,062,\ 1.491\,002\,798)^{\mathrm{T}},$$

于是

$$\delta\boldsymbol{x}=(0.089\,5,\ -0.512\,0,\ 0.491\,0)^{\mathrm{T}},\quad \frac{\|\delta\boldsymbol{H}_3\|_\infty}{\|\boldsymbol{H}_3\|_\infty}\approx0.18\times10^{-3}<0.02\%,$$

$$\frac{\|\delta\boldsymbol{b}\|_\infty}{\|\boldsymbol{b}\|_\infty}\approx0.182\%,\quad \frac{\|\delta\boldsymbol{x}\|_\infty}{\|\boldsymbol{x}\|_\infty}\approx51.2\%.$$

这就是说,$\boldsymbol{H}_3$ 与 $\boldsymbol{b}$ 相对误差不超过 0.3%,而引起解的相对误差超过 50%.

由上面讨论可知,要判别一个矩阵是否病态,需要计算条件数 $\text{cond}(\boldsymbol{A})=\|\boldsymbol{A}^{-1}\|\,\|\boldsymbol{A}\|$,而计算 $\boldsymbol{A}^{-1}$ 是比较费劲的. 那么在实际计算中如何发现病态情况呢?

(1) 如果在 $\boldsymbol{A}$ 的三角约化时(尤其是用主元素消去法解方程组(7.6.3)时)出现小主元,那么对大多数矩阵来说,$\boldsymbol{A}$ 是病态矩阵. 例如用选主元的直接三角分解法解方程组(7.6.8)(用双精度累加计算 $\sum\limits_i a_i b_i$,结果舍入为三位浮点数),则有

$$\boldsymbol{I}_{23}(\boldsymbol{H}_3+\delta\boldsymbol{H}_3)=\begin{pmatrix}1 & & \\ 0.333 & 1 & \\ 0.500 & 0.994 & 1\end{pmatrix}\begin{pmatrix}1 & 0.500\,0 & 0.333\,0\\ & 0.083\,5 & 0.089\,1\\ & & \boxed{-0.005\,07}\end{pmatrix}=\boldsymbol{LU}.$$

(2) 如果 $\boldsymbol{A}$ 的最大特征值和最小特征值之比(按绝对值)是大的,则 $\boldsymbol{A}$ 是病态的,即当 $|\lambda_1|/|\lambda_n|$ 是大的,其中 $\boldsymbol{A}$ 特征值次序为

$$|\lambda_1|\geqslant|\lambda_2|\geqslant\cdots\geqslant|\lambda_n|>0.$$

显然

$$|\lambda_1|\leqslant\|\boldsymbol{A}\|,\quad \frac{1}{|\lambda_n|}\leqslant\|\boldsymbol{A}^{-1}\|,$$

因此

$$\text{cond}(\boldsymbol{A})\geqslant\frac{|\lambda_1|}{|\lambda_n|}\gg1.$$

(3) 如果系数矩阵的行列式值相对来说很小,或系数矩阵某些行近似线性相关,则 $\boldsymbol{A}$ 可能是病态的.

(4) 如果系数矩阵 $\boldsymbol{A}$ 元素间数量级相差很大，并且无一定规则，则 $\boldsymbol{A}$ 可能是病态的.

病态问题通常不能用选主元素的消去法来解决. 对于此类问题一般采用高精度的算术运算（采用双倍字长进行运算）或者预处理方法. 即将求解 $\boldsymbol{Ax}=\boldsymbol{b}$ 的问题转化为求解一等价方程组

$$\begin{cases}\boldsymbol{PAQy}=\boldsymbol{Pb},\\ \boldsymbol{y}=\boldsymbol{Q}^{-1}\boldsymbol{x}.\end{cases}$$

通过选择非奇异矩阵 $\boldsymbol{P},\boldsymbol{Q}$，使 $\mathrm{cond}(\boldsymbol{PAQ})<\mathrm{cond}(\boldsymbol{A})$. 一般选择 $\boldsymbol{P},\boldsymbol{Q}$ 为对角阵或者三角阵.

当矩阵 $\boldsymbol{A}$ 的元素大小不均时，在 $\boldsymbol{A}$ 的行（或列）中引进适当的比例因子（使矩阵 $\boldsymbol{A}$ 的所有行或列按 $\infty$-范数大体上有相同的长度，使 $\boldsymbol{A}$ 的系数均衡），对 $\boldsymbol{A}$ 的条件数是有影响的. 但这种方法不能保证 $\boldsymbol{A}$ 的条件数一定得到改善.

**例 7.10** 设 $\boldsymbol{A}=\begin{pmatrix}1 & 10^4\\ 1 & 1\end{pmatrix}$，且

$$\begin{pmatrix}1 & 10^4\\ 1 & 1\end{pmatrix}\begin{pmatrix}x_1\\ x_2\end{pmatrix}=\begin{pmatrix}10^4\\ 2\end{pmatrix},\tag{7.6.9}$$

计算 $\mathrm{cond}(\boldsymbol{A})_\infty$.

**解** 由

$$\boldsymbol{A}=\begin{pmatrix}1 & 10^4\\ 1 & 1\end{pmatrix},$$

有

$$\boldsymbol{A}^{-1}=\frac{1}{10^4-1}\begin{pmatrix}-1 & 10^4\\ 1 & -1\end{pmatrix},\quad \mathrm{cond}(\boldsymbol{A})_\infty=\frac{(1+10^4)^2}{10^4-1}\approx 10^4.$$

现在 $\boldsymbol{A}$ 的第 1 行引进比例因子. 如用 $s_1=\max\limits_{1\leqslant i\leqslant 2}|a_{1i}|=10^4$ 除第一个方程式，得 $\boldsymbol{A}'\boldsymbol{x}=\boldsymbol{b}'$，即

$$\begin{pmatrix}10^{-4} & 1\\ 1 & 1\end{pmatrix}\begin{pmatrix}x_1\\ x_2\end{pmatrix}=\begin{pmatrix}1\\ 2\end{pmatrix},\tag{7.6.10}$$

$$(\boldsymbol{A}')^{-1}=\frac{1}{1-10^{-4}}\begin{pmatrix}-1 & 1\\ 1 & -10^{-4}\end{pmatrix},\quad \mathrm{cond}(\boldsymbol{A}')_\infty=\frac{1}{1-10^{-4}}\approx 4.$$

当用列主元素消去法解式(7.6.9)时（计算到三位数字），得

$$(\boldsymbol{A},\boldsymbol{b})\to\left(\begin{array}{cc:c}1 & 10^4 & 10^4\\ 0 & -10^4 & -10^4\end{array}\right),$$

于是得到很坏的结果：$x_1=0,x_2=1$.

现用列主元素消去法解式(7.6.10)，得

$$(\boldsymbol{A}',\boldsymbol{b}')\rightarrow\left(\begin{array}{cc:c}1 & 1 & 2\\ 10^{-4} & 1 & 1\end{array}\right)\rightarrow\left(\begin{array}{cc:c}1 & 1 & 2\\ 0 & 1 & 1\end{array}\right),$$

从而得到较好的结果：$x_1=1,x_2=1$.

设 $\bar{\boldsymbol{x}}$ 为方程组 $\boldsymbol{Ax}=\boldsymbol{b}$ 的近似解，于是可计算 $\bar{\boldsymbol{x}}$ 的剩余向量 $\boldsymbol{r}=\boldsymbol{b}-\boldsymbol{A}\bar{\boldsymbol{x}}$，当 $\boldsymbol{r}$ 很小时，$\bar{\boldsymbol{x}}$ 是否为 $\boldsymbol{Ax}=\boldsymbol{b}$ 一个较好的近似解呢？下述定理给出了解答.

**定理 7.21**（事后误差估计）

1° 设 $\boldsymbol{A}$ 为非奇异矩阵，$\boldsymbol{x}$ 是精确解，$\boldsymbol{Ax}=\boldsymbol{b}\neq\boldsymbol{0}$；

2° 设 $\bar{\boldsymbol{x}}$ 是方程组的近似解，$\boldsymbol{r}=\boldsymbol{b}-\boldsymbol{A}\bar{\boldsymbol{x}}$，则

$$\frac{\|\boldsymbol{x}-\bar{\boldsymbol{x}}\|}{\|\boldsymbol{x}\|}\leqslant\mathrm{cond}(\boldsymbol{A})\cdot\frac{\|\boldsymbol{r}\|}{\|\boldsymbol{b}\|}. \tag{7.6.11}$$

**证明** 由 $\boldsymbol{x}-\bar{\boldsymbol{x}}=\boldsymbol{A}^{-1}\boldsymbol{r}$，得

$$\|\boldsymbol{x}-\bar{\boldsymbol{x}}\|\leqslant\|\boldsymbol{A}^{-1}\|\ \|\boldsymbol{r}\|, \tag{7.6.12}$$

又有

$$\|\boldsymbol{b}\|=\|\boldsymbol{Ax}\|\leqslant\|\boldsymbol{A}\|\ \|\boldsymbol{x}\|,$$

$$\frac{1}{\|\boldsymbol{x}\|}\leqslant\frac{\|\boldsymbol{A}\|}{\|\boldsymbol{b}\|}, \tag{7.6.13}$$

由式(7.6.12)及式(7.6.13)即得到式(7.6.11).

### 7.6.2 舍入误差

在复杂的计算中，由浮点运算而引进的舍入误差可能积累而影响答案，因此对任何算法都需要进行舍入误差分析，看其是否过度影响所得的结果.

下面叙述采用选主元素 Gauss 消去法解式(7.6.3)的计算过程中舍入误差对解的影响. 在 Gauss 消去法的舍入误差的分析和研究方面，Von Neumann(在 1947 年)、Givens(在 1954 年)和 Wilkinson(在 1961 年、1963 年)等人都作出了自己的贡献.

设 $\bar{\boldsymbol{x}}$ 为用选主元素 Gauss 消去法解式(7.6.3)的计算解，$\boldsymbol{x}$ 为式(7.6.3)的精确解. 若要直接计算每一步舍入误差对解的影响来获得界的估计 $\|\boldsymbol{x}-\bar{\boldsymbol{x}}\|$，那将是非常困难的. Wilkinson 等人提出了“向后误差分析方法”，其基本思想是把计算过程中舍入误差对解的影响归结为原始数据变化对解的影响，即计算解 $\bar{\boldsymbol{x}}$ 是下述扰动方程组的精确解 $(\boldsymbol{A}+\delta\boldsymbol{A})\boldsymbol{x}=\boldsymbol{b}$，其中 $\delta\boldsymbol{A}$ 为某个“小”矩阵.

下面给出一个定理来说明这个结果.

**定理 7.22**（选主元素 Gauss 消去法误差分析） 如果

1° 设 $\boldsymbol{A}$ 为 $n$ 阶非奇异矩阵；

2° 用列主元素消去法（或完全主元素消去法）解式(7.6.3)；

3° 记 $a_k=\max\limits_{1\leqslant i,j\leqslant n}|a_{ij}^{(k)}|$，$a=\max\limits_{1\leqslant i,j\leqslant n}|a_{ij}|$，$r=\max\limits_{1\leqslant k\leqslant n}a_k/a$——元素的增长因子，$\boldsymbol{A}^{(k)}\equiv(a_{ij}^{(k)})_n$；

4° $t$ 为计算机字长(指尾数部分)，矩阵的阶数 $n$ 满足 $n\cdot 2^{-t}\leqslant 0.01$，

则 (1) 用选主元素 Gauss 消去法计算的三角阵 $\boldsymbol{L},\boldsymbol{U}$ 满足 $\boldsymbol{LU}=\boldsymbol{A}+\boldsymbol{E}$，其中

$$|(\boldsymbol{E})_{ij}|\leqslant 2(n-1)ra2^{-t};$$

(2) 用选主元素 Gauss 消去法得到的计算解 $\bar{\boldsymbol{x}}$ 精确满足 $(\boldsymbol{A}+\delta\boldsymbol{A})\boldsymbol{x}=\boldsymbol{b}$，其中

$$\|\delta\boldsymbol{A}\|_{\infty}\leqslant 1.01(n^3+3n^2)ar2^{-t}\leqslant 1.01(n^3+3n^2)\boldsymbol{r}\|\boldsymbol{A}\|_{\infty}2^{-t};$$

(3) 计算解精度估计($\boldsymbol{x}$ 为 $\boldsymbol{Ax}=\boldsymbol{b}$ 精确解)

$$\frac{\|\boldsymbol{x}-\bar{\boldsymbol{x}}\|_{\infty}}{\|\boldsymbol{x}\|_{\infty}}\frac{\operatorname{cond}(\boldsymbol{A})_{\infty}}{1-\operatorname{cond}(\boldsymbol{A})_{\infty}\dfrac{\|\delta\boldsymbol{A}\|_{\infty}}{\|\boldsymbol{A}\|_{\infty}}}\times 1.01(n^3+3n^2)r2^{-t}. \qquad (7.6.14)$$

上述计算解 $\bar{\boldsymbol{x}}$ 精度估计式说明，$\bar{\boldsymbol{x}}$ 的相对误差限依赖于 $\operatorname{cond}(\boldsymbol{A})_{\infty}$、元素的增长因子、方程组阶数、计算机字长等.

## 小　　结

在 Gauss 消去法中引进选主元素的技巧，就得到了解方程组的完全主元素消去法和列主元素消去法，对一般矩阵引进选主元素的技巧的根本作用是为了对增长因子进行控制. 完全选主元素及列主元素方法都是数值稳定的算法(即对舍入误差的增长得以控制的算法). 用完全主元素消去法解方程组(至少对于良态方程组是这样)具有较高的精确度，但它需要花费较多的机器时间. 列主元素消去法是比完全主元素消去法更实用的算法，一般使用较多. 这两种方法都是计算机上解线性方程组的有效方法. 用 Gauss-Jordan 方法求逆矩阵是比较方便的.

从代数角度看，直接分解法和 Gauss 消去法本质上一样，但如果采用“双精度累加”计算 $\sum\limits_i a_ib_i$，那么直接三角分解法的精度要比 Gauss 消去法的精度高，如果不采用“双精度累加”( $\sum\limits_i a_ib_i$ 中每一个乘积分别进行舍入)，那么两个方法将给出相同的结果.

对于对称正定矩阵 $\boldsymbol{A}$，采用不选主元素的平方根法(或改进的平方根法)求解式(7.6.3)比较适宜. 理论分析指出，解对称正定方程组的平方根法是一个稳定的算法，在工程计算中使用比较广泛.

追赶法是解三对角方程组(对角元占优)的有效方法，它具有计算量小、方法简单、算法稳定等优点.

关于矩阵的条件数，病态方程组，算法的稳定性，这些概念都是计算数学中比较重要的概念，这里只作了简单的介绍. 本章的学习可参看文献[10]、[11]、[12].

# 习　题

**1.** 考虑方程组

$$\begin{cases}0.409\,6x_1+0.123\,4x_2+0.367\,8x_3+0.294\,3x_4=0.404\,3,\\0.224\,6x_1+0.387\,2x_2+0.401\,5x_3+0.112\,9x_4=0.155\,0,\\0.364\,5x_1+0.192\,0x_2+0.378\,1x_3+0.064\,3x_4=0.424\,0,\\0.178\,4x_1+0.400\,2x_2+0.278\,6x_3+0.392\,7x_4=-0.255\,7.\end{cases}$$

(1) 用 Gauss 消去法解所给方程组(用四位小数计算)；

(2) 用列主元素消去法解所给方程组并且与(1)比较结果.

**2.** (1) 设 $\boldsymbol{A}$ 是对称阵且 $a_{11}\neq 0$，经过 Gauss 消去法一步后，$\boldsymbol{A}$ 约化为 $\begin{pmatrix}a_{11} & \boldsymbol{a}_1^{\mathrm{T}}\\ \boldsymbol{0} & \boldsymbol{A}_2\end{pmatrix}$，证明 $\boldsymbol{A}_2$ 是对称矩阵.

(2) 用 Gauss 消去法解对称方程组

$$\begin{cases}0.642\,8x_1+0.347\,5x_2-0.846\,8x_3=0.412\,7,\\0.347\,5x_1+1.842\,3x_2+0.475\,9x_3=1.732\,1,\\-0.846\,8x_1+0.475\,9x_2+1.214\,7x_3=-0.862\,1.\end{cases}$$

**3.** (1) 用式(7.2.9)证明

$$a_{ij}^{(k)}=a_{ij}^{(1)}-m_{i1}a_{1j}^{(1)}-m_{i2}a_{2j}^{(2)}-\cdots-m_{i,k-1}a_{k-1,j}^{(k-1)}\quad(i,j\geqslant k),\quad a_{ij}^{(1)}=a_{ij}.$$

(2) Gauss 消去法中 $m_{ir}$，$a_{rj}^{(r)}$ 使

$$m_{ir}=l_{ir}\ (i>r),\quad a_{rj}^{(r)}=u_{rj}\ (j\geqslant r),$$

利用(1)证明

$$u_{rj}=a_{rj}-\sum_{k=1}^{r-1}l_{rk}u_{kj}\quad(j=r,r+1,\cdots,n),$$

$$l_{ir}=\left(a_{ir}-\sum_{k=1}^{r-1}l_{ik}u_{kr}\right)\Big/u_{rr}\quad(i=r+1,\cdots,n).$$

**4.** 设 $\boldsymbol{A}$ 为 $n$ 阶非奇异矩阵且有分解式 $\boldsymbol{A}=\boldsymbol{LU}$，其中 $\boldsymbol{L}$ 为单位下三角阵，$\boldsymbol{U}$ 为上三角阵，求证 $\boldsymbol{A}$ 的所有顺序主子式均不为零.

**5.** 用 Gauss 消去法说明当 $\Delta_i\neq 0\ (i=1,2,\cdots,n-1)$ 时，$\boldsymbol{A}=\boldsymbol{LU}$，其中 $\boldsymbol{L}$ 为单位下三角阵，$\boldsymbol{U}$ 为上三角阵.

**6.** 设 $\boldsymbol{A}$ 为 $n$ 阶矩阵，如果 $|a_{ii}|>\sum\limits_{\substack{j=1\\j\neq i}}^{n}|a_{ij}|\ (i=1,2,\cdots,n)$，则称 $\boldsymbol{A}$ 为对角占优阵. 证明：若 $\boldsymbol{A}$ 是对角占优阵，经过 Gauss 消去法一步后，$\boldsymbol{A}$ 具有形式

$$\begin{pmatrix}a_{11} & \boldsymbol{a}_1^{\mathrm{T}}\\ 0 & \boldsymbol{A}_2\end{pmatrix},$$

则 $\boldsymbol{A}_2$ 是对角占优阵. 由此推断，对于对称的对角占优阵来说，用 Gauss 消去法和部分选主元素 Gauss 消去法可得到同样的结果.

**7.** 设 $\boldsymbol{A}$ 是对称正定矩阵，经过 Gauss 消去法一步后，$\boldsymbol{A}$ 约化为 $\begin{pmatrix}a_{11} & \boldsymbol{a}_1^{\mathrm{T}}\\ \boldsymbol{0} & \boldsymbol{A}_2\end{pmatrix}$，其中

$$\boldsymbol{A}=(a_{ij})_n,\quad \boldsymbol{A}_2=(a_{ij}^{(2)})_{n-1}.$$

证明：(1) $\boldsymbol{A}$ 的对角元素 $a_{ii}>0\ (i=1,2,\cdots,n)$；

(2) $A_2$ 是对称正定矩阵；

(3) $a_{ii}^{(2)} \leqslant a_{ii} \quad (i=2,3,\cdots,n)$；

(4) $A$ 的绝对值最大的元素必在对角线上；

(5) $\max\limits_{2 \leqslant i,j \leqslant n} |a_{ij}^{(2)}| \leqslant \max\limits_{2 \leqslant i,j \leqslant n} |a_{ij}|$；

(6) 从(2)、(3)、(5)推出，如果 $|a_{ij}|<1$，则对于所有 $k$，$|a_{ij}^{(k)}|<1$.

**8.** 设 $L_k$ 为指标为 $k$ 的初等下三角阵，即

第 $k$ 列

$$L_k = \begin{pmatrix} 1 & & & & & & \\ & \ddots & & & & & \\ & & 1 & & & & \\ & & m_{k+1,k} & 1 & & & \\ & & \vdots & & \ddots & & \\ & & m_{n,k} & & & 1 \end{pmatrix}$$

(除第 $k$ 列对角元素之下的元素外，$L_k$ 和单位阵 $I$ 相同)，求证：当 $i,j>k$ 时，$\widetilde{L}_k = I_{ij} L_k L_{ij}$ 也是一个指标为 $k$ 的初等下三角阵，其中 $I_{ij}$ 为初等排列阵.

**9.** 试推导矩阵 $A$ 的 Crout 分解 $A=LU$ 的计算公式，其中 $L$ 为下三角阵，$U$ 为单位上三角阵.

**10.** 设 $Ux=d$，其中 $U$ 为三角阵.

(1) 就 $U$ 为上及下三角阵推导一般的求解公式，并写出算法.

(2) 计算解三角方程组 $Ux=d$ 的乘除法次数.

(3) 设 $U$ 为非奇异阵，试推导求 $U^{-1}$ 的计算公式.

**11.** 证明：(1) 如果 $A$ 是对称正定矩阵，则 $A^{-1}$ 也是对称正定矩阵；

(2) 如果 $A$ 是对称正定矩阵，则 $A$ 可唯一地写成 $A=L^T L$，其中 $L$ 是具有正对角元的下三角阵.

**12.** 用 Gauss-Jordan 方法求 $A$ 的逆阵，其中 $A = \begin{pmatrix} 2 & 1 & -3 & -1 \\ 3 & 1 & 0 & 7 \\ -1 & 2 & 4 & -2 \\ 1 & 0 & -1 & 5 \end{pmatrix}$.

**13.** 用追赶法解三对角方程组 $Ax=b$，其中 $A = \begin{pmatrix} 2 & -1 & 0 & 0 & 0 \\ -1 & 2 & -1 & 0 & 0 \\ 0 & -1 & 2 & -1 & 0 \\ 0 & 0 & -1 & 2 & -1 \\ 0 & 0 & 0 & -1 & 2 \end{pmatrix}, b = \begin{pmatrix} 1 \\ 0 \\ 0 \\ 0 \\ 0 \end{pmatrix}$.

**14.** 用改进的平方根法解方程组 $\begin{pmatrix} 2 & -1 & 1 \\ -1 & -2 & 3 \\ 1 & 3 & 1 \end{pmatrix} \begin{pmatrix} x_1 \\ x_2 \\ x_3 \end{pmatrix} = \begin{pmatrix} 4 \\ 5 \\ 6 \end{pmatrix}$.

**15.** 下述矩阵能否分解为 $LU$(其中 $L$ 为单位下三角阵，$U$ 为上三角阵)？ 若能分解，那么分解是否唯一？

$$A = \begin{pmatrix} 1 & 2 & 3 \\ 2 & 4 & 1 \\ 4 & 6 & 7 \end{pmatrix}, \quad B = \begin{pmatrix} 1 & 1 & 1 \\ 2 & 2 & 1 \\ 3 & 3 & 1 \end{pmatrix}, \quad C = \begin{pmatrix} 1 & 2 & 6 \\ 2 & 5 & 15 \\ 6 & 15 & 46 \end{pmatrix}.$$

**16.** 试划出部分选主元素三角分解法框图，并且用此法解方程组 $\begin{pmatrix}0&3&4\\1&-1&1\\2&1&2\end{pmatrix}\begin{pmatrix}x_1\\x_2\\x_3\end{pmatrix}=\begin{pmatrix}1\\2\\3\end{pmatrix}$.

**17.** 如果方阵 $\boldsymbol{A}$ 有 $a_{ij}=0\ (|i-j|>t)$，则称 $\boldsymbol{A}$ 为带宽 $2t+1$ 的带状矩阵. 设 $\boldsymbol{A}$ 满足三角分解条件，试推导 $\boldsymbol{A}=\boldsymbol{LU}$ 的以下计算公式：

对于 $r=1,2,\cdots,n$，有

(1) $u_{ri}=a_{ri}-\sum\limits_{k=\max(1,i-t)}^{r-1} l_{rk}u_{ki}\quad (i=r,r+1,\cdots,\min(n,r+t))$；

(2) $l_{ir}=\left(a_{ir}-\sum\limits_{k=\max(1,i-t)}^{r-1} l_{ik}u_{kr}\right)\Big/u_{rr}\quad (i=r+1,\cdots,\min(n,r+t))$.

**18.** 设 $\boldsymbol{A}=\begin{pmatrix}0.6&0.5\\0.1&0.3\end{pmatrix}$，计算 $\boldsymbol{A}$ 的行范数、列范数、2-范数及 $F$-范数.

**19.** 求证：(1) $\|\boldsymbol{x}\|_\infty\leqslant\|\boldsymbol{x}\|_1\leqslant n\|\boldsymbol{x}\|_\infty$； (2) $\frac{1}{\sqrt{n}}\|\boldsymbol{A}\|_F\leqslant\|\boldsymbol{A}\|_2\leqslant\|\boldsymbol{A}\|_F$.

**20.** 设 $\boldsymbol{P}\in\mathbf{R}^{n\times n}$ 且非奇异，又设 $\|\boldsymbol{x}\|$ 为 $\mathbf{R}^n$ 上一向量范数，定义 $\|\boldsymbol{x}\|_P=\|\boldsymbol{Px}\|$. 试证明 $\|\boldsymbol{x}\|_P$ 是 $\mathbf{R}^n$ 上向量的一种范数.

**21.** 设 $\boldsymbol{A}\in\mathbf{R}^{n\times n}$ 为对称正定矩阵，定义 $\|\boldsymbol{x}\|_A=(\boldsymbol{Ax},\boldsymbol{x})^{\frac{1}{2}}$，试证明 $\|\boldsymbol{x}\|_A$ 为 $\mathbf{R}^n$ 上向量的一种范数.

**22.** 证明：当且仅当 $\boldsymbol{x}$ 和 $\boldsymbol{y}$ 线性相关且 $\boldsymbol{x}^{\mathrm{T}}\boldsymbol{y}\geqslant 0$ 时，才有 $\|\boldsymbol{x}+\boldsymbol{y}\|_2=\|\boldsymbol{x}\|_2+\|\boldsymbol{y}\|_2$.

**23.** 分别描述 $\mathbf{R}^2$ 中(画图)$S_v=\{\boldsymbol{x}|\ \|\boldsymbol{x}\|_v=1,\boldsymbol{x}\in\mathbf{R}^2\}\quad (v=1,2,\infty)$.

**24.** 令 $\|\cdot\|$ 是 $\mathbf{R}^n$(或 $\mathbf{C}^n$)上的任意一种范数，而 $\boldsymbol{P}$ 是任一非奇异实(或复)矩阵，定义范数 $\|\boldsymbol{x}\|'=\|\boldsymbol{Px}\|$，证明 $\|\boldsymbol{A}\|'=\|\boldsymbol{PAP}^{-1}\|$.

**25.** 设 $\|\boldsymbol{A}\|_s$，$\|\boldsymbol{A}\|_t$ 为 $\mathbf{R}^{n\times n}$ 上任意两种矩阵算子范数，证明存在常数 $c_1,c_2>0$，使对于一切 $\boldsymbol{A}\in\mathbf{R}^{n\times n}$ 满足

$$c_1\|\boldsymbol{A}\|_s\leqslant\|\boldsymbol{A}\|_t\leqslant c_2\|\boldsymbol{A}\|_s.$$

**26.** 设 $\boldsymbol{A}\in\mathbf{R}^{n\times n}$，求证 $\boldsymbol{A}^{\mathrm{T}}\boldsymbol{A}$ 与 $\boldsymbol{AA}^{\mathrm{T}}$ 特征值相等，即求证 $\lambda(\boldsymbol{A}^{\mathrm{T}}\boldsymbol{A})=\lambda(\boldsymbol{AA}^{\mathrm{T}})$.

**27.** 设 $\boldsymbol{A}$ 为非奇异矩阵，求证 $\frac{1}{\|\boldsymbol{A}^{-1}\|_\infty}=\min\limits_{y\neq 0}\frac{\|\boldsymbol{A}\|_{y\infty}}{\|\boldsymbol{y}\|_\infty}$.

**28.** 设 $\boldsymbol{A}$ 为非奇异矩阵，且 $\|\boldsymbol{A}^{-1}\|\ \|\delta\boldsymbol{A}\|<1$，求证 $(\boldsymbol{A}+\delta\boldsymbol{A})^{-1}$ 存在且有估计

$$\frac{\|\boldsymbol{A}^{-1}-(\boldsymbol{A}+\delta\boldsymbol{A})^{-1}\|}{\|\boldsymbol{A}^{-1}\|}\leqslant\frac{\mathrm{cond}(\boldsymbol{A})\frac{\|\delta\boldsymbol{A}\|}{\|\boldsymbol{A}\|}}{1-\mathrm{cond}(\boldsymbol{A})\frac{\|\delta\boldsymbol{A}\|}{\|\boldsymbol{A}\|}}.$$

**29.** 矩阵第1行乘以一个数，成为 $\boldsymbol{A}=\begin{pmatrix}2\lambda&\lambda\\1&1\end{pmatrix}$，证明当 $\lambda=\pm\frac{2}{3}$ 时，$\mathrm{cond}(\boldsymbol{A})_\infty$ 有最小值.

**30.** 设 $\boldsymbol{A}$ 为对称正定矩阵，且其分解为 $\boldsymbol{A}=\boldsymbol{LDL}^{\mathrm{T}}=\boldsymbol{W}^{\mathrm{T}}\boldsymbol{W}$，其中 $\boldsymbol{W}=\boldsymbol{D}^{1/2}\boldsymbol{L}^{\mathrm{T}}$，求证：

(1) $\mathrm{cond}(\boldsymbol{A})_2=[\mathrm{cond}(\boldsymbol{W})_2]^2$； (2) $\mathrm{cond}(\boldsymbol{A}_2)=\mathrm{cond}(\boldsymbol{W}^{\mathrm{T}})_2\mathrm{cond}(\boldsymbol{W})_2$.

**31.** 设 $\boldsymbol{A}=\begin{pmatrix}100&99\\99&98\end{pmatrix}$，计算 $\boldsymbol{A}$ 的条件数 $\mathrm{cond}(\boldsymbol{A})_v\ (v=2,\infty)$.

**32.** 证明：如果 $\boldsymbol{A}$ 是正交矩阵，则 $\mathrm{cond}(\boldsymbol{A})_2=1$.

**33.** 设 $\boldsymbol{A},\boldsymbol{B}\in\mathbf{R}^{n\times n}$ 且 $\|\cdot\|$ 为 $\mathbf{R}^{n\times n}$ 上矩阵的算子范数，证明 $\mathrm{cond}(\boldsymbol{AB})\leqslant\mathrm{cond}(\boldsymbol{A})\mathrm{cond}(\boldsymbol{B})$.

# 第 8 章　解线性方程组的迭代法

## 8.1 引言

考虑线性方程组

$$\boldsymbol{A}\boldsymbol{x} = \boldsymbol{b}, \tag{8.1.1}$$

其中 $\boldsymbol{A}$ 为非奇异矩阵.当 $\boldsymbol{A}$ 为低阶稠密矩阵时,第 7 章所讨论的选主元素消去法是解式(8.1.1)的有效方法.但是,对于由工程技术中产生的大型稀疏矩阵方程组($\boldsymbol{A}$ 阶数 $n$ 很大,但零元素较多,例如 $n\geqslant 10^4$,由某些偏微分方程数值解所产生的线性方程组),利用迭代法求解式(8.1.1)是合适的.在计算机内存和运算两方面,迭代法通常都可利用 $\boldsymbol{A}$ 中有大量零元素的特点.

本章将介绍迭代法的一些基本理论及 Jacobi 迭代法、Gauss-Seidel 迭代法.超松弛迭代法.超松弛迭代法应用很广泛.

下面举简例,以便了解迭代法的思想.

**例 8.1**　求解方程组

$$\begin{cases}8x_1-3x_2+2x_3=20,\\4x_1+11x_2-x_3=33,\\6x_1+3x_2+12x_3=36,\end{cases} \tag{8.1.2}$$

记作

$$\boldsymbol{A}\boldsymbol{x}=\boldsymbol{b},$$

其中

$$\boldsymbol{A}=\begin{pmatrix}8 & -3 & 2\\4 & 11 & -1\\6 & 3 & 12\end{pmatrix},\quad \boldsymbol{x}=\begin{pmatrix}x_1\\x_2\\x_3\end{pmatrix},\quad \boldsymbol{b}=\begin{pmatrix}20\\33\\36\end{pmatrix}.$$

方程组的精确解是

$$\boldsymbol{x}^*=(3,2,1)^{\mathrm{T}}.$$

现将式(8.1.2)改写成

$$\begin{cases}x_1=\dfrac{1}{8}(3x_2-2x_3+20),\\[2mm]x_2=\dfrac{1}{11}(-4x_1+x_3+33),\\[2mm]x_3=\dfrac{1}{12}(-6x_1-3x_2+36)\end{cases} \tag{8.1.3}$$

或
$$\boldsymbol{x}=\boldsymbol{B}_0\boldsymbol{x}+\boldsymbol{f},$$

其中
$$\boldsymbol{B}_0=\begin{pmatrix}0 & \frac{3}{8} & -\frac{2}{8}\\ -\frac{4}{11} & 0 & \frac{1}{11}\\ -\frac{6}{12} & -\frac{3}{12} & 0\end{pmatrix}=\boldsymbol{I}-\boldsymbol{D}^{-1}\boldsymbol{A},\quad \boldsymbol{f}=\begin{pmatrix}\frac{20}{8}\\ \frac{33}{11}\\ \frac{36}{12}\end{pmatrix}=\boldsymbol{D}^{-1}\boldsymbol{b}.$$

任取初始值,例如取 $\boldsymbol{x}^{(0)}=(0,0,0)^{\mathrm{T}}$. 将这些值代入式(8.1.3)右端(若式(8.1.3)为等式即求得方程组的解,但一般不满足),得到新的值
$$\boldsymbol{x}^{(1)}=(x_1^{(1)},x_2^{(1)},x_3^{(1)})^{\mathrm{T}}=(2.5,\ 3,\ 3)^{\mathrm{T}},$$
再将 $\boldsymbol{x}^{(1)}$ 分量代入式(8.1.3)右端,得到 $\boldsymbol{x}^{(2)}$. 反复利用这个计算程序,得到一向量序列和一般的计算公式(迭代公式)
$$\boldsymbol{x}^{(0)}=\begin{pmatrix}x_1^{(0)}\\ x_2^{(0)}\\ x_3^{(0)}\end{pmatrix},\quad \boldsymbol{x}^{(1)}=\begin{pmatrix}x_1^{(1)}\\ x_2^{(1)}\\ x_3^{(1)}\end{pmatrix},\quad \cdots,\quad \boldsymbol{x}^{(k)}=\begin{pmatrix}x_1^{(k)}\\ x_2^{(k)}\\ x_3^{(k)}\end{pmatrix},\quad \cdots,$$
$$\begin{cases}x_1^{(k+1)}=(3x_2^{(k)}-2x_3^{(k)}+20)/8,\\ x_2^{(k+1)}=(-4x_1^{(k)}+x_3^{(k)}+33)/11,\\ x_3^{(k+1)}=(-6x_1^{(k)}-3x_2^{(k)}+36)/12,\end{cases}\tag{8.1.4}$$
简写为
$$\boldsymbol{x}^{(k+1)}=\boldsymbol{B}_0\boldsymbol{x}^{(k)}+\boldsymbol{f},$$
其中 $k$ ($k=0,1,2,\cdots$)表示迭代次数.

迭代到第 10 次有
$$\boldsymbol{x}^{(10)}=(3.000\,032,\ 1.999\,838,\ 0.999\,881\,3)^{\mathrm{T}},$$
$$\|\boldsymbol{\varepsilon}^{(10)}\|_\infty=0.000\,187(\boldsymbol{\varepsilon}^{(10)}=\boldsymbol{x}^{(10)}-\boldsymbol{x}^*).$$

从此例看出,由迭代法作出的向量序列 $\boldsymbol{x}^{(k)}$ 逐步逼近方程组的精确解 $\boldsymbol{x}^*$.

对于任何一个方程组 $\boldsymbol{x}=\boldsymbol{B}\boldsymbol{x}+\boldsymbol{f}$(由 $\boldsymbol{A}\boldsymbol{x}=\boldsymbol{b}$ 变形得到的等价方程组),按迭代法作出的向量序列 $\boldsymbol{x}^{(k)}$ 是否一定逐步逼近方程组的解 $\boldsymbol{x}^*$ 呢? 回答是不一定. 请读者考虑,用迭代法解下述方程组
$$\begin{cases}x_1=2x_2+5,\\ x_2=3x_1+5.\end{cases}$$

对于给定方程组 $\boldsymbol{x}=\boldsymbol{B}\boldsymbol{x}+\boldsymbol{f}$,设有唯一解 $\boldsymbol{x}^*$,则
$$\boldsymbol{x}^*=\boldsymbol{B}\boldsymbol{x}^*+\boldsymbol{f}.\tag{8.1.5}$$
又设 $\boldsymbol{x}^{(0)}$ 为任取的初始向量,按下述公式构造向量序列
$$\begin{cases}\boldsymbol{x}^{(1)}=\boldsymbol{B}\boldsymbol{x}^{(0)}+\boldsymbol{f},\\ \boldsymbol{x}^{(2)}=\boldsymbol{B}\boldsymbol{x}^{(1)}+\boldsymbol{f},\\ \quad\vdots\\ \boldsymbol{x}^{(k+1)}=\boldsymbol{B}\boldsymbol{x}^{(k)}+\boldsymbol{f},\end{cases}\tag{8.1.6}$$

其中 $k$ 表示迭代次数.

**定义 8.1** 1° 对于给定的方程组 $\boldsymbol{x}=\boldsymbol{B}\boldsymbol{x}+\boldsymbol{f}$,用式(8.1.6)逐步代入求近似解的方法称为**迭代法**(或称为一阶定常迭代法,这里 $\boldsymbol{B}$ 与 $k$ 无关).

2° 如果 $\lim\limits_{k\to\infty}\boldsymbol{x}^{(k)}$ 存在(记作 $\boldsymbol{x}^*$),称此迭代法**收敛**,显然 $\boldsymbol{x}^*$ 就是方程组的解,否则称此迭代法**发散**.

由上述讨论,需要研究 $\{\boldsymbol{x}^{(k)}\}$ 的收敛性. 引进误差向量

$$\boldsymbol{\varepsilon}^{(k+1)}=\boldsymbol{x}^{(k+1)}-\boldsymbol{x}^*,$$

由式(8.1.6)减去式(8.1.5),得

$$\boldsymbol{\varepsilon}^{(k+1)}=\boldsymbol{B}\boldsymbol{\varepsilon}^{(k)}\quad(k=0,1,2\cdots),$$

递推得

$$\boldsymbol{\varepsilon}^{(k)}=\boldsymbol{B}\boldsymbol{\varepsilon}^{(k-1)}=\cdots=\boldsymbol{B}^k\boldsymbol{\varepsilon}^{(0)}$$

要考察 $\{\boldsymbol{x}^{(k)}\}$ 的收敛性,就要研究 $\boldsymbol{B}$ 在什么条件下有 $\boldsymbol{\varepsilon}^{(k)}\to\boldsymbol{0}$ $(k\to\infty)$,亦即要研究 $\boldsymbol{B}$ 满足什么条件时有 $\boldsymbol{B}^k\to\boldsymbol{O}$(零矩阵)$(k\to\infty)$.

## 8.2 Jacobi 迭代法与 Gauss-Seidel 迭代法

### 8.2.1 Jacobi 迭代法

设有方程组

$$\sum_{j=1}^{n}a_{ij}x_j=b_i\quad(i=1,2,\cdots,n),$$

记作

$$\boldsymbol{A}\boldsymbol{x}=\boldsymbol{b},\tag{8.2.1}$$

$\boldsymbol{A}$ 为非奇异阵且 $a_{ii}\neq0$ $(i=1,2,\cdots,n)$. 将 $\boldsymbol{A}$ 分裂为 $\boldsymbol{A}=\boldsymbol{D}-\boldsymbol{L}-\boldsymbol{U}$,其中

$$\boldsymbol{D}=\begin{pmatrix}a_{11}&&&&\\&a_{22}&&&\\&&\ddots&&\\&&&\ddots&\\&&&&a_{nn}\end{pmatrix},\quad \boldsymbol{L}=-\begin{pmatrix}0&&&&\\a_{21}&0&&&\\a_{31}&a_{32}&0&&\\\vdots&\vdots&\ddots&\ddots&\\a_{n1}&a_{n2}&\cdots&a_{n,n-1}&0\end{pmatrix},$$

$$\boldsymbol{U}=-\begin{pmatrix}0&a_{12}&a_{13}&\cdots&a_{1n}\\&0&a_{23}&\cdots&a_{2n}\\&&\ddots&\ddots&\vdots\\&&&0&a_{n-1,n}\\&&&&0\end{pmatrix}.$$

将式(8.2.1)第 $i$ $(i=1,2,\cdots,n)$个方程用 $a_{ii}$ 去除再移项,得到等价方程组

$$x_i = \frac{1}{a_{ii}}\Big(b_i - \sum_{\substack{j=1\\ j\neq i}}^{n} a_{ij}x_j\Big) \quad (i=1,2,\cdots,n), \tag{8.2.2}$$

简记作
$$\boldsymbol{x} = \boldsymbol{B}_0\boldsymbol{x} + \boldsymbol{f},$$
其中
$$\boldsymbol{B}_0 = \boldsymbol{I} - \boldsymbol{D}^{-1}\boldsymbol{A} = \boldsymbol{D}^{-1}(\boldsymbol{L}+\boldsymbol{U}), \quad \boldsymbol{f} = \boldsymbol{D}^{-1}\boldsymbol{b}.$$

对方程组(8.2.2)应用迭代法,得到解式(8.2.1)的 Jacobi **迭代公式**

$$\begin{cases} \boldsymbol{x}^{(0)} = (x_1^{(0)}, x_2^{(0)}, \cdots, x_n^{(0)})^{\mathrm{T}} \quad (\text{初始向量}), \\ x_i^{(k+1)} = \dfrac{1}{a_{ii}}\Big(b_i - \sum\limits_{\substack{i=1\\ j\neq i}}^{n} a_{ij}x_j^{(k)}\Big), \end{cases} \tag{8.2.3}$$

其中 $\boldsymbol{x}^{(k)}=(x_1^{(k)},x_2^{(k)},\cdots,x_n^{(k)})^{\mathrm{T}}$ 为第 $k$ 次迭代向量. 设 $\boldsymbol{x}^{(k)}$ 已经算出,由式(8.2.3)可计算下一次迭代向量 $\boldsymbol{x}^{(k+1)}$ $(k=0,1,2,\cdots;i=1,2,\cdots,n)$.

显然迭代公式(8.2.3)的矩阵形式为

$$\begin{cases} \boldsymbol{x}^{(0)} \quad (\text{初始向量}), \\ \boldsymbol{x}^{(k+1)} = \boldsymbol{B}_0\boldsymbol{x}^{(k)} + \boldsymbol{f}, \end{cases} \tag{8.2.4}$$

其中 $\boldsymbol{B}_0$ 称为 Jacobi 方法**迭代矩阵**.

由此看出,Jacobi 迭代法公式简单,每迭代一次只需计算一次矩阵和向量乘法. 在用计算机计算时,需要两组工作单元,以存储 $\boldsymbol{x}^{(k)}$ 及 $\boldsymbol{x}^{(k+1)}$.

### 8.2.2 Gauss-Seidel 迭代法

由 Jacobi 方法迭代公式(8.2.4)可知,迭代的每一步计算过程,都是用 $\boldsymbol{x}^{(k)}$ 的全部分量来计算 $\boldsymbol{x}^{(k+1)}$ 的所有分量,显然在计算第 $i$ 个分量 $x_i^{(k+1)}$ 时,已经计算出的最新分量 $x_1^{(k+1)},x_2^{(k+1)},\cdots,x_{i-1}^{(k+1)}$ 没有被利用. 从直观上看,最新计算出的分量可能比旧的分量要好些. 因此,对这些最新计算出来的第 $k+1$ 次近似 $\boldsymbol{x}^{(k+1)}$ 的分量 $x_j^{(k+1)}$ 加以利用,就得到所谓解方程组的 Gauss-Seidel **迭代法(简称 G-S 方法)**:

$$\boldsymbol{x}^{(0)} = (x_1^{(0)}, x_2^{(0)}, \cdots, x_n^{(0)})^{\mathrm{T}} \quad (\text{初始向量}),$$

$$x_i^{(k+1)} = \frac{1}{a_{ii}}\Big(b_i - \sum_{j=1}^{i-1} a_{ij}x_j^{(k+1)} - \sum_{j=i+1}^{n} a_{ij}x_j^{(k)}\Big) \quad (k=0,1,2,\cdots;i=1,2,\cdots,n), \tag{8.2.5}$$

或写为

$$\begin{cases} x_i^{(k+1)} = x_i^{(k)} + \Delta x_i \quad (k=0,1,2,\cdots;i=1,2,\cdots,n), \\ \Delta x_i = \dfrac{1}{a_{ii}}\Big(b_i - \sum\limits_{j=1}^{i-1} a_{ij}x_i^{(k+1)} - \sum\limits_{j=i}^{n} a_{ij}x_j^{(k)}\Big). \end{cases} \tag{8.2.5$'$}$$

上面第 2 个式子利用了最新计算出的分量 $x_1^{(k+1)}$,第 $i$ 个式子利用了计算出的最新分量 $x_j^{(k+1)}$ $(j=1,2,\cdots,i-1)$. 式(8.2.5)还可写成矩阵形式

$$\boldsymbol{D}\boldsymbol{x}^{(k+1)} = \boldsymbol{b} + \boldsymbol{L}\boldsymbol{x}^{(k+1)} + \boldsymbol{U}\boldsymbol{x}^{(k)}, \quad (\boldsymbol{D}-\boldsymbol{L})\boldsymbol{x}^{(k+1)} = \boldsymbol{b} + \boldsymbol{U}\boldsymbol{x}^{(k)},$$

若设 $(\boldsymbol{D}-\boldsymbol{L})^{-1}$ 存在,则

$$x^{(k+1)} = (D-L)^{-1}Ux^{(k)} + (D-L)^{-1}b,$$

于是 Gauss-Seidel 迭代公式的矩阵形式为

$$x^{(k+1)} = Gx^{(k)} + f, \tag{8.2.6}$$

其中

$$G = (D-L)^{-1}U, \quad f = (D-L)^{-1}b.$$

由此可以看出，应用 Gauss-Seidel 迭代法解式(8.2.1)，就是对方程组 $x=Gx+f$ 应用迭代法. $G$ 称为解式(8.2.1)的 Gauss-Seidel 迭代法的迭代矩阵.

Gauss-Seidel 迭代法的一个明显的优点是，在用计算机计算时，只需一组工作单元，以便存放近似解. 由式(8.2.5)′可以看出，每迭代一步只需计算一次矩阵与向量的乘法.

**例 8.2** 用 Gauss-Seidel 迭代法解例 8.1. 取 $x^{(0)}=\mathbf{0}$，迭代公式为

$$\begin{cases} x_1^{(k+1)} = (20+3x_2^{(k)}-2x_3^{(k)})/8, \\ x_2^{(k+1)} = (33-4x_1^{(k+1)}+x_3^{(k)})/11, \\ x_3^{(k+1)} = (36-6x_1^{(k+1)}-3x_2^{(k+1)})/12. \end{cases}$$

迭代到第 5 次时，有

$$x^{(5)}=(2.999\,843,\ 2.000\,072,\ 1.000\,061)^{\mathrm{T}}, \quad \|\varepsilon^{(5)}\|_\infty=0.001\,57.$$

从此例看出，Gauss-Seidel 迭代法比 Jacobi 迭代法收敛快(达到同样的精度所需的迭代次数较少)，但这个结论在一定条件下才是对的. 甚至有这样的方程组，Jacobi 方法收敛，而 Gauss-Seidel 迭代法却是发散的.

**例 8.3** 方程组

$$\begin{cases} x_1+2x_2-2x_3=1, \\ x_1+x_2+x_3=1, \\ 2x_1+2x_2+x_3=1 \end{cases}$$

能够说明解此方程组的 Jacobi 迭代法收敛而 Gauss-Seidel 迭代法发散.

## 8.3 迭代法的收敛性

**定义 8.2** 设有矩阵序列 $A_k=(a_{ij}^{(k)})_{n\times n}$ $(k=1,2,\cdots)$ 及 $A=(a_{ij})_{n\times n}$，如果

$$\lim_{k\to\infty} a_{ij}^{(k)} = a_{ij} \quad (i,j=1,2,\cdots,n)$$

成立，则称 $\{A_k\}$ **收敛于** $A$，记作 $\lim\limits_{k\to\infty}A_k=A$.

**例 8.4** 矩阵序列

$$A=\begin{pmatrix}\lambda & 1\\ 0 & \lambda\end{pmatrix},\ A^2=\begin{pmatrix}\lambda^2 & 2\lambda\\ 0 & \lambda^2\end{pmatrix},\ \cdots,\ A^k=\begin{pmatrix}\lambda^k & k\lambda^{k-1}\\ 0 & \lambda^k\end{pmatrix},\ \cdots,$$

当 $|\lambda|<1$ 时，$A^k\to\begin{pmatrix}0 & 0\\ 0 & 0\end{pmatrix}$(当 $k\to\infty$ 时).

矩阵序列极限的概念可以用任何矩阵范数来描述.

**定理 8.1** $\lim\limits_{k\to\infty}\boldsymbol{A}_k=\boldsymbol{A}$ 的充要条件是 $\|\boldsymbol{A}_k-\boldsymbol{A}\|\to 0\ (k\to\infty)$. 证明过程留给读者进行.

由 8.1 节知,要考虑序列 $\{\boldsymbol{x}^{(k)}\}$ 的收敛性,就要研究 $\boldsymbol{B}$ 在什么条件下误差向量趋于零向量,即

$$\boldsymbol{\varepsilon}^{(k)}=\boldsymbol{x}^{(k)}-\boldsymbol{x}^*=\boldsymbol{B}^k\boldsymbol{\varepsilon}^{(0)}\to\boldsymbol{0}\quad(k\to\infty).$$

**定理 8.2** 设 $\boldsymbol{B}=(b_{ij})_{n\times n}$,则 $\boldsymbol{B}^k\to\boldsymbol{O}\ (k\to\infty)$的充要条件是 $\rho(\boldsymbol{B})<1$.

**证明** 由矩阵 $\boldsymbol{B}$ 的 Jordan 标准形,存在非奇异矩阵 $\boldsymbol{P}$,使

$$\boldsymbol{P}^{-1}\boldsymbol{B}\boldsymbol{P}=\begin{pmatrix}\boldsymbol{J}_1&&&\\&\boldsymbol{J}_2&&\\&&\ddots&\\&&&\boldsymbol{J}_r\end{pmatrix}\equiv\boldsymbol{J},\quad \text{其中 } \boldsymbol{J}_i=\begin{pmatrix}\lambda_i&1&&&\\&\lambda_i&1&&\\&&\ddots&\ddots&\\&&&\ddots&1\\&&&&\lambda_i\end{pmatrix}_{n_i\times n_i},$$

其中 $\sum\limits_{i=1}^{r}n_i=n$. 显然 $\boldsymbol{B}=\boldsymbol{P}\boldsymbol{J}\boldsymbol{P}^{-1}$,故

$$\boldsymbol{B}^k=\boldsymbol{P}\boldsymbol{J}^k\boldsymbol{P}^{-1},$$

其中

$$\boldsymbol{J}^k=\begin{pmatrix}\boldsymbol{J}_1^k&&&\\&\boldsymbol{J}_2^k&&\\&&\ddots&\\&&&\boldsymbol{J}_r^k\end{pmatrix}\quad(k=1,2,\cdots).$$

于是

$$\boldsymbol{B}^k\to\boldsymbol{O}\quad(k\to\infty)\Leftrightarrow\boldsymbol{J}^k\to\boldsymbol{O}\quad(k\to\infty),$$

$$\boldsymbol{J}^k\to\boldsymbol{O}\quad(k\to\infty)\Leftrightarrow\boldsymbol{J}_i^k\to\boldsymbol{O}\quad(k\to\infty)\quad(i=1,2,\cdots,r).$$

引进记号

$$\boldsymbol{E}_{tk}=\begin{pmatrix}\overbrace{0\ \ \cdots\ \ 0}^{k\text{个}}&1&0&\cdots&0\\&\ddots&\ddots&\ddots&\ddots&\vdots\\&&\ddots&&\ddots&\ddots&0\\&&&\ddots&&\ddots&1\\&&&&\ddots&&0\\&&&&&\ddots&\vdots\\&&&&&&0\end{pmatrix}_{t\times t}\quad(\text{其中 } t=n_i),$$

一般有 $(\boldsymbol{E}_{t1})^k=\boldsymbol{E}_{tk}$,当 $k\geqslant t$ 时 $\boldsymbol{E}_{tk}=\boldsymbol{O}$. 由于

$$\boldsymbol{J}_i=\begin{pmatrix}\lambda_i&&&\\&\lambda_i&&\\&&\ddots&\\&&&\ddots&\\&&&&\lambda_i\end{pmatrix}+\begin{pmatrix}0&1&&&\\&0&1&&\\&&\ddots&\ddots&\\&&&\ddots&1\\&&&&0\end{pmatrix}=\lambda_i\boldsymbol{I}+\boldsymbol{E}_{t1},$$

于是

$$J_i^k=(\lambda_i I+E_{t1})^k=\sum_{j=0}^{k}\binom{k}{j}\lambda_i^{k-j}(E_{t1})^j=\sum_{j=0}^{k}\binom{k}{j}\lambda_i^{k-j}E_{tj}=\sum_{j=0}^{t-1}\binom{k}{j}\lambda_i^{k-j}E_{tj}.$$

$$=\begin{pmatrix}\lambda_i^k & \binom{k}{1}\lambda_i^{k-1} & \cdots & \cdots & \binom{k}{t-1}\lambda_i^{k-(t-1)}\\ & \lambda_i^k & \binom{k}{1}\lambda_i^{k-1} & \cdots & \binom{k}{t-2}\lambda_i^{k-(t-2)}\\ & & \ddots & \ddots & \vdots\\ & & & \ddots & \binom{k}{1}\lambda_i^{k-1}\\ & & & & \lambda_i^k\end{pmatrix}_{t\times t}\quad(i=1,2,\cdots,r),$$

其中 $E_{t0}=I,\quad \binom{k}{j}=\frac{k!}{j!(k-j)!}=\frac{k(k-1)\cdots(k-j+1)}{j!}.$

利用极限 $\lim\limits_{k\to\infty}k^r c^k=0\ (0<c<1,r\geqslant 0)$，得到

$$\binom{k}{j}\lambda^{k-j}\to 0\quad(k\to\infty)\Longleftrightarrow|\lambda|<1,$$

所以 $J_i^k\to O\ (k\to\infty)$ 充要条件是 $|\lambda_i|<1\ (i=1,2,\cdots,r)$，即 $\rho(B)<1$.

**定理 8.3**（迭代法基本定理） 设有方程组

$$x=Bx+f,\tag{8.3.1}$$

对于任意初始向量 $x^{(0)}$ 及任意 $f$，解此方程组的迭代法（即 $x^{(k+1)}=Bx^{(k)}+f$）收敛的充要条件是 $\rho(B)<1$.

**证明** 充分性. 设 $\rho(B)<1$，易知 $Ax=f$（其中 $A=I-B$）有唯一解，记作

$$x^*=Bx^*+f,\tag{8.3.2}$$

误差向量

$$\varepsilon^{(k)}=x^{(k)}-x^*=B^k\varepsilon^{(0)},\quad \varepsilon^{(0)}=x^{(0)}-x^*.$$

由设 $\rho(B)<1$，应用定理 8.2，有 $B^k\to O\ (k\to\infty)$. 于是对于任意 $x^{(0)}$ 及 $f$，有 $\varepsilon^{(k)}\to 0\ (k\to\infty)$，即 $x^{(k)}\to x^*\ (k\to\infty)$.

必要性. 设对于任意 $x^{(0)}$ 及任意 $f$，皆有 $\lim\limits_{k\to\infty}x^{(k)}=x^*$，其中 $x^{(k+1)}=Bx^{(k)}+f$. 显然，

(1) 极限 $x^*$ 是方程组(8.3.1)的解，

(2) 对于任意 $x^{(0)}$ 及任意 $f$，有

$$\varepsilon^{(k)}=x^{(k)}-x^*=B^k\varepsilon^{(0)}\to 0\quad(k\to\infty).$$

显然 $$B^k\to O\quad(k\to\infty).$$

再由定理 8.2，即得 $\rho(B)<1$.

**例 8.5** 考察用 Jacobi 方法解例 8.1 方程组的收敛性. 迭代矩阵 $\boldsymbol{B}_0$ 的特征方程为

$$\det(\lambda \boldsymbol{I} - \boldsymbol{B}_0) = \lambda^3 + 0.034\,090\,909\lambda + 0.039\,772\,727 = 0,$$

解得

$$\lambda_1 = -0.308\,2,$$

$$\lambda_2 = 0.154\,1 + \mathrm{i}0.324\,5,$$

$$\lambda_3 = 0.154\,1 - \mathrm{i}0.324\,5,$$

$$|\lambda_2| = |\lambda_3| = 0.359\,2 < 1, \quad |\lambda_1| < 1,$$

即 $\rho(\boldsymbol{B}_0)<1$. 所以用 Jacobi 迭代法解方程组(8.3.1)是收敛的.

**例 8.6** 考察用迭代过程的收敛性:$\boldsymbol{x}^{(k+1)} = \boldsymbol{B}\boldsymbol{x}^{(k)} + \boldsymbol{f}$ $(k=0,1,2,\cdots)$,其中

$$\boldsymbol{B} = \begin{pmatrix} 0 & 2 \\ 3 & 0 \end{pmatrix}, \quad \boldsymbol{f} = \begin{pmatrix} 5 \\ 5 \end{pmatrix}.$$

特征方程为

$$\det(\lambda \boldsymbol{I} - \boldsymbol{B}) = \lambda^2 - 6 = 0,$$

特征根 $\lambda_{1,2} = \pm\sqrt{6}$,即 $\rho(\boldsymbol{B})>1$. 这说明此迭代过程不收敛.

现讨论迭代法的收敛速度. 考察误差向量 $\boldsymbol{\varepsilon}^{(k)} = \boldsymbol{x}^{(k)} - \boldsymbol{x}^* = \boldsymbol{B}^k\boldsymbol{\varepsilon}^{(0)}$. 设 $\boldsymbol{B}$ 有 $n$ 个线性无关的特征向量 $\boldsymbol{u}_1,\boldsymbol{u}_2,\cdots,\boldsymbol{u}_n$,相应的特征值为 $\lambda_1,\lambda_2,\cdots,\lambda_n$. 由 $\boldsymbol{\varepsilon}^{(0)} = \sum_{i=1}^{n} a_i\boldsymbol{u}_i$,得

$$\boldsymbol{\varepsilon}^{(k)} = \boldsymbol{B}^k\boldsymbol{\varepsilon}^{(0)} = \sum_{i=1}^{n} a_i\boldsymbol{B}^k\boldsymbol{u}_i = \sum_{i=1}^{n} a_i\lambda_i^k\boldsymbol{u}_i.$$

可以看出,当 $\rho(\boldsymbol{B})<1$ 愈小时,$\lambda_i^k \to 0$ $(i=1,2,\cdots,n;k\to\infty)$愈快,即 $\boldsymbol{\varepsilon}^{(k)} \to \boldsymbol{0}$ 愈快,故可用量 $\rho(\boldsymbol{B})$来刻画迭代法的收敛快慢. 现在依据给定精度要求来确定迭代次数 $k$,即使

$$[\rho(\boldsymbol{B})]^k \leqslant 10^{-s}, \tag{8.3.3}$$

取对数得

$$k \geqslant \frac{s\ln 10}{-\ln\rho(\boldsymbol{B})}.$$

**定义 8.3** 称 $R(\boldsymbol{B}) = -\ln\rho(\boldsymbol{B})$为迭代法的收敛速度.

可以看出,$\rho(\boldsymbol{B})<1$ 愈小,$-\ln\rho(\boldsymbol{B})$就愈大,式(8.3.3)成立所需迭代次数就愈少.

由于一般当 $n$ 较大时,矩阵特征值计算比较困难,基本定理的条件比较难验证,所以最好建立与矩阵元素直接有关的条件来判别迭代法的收敛性. 由于 $\rho(\boldsymbol{B}) \leqslant \|\boldsymbol{B}\|_v$ $(v=1,2,\infty$或 $F)$,所以可用 $\|\boldsymbol{B}\|_v$ 来作为 $\rho(\boldsymbol{B})$上界的一种估计.

**定理 8.4**(迭代法收敛的充分条件) 如果方程组(8.3.1)的迭代公式为 $\boldsymbol{x}^{(k+1)} = \boldsymbol{B}\boldsymbol{x}^{(k)} + \boldsymbol{f}$ $(\boldsymbol{x}^{(0)}$为任意初始向量),且迭代矩阵的某一种范数 $\|\boldsymbol{B}\|_v = q<1$,则:

1° 迭代法收敛;

2° $\|\boldsymbol{x}^*-\boldsymbol{x}^{(k)}\|_v\leqslant\dfrac{q}{1-q}\|\boldsymbol{x}^{(k)}-\boldsymbol{x}^{(k-1)}\|_v$；

3° $\|\boldsymbol{x}^*-\boldsymbol{x}^{(k)}\|_v\leqslant\dfrac{q^k}{1-q}\|\boldsymbol{x}^{(1)}-\boldsymbol{x}^{(0)}\|_v$.

**证明** 利用定理 8.3，结论 1°是显然的. 现证结论 2°、3°. 据题设显然有

$$\boldsymbol{x}^*-\boldsymbol{x}^{(k+1)}=\boldsymbol{B}(\boldsymbol{x}^*-\boldsymbol{x}^{(k)}),\tag{8.3.4}$$

$$\|\boldsymbol{x}^{(k+1)}-\boldsymbol{x}^{(k)}\|_v\leqslant q\|\boldsymbol{x}^{(k)}-\boldsymbol{x}^{(k-1)}\|_v\quad(k=1,2,\cdots),\tag{8.3.5}$$

$$\|\boldsymbol{x}^*-\boldsymbol{x}^{(k+1)}\|_v\leqslant q\|\boldsymbol{x}^*-\boldsymbol{x}^{(k)}\|_v.\tag{8.3.6}$$

于是

$$\begin{aligned}\|\boldsymbol{x}^{(k+1)}-\boldsymbol{x}^{(k)}\|_v&=\|\boldsymbol{x}^*-\boldsymbol{x}^{(k)}-(\boldsymbol{x}^*-\boldsymbol{x}^{(k+1)})\|_v\\&\geqslant\|\boldsymbol{x}^*-\boldsymbol{x}^{(k)}\|_v-\|\boldsymbol{x}^*-\boldsymbol{x}^{(k+1)}\|_v\\&\geqslant(1-q)\|\boldsymbol{x}^*-\boldsymbol{x}^{(k)}\|_v,\end{aligned}$$

即

$$\begin{aligned}\|\boldsymbol{x}^*-\boldsymbol{x}^{(k)}\|_v&\leqslant\frac{1}{1-q}\|\boldsymbol{x}^{(k+1)}-\boldsymbol{x}^{(k)}\|_v\\&\leqslant\frac{q}{1-q}\|\boldsymbol{x}^{(k)}-\boldsymbol{x}^{(k-1)}\|_v\quad(k=1,2,\cdots).\end{aligned}$$

反复利用式(8.3.5)即得到结论 3°.

**例 8.7** 仍然考察例 8.1，Jacobi 方法迭代矩阵 $\boldsymbol{B}_0$ 的∞-范数为

$$\|\boldsymbol{B}_0\|_\infty=\max\left\{\frac{5}{8},\frac{5}{11},\frac{9}{12}\right\}=\frac{9}{12}<1,$$

所以对例 8.1 应用 Jacobi 迭代方法是收敛的.

**例 8.8** 设有迭代过程 $\boldsymbol{x}^{(k+1)}=\boldsymbol{B}\boldsymbol{x}^{(k)}+\boldsymbol{f}\ (k=0,1,2,\cdots)$，其中

$$\boldsymbol{B}=\begin{pmatrix}0.9&0\\0.3&0.8\end{pmatrix},\quad\boldsymbol{f}=\begin{pmatrix}1\\2\end{pmatrix},$$

则 $\|\boldsymbol{B}\|_\infty=1.1,\quad\|\boldsymbol{B}\|_1=1.2,\quad\|\boldsymbol{B}\|_2=1.021,\quad\|\boldsymbol{B}\|_F=\sqrt{1.54}.$
虽然 $\boldsymbol{B}$ 的这些范数都大于 1，但 $\boldsymbol{B}$ 的特征值为 $\lambda_1=0.9$，$\lambda_2=0.8$，由定理 8.3 知，此迭代过程还是收敛的.

由定理 8.4 可知，$\|\boldsymbol{B}\|=q<1$ 愈小，迭代法收敛愈快.

当 $\boldsymbol{B}$ 的某一种范数 $\|\boldsymbol{B}\|<1$ 时，如果相邻两次迭代 $\|\boldsymbol{x}^{(k)}-\boldsymbol{x}^{(k-1)}\|<\varepsilon_0$ （$\varepsilon_0$ 为给定的精度要求），则 $\|\boldsymbol{x}^*-\boldsymbol{x}^{(k)}\|\leqslant\dfrac{q}{1-q}\varepsilon_0$，所以在用计算机计算时通常利用 $\|\boldsymbol{x}^{(k)}-\boldsymbol{x}^{(k-1)}\|<\varepsilon_0$ 来作为控制迭代的终止条件. 不过要注意，当 $q\approx1$ 时，$\dfrac{q}{1-q}$ 较大，尽管 $\|\boldsymbol{x}^{(k)}-\boldsymbol{x}^{(k-1)}\|$ 已非常小，但误差向量的模 $\|\boldsymbol{\varepsilon}^{(k)}\|=\|\boldsymbol{x}^*-\boldsymbol{x}^{(k)}\|$ 可能较大，迭代法收敛将是缓慢的. 定理 8.4 中结论 3°的估计还可以用来事先确定需要迭代多少次才能保证 $\|\boldsymbol{\varepsilon}^{(k)}\|<\varepsilon_0$.

**定理 8.5** 解方程组(8.2.1)的 Gauss-Seidel 迭代法收敛的充要条件是 $\rho(\boldsymbol{G})<1$，

其中 $\boldsymbol{G}$ 为 Gauss-Seidel 迭代法的迭代矩阵.

**证明** 由式(8.2.6)再应用定理 8.3 即得定理 8.5.

在实际应用中常遇到一些线性代数方程组,其系数矩阵具有某些性质,如系数矩阵的对角元素占优,系数矩阵为对称正定等.充分利用这些性质往往可使判定迭代法收敛的问题变得简单.

**定义 8.4**(对角占优阵) 设 $\boldsymbol{A}=(a_{ij})_{n\times n}\in\mathbf{R}^{n\times n}$(或 $\mathbf{C}^{n\times n}$),

1° 如果矩阵 $\boldsymbol{A}$ 满足条件

$$|a_{ii}|>\sum_{\substack{j=1\\j\neq i}}^{n}|a_{ij}|\quad(i=1,2,\cdots,n),\tag{8.3.7}$$

即 $\boldsymbol{A}$ 的每一行对角元素的绝对值都严格大于同行其他元素绝对值之和,则称 $\boldsymbol{A}$ 为**严格对角占优阵**.

2° 如果 $|a_{ii}|\geqslant\sum\limits_{\substack{j=1\\j\neq i}}^{n}|a_{ij}|$ $(i=1,2,\cdots,n)$且至少有一个不等式严格成立,称 $\boldsymbol{A}$ 为**弱对角占优阵**.

**例 8.9** $\boldsymbol{A}=\begin{pmatrix}-4&1&0&0\\1&-4&1&0\\0&1&-4&1\\0&0&1&-4\end{pmatrix}$为严格对角占优阵,$\boldsymbol{B}=\begin{pmatrix}1&1&0\\1&1&0\\0&1&2\end{pmatrix}$为弱对角占优阵.

**定义 8.5**(可约与不可约矩阵) 设 $\boldsymbol{A}=(a_{ij})_{n}\in\mathbf{R}^{n\times n}$(或 $\mathbf{C}^{n\times n}$),当 $n\geqslant2$ 时,如果存在 $n$ 阶置换阵 $\boldsymbol{P}$ 使

$$\boldsymbol{P}^{\mathrm{T}}\boldsymbol{A}\boldsymbol{P}=\begin{pmatrix}\boldsymbol{A}_{11}&\boldsymbol{A}_{12}\\\boldsymbol{O}&\boldsymbol{A}_{22}\end{pmatrix}\tag{8.3.8}$$

成立,其中 $\boldsymbol{A}_{11}$ 为 $r$ 阶子矩阵,$\boldsymbol{A}_{22}$ 为 $n-r$ 阶子矩阵$(1\leqslant r\leqslant n)$,则称 $\boldsymbol{A}$ 是**可约矩阵**.如果不存在置换阵 $\boldsymbol{P}$ 使式(8.3.8)成立,则称 $\boldsymbol{A}$ 是**不可约矩阵**.

$\boldsymbol{A}$ 是可约矩阵,意味着 $\boldsymbol{Ax}=\boldsymbol{b}$ 可经过若干行列重排(若 $\boldsymbol{A}$ 经过两行交换的同时进行相应的两列的交换,称对 $\boldsymbol{A}$ 进行一次行列重排),化为两个低阶方程组求解.

事实上,由 $\boldsymbol{Ax}=\boldsymbol{b}$ 可化为 $\boldsymbol{P}^{\mathrm{T}}\boldsymbol{AP}(\boldsymbol{P}^{\mathrm{T}}\boldsymbol{x})=\boldsymbol{P}^{\mathrm{T}}\boldsymbol{b}$,且记

$$\boldsymbol{y}=\boldsymbol{P}^{\mathrm{T}}\boldsymbol{x}=\begin{pmatrix}\boldsymbol{y}_1\\\boldsymbol{y}_2\end{pmatrix},\quad\boldsymbol{P}^{\mathrm{T}}\boldsymbol{b}=\begin{pmatrix}\boldsymbol{d}_1\\\boldsymbol{d}_2\end{pmatrix},$$

其中 $\boldsymbol{y}_1,\boldsymbol{d}_1$ 为 $r$ 维向量.于是,求解 $\boldsymbol{Ax}=\boldsymbol{b}$ 化为求解

$$\begin{cases}\boldsymbol{A}_{11}\boldsymbol{y}_1+\boldsymbol{A}_{12}\boldsymbol{y}_2=\boldsymbol{d}_1,\\\qquad\qquad\ \boldsymbol{A}_{22}\boldsymbol{y}_2=\boldsymbol{d}_2.\end{cases}$$

**例 8.10** 在例 8.9 中矩阵 $\boldsymbol{B}$ 是可约矩阵,即存在置换阵 $\boldsymbol{P}=\boldsymbol{I}_{13}$,使

$$P^{\mathrm{T}}BP=\begin{pmatrix}2 & 1 & 0\\ 0 & 1 & 1\\ 0 & 1 & 1\end{pmatrix}.$$

**定理 8.6**（对角占优定理） 如果 $A=(a_{ij})_n\in \mathbf{R}^{n\times n}$（或 $\mathbf{C}^{n\times n}$）为严格对角占优阵或为不可约弱对角占优阵，则 $A$ 是非奇异矩阵.

**证明** 设 $A$ 为严格对角占优阵，下面只就这种情况证明此定理. 若 $\det A=0$，则 $Ax=0$ 有非零解，记作

$$x=(x_1,x_2,\cdots,x_n)^{\mathrm{T}}.$$

又记 $|x_k|=\max\limits_{1\leqslant i\leqslant n}|x_i|\neq 0$，由齐次方程组的第 $k$ 个方程

$$\sum_{j=1}^{n}a_{kj}x_j=0,$$

得
$$|a_{kk}x_k|=\Big|\sum_{\substack{j=1\\ j\neq k}}^{n}a_{kj}x_j\Big|\leqslant\sum_{\substack{j=1\\ j\neq k}}^{n}|a_{kj}||x_j|\leqslant|x_k|\sum_{\substack{j=1\\ j\neq k}}^{n}|a_{kj}|,$$

$$|a_{kk}|\leqslant\sum_{\substack{j=1\\ j\neq k}}^{n}|a_{kj}|,\tag{8.3.9}$$

与假设矛盾，故 $\det A\neq 0$，即 $A$ 非奇异.

**定理 8.7** 如果 $A\in \mathbf{R}^{n\times m}$ 为严格对角占优阵或为不可约弱对角占优阵，则对于任意的 $x^{(0)}$，解方程组(8.2.1)的 Jacobi 迭代法，Gauss-Seidel 迭代法均收敛.

**证明** 设 $A$ 为不可约弱对角占优阵，现证明 Gauss-Seidel 迭代法收敛. 其他证明留作习题.

由设知 $a_{ii}\neq 0\ (i=1,2,\cdots,n)$，方程组(8.2.1)的 Gauss-Seidel 迭代法的迭代矩阵为

$$G=(D-L)^{-1}U.$$

又
$$\begin{aligned}\det(\lambda I-G)&=\det(\lambda I-(D-L)^{-1}U)\\&=\det(D-L)^{-1}\cdot\det(\lambda(D-L)-U)=0,\end{aligned}$$

即
$$\det(\lambda(D-L)-U)=0.$$

记
$$G=\lambda(D-L)-U=\begin{pmatrix}\lambda a_{11} & a_{12} & a_{13} & \cdots & a_{1n}\\ \lambda a_{21} & \lambda a_{22} & a_{23} & \cdots & a_{2n}\\ \vdots & \lambda a_{32} & \ddots & \ddots & \vdots\\ \vdots & \vdots & \ddots & \ddots & a_{n-1,n}\\ \lambda a_{n1} & \lambda a_{n2} & \cdots & \lambda a_{n,n-1} & \lambda a_{nn}\end{pmatrix}=(c_{ij})_{n\times n}.$$

下面说明当 $|\lambda|\geqslant 1$ 时 $\det G\neq 0$，如果这个结论是正确的，那么 $\det G=0$ 的根均满足 $|\lambda|<1$. 这说明解式(8.2.1)的 Gauss-Seidel 迭代法收敛.

事实上，由 $A$ 为不可约矩阵，则 $G$ 亦为不可约矩阵，且又由 $A$ 为弱对角占优阵得

到(当$|\lambda|\geqslant 1$时)

$$|c_{ii}|=|\lambda||a_{ii}|\geqslant\sum_{j=1}^{i-1}|\lambda a_{ij}|+\sum_{j=i+1}^{n}|a_{ij}|=\sum_{j\neq i}|c_{ij}|,$$

且至少有一不等式严格成立,也就是说当$|\lambda|\geqslant 1$时,$\boldsymbol{G}$为不可约弱对角占优阵,于是由定理8.6(当$|\lambda|\geqslant 1$时)有$\det\boldsymbol{G}\neq 0$,故$\rho(\boldsymbol{G})<1$.

## 8.4　解线性方程组的超松弛迭代法

逐次超松弛迭代法(successive over relaxation method,简称SOR方法)是Gauss-Seidel方法的一种加速方法,是解大型稀疏矩阵方程组的有效方法之一,它具有计算公式简单,程序设计容易,占用计算机内存较少等优点,但需要选择好的加速因子(即最佳松弛因子).

设有方程组

$$\boldsymbol{Ax}=\boldsymbol{b}, \tag{8.4.1}$$

其中$\boldsymbol{A}\in\mathbf{R}^{n\times n}$为非奇异矩阵,且设$a_{ii}\neq 0\ (i=1,2,\cdots,n)$,分解$\boldsymbol{A}$为

$$\boldsymbol{A}=\boldsymbol{D}-\boldsymbol{L}-\boldsymbol{U}. \tag{8.4.2}$$

设已知第$k$次迭代向量$\boldsymbol{x}^{(k)}$,及第$k+1$次迭代向量$\boldsymbol{x}^{(k+1)}$的分量$x_j^{(k+1)}\ (j=1,2,\cdots,i-1)$,要求计算分量$x_i^{(k+1)}$.

首先用Gauss-Seidel迭代法定义辅助量

$$\tilde{x}_i^{(k+1)}=\frac{1}{a_{ii}}\Big(b_i-\sum_{j=1}^{i-1}a_{ij}x_j^{(k+1)}-\sum_{j=i+1}^{n}a_{ij}x_j^{(k)}\Big)\quad(i=1,2,\cdots,n), \tag{8.4.3}$$

再把$x_i^{(k+1)}$取为$x_i^{(k)}$与$\tilde{x}_i^{(k+1)}$某个平均值(即加权平均),即

$$x_i^{(k+1)}=(1-\omega)x_i^{(k)}+\omega\tilde{x}_i^{(k+1)}=x_i^{(k)}+\omega(\tilde{x}_i^{(k+1)}-x_i^{(k)}). \tag{8.4.4}$$

用式(8.4.3)代入式(8.4.4)即得到解方程组$\boldsymbol{Ax}=\boldsymbol{b}$的逐次超松弛迭代公式

$$\begin{cases}x_i^{(k+1)}=x_i^{(k)}+\dfrac{\omega}{a_{ii}}\Big(b_i-\displaystyle\sum_{j=1}^{i-1}a_{ij}x_j^{(k+1)}-\sum_{j=i}^{n}a_{ij}x_j^{(k)}\Big),\\ x^{(k)}=(x_1^{(k)},x_2^{(k)},\cdots,x_n^{(k)})^{\mathrm{T}}\quad(k=0,1,\cdots;i=1,2,\cdots,n),\end{cases} \tag{8.4.5}$$

其中$\omega$称为**松弛因子**,或写为

$$\begin{cases}x_i^{(k+1)}=x_i^{(k)}+\Delta x_i\quad(k=0,1,\cdots;i=1,2,\cdots,n),\\ \Delta x_i=\dfrac{\omega}{a_{ii}}\Big(b_i-\displaystyle\sum_{j=1}^{i-1}a_{ij}x_j^{(k+1)}-\sum_{j=i}^{n}a_{ij}x_j^{(k)}\Big).\end{cases} \tag{8.4.6}$$

显然,当$\omega=1$时,解式(8.4.1)的SOR方法就是Gauss-Seidel迭代法.

在SOR方法中,迭代一次主要的运算量是计算一次矩阵与向量的乘法.由式(8.4.5)可知,在计算机上应用SOR方法解方程组时只需一组工作单元,以便存放近似

解，在用计算机计算时，可用 $|p_0|=\max\limits_i|\Delta x_i|=\max\limits_{1\leqslant i\leqslant n}|x_i^{(k+1)}-x_i^{(k)}|<\varepsilon$ 控制迭代终止.

当 $\omega<1$ 时，称式(8.4.5)为**低松弛法**；当 $\omega>1$ 时，称式(8.4.5)为**超松弛法**.

**例 8.11** 用 SOR 方法解方程组

$$\begin{pmatrix}-4 & 1 & 1 & 1\\ 1 & -4 & 1 & 1\\ 1 & 1 & -4 & 1\\ 1 & 1 & 1 & -4\end{pmatrix}\begin{pmatrix}x_1\\x_2\\x_3\\x_4\end{pmatrix}=\begin{pmatrix}1\\1\\1\\1\end{pmatrix},$$

它的精确解为 $\boldsymbol{x}^*=(-1,-1,-1,-1)^{\mathrm{T}}$.

**解** 取 $\boldsymbol{x}^{(0)}=\boldsymbol{0}$，迭代公式为

$$\begin{cases}x_1^{(k+1)}=x_1^{(k)}-\omega(1+4x_1^{(k)}-x_2^{(k)}-x_3^{(k)}-x_4^{(k)})/4,\\ x_2^{(k+1)}=x_2^{(k)}-\omega(1-x_1^{(k+1)}+4x_2^{(k)}-x_3^{(k)}-x_4^{(k)})/4,\\ x_3^{(k+1)}=x_3^{(k)}-\omega(1-x_1^{(k+1)}-x_2^{(k+1)}+4x_3^{(k)}-x_4^{(k)})/4,\\ x_4^{(k+1)}=x_4^{(k)}-\omega(1-x_1^{(k+1)}-x_2^{(k+1)}-x_3^{(k+1)}+4x_4^{(k)})/4.\end{cases}$$

取 $\omega=1.3$，第 11 次迭代结果为

$$\boldsymbol{x}^{(11)}=(-0.99999646,-1.00000310,-0.99999953,-0.99999912)^{\mathrm{T}},$$

$$\|\boldsymbol{\varepsilon}^{(11)}\|_2\leqslant 0.46\times10^{-5}.$$

对 $\omega$ 取其他值，迭代次数如表 8.1 所示. 从此例可以看到，松弛因子选择得好，会使 SOR 方法的收敛大大加速. 本例中，$\omega=1.3$ 是最佳松弛因子.

**表 8.1**

| 松弛因子 $\omega$ | 满足误差 $\|\boldsymbol{x}^{(k)}-\boldsymbol{x}^*\|_2<10^{-5}$ 的迭代次数 |
|---|---|
| 1.0 | 22 |
| 1.1 | 17 |
| 1.2 | 12 |
| 1.3 | 11(最少迭代次数) |
| 1.4 | 14 |
| 1.5 | 17 |
| 1.6 | 23 |
| 1.7 | 33 |
| 1.8 | 53 |
| 1.9 | 109 |

下面写出 SOR 迭代公式的矩阵形式. 迭代公式(8.4.5)亦可写为

$$a_{ii}x_i^{(k+1)}=(1-\omega)a_{ii}x_i^{(k)}+\omega\Big(b_i-\sum_{j=1}^{i-1}a_{ij}x_j^{(k+1)}-\sum_{j=i+1}^{n}a_{ij}x_j^{(k)}\Big)\quad(i=1,2,\cdots,n).\tag{8.4.7}$$

用式 $\boldsymbol{A}=\boldsymbol{D}-\boldsymbol{L}-\boldsymbol{U}$，则

$$\boldsymbol{D}\boldsymbol{x}^{(k+1)}=\omega(\boldsymbol{b}+\boldsymbol{L}\boldsymbol{x}^{(k+1)}+\boldsymbol{U}\boldsymbol{x}^{(k)})+(1-\omega)\boldsymbol{D}\boldsymbol{x}^{(k)},$$

即 $(\boldsymbol{D}-\omega\boldsymbol{L})\boldsymbol{x}^{(k+1)}=((1-\omega)\boldsymbol{D}+\omega\boldsymbol{U})\boldsymbol{x}^{(k)}+\omega\boldsymbol{b}$.

显然对于任何一个 $\omega$ 值，$\boldsymbol{D}-\omega\boldsymbol{L}$ 非奇异(由设 $a_{ii}\neq0;i=1,2,\cdots,n$)，于是

$$\boldsymbol{x}^{(k+1)}=(\boldsymbol{D}-\omega\boldsymbol{L})^{-1}[(1-\omega)\boldsymbol{D}+\omega\boldsymbol{U}]\boldsymbol{x}^{(k)}+\omega(\boldsymbol{D}-\omega\boldsymbol{L})^{-1}\boldsymbol{b}.$$

这就是说，解式(8.2.1)(设 $a_{ii}\neq0;i=1,2,\cdots,n$)的 SOR 方法迭代公式为

$$\boldsymbol{x}^{(k+1)}=\boldsymbol{L}_\omega\boldsymbol{x}^{(k)}+\boldsymbol{f}.\tag{8.4.8}$$

其中

$$L_\omega=(D-\omega L)^{-1}[(1-\omega)D+\omega U],\quad f=\omega(D-\omega L)^{-1}b.$$

矩阵 $L_\omega$ 称为 SOR 方法的迭代矩阵. 这说明对式(8.2.1)应用 SOR 方法相当于对方程组 $x=L_\omega x+f$ 应用一般迭代法. 于是关于一般迭代法的理论可应用到式(8.4.8),得到下述定理.

**定理 8.8** 设有线性方程组(8.4.1),且 $a_{ii}\neq 0\ (i=1,2,\cdots,n)$,则解方程组的 SOR 方法收敛的充要条件是

$$\rho(L_\omega)<1.$$

引进超松弛迭代法的想法是希望能选择松弛因子 $\omega$ 使得迭代过程式(8.4.5)收敛较快,也就是应选择因子 $\omega$ 使 $\rho(L_\omega)=\min\limits_{\omega}$.

下面研究,对于一般方程组(8.2.1) $(a_{ii}\neq 0;i=1,2,\cdots,n)$,松弛因子 $\omega$ 在什么范围内取值,SOR 方法才可能收敛. 现给出 SOR 方法收敛的必要条件.

**定理 8.9** 设解式(8.2.1) $(a_{ii}\neq 0;i=1,2,\cdots,n)$的 SOR 方法收敛,则

$$0<\omega<2.$$

**证明** 由设 SOR 方法收敛,根据定理 8.8,$\rho(L_\omega)<1$.

设 $L_\omega$ 的特征值为 $\lambda_1,\lambda_2,\cdots,\lambda_n$,则

$$|\det L_\omega|=|\lambda_1\lambda_2\cdots\lambda_n|\leqslant(\rho(L_\omega))^n,\quad |\det L_\omega|^{1/n}\leqslant\rho(L_\omega)<1.$$

而
$$\det L_\omega=\det((D-\omega L)^{-1})\cdot\det((1-\omega)D+\omega U)=(1-\omega)^n,$$

所以
$$|1-\omega|<1.$$

该定理说明对于解一般方程组(8.2.1) $(a_{ii}\neq 0;i=1,2,\cdots,n)$,SOR 方法只有取松弛因子 $\omega$ 在(0,2)范围内才能收敛. 而当 $A$ 是对称正定矩阵时,若 $\omega$ 满足 $0<\omega<2$,则 SOR 方法一定收敛.

**定理 8.10** 如果 $A$ 为对称正定矩阵,且 $0<\omega<2$,则解式(8.4.1)的 SOR 方法收敛.

**证明** 在上述假定下,若能证明$|\lambda|<1$,那么定理得证(其中 $\lambda$ 为 $L_\omega$ 的任一特征值).

事实上,设 $y$ 为对应 $\lambda$ 的 $L_\omega$ 的特征向量,即

$$L_\omega y=\lambda y,\quad y=(y_1,y_2,\cdots,y_n)^{\mathrm{T}}\neq \mathbf{0},$$

$$(D-\omega L)^{-1}[(1-\omega)D+\omega U]y=\lambda y,$$

亦即
$$[(1-\omega)D+\omega U]y=\lambda(D-\omega L)y.$$

为了找出 $\lambda$ 的表达式,考虑数量积

$$(((1-\omega)D+\omega U)y,y)=\lambda((D-\omega L)y,y),$$

则
$$\lambda=\frac{(Dy,y)-\omega(Dy,y)+\omega(Uy,y)}{(Dy,y)-\omega(Ly,y)},$$

显然
$$(\boldsymbol{D}\boldsymbol{y},\boldsymbol{y})=\sum_{i=1}^{n}a_{ii}\mid y_i\mid^2\equiv\sigma>0,\tag{8.4.9}$$
记 $-(\boldsymbol{L}\boldsymbol{y},\boldsymbol{y})=\alpha+\mathrm{i}\beta$，由于 $\boldsymbol{A}=\boldsymbol{A}^{\mathrm{T}}$，所以 $\boldsymbol{U}=\boldsymbol{L}^{\mathrm{T}}$.
$$-(\boldsymbol{U}\boldsymbol{y},\boldsymbol{y})=-(\boldsymbol{y},\boldsymbol{L}\boldsymbol{y})=-(\overline{\boldsymbol{L}\boldsymbol{y},\boldsymbol{y}})=\alpha-\mathrm{i}\beta,$$
$$0<(\boldsymbol{A}\boldsymbol{y},\boldsymbol{y})=((\boldsymbol{D}-\boldsymbol{L}-\boldsymbol{U})\boldsymbol{y},\boldsymbol{y})=\sigma+2\alpha,\tag{8.4.10}$$
所以
$$\lambda=\frac{(\sigma-\omega\sigma-\alpha\omega)+\mathrm{i}\omega\beta}{(\sigma+\alpha\omega)+\mathrm{i}\omega\beta},$$
从而
$$\mid\lambda\mid^2=\frac{(\sigma-\omega\sigma-\alpha\omega)^2+\omega^2\beta^2}{(\sigma+\alpha\omega)^2+\omega^2\beta^2}.$$
当 $0<\omega<2$ 时，利用式(8.4.9)、式(8.4.10)，有
$$(\sigma-\omega\sigma-\alpha\omega)^2-(\sigma+\alpha\omega)^2=\omega\sigma(\sigma+2\sigma)(\omega-2)<0,$$
即 $\boldsymbol{L}_\omega$ 的任一特征值满足 $|\lambda|<1$，故 SOR 方法收敛. 注意，当 $0<\omega<2$ 时，可以证明
$$(\sigma+2\omega)^2+\omega^2\beta^2\neq0.$$

最佳松弛因子理论是由 Young(1950 年)针对一类椭圆型微分方程数值解得到的代数方程组 $\boldsymbol{A}\boldsymbol{x}=\boldsymbol{b}$(具有所谓性质 $\boldsymbol{A}$ 和相容次序)所建立的理论. 他给出了最佳松弛因子公式
$$\omega_{\mathrm{opt}}=\frac{2}{1+\sqrt{1-\rho^2(\boldsymbol{B}_0)}},$$
其中 $\rho(\boldsymbol{B}_0)$ 是 Jacobi 方法迭代矩阵 $\boldsymbol{B}_0$ 的谱半径.

一般来说，在实际应用中计算 $\rho(\boldsymbol{B}_0)$ 较困难，对某些微分方程数值解问题可考虑用第 9 章求近似值的方法，亦可由计算实践摸索出(近似)最佳松弛因子.

**算法** 本算法用 SOR 方法解式(8.2.1)，其中 $\boldsymbol{A}$ 为对称正定矩阵. 数组 $\boldsymbol{x}$ 为一组工作单元，开始存放初始向量，然后存放近似值解 $\boldsymbol{x}^{(k)}$，最后存放结果. 用
$$|p_0|=\max_{1\leqslant i\leqslant n}|\Delta x_i|=\max_{1\leqslant i\leqslant n}|x_i^{(k+1)}-x_i^{(k)}|<\varepsilon\quad(\text{精度要求})$$
控制迭代终止. $k$ 表示迭代次数，可以不用.

**步 1** $k\leftarrow0$.

**步 2** $x_i\leftarrow0\quad(i=1,2,\cdots,n)$.

**步 3** $k\leftarrow k+1$.

**步 4** $p_0\leftarrow0$.

**步 5** 对于 $i=1,2,\cdots,n$，有

(1) $p\leftarrow\Delta x_i=\omega\left(b_i-\sum_{j=1}^{i-1}a_{ij}x_j-\sum_{j=i+1}^{n}a_{ij}x_j\right)\Big/a_{ii}$；

(2) 如果 $|p|>|p_0|$，则 $p_0\leftarrow p$；

(3) $x_i\leftarrow x_i+p$.

**步 6** 输出 $p_0$.

**步 7**　如果 $|p_0|>\varepsilon$,则转步 3.

**步 8**　输出结果 $\boldsymbol{x},k$.

## 小　　结

本章介绍了解线性方程组 $\boldsymbol{Ax}=\boldsymbol{b}$ 迭代法的一些基本理论及 Jacobi 迭代法、Gauss-Seidel 迭代法、SOR 迭代法,这三种方法都是一阶定常迭代法.在应用中 SOR 方法较为重要,它是解大型稀疏矩阵方程组的有效方法之一.

迭代法是一种逐次逼近方法,在使用迭代法解方程组时,其系数矩阵在计算过程中始终不变.

迭代法具有循环的计算公式,方法简单,适宜解大型稀疏矩阵方程组,在用计算机计算时只需存储 $\boldsymbol{A}$ 的非零元素(或可按一定公式形成系数,这样 $\boldsymbol{A}$ 就不需要存储).

在使用迭代法时,要注意收敛性及收敛速度问题,使用 SOR 方法要选择较佳松弛因子.

迭代法的进一步学习,读者可参看文献[11]、[15]、[16].

## 习　　题

**1.** 设方程组 $\begin{cases} 5x_1+2x_2+x_3=-12, \\ -x_1+4x_2+2x_3=20, \\ 2x_1-3x_2+10x_3=3. \end{cases}$

(1) 考察用 Jacobi 迭代法、Gauss-Seidel 迭代法解此方程组的收敛性;

(2) 用 Jacobi 迭代法、Gauss-Seidel 迭代法解此方程组,要求当 $\|\boldsymbol{x}^{(k+1)}-\boldsymbol{x}^{(k)}\|_\infty<10^{-4}$ 时迭代终止.

**2.** 设 $\boldsymbol{A}=\begin{pmatrix} 0 & 0 \\ 2 & 0 \end{pmatrix}$,证明即使 $\|\boldsymbol{A}\|_1=\|\boldsymbol{A}\|_\infty>1$,级数 $\boldsymbol{I}+\boldsymbol{A}+\boldsymbol{A}^2+\cdots+\boldsymbol{A}^k+\cdots$ 也收敛.

**3.** 证明对于任意选择的 $\boldsymbol{A}$,序列 $\boldsymbol{I},\boldsymbol{A},\frac{1}{2}\boldsymbol{A}^2,\frac{1}{3!}\boldsymbol{A}^3,\frac{1}{4!}\boldsymbol{A}^4,\cdots$ 收敛于零.

**4.** 设方程组 $\begin{cases} a_{11}x_1+a_{12}x_2=b_1, \\ a_{21}x_1+a_{22}x_2=b_2 \end{cases}$ $(a_{11},a_{22}\neq 0)$,迭代公式为

$$\begin{cases} x_1^{(k)}=\dfrac{1}{a_{11}}(b_1-a_{12}x_2^{(k-1)}), \\ x_2^{(k)}=\dfrac{1}{a_{22}}(b_2-a_{21}x_1^{(k-1)}) \end{cases} \quad (k=1,2,\cdots).$$

求证:由上述迭代公式产生的向量序列 $\{x^{(k)}\}$ 收敛的充要条件是 $r=\left|\dfrac{a_{12}a_{21}}{a_{11}a_{22}}\right|<1$.

**5.** 设方程组

(1) $\begin{cases} x_1+0.4x_2+0.4x_3=1, \\ 0.4x_1+x_2+0.8x_2=2, \\ 0.4x_1+0.8x_2+x_3=3; \end{cases}$ (2) $\begin{cases} x_1+2x_2-2x_3=1, \\ x_1+x_2+x_3=1, \\ 2x_1+2x_2+x_3=1. \end{cases}$

试考察解此方程组的 Jacobi 迭代法及 Gauss-Seidel 迭代法的收敛性.

**6.** 求证 $\lim\limits_{k\to\infty}\boldsymbol{A}_k=\boldsymbol{A}$ 的充要条件是，对于任何向量 $\boldsymbol{x}$ 都有 $\lim\limits_{k\to\infty}\boldsymbol{A}_k\boldsymbol{x}=\boldsymbol{A}\boldsymbol{x}$.

**7.** 设 $\boldsymbol{A}\boldsymbol{x}=\boldsymbol{b}$，其中 $\boldsymbol{A}$ 为对称正定矩阵，问解此方程组的 Jacobi 迭代法是否一定收敛. 试考察习题 5 中方程组(1).

**8.** 设方程组

$$\begin{cases} x_1-\dfrac{1}{4}x_3-\dfrac{1}{4}x_4=\dfrac{1}{2}, \\ x_2-\dfrac{1}{4}x_3-\dfrac{1}{4}x_4=\dfrac{1}{2}, \\ -\dfrac{1}{4}x_1-\dfrac{1}{4}x_2+x_3=\dfrac{1}{2}, \\ -\dfrac{1}{4}x_1-\dfrac{1}{4}x_2+x_4=\dfrac{1}{2}. \end{cases}$$

(1) 求解此方程组的 Jacobi 迭代法的迭代矩阵 $\boldsymbol{B}_0$ 的谱半径；

(2) 求解此方程组的 Gauss-Seidel 迭代法的迭代矩阵 $\boldsymbol{B}_0$ 的谱半径；

(3) 考察解此方程组的 Jacobi 迭代法及 Gauss-Seidel 迭代法的收敛性.

**9.** 用 SOR 方法解方程组（分别取松弛因子 $\omega=1.03,\omega=1,\omega=1.1$）

$$\begin{cases} 4x_1-x_2=1, \\ -x_1+4x_2-x_3=4, \\ -x_2+4x_3=-3. \end{cases}$$

精确解 $x^*=\left(\dfrac{1}{2},1,-\dfrac{1}{2}\right)^{\mathrm{T}}$，要求当 $\|x^*-x^{(k)}\|_\infty<5\times10^{-6}$ 时迭代终止，并且对每一个 $\omega$ 值确定迭代次数.

**10.** 用 SOR 方法解方程组（取 $\omega=0.9$）$\begin{cases} 5x_1+2x_2+x_3=-12, \\ -x_1+4x_2+2x_3=20, \\ 2x_1-3x_2+10x_3=3, \end{cases}$ 要求当 $\|\boldsymbol{x}^{(k+1)}-\boldsymbol{x}^{(k)}\|_\infty<10^{-4}$ 时迭代终止.

**11.** 设有方程组 $\boldsymbol{A}\boldsymbol{x}=\boldsymbol{b}$，其中 $\boldsymbol{A}$ 为对称正定矩阵，迭代公式 $\boldsymbol{x}^{(k+1)}=\boldsymbol{x}^{(k)}+\omega(\boldsymbol{b}-\boldsymbol{A}\boldsymbol{x}^{(k)})$ $(k=0,1,2,\cdots)$，试证明当 $0<\omega<\dfrac{2}{\beta}$ 时上述迭代法收敛（其中 $0<\alpha\leqslant\lambda(\boldsymbol{A})\leqslant\beta$）.

**12.** 用 Gauss-Seidel 方法解 $\boldsymbol{A}\boldsymbol{x}=\boldsymbol{b}$，用 $x_i^{(k+1)}$ 记 $\boldsymbol{x}^{(k+1)}$ 的第 $i$ 个分量，且

$$r_i^{(k+1)}=b_i-\sum_{j=1}^{i-1}a_{ij}x_j^{(k+1)}-\sum_{j=i}^{n}a_{ij}x_i^{(k)}.$$

(1) 证明 $x_i^{(k+1)}=x_i^{(k)}+\dfrac{r_i^{(k+1)}}{a_{ii}}$；

(2) 如果 $\varepsilon^{(k)}=\boldsymbol{x}^{(k)}-\boldsymbol{\lambda}^*$，其中 $\boldsymbol{x}^*$ 是方程组的精确解，求证：$\varepsilon_i^{(k+1)}=\varepsilon_i^{(k)}-\dfrac{r_i^{(k+1)}}{a_{ii}}$，其中

$$r_i^{(k+1)} = \sum_{j=1}^{i-1} a_{ij}\varepsilon_j^{(k+1)} + \sum_{j=i}^{n} a_{ij}\varepsilon_j^{(k)};$$

(3) 设 $\boldsymbol{A}$ 是对称的,二次型 $Q(\boldsymbol{\varepsilon}^{(k)})=(\boldsymbol{A\varepsilon}^{(k)},\boldsymbol{\varepsilon}^{(k)})$,证明

$$Q(\boldsymbol{\varepsilon}^{(k+1)}) - Q(\boldsymbol{\varepsilon}^{(k)}) = -\sum_{j=1}^{n} \frac{(r_j^{(k+1)})^2}{a_{jj}}.$$

(4) 由此推出,如果 $\boldsymbol{A}$ 是具有正对角元素的非奇异矩阵,且 Gauss-Seidel 方法对于任意初始向量 $\boldsymbol{x}^{(0)}$ 是收敛的,则 $\boldsymbol{A}$ 是正定矩阵.

**13.** 设 $\boldsymbol{A}$ 与 $\boldsymbol{B}$ 为 $n$ 阶矩阵,$\boldsymbol{A}$ 为非奇异矩阵,考虑解方程组 $\boldsymbol{A}\boldsymbol{z}_1+\boldsymbol{B}\boldsymbol{z}_2=\boldsymbol{b}_1$, $\boldsymbol{B}\boldsymbol{z}_1+\boldsymbol{A}\boldsymbol{z}_2=\boldsymbol{b}_2$,其中 $\boldsymbol{z}_1,\boldsymbol{z}_2,\boldsymbol{b}_1,\boldsymbol{b}_2\in\mathbf{R}^n$.

(1) 找出下述迭代方法收敛的充要条件

$$\boldsymbol{A}z_1^{(m+1)} = \boldsymbol{b}_1 - \boldsymbol{B}z_2^{(m)}, \quad \boldsymbol{A}z_2^{(m+1)} = \boldsymbol{b}_2 - \boldsymbol{B}z_1^{(m)} \quad (m\geqslant 0);$$

(2) 找出下述迭代方法收敛的充要条件

$$\boldsymbol{A}z_1^{(m+1)} = \boldsymbol{b}_1 - \boldsymbol{B}z_2^{(m)}, \quad \boldsymbol{A}z_2^{(m+1)} = \boldsymbol{b}_2 - \boldsymbol{B}z_1^{(m+1)} \quad (m\geqslant 0).$$

比较两个方法的收敛速度.

**14.** 证明矩阵 $\boldsymbol{A}=\begin{pmatrix}1 & a & a\\ a & 1 & a\\ a & a & 1\end{pmatrix}$ 对于 $-\frac{1}{2}<a<1$ 是正定的,而 Jacobi 迭代只对 $-\frac{1}{2}<a<\frac{1}{2}$ 是收敛的.

**15.** 设 $\boldsymbol{A}=\begin{pmatrix}5 & 1 & 2 & 3\\ 0 & 2 & 0 & 4\\ 3 & -1 & 2 & -1\\ 0 & 3 & 0 & 7\end{pmatrix}$,试说明 $\boldsymbol{A}$ 为可约矩阵.

**16.** 给定迭代过程 $\boldsymbol{x}^{(k+1)}=\boldsymbol{C}\boldsymbol{x}^{(k)}+\boldsymbol{g}$,其中 $\boldsymbol{C}\in\mathbf{R}^{n\times n}$ $(k=0,1,2,\cdots)$,试证明:如果 $\boldsymbol{C}$ 的特征值 $\lambda_i(\boldsymbol{C})=0$ $(i=1,2,\cdots,n)$,则此迭代过程最多迭代 $n$ 次收敛于方程组的解.

**17.** 画出 SOR 方法的框图.

**18.** 设 $\boldsymbol{A}$ 为不可约弱对角占优阵且 $0<\omega\leqslant 1$,求证,解 $\boldsymbol{Ax}=\boldsymbol{b}$ 的 SOR 方法收敛.

**19.** 设 $\boldsymbol{Ax}=\boldsymbol{b}$,其中 $\boldsymbol{A}$ 为非奇异矩阵.

(1) 求证 $\boldsymbol{A}^{\mathrm{T}}\boldsymbol{A}$ 为对称正定矩阵;

(2) 求证 $\mathrm{cond}(\boldsymbol{A}^{\mathrm{T}}\boldsymbol{A})_2=(\mathrm{cond}(\boldsymbol{A})_2)^2$.

**20.** 设 $\boldsymbol{A}$ 为严格对角占优阵,证明式(2.8.23).

# 第 9 章　矩阵的特征值与特征向量计算

## 9.1　引言

物理、力学和工程技术中的很多问题在数学上都归结为求矩阵特征值的问题，例如振动问题(桥梁的振动、机械的振动、电磁振荡、地震引起的建筑物的振动等)、物理学中某些临界值的确定问题以及理论物理中的一些问题. 这些实际问题可归结为如下数学问题.

(1) 已知 $\boldsymbol{A}=(a_{ij})_{n\times n}$，要求代数方程

$$\varphi(\lambda)=\det(\lambda \boldsymbol{I}-\boldsymbol{A})=0 \tag{9.1.1}$$

的根. $\varphi(\lambda)$称为 $\boldsymbol{A}$ 的特征多项式. 式(9.1.1)展开即有

$$\varphi(\lambda)=\lambda^n+c_1\lambda^{n-1}+\cdots+c_n=0.$$

一般 $\varphi(\lambda)$有 $n$ 个零点，称为 $\boldsymbol{A}$ 的特征值.

(2) 设 $\lambda$ 为 $\boldsymbol{A}$ 的特征值，要求相应的齐次方程组

$$(\lambda \boldsymbol{I}-\boldsymbol{A})\boldsymbol{x}=\boldsymbol{0} \tag{9.1.2}$$

的非零解(即求 $\boldsymbol{A}\boldsymbol{x}=\lambda\boldsymbol{x}$ 的非零解).

式(9.1.2)的非零解 $\boldsymbol{x}$ 称为矩阵 $\boldsymbol{A}$ 的对应于 $\lambda$ 的特征向量. 下面叙述一些有关特征值问题的结论.

**定理 9.1**　如果 $\lambda_i(i=1,2,\cdots,n)$是矩阵 $\boldsymbol{A}$ 的特征值，则有

1° $\sum\limits_{i=1}^{n}\lambda_i=\sum\limits_{i=1}^{n}a_{ii}=\mathrm{tr}\boldsymbol{A}$;

2° $\det\boldsymbol{A}=\lambda_1\lambda_2\cdots\lambda_n$.

**定理 9.2**　设 $\boldsymbol{A}$ 与 $\boldsymbol{B}$ 为相似矩阵(即存在非奇异阵 $\boldsymbol{T}$ 使 $\boldsymbol{B}=\boldsymbol{T}^{-1}\boldsymbol{A}\boldsymbol{T}$)，则

1° $\boldsymbol{A}$ 与 $\boldsymbol{B}$ 有相同的特征值；

2° 若 $\boldsymbol{x}$ 是 $\boldsymbol{B}$ 的一个特征向量，则 $\boldsymbol{T}\boldsymbol{x}$ 是 $\boldsymbol{A}$ 的特征向量.

**定理 9.3**(Gerschgorin's 定理)　设 $\boldsymbol{A}=(a_{ij})_{n\times n}$，则 $\boldsymbol{A}$ 的每一个特征值必属于下述某个圆盘之中：

$$|\lambda-a_{ii}|\leqslant\sum_{\substack{j=1\\j\neq i}}^{n}|a_{ij}|\quad(i=1,2,\cdots,n).$$

**证明**　设 $\lambda$ 为 $\boldsymbol{A}$ 的任意一个特征值，$\boldsymbol{x}$ 为对应的特征向量，即

$$(\lambda \boldsymbol{I}-\boldsymbol{A})\boldsymbol{x}=\boldsymbol{0},$$

记 $\boldsymbol{x}=(x_1,x_2,\cdots,x_n)^{\mathrm{T}}\neq\boldsymbol{0}$ 及 $|x_i|=\max\limits_k|x_k|$，$x_i\neq 0$，所以从式(9.1.2)的第 $i$ 个方程

$$(\lambda-a_{ii})x_i=\sum_{\substack{j=1\\j\neq i}}^{n}a_{ij}x_j$$

以及 $|x_j/x_i|\leqslant 1(j\neq i)$，有

$$|\lambda-a_{ii}|\leqslant\sum_{j\neq i}|a_{ij}|,\quad |x_j/x_i|\leqslant\sum_{j\neq i}|a_{ij}|.$$

这说明 $\lambda$ 属于复平面上以 $a_{ii}$ 为圆心、$\sum\limits_{j\neq i}|a_{ij}|$ 为半径的一个圆盘.

定理的证明，不仅指出了 $\boldsymbol{A}$ 的每一个特征值必属于 $\boldsymbol{A}$ 的一个圆盘中，而且指出，若一个特征向量的第 $i$ 个分量最大，则对应的特征值一定属于第 $i$ 个圆盘中.

**定义 9.1**　设 $\boldsymbol{A}$ 为 $n$ 阶实对称矩阵，对于任一非零向量 $\boldsymbol{x}$，称 $R(\boldsymbol{x})=\dfrac{(\boldsymbol{Ax},\boldsymbol{x})}{(\boldsymbol{x},\boldsymbol{x})}$ 为对应于向量 $\boldsymbol{x}$ 的 Rayleigh **商**.

**定理 9.4**　设 $\boldsymbol{A}\in\mathbf{R}^{n\times n}$ 为对称矩阵(其特征值次序记作 $\lambda_1\geqslant\lambda_2\geqslant\cdots\geqslant\lambda_n$，对应的特征向量 $\boldsymbol{x}_1,\boldsymbol{x}_2,\cdots,\boldsymbol{x}_n$ 组成规范化正交组，即 $(\boldsymbol{x},\boldsymbol{x}_j)=\delta_{ij}$)，则

1° $\lambda_n\leqslant\dfrac{(\boldsymbol{Ax},\boldsymbol{x})}{(\boldsymbol{x},\boldsymbol{x})}\leqslant\lambda_1$　(对于任何非零 $\boldsymbol{x}\in\mathbf{R}^n$)；

2° $\lambda_1=\max\limits_{\substack{x\in\mathbf{R}^n\\x\neq 0}}\dfrac{(\boldsymbol{Ax},\boldsymbol{x})}{(\boldsymbol{x},\boldsymbol{x})}$；

3° $\lambda_n=\min\limits_{\substack{x\in\mathbf{R}^n\\x\neq 0}}\dfrac{(\boldsymbol{Ax},\boldsymbol{x})}{(\boldsymbol{x},\boldsymbol{x})}$.

**证明**　只证结论 1°，结论 2°、3°留作习题.

设 $\boldsymbol{x}\neq\boldsymbol{0}$ 为 $\mathbf{R}^n$ 中任一向量，则有展开式

$$\boldsymbol{x}=\sum_{i=1}^{n}a_i\boldsymbol{x}_i,\quad \|\boldsymbol{x}\|_2=\Big(\sum_{i=1}^{n}a_i^2\Big)^2\neq 0,$$

于是
$$\frac{(\boldsymbol{Ax},\boldsymbol{x})}{(\boldsymbol{x},\boldsymbol{x})}=\frac{\sum\limits_{i=1}^{n}a_i^2\lambda_i}{\sum\limits_{i=1}^{n}a_i^2},$$

从而结论 1°成立.结论 1°说明 Rayleigh 商必位于 $\lambda_n$ 和 $\lambda_1$ 之间.

关于计算矩阵 $\boldsymbol{A}$ 的特征值问题，当 $n=2,3$ 时，还可按行列式展开的办法求 $\varphi(\lambda)=0$ 的根.但当 $n$ 较大时，如果按展开行列式的办法，首先求出 $\varphi(\lambda)$ 的系数，再求 $\varphi(\lambda)$ 的根，工作量就非常大了.用这种办法求矩阵特征值是不切实际的，由此需要研究求 $\boldsymbol{A}$ 的特征值及特征向量的数值方法.

本章将介绍计算机上常用的两类方法，一类是幂法及反幂法(迭代法)，另一类是正交相似变换的方法(变换法).

# 9.2 幂法及反幂法

## 9.2.1 幂法

在一些工程、物理问题中，通常只需要求出矩阵的按模最大的特征值(称为 $\boldsymbol{A}$ 的主特征值)和相应的特征向量，对于解这种特征值问题，应用幂法是合适的.

幂法是一种计算实矩阵 $\boldsymbol{A}$ 的主特征值的一种迭代法，它最大的优点是方法简单，对于稀疏矩阵较合适，但有时收敛速度很慢.

设实矩阵 $\boldsymbol{A}=(a_{ij})_n$ 有一个完全的特征向量组，其特征值为 $\lambda_1,\lambda_2,\cdots,\lambda_n$，相应的特征向量为 $\boldsymbol{x}_1,\boldsymbol{x}_2,\cdots,\boldsymbol{x}_n$. 已知 $\boldsymbol{A}$ 的主特征值是实根，且满足条件

$$|\lambda_1|>|\lambda_2|\geqslant|\lambda_3|\geqslant\cdots\geqslant|\lambda_n|. \tag{9.2.1}$$

幂法的基本思想是任取一个非零的初始向量 $\boldsymbol{v}_0$，由矩阵 $\boldsymbol{A}$ 构造一向量序列

$$\begin{cases} \boldsymbol{v}_1=\boldsymbol{A}\boldsymbol{v}_0, \\ \boldsymbol{v}_2=\boldsymbol{A}\boldsymbol{v}_1=\boldsymbol{A}^2\boldsymbol{v}_0, \\ \quad\vdots \\ \boldsymbol{v}_{k+1}=\boldsymbol{A}\boldsymbol{v}_k=\boldsymbol{A}^{k+1}\boldsymbol{v}_0, \\ \quad\vdots \end{cases} \tag{9.2.2}$$

称为迭代向量. 由假设，$\boldsymbol{v}_0$ 可表示为

$$\boldsymbol{v}_0=a_1\boldsymbol{x}_1+a_2\boldsymbol{x}_2+\cdots+a_n\boldsymbol{x}_n \quad (\text{设 } a_1\neq 0), \tag{9.2.3}$$

于是

$$\begin{aligned} \boldsymbol{v}_k=\boldsymbol{A}\boldsymbol{v}_{k-1}=\boldsymbol{A}^k\boldsymbol{v}_0 &= a_1\lambda_1^k\boldsymbol{x}_1+a_2\lambda_2^k\boldsymbol{x}_2+\cdots+a_n\lambda_n^k\boldsymbol{x}_n \\ &=\lambda_1^k\left[a_1\boldsymbol{x}_1+\sum_{i=2}^n a_i\left(\frac{\lambda_i}{\lambda_1}\right)^k\boldsymbol{x}_i\right]=\lambda_1^k(a_1\boldsymbol{x}_1+\boldsymbol{\varepsilon}_k), \end{aligned}$$

其中 $\boldsymbol{\varepsilon}_k=\sum\limits_{i=2}^n a_i\left(\frac{\lambda_i}{\lambda_1}\right)^k\boldsymbol{x}_i$. 由假设 $\left|\frac{\lambda_i}{\lambda_1}\right|<1$ $(i=2,3,\cdots,n)$，故 $\boldsymbol{\varepsilon}_k\to\boldsymbol{0}$ $(k\to\infty)$，从而

$$\lim_{k\to\infty}\frac{\boldsymbol{v}_k}{\lambda_1^k}=a_1\boldsymbol{x}_1. \tag{9.2.4}$$

这说明序列 $\frac{\boldsymbol{v}_k}{\lambda_1^k}$ 越来越接近 $\boldsymbol{A}$ 的对应于 $\lambda_1$ 的特征向量，或者说当 $k$ 充分大时

$$\boldsymbol{v}_k\approx a_1\lambda_1^k\boldsymbol{x}_1, \tag{9.2.5}$$

即迭代向量 $\boldsymbol{v}_k$ 为 $\lambda_1$ 的特征向量的近似向量(除一个因子外).

下面再考虑主特征值 $\lambda_1$ 的计算. 用 $(\boldsymbol{v}_k)_i$ 表示 $\boldsymbol{v}_k$ 的第 $i$ 个分量，则

$$\frac{(\boldsymbol{v}_{k+1})_i}{(\boldsymbol{v}_k)_i}=\lambda_1\left\{\frac{a_1(\boldsymbol{x}_1)_i+(\boldsymbol{\varepsilon}_{k+1})_i}{a_1(\boldsymbol{x}_1)_i+(\boldsymbol{\varepsilon}_k)_i}\right\}, \tag{9.2.6}$$

故
$$\lim_{k\to\infty}\frac{(\boldsymbol{v}_{k+1})_i}{(\boldsymbol{v}_k)_i}=\lambda_1,\tag{9.2.7}$$
也就是说,两相邻迭代向量分量的比值收敛到主特征值.

这种由已知非零向量 $\boldsymbol{v}_0$ 及矩阵 $\boldsymbol{A}$ 的乘幂 $\boldsymbol{A}^k$ 构造向量序列 $\{\boldsymbol{v}_k\}$ 以计算 $\boldsymbol{A}$ 的主特征值 $\lambda_1$(利用式(9.2.7))及相应特征向量(利用式(9.2.5))的方法称为**幂法**.

由式(9.2.6)知,$(\boldsymbol{v}_{k+1})_i/(\boldsymbol{v}_k)_i\to\lambda_1$ 的收敛速度由比值 $r=\lambda_2/\lambda_1$ 来确定,$r$ 越小收敛越快,但当 $r=\lambda_2/\lambda_1\approx 1$ 时收敛可能就很慢.

总结上述讨论,有如下定理.

**定理 9.5** 设 $\boldsymbol{A}\in\mathbf{R}^{n\times n}$ 有 $n$ 个线性无关的特征向量,主特征值 $\lambda_1$ 满足
$$|\lambda_1|>|\lambda_2|\geqslant|\lambda_3|\geqslant\cdots\geqslant|\lambda_n|,$$
则对于任何非零初始向量 $\boldsymbol{v}_0$ $(a_1\neq 0)$,式(9.2.4)、(9.2.7)成立.

设 $\boldsymbol{A}$ 的主特征值为实重根,即 $\lambda_1=\lambda_2=\cdots=\lambda_r$,且 $|\lambda_r|>|\lambda_{r+1}|\geqslant\cdots\geqslant|\lambda_n|$,又设 $\boldsymbol{A}$ 有 $n$ 个线性无关的特征向量,$\lambda_1$ 对应的 $r$ 个线性无关特征向量为 $\boldsymbol{x}_1,\boldsymbol{x}_2,\cdots,\boldsymbol{x}_r$,则由式(9.2.2),有
$$\boldsymbol{v}_k=\boldsymbol{A}^k\boldsymbol{v}_0=\lambda_1^k\left\{\sum_{i=1}^{r}a_i\boldsymbol{x}_i+\sum_{i=r+1}^{n}a_i\left(\frac{\lambda_i}{\lambda_1}\right)^k\boldsymbol{x}_i\right\},\quad \lim_{k\to\infty}\frac{\boldsymbol{v}_k}{\lambda_1^k}=\sum_{i=1}^{r}a_i\boldsymbol{x}_i\quad\left(\text{设}\sum_{i=1}^{r}a_i\boldsymbol{x}_i\neq\mathbf{0}\right).$$
这说明当 $\boldsymbol{A}$ 的主特征值是实的重根时,定理 9.5 的结论还是正确的.

应用幂法计算 $\boldsymbol{A}$ 的主特征值 $\lambda_1$ 及对应的特征向量时,如果 $|\lambda_1|>1$(或 $|\lambda_1|<1$),迭代向量 $\boldsymbol{v}_k$ 的各个不等于零的分量将随 $k\to\infty$ 而趋于无穷(或趋于零),这样在用计算机计算时就可能"溢出".为了克服这个缺点,就需要将迭代向量加以规范化.

设有一向量 $\boldsymbol{v}\neq\mathbf{0}$,将其规范化得到向量 $\boldsymbol{u}=\dfrac{\boldsymbol{v}}{\max(\boldsymbol{v})}$,其中 $\max(\boldsymbol{v})$ 表示向量 $\boldsymbol{v}$ 的绝对值最大的分量.

在定理 9.5 的条件下幂法可这样进行:任取一初始向量 $\boldsymbol{v}_0\neq\mathbf{0}(a_1\neq 0)$,构造向量序列
$$\begin{cases}\boldsymbol{v}_1=\boldsymbol{A}\boldsymbol{u}_0=\boldsymbol{A}\boldsymbol{v}_0, & \boldsymbol{u}_1=\dfrac{\boldsymbol{v}_1}{\max(\boldsymbol{v}_1)}=\dfrac{\boldsymbol{A}\boldsymbol{v}_0}{\max(\boldsymbol{A}\boldsymbol{v}_0)},\\ \boldsymbol{v}_2=\boldsymbol{A}\boldsymbol{u}_1=\dfrac{\boldsymbol{A}^2\boldsymbol{v}_0}{\max(\boldsymbol{A}\boldsymbol{v}_0)}, & \boldsymbol{u}_2=\dfrac{\boldsymbol{v}_2}{\max(\boldsymbol{v}_2)}=\dfrac{\boldsymbol{A}^2\boldsymbol{v}_0}{\max(\boldsymbol{A}^2\boldsymbol{v}_0)},\\ \quad\vdots & \quad\vdots\\ \boldsymbol{v}_k=\dfrac{\boldsymbol{A}^k\boldsymbol{v}_0}{\max(\boldsymbol{A}^{k-1}\boldsymbol{v}_0)}, & \boldsymbol{u}_k=\dfrac{\boldsymbol{A}^k\boldsymbol{v}_0}{\max(\boldsymbol{A}^k\boldsymbol{v}_0)}.\end{cases}$$
由式(9.2.3),有
$$\boldsymbol{A}^k\boldsymbol{v}_0=\sum_{i=1}^{n}a_i\lambda_i^k\boldsymbol{x}_i=\lambda_1^k\left[a_1\boldsymbol{x}_1+\sum_{i=2}^{n}a_i\left(\frac{\lambda_i}{\lambda_1}\right)^k\boldsymbol{x}_i\right],\tag{9.2.8}$$

$$
\boldsymbol{u}_k=\frac{\boldsymbol{A}^k\boldsymbol{v}_0}{\max(\boldsymbol{A}^k\boldsymbol{v}_0)}=\frac{\lambda_1^k\left[a_1\boldsymbol{x}_1+\sum_{i=2}^n a_i\left(\frac{\lambda_i}{\lambda_1}\right)^k\boldsymbol{x}_i\right]}{\max\left[\lambda_1^k\left(a_1\boldsymbol{x}_1+\sum_{i=2}^n a_i\left(\frac{\lambda_i}{\lambda_1}\right)^k\boldsymbol{x}_i\right)\right]}
$$

$$
=\frac{a_1\boldsymbol{x}_1+\sum_{i=2}^n a_i\left(\frac{\lambda_i}{\lambda_1}\right)^k\boldsymbol{x}_i}{\max\left[a_1\boldsymbol{x}_1+\sum_{i=2}^n a_i\left(\frac{\lambda_i}{\lambda_1}\right)^k\boldsymbol{x}_i\right]}\to\frac{\boldsymbol{x}_1}{\max(\boldsymbol{x}_1)}\quad(k\to\infty).
$$

这说明规范化向量序列收敛到主特征值对应的特征向量.

同理,可得到

$$
\boldsymbol{v}_k=\frac{\lambda_1^k\left[a_1\boldsymbol{x}_1+\sum_{i=2}^n a_i\left(\frac{\lambda_i}{\lambda_1}\right)^k\boldsymbol{x}_i\right]}{\max\left[\lambda_1^{k-1}a_1\boldsymbol{x}_1+\sum_{i=2}^n a_i\left(\frac{\lambda_i}{\lambda_1}\right)^{k-1}\boldsymbol{x}_i\right]},
$$

$$
\max(\boldsymbol{v}_k)=\frac{\lambda_1\ \max\left[a_1\boldsymbol{x}_1+\sum_{i=2}^n a_i\left(\frac{\lambda_i}{\lambda_1}\right)^k\boldsymbol{x}_i\right]}{\max\left[a_1\boldsymbol{x}_1+\sum_{i=2}^n a_i\left(\frac{\lambda_i}{\lambda_1}\right)^{k-1}\boldsymbol{x}_i\right]}\to\lambda_1\quad(k\to\infty).
$$

收敛速度由比值 $r=\lambda_2/\lambda_1$ 确定.

总结上述讨论,有如下定理.

**定理 9.6** 设 $\mathbf{A}\in\mathbf{R}^{n\times n}$ 有 $n$ 个线性无关的特征向量,主特征值 $\lambda_1$ 满足 $|\lambda_1|>|\lambda_2|\geqslant|\lambda_3|\geqslant\cdots\geqslant|\lambda_n|$,则对于任意非零初始向量 $\boldsymbol{v}_0=\boldsymbol{u}_0\,(a_1\neq 0)$,按下述方法构造的向量序列

$$
\begin{cases}\boldsymbol{v}_0=\boldsymbol{u}_0\neq\boldsymbol{0},\\ \boldsymbol{v}_k=\boldsymbol{A}\boldsymbol{u}_{k-1},\\ \boldsymbol{u}_k=\dfrac{\boldsymbol{v}_k}{\max(\boldsymbol{v}_k)}\end{cases}\quad(k=1,2,\cdots),\tag{9.2.9}
$$

有

$$
\lim_{k\to\infty}\boldsymbol{u}_k=\frac{\boldsymbol{x}_1}{\max(\boldsymbol{x}_1)},\quad \lim_{k\to\infty}\max(\boldsymbol{v}_k)=\lambda_1.
$$

**例 9.1** 用幂法计算 $\boldsymbol{A}=\begin{pmatrix}1.0&1.0&0.5\\1.0&1.0&0.25\\0.5&0.25&2.0\end{pmatrix}$ 的主特征值和相应的特征向量.

**解** 计算过程如表 9.1 所示.

下述结果是用 8 位浮点数字进行运算得到的,$\boldsymbol{u}_k$ 的分量值是舍入值. 于是得到

$$
\lambda_1\approx 2.536\ 532\ 3
$$

及相应特征向量$(0.748\ 2,\ 0.649\ 7,\ 1)^{\mathrm{T}}$. $\lambda_1$ 和相应的特征向量真值(8 位数字)为

$$
\lambda_1=2.536\ 525\ 8,\quad \tilde{\boldsymbol{x}}_1=(0.748\ 221\ 16,\ 0.649\ 661\ 16,\ 1)^{\mathrm{T}}.
$$

表 9.1

| $k$ | $u_k^{\mathrm{T}}$(规范化向量) | $\max(v_k)$ |
|---|---|---|
| 0 | (1,1,1) | |
| 1 | (0.909 1, 0.818 2, 1) | 2.750 000 0 |
| 5 | (0.765 1, 0.667 4, 1) | 2.558 791 8 |
| 10 | (0.749 4, 0.650 8, 1) | 2.538 002 9 |
| 15 | (0.748 3, 0.649 7, 1) | 2.536 625 6 |
| 16 | (0.748 3, 0.649 7, 1) | 2.536 584 0 |
| 17 | (0.748 2, 0.649 7, 1) | 2.536 559 8 |
| 18 | (0.748 2, 0.649 7, 1) | 2.536 545 6 |
| 19 | (0.748 2, 0.649 7, 1) | 2.536 537 4 |
| 20 | (0.748 2, 0.649 7, 1) | 2.536 532 3 |

### 9.2.2 加速方法

**1. 原点平移法**

由前面讨论知道,应用幂法计算 $\boldsymbol{A}$ 的主特征值时,其收敛速度主要由比值 $r=\frac{\lambda_1}{\lambda_2}$ 来决定,但当 $r$ 接近于 1 时,收敛可能很慢.这时,一个补救的办法是采用加速收敛的方法.

引进矩阵 $\boldsymbol{B}=\boldsymbol{A}-p\boldsymbol{I}$,其中 $p$ 为选择参数.

设 $\boldsymbol{A}$ 的特征值为 $\lambda_1,\lambda_2,\cdots,\lambda_n$,则 $\boldsymbol{B}$ 的相应特征值为 $\lambda_1-p,\lambda_2-p,\cdots,\lambda_n-p$,而且 $\boldsymbol{A},\boldsymbol{B}$ 的特征向量相同.

如果需要计算 $\boldsymbol{A}$ 的主特征值 $\lambda_1$,就要选择适当的 $p$ 使 $\lambda_1-p$ 仍然是 $\boldsymbol{B}$ 的主特征值,且使

$$\left|\frac{\lambda_2-p}{\lambda_1-p}\right|<\left|\frac{\lambda_2}{\lambda_1}\right|.$$

对 $\boldsymbol{B}$ 应用幂法,使得在计算 $\boldsymbol{B}$ 的主特征值 $\lambda_1-p$ 的过程中得到加速.这种方法通常称为**原点平移法**.对于 $\boldsymbol{A}$ 的特征值的某种分布,它是十分有效的.

**例 9.2** 设 $\boldsymbol{A}=(a_{ij})_4$ 有特征值 $\lambda_j=15-j \quad (j=1,2,3,4)$,比值 $r=\lambda_2/\lambda_1\approx 0.9$.作变换

$$\boldsymbol{B}=\boldsymbol{A}-p\boldsymbol{I} \quad (p=12),$$

则 $\boldsymbol{B}$ 的特征值为 $\mu_1=2,\ \mu_2=1,\ \mu_3=0,\ \mu_4=-1$.应用幂法计算 $\boldsymbol{B}$ 的主特征值 $\mu_1$ 的收敛速度的比值为

$$\left|\frac{\mu_2}{\mu_1}\right|=\left|\frac{\lambda_2-p}{\lambda_1-p}\right|=\frac{1}{2}<\left|\frac{\lambda_2}{\lambda_1}\right|\approx 0.9.$$

虽然常常能够选择有利的 $p$ 值，使幂法得到加速，但设计一个自动选择适当参数 $p$ 的过程是困难的.

下面考虑当 $\boldsymbol{A}$ 的特征值是实数时，怎样选择 $p$ 使用幂法计算 $\lambda_1$ 以得到加速.

设 $\boldsymbol{A}$ 的特征值满足

$$\lambda_1 > \lambda_2 \geqslant \cdots \geqslant \lambda_{n-1} > \lambda_n, \tag{9.2.10}$$

则不管 $p$ 如何选择，$\boldsymbol{B}=\boldsymbol{A}-p\boldsymbol{I}$ 的主特征值为 $\lambda_1-p$ 或 $\lambda_n-p$. 当希望计算 $\lambda_1$ 及 $\boldsymbol{x}_1$ 时，首先应选择 $p$ 使 $|\lambda_1-p|>|\lambda_n-p|$，且使收敛速度的比值

$$\omega = \max\left\{\frac{|\lambda_2-p|}{|\lambda_1-p|}, \frac{|\lambda_n-p|}{|\lambda_1-p|}\right\} = \min,$$

显然，当 $\lambda_2-p=-(\lambda_n-p)$，$p=\dfrac{\lambda_2+\lambda_n}{2}\equiv p^*$ 时 $\omega$ 为最小，这时收敛速度的比值为

$$\frac{\lambda_2-p^*}{\lambda_1-p^*} = -\frac{\lambda_n-p^*}{\lambda_1-p^*} \equiv \frac{\lambda_2-\lambda_n}{2\lambda_1-\lambda_2-\lambda_n}.$$

当 $\boldsymbol{A}$ 的特征值满足式(9.2.10)且 $\lambda_2,\lambda_n$ 能初步估计时，就能确定 $p^*$ 的近似值.

当希望计算 $\lambda_n$ 时，应选择 $p=\dfrac{\lambda_1+\lambda_{n-1}}{2}=p^*$，使得应用幂法计算 $\lambda_n$ 得到加速.

**例 9.3** 计算例 9.1 矩阵 $\boldsymbol{A}$ 的主特征值.

**解** 作变换 $\boldsymbol{B}=\boldsymbol{A}-p\boldsymbol{I}$，取 $p=0.75$，则

$$\boldsymbol{B} = \begin{pmatrix} 0.25 & 1 & 0.5 \\ 1 & 0.25 & 0.25 \\ 0.5 & 0.25 & 1.25 \end{pmatrix}.$$

对 $\boldsymbol{B}$ 应用幂法，计算结果如表 9.2 所示.

**表 9.2**

| $k$ | $\boldsymbol{u}_k^{\mathrm{T}}$（规范化向量） | $\max(\boldsymbol{v}_k)$ |
|---|---|---|
| 0 | (1,1,1) | |
| 5 | (0.751 6, 0.652 2, 1) | 1.791 401 1 |
| 6 | (0.749 1, 0.651 1, 1) | 1.788 844 3 |
| 7 | (0.748 8, 0.650 1, 1) | 1.787 330 0 |
| 8 | (0.748 4, 0.649 9, 1) | 1.786 915 2 |
| 9 | (0.748 3, 0.649 7, 1) | 1.786 658 7 |
| 10 | (0.748 2, 0.649 7, 1) | 1.786 591 4 |

由此得 $\boldsymbol{B}$ 的主特征值为 $\mu_1\approx 1.786\ 591\ 4$，$\boldsymbol{A}$ 的主特征值 $\lambda_1$ 为

$$\lambda_1 \approx \mu_1 + 0.75 = 2.536\ 591\ 4.$$

这个结果比例 9.1 迭代 15 次得到的结果还要好. 若迭代 15 次，$\mu_1=1.786\ 525\ 8$（相应的 $\lambda_1=2.536\ 525\ 8$）.

原点位移的加速方法,是一个矩阵变换方法.这种变换容易计算,又不破坏矩阵 $\boldsymbol{A}$ 的稀疏性,但 $p$ 的选择依赖于对 $\boldsymbol{A}$ 的特征值分布的大致了解.

**2. Rayleigh 商加速法**

由定理 9.4 知,对称矩阵 $\boldsymbol{A}$ 的 $\lambda_1$ 及 $\lambda_n$ 可用 Rayleigh 商的极值来表示.下面将把 Rayleigh 商应用到用幂法计算实对称矩阵 $\boldsymbol{A}$ 的主特征值的加速收敛上来.

**定理 9.7** 设 $\boldsymbol{A}\in\mathbf{R}^{n\times n}$ 为对称阵,特征值满足 $|\lambda_1|>|\lambda_2|\geqslant|\lambda_3|\geqslant\cdots\geqslant|\lambda_n|$,对应的特征向量满足 $(\boldsymbol{x}_i,\boldsymbol{x}_j)=\delta_{ij}$,应用幂法(式(9.2.9))计算 $\boldsymbol{A}$ 的主特征值 $\lambda_1$,则规范化向量 $\boldsymbol{u}_k$ 的 Rayleigh 商给出 $\lambda_1$ 的较好的近似,即

$$\frac{(\boldsymbol{A}\boldsymbol{u}_k,\boldsymbol{u}_k)}{(\boldsymbol{u}_k,\boldsymbol{u}_k)}=\lambda_1+O\left(\left(\frac{\lambda_2}{\lambda_1}\right)^{2k}\right).$$

**证明** 由式(9.2.8)及 $\boldsymbol{u}_k=\dfrac{\boldsymbol{A}^k\boldsymbol{u}_0}{\max(\boldsymbol{A}^k\boldsymbol{u}_0)}$, $\boldsymbol{v}_{k+1}=\boldsymbol{A}\boldsymbol{u}_k=\dfrac{\boldsymbol{A}^{k+1}\boldsymbol{u}_0}{\max(\boldsymbol{A}^k\boldsymbol{u}_0)}$,得

$$\frac{(\boldsymbol{A}\boldsymbol{u}_k,\boldsymbol{u}_k)}{(\boldsymbol{u}_k,\boldsymbol{u}_k)}=\frac{(\boldsymbol{A}^{k+1}\boldsymbol{u}_0,\boldsymbol{A}^k\boldsymbol{u}_0)}{(\boldsymbol{A}^k\boldsymbol{u}_0,\boldsymbol{A}^k\boldsymbol{u}_0)}=\frac{\sum\limits_{j=1}^{n}\alpha_j^2\lambda_j^{2k+1}}{\sum\limits_{j=1}^{n}\alpha_j^2\lambda_j^{2k}}=\lambda_1+O\left(\left(\frac{\lambda_2}{\lambda_1}\right)^{2k}\right). \tag{9.2.11}$$

## 9.2.3 反幂法

反幂法用来计算矩阵按模最小的特征值及其特征向量,及计算对应于一个给定近似特征值的特征向量.

设 $\boldsymbol{A}\in\mathbf{R}^{n\times n}$ 为非奇异矩阵,$\boldsymbol{A}$ 的特征值次序记作 $|\lambda_1|\geqslant|\lambda_2|\geqslant\cdots\geqslant|\lambda_n|$,相应的特征向量为 $\boldsymbol{x}_1,\boldsymbol{x}_2,\cdots,\boldsymbol{x}_n$,则 $\boldsymbol{A}^{-1}$ 的特征值为 $\left|\dfrac{1}{\lambda_n}\right|\geqslant\left|\dfrac{1}{\lambda_{n-1}}\right|\geqslant\cdots\geqslant\left|\dfrac{1}{\lambda_1}\right|$,对应的特征向量为 $\boldsymbol{x}_n,\boldsymbol{x}_{n-1},\cdots,\boldsymbol{x}_1$.

因此,计算 $\boldsymbol{A}$ 的按模最小的特征值 $\lambda_n$ 的问题就是计算 $\boldsymbol{A}^{-1}$ 的按模最大的特征值问题.

对 $\boldsymbol{A}^{-1}$ 应用幂法迭代法(称为反幂法),可求得矩阵 $\boldsymbol{A}^{-1}$ 的主特征值 $1/\lambda_n$,从而求得 $\boldsymbol{A}$ 的按模最小的特征值 $\lambda_n$.

反幂法迭代公式为任取初始向量 $\boldsymbol{v}_0=\boldsymbol{u}_0\neq\boldsymbol{0}$,构造向量序列

$$\begin{cases}\boldsymbol{v}_k=\boldsymbol{A}^{-1}\boldsymbol{u}_{k-1},\\ \boldsymbol{u}_k=\dfrac{\boldsymbol{v}_k}{\max(\boldsymbol{v}_k)}\end{cases}\quad(k=1,2,\cdots).$$

迭代向量 $\boldsymbol{v}_k$ 可以通过解方程组 $\boldsymbol{A}\boldsymbol{v}_k=\boldsymbol{u}_{k-1}$ 求得.

**定理 9.8** 设

1° $\boldsymbol{A}$ 有 $n$ 个线性无关的特征向量,

2° $\boldsymbol{A}$ 为非奇异矩阵且其特征值满足

$$|\lambda_1|\geqslant|\lambda_2|\geqslant\cdots\geqslant|\lambda_{n-1}|>|\lambda_n|>0,$$

则对任何初始非零向量 $\boldsymbol{u}_0=\boldsymbol{v}_0\quad(a_n\neq0)$，由反幂法构造的向量序列$\{\boldsymbol{v}_k\}$，$\{\boldsymbol{u}_k\}$满足

$$\lim_{k\to\infty}\boldsymbol{u}_k=\frac{\boldsymbol{x}_n}{\max(\boldsymbol{x}_n)},\quad \lim_{k\to\infty}\max(\boldsymbol{v}_k)=\frac{1}{\lambda_n}.$$

收敛速度的比值为$\left|\dfrac{\lambda_n}{\lambda_{n-1}}\right|$.

在反幂法中也可以用原点平移法来加速迭代过程或求其他特征值及特征向量.

如果矩阵$(\boldsymbol{A}-p\boldsymbol{I})^{-1}$存在，显然其特征值为$\dfrac{1}{\lambda_1-p},\dfrac{1}{\lambda_2-p},\cdots,\dfrac{1}{\lambda_n-p}$，对应的特征向量仍然是 $\boldsymbol{x}_1,\boldsymbol{x}_2,\cdots,\boldsymbol{x}_n$. 现对矩阵$(\boldsymbol{A}-p\boldsymbol{I})^{-1}$应用幂法，得到反幂法的迭代公式

$$\begin{cases}\boldsymbol{u}_0=\boldsymbol{v}_0\neq\boldsymbol{0}\quad(\text{初始向量}),\\ \boldsymbol{v}_k=(\boldsymbol{A}-p\boldsymbol{I})^{-1}\boldsymbol{u}_{k-1},\\ \boldsymbol{u}_k=\dfrac{\boldsymbol{v}_k}{\max(\boldsymbol{v}_k)}\end{cases}\quad(k=1,2,\cdots).\tag{9.2.12}$$

如果 $p$ 是 $\boldsymbol{A}$ 的特征值$\lambda_j$ 的一个近似值，且$|\lambda_j-p|<|\lambda_i-p|\quad(i\neq j)$，就是说，$\dfrac{1}{\lambda_j-p}$是$(\boldsymbol{A}-p\boldsymbol{I})^{-1}$的主特征值，可用反幂法式(9.2.12)计算其特征值及特征向量.

设 $\boldsymbol{A}\in\mathbf{R}^{n\times n}$有 $n$ 个线性无关的特征向量 $\boldsymbol{x}_1,\boldsymbol{x}_2,\cdots,\boldsymbol{x}_n$，则

$$\boldsymbol{u}_0=\sum_{i=1}^{n}a_i\boldsymbol{x}_i\quad(a_i\neq0),\quad \boldsymbol{v}_k=\frac{(\boldsymbol{A}-p\boldsymbol{I})^{-k}\boldsymbol{u}_0}{\max((\boldsymbol{A}-p\boldsymbol{I})^{-(k-1)}\boldsymbol{u}_0)},$$

$$\boldsymbol{u}_k=\frac{(\boldsymbol{A}-p\boldsymbol{I})^{-k}\boldsymbol{u}_0}{\max((\boldsymbol{A}-p\boldsymbol{I})^{-k}\boldsymbol{u}_0)},$$

其中
$$(\boldsymbol{A}-p\boldsymbol{I})^{-k}\boldsymbol{u}_0=\sum_{i=1}^{n}a_i(\lambda_i-p)^{-k}\boldsymbol{x}_i.$$

**定理 9.9** 设

1° $\boldsymbol{A}\in\mathbf{R}^{n\times n}$有 $n$ 个线性无关的特征向量，$\boldsymbol{A}$ 的特征值及对应的特征向量记作 $\lambda_i$ 及 $\boldsymbol{x}_i$ $(i=1,2,\cdots,n)$；

2° $p$ 为$\lambda_j$ 的近似值，$(\boldsymbol{A}-p\boldsymbol{I})^{-1}$存在，且$|\lambda_j-p|<|\lambda_i-p|\quad(i\neq j)$；

3° $\boldsymbol{u}_0=\sum\limits_{i=1}^{n}a_i\boldsymbol{x}_i\neq\boldsymbol{0}$ 为给定的初始向量$(a_i\neq0)$，

则由反幂法迭代公式(9.2.12)构造的向量序列$\{\boldsymbol{v}_k\}$，$\{\boldsymbol{u}_k\}$满足

$$\lim_{k\to\infty}\boldsymbol{u}_k=\frac{\boldsymbol{x}_j}{\max(\boldsymbol{x}_j)},$$

$$\lim_{k\to\infty}\max(\boldsymbol{v}_k)=\frac{1}{\lambda_j-p},\quad\text{即}\quad p+\frac{1}{\max(\boldsymbol{v}_k)}\to\lambda_j\quad(\text{当 }k\to\infty),$$

且收敛速度由比值 $r=\max\limits_{i\neq j}\left|\dfrac{\lambda_j-p}{\lambda_i-p}\right|$ 确定.

由定理 9.9 知,对 $\boldsymbol{A}-p\boldsymbol{I}$(其中 $p\approx\lambda_j$)应用反幂法,可计算特征向量 $\boldsymbol{x}_j$. 只要选择的 $p$ 是 $\lambda_j$ 的一个较好的近似且特征值分离情况较好,一般 $r$ 很小,常常只要迭代一两次就可完成特征向量的计算.

反幂法迭代公式中的 $\boldsymbol{v}_k$ 是通过解方程组 $(\boldsymbol{A}-p\boldsymbol{I})\boldsymbol{v}_k=\boldsymbol{u}_{k-1}$ 求得的. 为了节省工作量,可以先将 $(\boldsymbol{A}-p\boldsymbol{I})$ 进行三角分解,即

$$\boldsymbol{P}(\boldsymbol{A}-p\boldsymbol{I})=\boldsymbol{L}\boldsymbol{U},$$

其中 $\boldsymbol{P}$ 为某个置换矩阵,于是求 $\boldsymbol{v}_k$ 相当于解两个三角形方程组 $\boldsymbol{L}\boldsymbol{y}_k=\boldsymbol{P}\boldsymbol{u}_{k-1}$, $\boldsymbol{U}\boldsymbol{v}_k=\boldsymbol{y}_k$.

反幂法迭代公式可写为

$$\begin{cases}\boldsymbol{L}\boldsymbol{y}_k=\boldsymbol{P}\boldsymbol{u}_{k-1},\\ \boldsymbol{U}\boldsymbol{v}_k=\boldsymbol{y}_k,\\ \boldsymbol{u}_k=\dfrac{\boldsymbol{v}_k}{\max(\boldsymbol{v}_k)}\end{cases}\quad(k=1,2,\cdots). \tag{9.2.13}$$

实验表明,按下述方法选择 $\boldsymbol{v}_0=\boldsymbol{u}_0$ 是较好的:选 $\boldsymbol{u}_0$ 使

$$\boldsymbol{U}\boldsymbol{v}_1=\boldsymbol{L}^{-1}\boldsymbol{P}\boldsymbol{u}_0=(1,1,\cdots,1)^{\mathrm{T}}, \tag{9.2.14}$$

用回代求解式(9.2.14)即得 $\boldsymbol{v}_1$,然后再按式(9.2.13)迭代.

**例 9.4** 用反幂法求

$$\boldsymbol{A}=\begin{pmatrix}2&1&0\\1&3&1\\0&1&4\end{pmatrix}$$

的对应计算特征值 $\lambda=1.2679$(精确特征值为 $\lambda_3=3-\sqrt{3}$)的特征向量(用 5 位浮点数进行运算).

**解** 用部分选主元的三角分解将 $\boldsymbol{A}-p\boldsymbol{I}$(其中 $p=1.2679$)分解为

$$\boldsymbol{P}(\boldsymbol{A}-p\boldsymbol{I})=\boldsymbol{L}\boldsymbol{U},$$

其中

$$\boldsymbol{P}=\begin{pmatrix}0&1&0\\0&0&1\\1&0&0\end{pmatrix},$$

$$\boldsymbol{L}=\begin{pmatrix}1&0&0\\0&1&0\\0.7321&-0.26807&1\end{pmatrix},\quad \boldsymbol{U}=\begin{pmatrix}1&1.7321&1\\0&1&2.7321\\0&0&0.29405\times10^{-3}\end{pmatrix}.$$

由 $\boldsymbol{U}\boldsymbol{v}_1=(1,1,1)^{\mathrm{T}}$,得

$$\boldsymbol{v}_1=(12692,\ -9290.3,\ 3400.8)^{\mathrm{T}},\quad \boldsymbol{u}_1=(1,\ -0.73198,\ 0.26795)^{\mathrm{T}},$$

由 $\boldsymbol{L}\boldsymbol{U}\boldsymbol{v}_2=\boldsymbol{P}\boldsymbol{u}_1$,得

$$\boldsymbol{v}_2=(20404,\ -14937,\ 5467.4)^{\mathrm{T}},\quad \boldsymbol{u}_2=(1,\ -0.73206,\ 0.26796)^{\mathrm{T}}.$$

$\lambda_3$ 对应的特征向量是

$$\boldsymbol{x}_3=(1,\ 1-\sqrt{3},\ 2-\sqrt{3})^{\mathrm{T}}\approx(1,\ -0.73205,\ 0.26795)^{\mathrm{T}}.$$

由此可以看出，$u_2$ 是 $x_3$ 的相当好的近似.

## 9.3 Householder 方法

### 9.3.1 引言

前面几节讨论的是求解矩阵最大(小)特征值及其对应特征向量的方法. 若要求求出所有特征值及其特征向量，应该用什么方法呢？下面将讨论的以正交相似变换为基础的一类方法即是解决这类问题的方法.

首先，讨论对于一般实矩阵 $\boldsymbol{A}\in\mathbf{R}^{n\times n}$ 利用正交相似变换约化到什么程度的问题. 由代数知识可知如下定理.

**定理 9.10** 设 $\boldsymbol{A}\in\mathbf{R}^{n\times n}$，则存在一个正交阵 $\boldsymbol{R}$，使

$$\boldsymbol{R}^{\mathrm{T}}\boldsymbol{A}\boldsymbol{R}=\begin{pmatrix} T_{11} & T_{12} & \cdots & T_{1s} \\ & T_{22} & \cdots & T_{2s} \\ & & \ddots & \vdots \\ & & & T_{ss} \end{pmatrix},$$

其中对角块为一阶或二阶矩阵，每一个一阶对角块即为 $\boldsymbol{A}$ 的实特征值，每一个二阶对角块的两个特征值是 $\boldsymbol{A}$ 的一对共轭复特征值.

**定义 9.2** 一方阵 $\boldsymbol{B}$，如果当 $i>j+1$ 时有 $b_{ij}=0$，则称 $\boldsymbol{B}$ 为上 Hessenberg 阵，即

$$\boldsymbol{B}=\begin{pmatrix} b_{11} & b_{12} & \cdots & b_{1n} \\ b_{21} & b_{22} & \cdots & b_{2n} \\ & \ddots & \ddots & \vdots \\ & & b_{n,n-1} & b_{nn} \end{pmatrix}.$$

本节讨论如下两个问题：

(1) 用正交相似变换约化一般实矩阵为上 Hessenberg 阵；

(2) 用正交相似变换约化对称阵为三对角阵.

这样，求原矩阵特征值问题，就转化为求上 Hessenberg 阵或对称三对角阵的特征值问题.

**定义 9.3** 设向量 $\boldsymbol{w}$ 满足 $\|\boldsymbol{w}\|_2=1$，矩阵 $\boldsymbol{H}=\boldsymbol{I}-2\boldsymbol{w}\boldsymbol{w}^{\mathrm{T}}$ 称为**初等反射阵**，记作 $\boldsymbol{H}(\boldsymbol{w})$，即

$$\boldsymbol{H}(\boldsymbol{w})=\begin{pmatrix} 1-2w_1^2 & -2w_1w_2 & \cdots & -2w_1w_n \\ -2w_2w_1 & 1-2w_2^2 & \ddots & \vdots \\ \vdots & \ddots & \ddots & -2w_{n-1}w_n \\ -2w_nw_1 & \cdots & -2w_nw_{n-1} & 1-2w_n^2 \end{pmatrix},$$

其中 $$w=(w_1,w_2,\cdots,w_n)^{\mathrm{T}}.$$

**定理 9.11** 初等反射阵 $\boldsymbol{H}$ 是对称阵($\boldsymbol{H}^{\mathrm{T}}=\boldsymbol{H}$)、正交阵($\boldsymbol{H}^{\mathrm{T}}\boldsymbol{H}=\boldsymbol{I}$)和对合阵($\boldsymbol{H}^2=\boldsymbol{I}$).

**证明** 只证 $\boldsymbol{H}$ 的正交性,其他显然.

$$\boldsymbol{H}^{\mathrm{T}}\boldsymbol{H}=\boldsymbol{H}^2=(\boldsymbol{I}-2\boldsymbol{w}\boldsymbol{w}^{\mathrm{T}})(\boldsymbol{I}-2\boldsymbol{w}\boldsymbol{w}^{\mathrm{T}})=\boldsymbol{I}-4\boldsymbol{w}\boldsymbol{w}^{\mathrm{T}}+4\boldsymbol{w}(\boldsymbol{w}^{\mathrm{T}}\boldsymbol{w})\boldsymbol{w}^{\mathrm{T}}=\boldsymbol{I}.$$

设向量 $\boldsymbol{u}\neq\boldsymbol{0}$,则显然 $\boldsymbol{H}=\boldsymbol{I}-2\dfrac{\boldsymbol{u}\boldsymbol{u}^{\mathrm{T}}}{\|\boldsymbol{u}\|_2^2}$是一个初等反射阵.

下面考察初等反射阵的几何意义. 考虑以 $\boldsymbol{w}$ 为法向量过原点 $O$ 的超平面

$$S:\boldsymbol{w}^{\mathrm{T}}\boldsymbol{x}=0.$$

设任意向量 $\boldsymbol{v}\in\mathbf{R}^n$,则 $\boldsymbol{v}=\boldsymbol{x}+\boldsymbol{y}$,其中 $\boldsymbol{x}\in S,\boldsymbol{y}\in S^{\perp}$. 于是

$$\boldsymbol{H}\boldsymbol{x}=(\boldsymbol{I}-2\boldsymbol{w}\boldsymbol{w}^{\mathrm{T}})\boldsymbol{x}=\boldsymbol{x}-2\boldsymbol{w}\boldsymbol{w}^{\mathrm{T}}\boldsymbol{x}=\boldsymbol{x}.$$

对于 $\boldsymbol{y}\in S^{\perp}$,易知 $\boldsymbol{H}\boldsymbol{y}=-\boldsymbol{y}$,从而对于任意向量 $\boldsymbol{v}\in\mathbf{R}^n$,总有

$$\boldsymbol{H}\boldsymbol{v}=\boldsymbol{x}-\boldsymbol{y}=\boldsymbol{v}',$$

其中 $\boldsymbol{v}'$为 $\boldsymbol{v}$ 关于平面 $S$ 的镜面反射(见图 9.1).

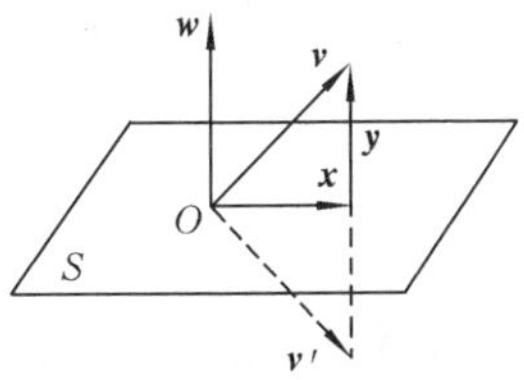

图 9.1

初等反射阵在计算上的意义是它能用来约化矩阵,例如设向量 $\boldsymbol{a}\neq\boldsymbol{0}$,可选择一初等反射阵 $\boldsymbol{H}$ 使 $\boldsymbol{H}_a=\sigma\boldsymbol{e}_1$. 这种约化矩阵的方法称为 Householder **方法**. 为此给出下面定理.

**定理 9.12** 设 $\boldsymbol{x},\boldsymbol{y}$ 为两个不相等的 $n$ 维向量,$\|\boldsymbol{x}\|_2=\|\boldsymbol{y}\|_2$,则存在一个初等反射阵 $\boldsymbol{H}$,使 $\boldsymbol{H}\boldsymbol{x}=\boldsymbol{y}$.

**证明** 令 $\boldsymbol{w}=\dfrac{\boldsymbol{x}-\boldsymbol{y}}{\|\boldsymbol{x}-\boldsymbol{y}\|_2}$,则得到一个初等反射阵

$$\boldsymbol{H}=\boldsymbol{I}-2\boldsymbol{w}\boldsymbol{w}^{\mathrm{T}}=\boldsymbol{I}-2\frac{(\boldsymbol{x}-\boldsymbol{y})}{\|\boldsymbol{x}-\boldsymbol{y}\|_2^2}(\boldsymbol{x}^{\mathrm{T}}-\boldsymbol{y}^{\mathrm{T}}),$$

而且 $$\boldsymbol{H}\boldsymbol{x}=\boldsymbol{x}-2\frac{\boldsymbol{x}-\boldsymbol{y}}{\|\boldsymbol{x}-\boldsymbol{y}\|_2^2}(\boldsymbol{x}^{\mathrm{T}}-\boldsymbol{y}^{\mathrm{T}})\boldsymbol{x}=\boldsymbol{x}-2\frac{(\boldsymbol{x}-\boldsymbol{y})(\boldsymbol{x}^{\mathrm{T}}\boldsymbol{x}-\boldsymbol{y}^{\mathrm{T}}\boldsymbol{x})}{\|\boldsymbol{x}-\boldsymbol{y}\|_2^2},$$

因为 $$\|\boldsymbol{x}-\boldsymbol{y}\|_2^2=(\boldsymbol{x}-\boldsymbol{y})^{\mathrm{T}}(\boldsymbol{x}-\boldsymbol{y})=2(\boldsymbol{x}^{\mathrm{T}}\boldsymbol{x}-\boldsymbol{y}^{\mathrm{T}}\boldsymbol{x}),$$

所以 $$\boldsymbol{H}\boldsymbol{x}=\boldsymbol{x}-(\boldsymbol{x}-\boldsymbol{y})=\boldsymbol{y}.$$

易知,$\boldsymbol{w}=\dfrac{\boldsymbol{x}-\boldsymbol{y}}{\|\boldsymbol{x}-\boldsymbol{y}\|_2}$是使 $\boldsymbol{H}\boldsymbol{x}=\boldsymbol{y}$ 成立的唯一长度等于 1 的向量(不计符号).

**推论** 设向量 $\boldsymbol{x}\in\mathbf{R}^n$ $(\boldsymbol{x}\neq\boldsymbol{0})$,$\sigma=\pm\|\boldsymbol{x}\|_2$,且 $\boldsymbol{x}\neq-\sigma\boldsymbol{e}_1$,则存在一个初等反射阵

$$\boldsymbol{H}=\boldsymbol{I}-2\frac{\boldsymbol{u}\boldsymbol{u}^{\mathrm{T}}}{\|\boldsymbol{u}\|_2^2}\equiv\boldsymbol{I}-\rho^{-1}\boldsymbol{u}\boldsymbol{u}^{\mathrm{T}},$$

使 $\boldsymbol{H}\boldsymbol{x}=-\sigma\boldsymbol{e}_1$,其中 $\boldsymbol{u}=\boldsymbol{x}+\sigma\boldsymbol{e}_1,\rho=\|\boldsymbol{u}\|_2^2/2$.

设 $$\boldsymbol{x}=(\alpha_1,\alpha_2,\cdots,\alpha_n)^{\mathrm{T}}\neq\boldsymbol{0},\quad \boldsymbol{u}=(u_1,u_2,\cdots,u_n)^{\mathrm{T}},$$

则
$$u=(\alpha_1+\sigma,\alpha_2,\cdots,\alpha_n)^{\mathrm T},$$
$$\rho=\frac{1}{2}\|u\|_2^2=\frac{1}{2}[(\alpha_1+\sigma)^2+\alpha_2^2+\cdots+\alpha_n^2]=\sigma(\sigma+\alpha_1).$$

如果 $\sigma$ 和 $\alpha_1$ 异号，那么计算 $\alpha_1+\sigma$ 时有效数字可能损失，取 $\sigma$ 和 $\alpha_1$ 有相同的符号，即取
$$\sigma=\mathrm{sgn}(\alpha_1)\|x\|_2.$$

**算法1** 已知向量 $x=(\alpha_1,\alpha_2,\cdots,\alpha_n)^{\mathrm T}\neq 0$，本算法算出 $\sigma,\rho$ 及 $u$，使 $(I-\rho^{-1}uu^{\mathrm T})x=-\sigma e_1$，$u$ 的分量冲掉 $x$ 的分量.

**步1** 计算 $\sigma=\mathrm{sgn}(\alpha_1)\left(\sum\limits_{i=1}^{n}\alpha_i^2\right)^{\frac{1}{2}}$.

**步2** $\alpha_1\rightarrow u_1=\alpha_1+\sigma$.

**步3** $\rho=\sigma u_1$.

在计算 $\sigma$ 时，可能上溢或下溢. 为了避免溢出，将 $x$ 规范化
$$\eta=\max_i|\alpha_i|,\quad x'=\frac{x}{\eta},$$
显然
$$\sigma'=\sigma/\eta,\quad H'=H.$$

**算法2** 已知 $x=(\alpha_1,\alpha_2,\cdots,\alpha_n)^{\mathrm T}\neq 0$，本算法算出 $H$ 及 $\sigma$ 使 $Hx=-\sigma e_1$，$u$ 的分量冲掉 $x$ 的分量.

**步1** $\eta=\max\limits_i|\alpha_i|$.

**步2** $\alpha_i\leftarrow u_i=\dfrac{\alpha_i}{\eta}\quad(i=1,2,\cdots,n)$.

**步3** $\sigma=\mathrm{sgn}(u_1)\left(\sum\limits_{i=1}^{n}u_i^2\right)^{\frac{1}{2}}$.

**步4** $u_1\leftarrow u_1+\sigma$.

**步5** $\rho=\sigma u_1$.

**步6** $\sigma\leftarrow\eta\sigma$.

关于 $HA$ 的计算，设 $A=(a_1,a_2,\cdots,a_n)$，其中 $a_i$ 为 $A$ 的第 $i$ 列向量，则
$$HA=(Ha_1,Ha_2,\cdots,Ha_n),$$
因此计算 $HA$ 就是要计算
$$Ha_i=(I-\rho^{-1}uu^{\mathrm T})a_i=a_i-(\rho^{-1}u^{\mathrm T}a_i)u\quad(i=1,2,\cdots,n).$$
于是计算 $Ha_i$ 只需要计算两向量的数量积和两向量的加法即可，且计算 $HA$ 共需要 $2n^2$ 次乘法运算.

### 9.3.2 用正交相似变换约化矩阵

下面考虑用初等反射阵来正交相似约化一般矩阵和对称矩阵. 设

$$\boldsymbol{A}=\left(\begin{array}{c:ccc} a_{11} & a_{12} & \cdots & a_{1n} \\ \hdashline a_{21} & a_{22} & \cdots & a_{2n} \\ \vdots & \vdots & & \vdots \\ a_{n1} & a_{n2} & \cdots & a_{nn} \end{array}\right)\equiv\begin{pmatrix} a_{11} & \boldsymbol{A}_{12}^{(1)} \\ \boldsymbol{a}_{21}^{(1)} & \boldsymbol{A}_{22}^{(1)} \end{pmatrix},$$

**步 1** 不妨设 $\boldsymbol{a}_{21}^{(1)}\neq\boldsymbol{0}$,否则这一步不需约化,选择初等反射阵 $\boldsymbol{R}_1$ 使 $\boldsymbol{R}_1\boldsymbol{a}_{21}^{(1)}=-\sigma_1\boldsymbol{e}_1$,其中

$$\begin{cases} \sigma_1=\operatorname{sgn}(a_{21})\left(\sum\limits_{i=2}^{n}a_{i1}^2\right)^{\frac{1}{2}}, \\ \boldsymbol{u}_1=\boldsymbol{a}_{21}^{(1)}+\sigma_1\boldsymbol{e}_1, \\ \rho_1=\dfrac{1}{2}\|\boldsymbol{u}_1\|_2^2=\sigma_1(\sigma_1+a_{21}), \\ \boldsymbol{R}_1=\boldsymbol{I}-\rho_1^{-1}\boldsymbol{u}_1\boldsymbol{u}_1^{\mathrm{T}}. \end{cases} \tag{9.3.1}$$

令 $\boldsymbol{U}_1=\begin{pmatrix}\boldsymbol{I} & \boldsymbol{0} \\ \boldsymbol{0} & R_1\end{pmatrix}$,则

$$\boldsymbol{A}_2=\boldsymbol{U}_1\boldsymbol{A}_1\boldsymbol{U}_1=\begin{pmatrix} a_{11} & \boldsymbol{A}_{21}^{(1)}\boldsymbol{R}_1 \\ \boldsymbol{R}_1\boldsymbol{a}_{21}^{(1)} & \boldsymbol{R}_1\boldsymbol{A}_{22}^{(1)}\boldsymbol{R}_1 \end{pmatrix}\equiv\begin{pmatrix} \boldsymbol{A}_{11}^{(2)} & \boldsymbol{a}_{12}^{(2)} & \boldsymbol{A}_{13}^{(2)} \\ \boldsymbol{O} & \boldsymbol{a}_{22}^{(2)} & \boldsymbol{A}_{23}^{(2)} \end{pmatrix},$$

其中 $\boldsymbol{A}_{11}^{(2)}\in\mathbf{R}^{2\times1}$, $\boldsymbol{a}_{22}^{(2)}\in\mathbf{R}^{n-2}$, $\boldsymbol{A}_{23}^{(2)}\in\mathbf{R}^{(n-2)\times(n-2)}$.

**步 $k$** 设对 $\boldsymbol{A}$ 已进行了第 $k-1$ 步正交相似约化,即 $\boldsymbol{A}_k$ 有形式

$$\boldsymbol{A}_k=\boldsymbol{U}_{k-1}\boldsymbol{A}_{k-1}\boldsymbol{U}_{k-1}=\left(\begin{array}{ccc:c:ccc} a_{11} & a_{12}^{(2)} & \cdots & a_{1k}^{(k)} & a_{1,k+1}^{(k)} & \cdots & a_{1n}^{(k)} \\ -\sigma_1 & a_{22}^{(2)} & \cdots & a_{2k}^{(k)} & a_{2,k+1}^{(k)} & \cdots & a_{2n}^{(k)} \\ & \ddots & \ddots & \vdots & \vdots & & \vdots \\ & & -\sigma_{k-1} & a_{kk}^{(k)} & a_{k,k+1}^{(k)} & \cdots & a_{k,n}^{(k)} \\ \hdashline & & & a_{k+1,k}^{(k)} & a_{k+1,k+1}^{(k)} & \cdots & a_{k+1,n}^{(k)} \\ & & & \vdots & \vdots & & \vdots \\ & & & a_{nk}^{(k)} & a_{n,k+1}^{(k)} & \cdots & a_{nn}^{(k)} \end{array}\right)$$

$$\equiv\begin{pmatrix} \boldsymbol{A}_{11}^{(k)} & \boldsymbol{a}_{12}^{(k)} & \boldsymbol{A}_{13}^{(k)} \\ \boldsymbol{O} & \boldsymbol{a}_{22}^{(k)} & \boldsymbol{A}_{23}^{(k)} \end{pmatrix},$$

其中 $\boldsymbol{A}_{11}^{(k)}\in\mathbf{R}^{k\times(k-1)}$, $\boldsymbol{a}_{22}^{(k)}\in\mathbf{R}^{n-k}$, $\boldsymbol{A}_{23}^{(k)}\in\mathbf{R}^{(n-k)\times(n-k)}$.

设 $\boldsymbol{a}_{22}^{(k)}\neq\boldsymbol{0}$,选择初等反射阵 $\boldsymbol{R}_k$,使 $\boldsymbol{R}_k\boldsymbol{a}_{22}^{(k)}=-\sigma_k\boldsymbol{e}_1$,其中

$$\begin{cases} \sigma_k=\operatorname{sgn}(a_{k+1,k}^{(k)})\left(\sum\limits_{i=k+1}^{n}a_{ik}^2\right)^{\frac{1}{2}}, \\ \boldsymbol{u}_k=\boldsymbol{a}_{22}^{(k)}+\sigma_k\boldsymbol{e}_1, \\ \rho_k=\dfrac{1}{2}\|\boldsymbol{u}_k\|_2^2=\sigma_k(\sigma_k+a_{k+1,n}^{(k)}), \\ \boldsymbol{R}_k=\boldsymbol{I}-\rho_k^{-1}\boldsymbol{u}_k\boldsymbol{u}_k^{\mathrm{T}}. \end{cases} \tag{9.3.2}$$

设 $\boldsymbol{U}_k=\begin{pmatrix}\boldsymbol{I} & \boldsymbol{O}\\ \boldsymbol{O} & \boldsymbol{R}_k\end{pmatrix}$，则

$$\boldsymbol{A}_{k+1}=\boldsymbol{U}_k\boldsymbol{A}_k\boldsymbol{U}_k=\begin{bmatrix}\boldsymbol{A}_{11}^{(k)} & \boldsymbol{a}_{12}^{(k)} & \boldsymbol{A}_{13}^{(k)}\boldsymbol{R}_k\\ \boldsymbol{O} & \boldsymbol{R}_k\boldsymbol{a}_{22}^{(k)} & \boldsymbol{R}_k\boldsymbol{A}_{23}^{(k)}\boldsymbol{R}_k\end{bmatrix}=\begin{bmatrix}\boldsymbol{A}_{11}^{(k)} & \boldsymbol{a}_{12}^{(k)} & \boldsymbol{A}_{13}^{(k)}\boldsymbol{R}_k\\ \boldsymbol{O} & -\sigma_k\boldsymbol{e}_1 & \boldsymbol{R}_k\boldsymbol{A}_{23}^{(k)}\boldsymbol{R}_k\end{bmatrix}. \tag{9.3.3}$$

由式(9.3.3)知，$\boldsymbol{A}_{k+1}$ 的左上角 $k+1$ 阶子阵为上 Hessenberg 阵，从而约化又进了一步，重复这过程，直到

$$\boldsymbol{U}_{n-2}\cdots\boldsymbol{U}_2\boldsymbol{U}_1\boldsymbol{A}\boldsymbol{U}_1\boldsymbol{U}_2\cdots\boldsymbol{U}_{n-2}=\begin{bmatrix}a_{11} & \times & \times & \cdots & \times\\ -\sigma_1 & a_{22}^{(2)} & \times & \cdots & \times\\ & -\sigma_2 & a_{33}^{(3)} & \ddots & \vdots\\ & & \ddots & \ddots & \times\\ & & & -\sigma_{n-1} & a_{nn}^{(n-1)}\end{bmatrix}=\boldsymbol{A}_{n-1}.$$

总结上述讨论，有如下定理.

**定理 9.13** 如果 $\boldsymbol{A}\in\mathbf{R}^{n\times n}$，则存在初等反射阵 $\boldsymbol{U}_1,\boldsymbol{U}_2,\cdots,\boldsymbol{U}_{n-2}$，使

$$\boldsymbol{U}_{n-2}\cdots\boldsymbol{U}_2\boldsymbol{U}_1\boldsymbol{A}\boldsymbol{U}_1\boldsymbol{U}_2\cdots\boldsymbol{U}_{n-2}=\boldsymbol{C}\quad(\text{上 Hessenberg 阵}).$$

在 $\boldsymbol{A}_k\to\boldsymbol{A}_{k+1}=\boldsymbol{U}_k\boldsymbol{A}_k\boldsymbol{U}_k$ 的进一步约化中，需要计算 $\boldsymbol{R}_k$ 和 $\boldsymbol{A}_{13}^{(k)}\boldsymbol{R}_k$，$\boldsymbol{R}_k\boldsymbol{A}_{23}^{(k)}\boldsymbol{R}_k$.

用初等反射阵正交相似约化 $\boldsymbol{A}$ 为上 Hessenberg 阵，大约需要 $\dfrac{5}{3}n^3$ 次乘法运算.

由于 $\boldsymbol{U}_k$ 都是正交阵，所以 $\boldsymbol{A}_1\sim\boldsymbol{A}_2\sim\cdots\sim\boldsymbol{A}_{n-1}$. 求 $\boldsymbol{A}$ 的特征值问题，就转化为求上 Hessenberg 阵 $\boldsymbol{C}$ 的特征值问题. 由定理 9.13，记 $\boldsymbol{P}=\boldsymbol{U}_{n-2}\cdots\boldsymbol{U}_2\boldsymbol{U}_1$，则

$$\boldsymbol{P}\boldsymbol{A}\boldsymbol{P}^{\mathrm{T}}=\boldsymbol{C}.$$

设 $\boldsymbol{y}$ 是 $\boldsymbol{C}$ 的对应特征值 $\lambda$ 的特征向量，则 $\boldsymbol{P}^{\mathrm{T}}\boldsymbol{y}$ 为 $\boldsymbol{A}$ 的对应特征值 $\lambda$ 的特征向量，且

$$\boldsymbol{P}^{\mathrm{T}}\boldsymbol{y}=\boldsymbol{U}_1\boldsymbol{U}_2\cdots\boldsymbol{U}_{n-2}\boldsymbol{y}=(\boldsymbol{I}-\lambda_1^{-1}\boldsymbol{u}_1\boldsymbol{u}_1^{\mathrm{T}})\cdots(\boldsymbol{I}-\lambda_{n-2}^{-1}\boldsymbol{u}_{n-2}\boldsymbol{u}_{n-2}^{\mathrm{T}})\boldsymbol{y}.$$

**定理 9.14** 如果 $\boldsymbol{A}\in\mathbf{R}^{n\times n}$ 为对称阵，则存在初等反射阵 $\boldsymbol{U}_1,\boldsymbol{U}_2,\cdots,\boldsymbol{U}_{n-2}$，使

$$\boldsymbol{U}_{n-2}\cdots\boldsymbol{U}_2\boldsymbol{U}_1\boldsymbol{A}\boldsymbol{U}_1\boldsymbol{U}_2\cdots\boldsymbol{U}_{n-2}=\boldsymbol{A}_{n-1}=\begin{bmatrix}c_1 & b_1 & & & \\ b_1 & c_2 & b_2 & & \\ & \ddots & \ddots & \ddots & \\ & & b_{n-2} & c_{n-1} & b_{n-1}\\ & & & b_{n-1} & c_n\end{bmatrix}\equiv\boldsymbol{C}.$$

**证明** 由定理 9.13，存在初等反射阵 $\boldsymbol{U}_1,\boldsymbol{U}_2,\cdots,\boldsymbol{U}_{n-2}$，使 $\boldsymbol{A}_{n-1}$ 为上 Hessenberg 阵，但 $\boldsymbol{A}_{n-1}$ 又为对称阵，因此 $\boldsymbol{A}_{n-1}$ 为对称三对角阵.

由上面讨论可知，在由 $\boldsymbol{A}_k\to\boldsymbol{A}_{k+1}=\boldsymbol{U}_k\boldsymbol{A}_k\boldsymbol{U}_k$ 一步计算过程中，只需计算 $\boldsymbol{R}_k$ 和 $\boldsymbol{R}_k\boldsymbol{A}_{23}^{(k)}\boldsymbol{R}_k$. 由于 $\boldsymbol{A}$ 的对称性，故只需计算 $\boldsymbol{R}_k\boldsymbol{A}_{23}^{(k)}\boldsymbol{R}_k$ 的对角线下面的元素. 注意到

$$\boldsymbol{R}_k\boldsymbol{A}_{23}^{(k)}\boldsymbol{R}_k=(\boldsymbol{I}-\rho_k^{-1}\boldsymbol{u}_k\boldsymbol{u}_k^{\mathrm{T}})(\boldsymbol{A}_{23}^{(k)}-\rho_k^{-1}\boldsymbol{A}_{23}^{(k)}\boldsymbol{u}_k\boldsymbol{u}_k^{\mathrm{T}}),$$

引进记号 $\boldsymbol{r}_k=\rho_k^{-1}\boldsymbol{A}_{23}^{(k)}\boldsymbol{u}_k,\quad \boldsymbol{t}_k=\boldsymbol{r}_k-\frac{\rho_k^{-1}}{2}(\boldsymbol{u}_k^{\mathrm{T}}\boldsymbol{r}_k)\boldsymbol{u}_k,$

则 $\boldsymbol{R}_k\boldsymbol{A}_{23}^{(k)}\boldsymbol{R}_k=\boldsymbol{A}_{23}^{(k)}-\boldsymbol{u}_k\boldsymbol{t}_k^{\mathrm{T}}-\boldsymbol{t}_k\boldsymbol{u}_k^{\mathrm{T}}\quad(i=k+1,\cdots,n;j=k+1,\cdots,i).$

**算法3** 正交相似约化对称阵为对称三对角阵. 设 $\boldsymbol{A}\in\mathbf{R}^{n\times n}$ 是对称阵，本算法确定初等反射阵 $\boldsymbol{U}_1,\boldsymbol{U}_2,\cdots,\boldsymbol{U}_{n-2}$，使 $\boldsymbol{U}_{n-2}\cdots\boldsymbol{U}_1\boldsymbol{A}\boldsymbol{U}_1\cdots\boldsymbol{U}_{n-2}=\boldsymbol{C}$（对称三对角阵），$\boldsymbol{C}$ 的对角元 $c_i$ 存放在单元 $c_1,c_2,\cdots,c_n$ 中，$\boldsymbol{C}$ 的非对角元 $b_i$ 存放在单元 $b_1,b_2,\cdots,b_{n-1}$ 中. 单元 $b_1,b_2,\cdots,b_n$ 最初可用来存放 $\boldsymbol{r}_k$ 及 $\boldsymbol{t}_k$ 的分量，确定 $\boldsymbol{U}_k$ 的向量 $\boldsymbol{u}_k$ 的分量 $u_{k+1,k},\cdots,u_{nk}$，存放在 $\boldsymbol{A}$ 的相应位置. $\rho_k$ 冲掉 $a_{kk}$. 约化 $\boldsymbol{A}$ 的结果冲掉 $\boldsymbol{A}$，数组 $\boldsymbol{A}$ 的上部元素不变. 如果步 $k$ 不需要变换，则置 $\rho_k$ 为零.

对于 $k=1,2,\cdots,n-2$，做到 $L$.

**步1** $c_k=a_{kk}$.

**步2** 确定变换:

(1) 计算 $\eta=\max\limits_{k+1\leqslant i\leqslant n}|a_{ik}|$;

(2) 如果 $\eta=0$，则 $\begin{cases}a_{kk}\to\rho_k=0,\\ b_k\to 0,\\ \text{转 } L\text{，否则继续};\end{cases}$

(3) 计算 $a_{ik}\leftarrow u_{ik}=a_{ik}/\eta\quad(i=k+1,\cdots,n)$;

(4) $\sigma=\operatorname{sgn}(u_{k+1,k})\sqrt{u_{k+1,k}^2+\cdots+u_{nk}^2}$;

(5) $u_{k+1,k}\leftarrow u_{k+1,k}+\sigma$;

(6) $a_{kk}\leftarrow\rho_k=\sigma u_{k+1,k}$;

(7) $b_k\leftarrow-\sigma\eta$.

**步3** 应用变换:

(1) $\sigma=0$;

(2) 计算 $\boldsymbol{A}_{23}^{(k)}\boldsymbol{u}_k$ 及 $\boldsymbol{u}_k^{\mathrm{T}}\boldsymbol{r}_k$，对于 $i=k+1,\cdots,n$，做

$$\begin{cases}b_i\leftarrow s=\sum\limits_{j=k+1}^{n}a_{ij}u_{jk}+\sum\limits_{j=i+1}^{n}a_{ji}u_{jk},\\ \sigma\leftarrow\sigma+su_{ik};\end{cases}$$

(3) 计算 $\boldsymbol{t}_k$

$$b_i\leftarrow\rho_k^{-1}\left(b_i-\rho_k^{-1}\frac{\sigma}{2}u_{ik}\right)\quad(i=k+1,\cdots,n);$$

(4) 计算 $\boldsymbol{R}_k\boldsymbol{A}_{23}^{(k)}\boldsymbol{R}_k$

对于 $i=k+1,k+2,\cdots,n;j=k+1,\cdots,i$，做 $a_{ij}\leftarrow a_{ij}-u_{ik}b_j-b_iu_{jk}$.

$L$:继续循环.

对于 $k=n-1$，有

$$c_{n-1}\leftarrow a_{n-1,n-1},\quad c_n\leftarrow a_{nn},\quad b_{n-1}\leftarrow a_{n,n-1}.$$

将对称阵 $\boldsymbol{A}$ 用初等反射阵正交相似约化为对称三对角阵约需做 $\frac{2}{3}n^3$ 次乘法运算.

用正交矩阵进行约化，有一些特点，如构造的 $\boldsymbol{U}_k$ 容易求逆，且 $\boldsymbol{U}_k$ 的元素数量级不大，因此这个算法是十分稳定的.

**例 9.5** 用 Householder 方法将下述矩阵化为上 Hessenberg 阵

$$\boldsymbol{A}_1=\boldsymbol{A}=\begin{pmatrix}-4 & -3 & -7\\ 2 & 3 & 2\\ 4 & 2 & 7\end{pmatrix}.$$

**解** （1）对于 $k=1$，确定变换 $\boldsymbol{U}_1=\begin{pmatrix}1 & 0 & 0\\ 0 & & \\ 0 & & \boldsymbol{R}_1\end{pmatrix}$，$\boldsymbol{a}_{21}^{(1)}=\begin{pmatrix}2\\4\end{pmatrix}$，其中 $\boldsymbol{R}_1$ 为初等反射阵且使

$$\boldsymbol{R}_1\boldsymbol{a}_{21}^{(1)}=-\sigma_1\begin{pmatrix}1\\0\end{pmatrix},\quad \sigma_1=\|\boldsymbol{a}_{21}^{(1)}\|_2=\sqrt{20}\approx 4.472\ 136,$$

$$\boldsymbol{u}_1=\boldsymbol{a}_{21}^{(1)}+\sigma_1\rho_1=\begin{pmatrix}2+\sqrt{20}\\ 4\end{pmatrix}\approx\begin{pmatrix}6.472\ 136\\ 4\end{pmatrix},$$

$$\rho_1=\sigma_1(\sigma_1+a_{21})=\sqrt{20}(\sqrt{20}+2)\approx 28.944\ 27,\quad \boldsymbol{R}_1=\boldsymbol{I}-\rho_1^{-1}\boldsymbol{u}_1\boldsymbol{u}_1^{\mathrm{T}}.$$

（2）计算 $\boldsymbol{R}_1\boldsymbol{A}_{22}^{(1)}$. 记

$$\boldsymbol{A}_{22}^{(1)}=\begin{pmatrix}3 & 2\\ 2 & 7\end{pmatrix}\equiv(\boldsymbol{a}_1,\boldsymbol{a}_2),$$

于是

$$\boldsymbol{R}_1\boldsymbol{A}_{22}^{(1)}=(\boldsymbol{R}_1\boldsymbol{a}_1,\boldsymbol{R}_1\boldsymbol{a}_2)=\begin{pmatrix}-3.130\ 496 & -7.155\ 419\\ -1.788\ 855 & 1.341\ 640\end{pmatrix},$$

其中

$$\boldsymbol{R}_1\boldsymbol{a}_i=(\boldsymbol{I}-\rho_1^{-1}\boldsymbol{u}_1\boldsymbol{u}_1^{\mathrm{T}})\boldsymbol{a}_i=\boldsymbol{a}_i-(\rho_1^{-1}\boldsymbol{u}_1^{\mathrm{T}}\boldsymbol{a}_i)\boldsymbol{u}_1\quad(i=1,2).$$

（3）计算 $\boldsymbol{A}_{12}^{(1)}\boldsymbol{R}_1$ 及 $(\boldsymbol{R}_1\boldsymbol{A}_{22}^{(1)})\boldsymbol{R}_1$，即计算

$$\begin{pmatrix}\boldsymbol{A}_{12}^{(1)}\\ (\boldsymbol{R}_1\boldsymbol{A}_{22}^{(1)})\end{pmatrix}\boldsymbol{R}_1\equiv\begin{pmatrix}\boldsymbol{b}_1^{\mathrm{T}}\\ \boldsymbol{b}_2^{\mathrm{T}}\\ \boldsymbol{b}_3^{\mathrm{T}}\end{pmatrix}\boldsymbol{R}_1=\begin{pmatrix}\boldsymbol{b}_1^{\mathrm{T}}\boldsymbol{R}_1\\ \boldsymbol{b}_2^{\mathrm{T}}\boldsymbol{R}_1\\ \boldsymbol{b}_3^{\mathrm{T}}\boldsymbol{R}_1\end{pmatrix}=\begin{pmatrix}7.602\ 634 & -0.447\ 212\\ 7.800\ 003 & -0.399\ 999\\ -0.399\ 999 & 2.200\ 000\end{pmatrix},$$

其中

$$\boldsymbol{b}_i^{\mathrm{T}}\boldsymbol{R}_1=\boldsymbol{b}_i^{\mathrm{T}}-(\rho_1^{-1}\boldsymbol{b}_i^{\mathrm{T}}\boldsymbol{u}_1)\boldsymbol{u}_1^{\mathrm{T}}\quad(i=1,2,3).$$

（4）计算 $\boldsymbol{A}_2=\boldsymbol{U}_1\boldsymbol{A}_1\boldsymbol{U}_1$.

$$\boldsymbol{A}_2=\begin{pmatrix}-4 & \boldsymbol{A}_{12}^{(1)}\boldsymbol{R}_1\\ -\sigma_1 & \\ 0 & \boldsymbol{R}_1\boldsymbol{A}_{22}^{(1)}\boldsymbol{R}_1\end{pmatrix}=\begin{pmatrix}-4 & 7.602\ 634 & -0.447\ 212\\ -4.472\ 136 & 7.800\ 003 & -0.399\ 999\\ 0 & -0.399\ 999 & 2.200\ 000\end{pmatrix}$$

为上 Hessenberg 阵.

# 9.4 QR 算法

## 9.4.1 引言

Rutishauser(在 1958 年)利用矩阵的三角分解提出了计算矩阵特征值的 LR 算法，Francis(在 1961 年、1962 年)利用矩阵的 QR 分解建立了计算矩阵特征值的 QR 方法.

QR 方法是一种变换方法，是计算一般矩阵(中小型矩阵)全部特征值问题的最有效的方法之一. 目前，QR 方法主要用来计算:(1) 上 Hessenberg 阵的全部特征值问题，(2) 对称三对角阵的全部特征值问题. QR 方法具有收敛快、算法稳定等特点.

对于一般矩阵 $\boldsymbol{A}\in\mathbf{R}^{n\times n}$(或对称阵)，首先用 Householder 方法将 $\boldsymbol{A}$ 化为上 Hessenberg 阵 $\boldsymbol{B}$(或对称三对角阵)，然后再用 QR 方法计算 $\boldsymbol{B}$ 的全部特征值问题.

事实上，除了可以用 Householder 法约化矩阵外，还可考虑用如下形式的平面旋转矩阵来约化:

$$\boldsymbol{P}_{ij}=\begin{array}{l}\begin{matrix} \qquad\qquad\quad \text{第 } i \text{ 列} & \qquad\qquad \text{第 } j \text{ 列} \end{matrix}\\ \begin{pmatrix} 1 &&&&&&&&&& \\ & \ddots &&&&&&&&& \\ && 1 &&&&&&&& \\ &&& c &&&& s &&& \\ &&&& 1 &&&&&& \\ &&&&& \ddots &&&&& \\ &&&&&& 1 &&&& \\ &&& -s &&&& c &&& \\ &&&&&&&& 1 && \\ &&&&&&&&& \ddots & \\ &&&&&&&&&& 1 \end{pmatrix}\begin{matrix} \\ \\ \\ \text{第 } i \text{ 行} \\ \\ \\ \\ \text{第 } j \text{ 行} \\ \\ \\ \\ \end{matrix}\end{array}, \tag{9.4.1}$$

其中 $c=\cos\theta, s=\sin\theta$.

下面是用这种矩阵约化矩阵的一些结论.

**引理 1** 设 $\boldsymbol{x}=(\alpha_1,\alpha_2,\cdots,\alpha_i,\cdots,\alpha_j,\cdots,\alpha_n)^{\mathrm{T}}$，其中 $\alpha_i,\alpha_j$ 不全为零，则可选一平面旋转矩阵 $\boldsymbol{P}_{ij}$ 使 $\boldsymbol{P}_{ij}\boldsymbol{x}=\boldsymbol{y}\equiv(\alpha_1,\alpha_2,\cdots,\alpha_i^{(1)},\cdots,\alpha_j^{(1)},\cdots,\alpha_n)^{\mathrm{T}}$，其中

$$\alpha_i^{(1)}=\sqrt{\alpha_i^2+\alpha_j^2}, \tag{9.4.2}$$

$$\alpha_j^{(1)}=0, \tag{9.4.3}$$

$$\begin{cases} c=\alpha_i/\sqrt{\alpha_i^2+\alpha_j^2}, \\ s=\alpha_j/\sqrt{\alpha_i^2+\alpha_j^2}. \end{cases} \tag{9.4.4}$$

**证明** 事实上,$\boldsymbol{P}_{ij}\boldsymbol{x}$ 只改变 $\boldsymbol{x}$ 的第 $i$ 个及第 $j$ 个元素,且有

$$\alpha_i^{(1)} = c\alpha_i + s\alpha_j, \quad \alpha_j^{(1)} = -s\alpha_i + c\alpha_i,$$

于是可选 $\boldsymbol{P}_{ij}$,使 $\alpha_j^{(1)} = -s\alpha_i + c\alpha_j = 0$,即按式(9.4.4)求 $c,s$,且有式(9.4.2)及式(9.4.3).

用平面旋转阵进行左变换可产生一算法,设给定 $\boldsymbol{x}=\begin{pmatrix}\alpha\\ \beta\end{pmatrix}$,计算 $c=\cos\theta, s=\sin\theta$, $v=\sqrt{\alpha^2+\beta^2}$,使 $\boldsymbol{P}_{ij}\boldsymbol{x}=\begin{pmatrix}c & s\\ -s & c\end{pmatrix}\begin{pmatrix}\alpha\\ \beta\end{pmatrix}=\begin{pmatrix}v\\ 0\end{pmatrix}$. 为了防止溢出,将 $\boldsymbol{x}$ 规范化,有

$$\eta \equiv \|\boldsymbol{x}\|_\infty = \max\{|\alpha|, |\beta|\} \neq 0, \quad \boldsymbol{x}' = \boldsymbol{x}/\eta = \begin{pmatrix}\alpha/\eta\\ \beta/\eta\end{pmatrix},$$

于是

$$\begin{cases} c' = c, \quad s' = s, \\ v' = v/\eta. \end{cases}$$

**算法 1** 设 $\boldsymbol{x}=\begin{pmatrix}\alpha\\ \beta\end{pmatrix}$,本算法产生 $c,s$ 及 $v$.

**步 1** 计算 $\eta=\max\{|\alpha|,|\beta|\}$.

**步 2** 如果 $\eta=0$,则 $c\leftarrow 1, s\leftarrow 0$,转步 8.

**步 3** $\alpha'=\alpha/\eta$.

**步 4** $\beta'=\beta/\eta$.

**步 5** $v'=\sqrt{\alpha'^2+\beta'^2}$.

**步 6** $c=\alpha'/v', s=\beta'/v'$.

**步 7** $v=\eta v'$.

**步 8** 计算终止.

**定理 9.15** 如果 $\boldsymbol{A}$ 为非奇异矩阵,则存在正交矩阵 $\boldsymbol{P}_1, \boldsymbol{P}_2, \cdots, \boldsymbol{P}_{n-1}$(即一系列平面旋转矩阵)使

$$\boldsymbol{P}_{n-1}, \cdots, \boldsymbol{P}_2\boldsymbol{P}_1\boldsymbol{A} = \begin{pmatrix} r_{11} & r_{12} & \cdots & r_{1n} \\ & r_{22} & \cdots & r_{2n} \\ & & \ddots & \vdots \\ & & & r_{nn} \end{pmatrix} \equiv \boldsymbol{R}, \tag{9.4.5}$$

且 $r_{ii}>0 \quad (i=1,2,\cdots,n-1)$.

**证明** 由于 $\boldsymbol{A}$ 的第 1 列一定存在 $a_{j1}\neq 0$,于是,如果 $a_{j1}\neq 0\ (j=2,3,\cdots,n)$,应用算法 1,即存在平面旋转矩阵 $\boldsymbol{P}_{12}, \boldsymbol{P}_{13}, \cdots, \boldsymbol{P}_{1n}$,使

$$\boldsymbol{P}_{1n}\cdots\boldsymbol{P}_{13}\boldsymbol{P}_{12}\boldsymbol{A} = \begin{pmatrix} r_{11} & a_{12}^{(2)} & \cdots & a_{1n}^{(2)} \\ 0 & a_{22}^{(2)} & \cdots & a_{2n}^{(2)} \\ \vdots & \vdots & & \vdots \\ 0 & a_{n2}^{(2)} & \cdots & a_{nn}^{(2)} \end{pmatrix} \equiv \boldsymbol{A}^{(2)},$$

且记 $\boldsymbol{P}_{1n}\cdots\boldsymbol{P}_{12}=\boldsymbol{P}_1$. 同理,如果 $a_{2j}^{(2)}\neq 0\ (j=3,\cdots,n)$,应用算法 1,存在平面旋转矩阵

$\boldsymbol{P}_{23},\cdots,\boldsymbol{P}_{2n}$（记 $\boldsymbol{P}_2=\boldsymbol{P}_{2n}\cdots\boldsymbol{P}_{23}$），使

$$\boldsymbol{P}_2\boldsymbol{P}_1\boldsymbol{A}=\begin{pmatrix} r_{11} & a_{12}^{(2)} & a_{13}^{(2)} & \cdots & a_{1n}^{(2)} \\ & r_{22} & a_{23}^{(3)} & \cdots & a_{2n}^{(3)} \\ & & a_{33}^{(3)} & \cdots & a_{3n}^{(3)} \\ & & \vdots & & \vdots \\ & & a_{n3}^{(3)} & \cdots & a_{nn}^{(3)} \end{pmatrix}.$$

重复上述过程，最后得到：存在正交阵 $\boldsymbol{P}_1,\boldsymbol{P}_2,\cdots,\boldsymbol{P}_{n-1}$，使式(9.4.5)成立.

**定理 9.16**（矩阵的 QR 分解） 如果 $\boldsymbol{A}\in\mathbf{R}^{n\times n}$ 为非奇异矩阵，则 $\boldsymbol{A}$ 可分解为一正交阵 $\boldsymbol{Q}$ 与上三角阵 $\boldsymbol{R}$ 的乘积，即 $\boldsymbol{A}=\boldsymbol{QR}$，且当 $\boldsymbol{R}$ 对角元素都为正数时分解唯一.

**证明** 由定理 9.12，存在正交阵 $\boldsymbol{P}_1,\boldsymbol{P}_2,\cdots,\boldsymbol{P}_{n-1}$，使

$$\boldsymbol{P}_{n-1}\cdots\boldsymbol{P}_2\boldsymbol{P}_1\boldsymbol{A}=\boldsymbol{R} \tag{9.4.6}$$

为上三角阵，记

$$\boldsymbol{Q}^{\mathrm{T}}=\boldsymbol{P}_{n-1}\cdots\boldsymbol{P}_2\boldsymbol{P}_1,$$

于是式(9.4.6)为 $\boldsymbol{Q}^{\mathrm{T}}\boldsymbol{A}=\boldsymbol{R}$，即 $\boldsymbol{A}=\boldsymbol{QR}$，其中 $\boldsymbol{Q}=\boldsymbol{P}_1^{\mathrm{T}}\boldsymbol{P}_2^{\mathrm{T}}\cdots\boldsymbol{P}_{n-1}^{\mathrm{T}}$ 为正交阵.

现证唯一性. 设有 $\boldsymbol{A}=\boldsymbol{Q}_1\boldsymbol{R}_1=\boldsymbol{Q}_2\boldsymbol{R}_2$，其中 $\boldsymbol{R}_1,\boldsymbol{R}_2$ 为上三角阵（显然为非奇异阵）且对角元素都为正数，$\boldsymbol{Q}_1,\boldsymbol{Q}_2$ 为正交阵. 于是

$$\boldsymbol{Q}_2^{\mathrm{T}}\boldsymbol{Q}_1=\boldsymbol{R}_2\boldsymbol{R}_1^{-1}, \tag{9.4.7}$$

由式(9.4.7)知上三角阵 $\boldsymbol{R}_2\boldsymbol{R}_1^{-1}$ 为正交阵，故 $\boldsymbol{R}_2\boldsymbol{R}_1^{-1}$ 为对角阵，即

$$\boldsymbol{R}_2\boldsymbol{R}_1^{-1}=\boldsymbol{D}=\mathrm{diag}(d_1,d_2,\cdots,d_n).$$

因为 $\boldsymbol{R}_2\boldsymbol{R}_1^{-1}$ 是正交阵，所以 $\boldsymbol{D}^2=\boldsymbol{I}$，又因 $\boldsymbol{R}_1,\boldsymbol{R}_2$ 对角元素都为正数，故 $d_i>0$ $(i=1,2,\cdots,n)$，即 $\boldsymbol{D}=\boldsymbol{I}$. 于是 $\boldsymbol{R}_2=\boldsymbol{R}_1$，由式(9.4.7)得到 $\boldsymbol{Q}_2=\boldsymbol{Q}_1$.

## 9.4.2 QR 算法

设 $\boldsymbol{A}=\boldsymbol{A}_1=(a_{ij})\in\mathbf{R}^{n\times n}$，且对 $\boldsymbol{A}$ 进行 QR 分解，即 $\boldsymbol{A}=\boldsymbol{QR}$，其中 $\boldsymbol{R}$ 为上三角阵，$\boldsymbol{Q}$ 为正交阵，于是可得到一新矩阵

$$\boldsymbol{B}=\boldsymbol{RQ}=\boldsymbol{Q}^{\mathrm{T}}\boldsymbol{AQ}.$$

显然，$\boldsymbol{B}$ 是由 $\boldsymbol{A}$ 经过正交相似变换得到，因此 $\boldsymbol{B}$ 与 $\boldsymbol{A}$ 特征值相同. 再对 $\boldsymbol{B}$ 进行 QR 分解，又可得一新的矩阵，重复这过程可得到矩阵序列.

设 $\boldsymbol{A}=\boldsymbol{A}_1$，QR 分解，得 $\boldsymbol{A}_1=\boldsymbol{Q}_1\boldsymbol{R}_1$，作矩阵 $\boldsymbol{A}_2=\boldsymbol{R}_1\boldsymbol{Q}_1=\boldsymbol{Q}_1^{\mathrm{T}}\boldsymbol{A}_1\boldsymbol{Q}_1\cdots$，求得 $\boldsymbol{A}_k$ 后将 $\boldsymbol{A}_k$ 进行 QR 分解，得 $\boldsymbol{A}_k=\boldsymbol{Q}_k\boldsymbol{R}_k$，作矩阵 $\boldsymbol{A}_{k+1}=\boldsymbol{R}_k\boldsymbol{Q}_k=\boldsymbol{Q}_k^{\mathrm{T}}\boldsymbol{A}_k\boldsymbol{Q}_k\cdots$.

QR 算法，就是利用矩阵的 QR 分解，按上述递推法则构造矩阵序列$\{\boldsymbol{A}_k\}$的过程. 只要 $\boldsymbol{A}$ 为非奇异矩阵，则由 QR 算法就完全确定$\{\boldsymbol{A}_k\}$.

**定理 9.17**（基本 QR 方法） 设 $\boldsymbol{A}=\boldsymbol{A}_1\in\mathbf{R}^{n\times n}$，QR 算法为

$$\begin{cases}\boldsymbol{A}_k=\boldsymbol{Q}_k\boldsymbol{R}_k & (\boldsymbol{Q}_k^{\mathrm{T}}\boldsymbol{Q}_k=\boldsymbol{I},\boldsymbol{R}_k\text{ 为上三角阵}),\\ \boldsymbol{A}_{k+1}=\boldsymbol{R}_k\boldsymbol{Q}_k & (k=1,2,\cdots),\end{cases} \tag{9.4.8}$$

且记 $\widetilde{Q}_k \equiv Q_1Q_2\cdots Q_k$，$\widetilde{R}_k \equiv R_k\cdots R_2R_1$，则有

1° $A_{k+1}$ 相似于 $A_k$，即 $A_{k+1}=Q_k^{\mathrm{T}}A_kQ_k$；

2° $A_{k+1}=(Q_1Q_2\cdots Q_k)^{\mathrm{T}}A_1(Q_1Q_2\cdots Q_k)=\widetilde{Q}_k^{\mathrm{T}}A_1\widetilde{Q}_k$；

3° $A^k$ 的 QR 分解式为 $A^k=\widetilde{Q}_k\widetilde{R}_k$.

**证明** 结论 1°、2° 显然，现用归纳法证结论 3°. 显然，当 $k=1$ 时有 $A_1=\widetilde{Q}_1\widetilde{R}_1=Q_1R_1$，设 $A^{k-1}$ 有分解式 $A^{k-1}=\widetilde{Q}_{k-1}\widetilde{R}_{k-1}$，于是

$$\widetilde{Q}_k\widetilde{R}_k=Q_1Q_2\cdots(Q_kR_k)\cdots R_1=Q_1Q_2\cdots Q_{k-1}A_kR_{k-1}\cdots R_1$$

$$=\widetilde{Q}_{k-1}A_k\widetilde{R}_{k-1}=A\widetilde{Q}_{k-1}\widetilde{R}_{k-1}=A^k\quad(\text{因为 } A_k=\widetilde{Q}_{k-1}^{\mathrm{T}}A\widetilde{Q}_{k-1}).$$

由定理 9.13 知，将 $A_k$ 进行 QR 分解，即将 $A_k$ 用正交变换（左变换）化为上三角阵.

$$Q_k^{\mathrm{T}}A_k=R_k,\quad A_{k+1}=Q_k^{\mathrm{T}}A_kQ_k=P_{n-1}\cdots P_2P_1A_kP_1^{\mathrm{T}}P_2^{\mathrm{T}}\cdots P_{n-1}^{\mathrm{T}},$$

其中
$$Q_k^{\mathrm{T}}=P_{n-1}\cdots P_2P_1.$$

这就是说 $A_{k+1}$ 可由 $A_k$ 按下述方法求得：

(1) 左变换 $P_{n-1}\cdots P_2P_1A_k=R_k$（上三角阵）； (2) 右变换 $R_kP_1^{\mathrm{T}}P_2^{\mathrm{T}}\cdots P_{n-1}^{\mathrm{T}}=A_{k+1}$.

**引理 2** 设 $M_k=Q_kR_k$，其中 $Q_k$ 为正交阵，$R_k$ 为具有正对角元素的上三角阵，如果 $M_k\to I\ (k\to\infty)$，则 $Q_k\to I$，及 $R_k\to I\ (k\to\infty)$.

**证明** 设 $R_k^{\mathrm{T}}R_k=M_k^{\mathrm{T}}M_k\to I\ (k\to\infty)$，记 $R_k=(r_{ij}^{(k)})$，矩阵 $R_k^{\mathrm{T}}R_k$ 第 1 行是

$$r_{11}^{(k)}\cdot(r_{11}^{(k)},r_{12}^{(k)},\cdots,r_{1n}^{(k)}),$$

因此有
$$r_{11}^{(k)}\to1,\ r_{12}^{(k)}\to0,\ \cdots,\ r_{1n}^{(k)}\to0\quad(k\to\infty).\tag{9.4.9}$$

$R_k^{\mathrm{T}}R_k$ 第 2 行是

$$r_{12}^{(k)}\cdot(r_{11}^{(k)},r_{12}^{(k)},\cdots,r_{1n}^{(k)})+r_{22}^{(k)}\cdot(0,r_{22}^{(k)},r_{23}^{(k)},\cdots,r_{2n}^{(k)}),$$

利用式(9.4.9)的结果，则有

$$r_{22}^{(k)}\to1,\quad r_{23}^{(k)}\to0,\quad\cdots,\quad r_{2n}^{(k)}\to0\quad(k\to\infty).\tag{9.4.10}$$

对于 $R_k^{\mathrm{T}}R_k$ 其他行同理可得，故 $R_k\to I\ (k\to\infty)$，且易知有 $R_k^{-1}\to I\ (k\to\infty)$，因此 $Q_k=M_kR_k^{-1}\to I\ (k\to\infty)$.

**定理 9.18**（QR 方法的收敛性） 设 $A=(a_{ij})\in\mathbf{R}^{n\times n}$，

1° 如果 $A$ 的特征值满足：$|\lambda_1|>|\lambda_2|>\cdots>|\lambda_n|>0$；

2° $A$ 有标准形 $A=XDX^{-1}$ 其中 $D=\mathrm{diag}(\lambda_1,\lambda_2,\cdots,\lambda_n)$，且设 $X^{-1}$ 有三角分解 $X^{-1}=LU$($L$ 为单位下三角阵，$U$ 为上三角阵，则由 QR 算法产生的 $\{A_k\}$ 本质上收敛于上三角阵，即

$$A_k\xrightarrow{\text{本质上}}R=\begin{pmatrix}\lambda_1&\times&\cdots&\times\\&\lambda_2&\ddots&\vdots\\&&\ddots&\times\\&&&\lambda_n\end{pmatrix}\quad(k\to\infty)$$

或
$$a_{ii}^{(k)} \to \lambda_i \quad (k \to \infty), \tag{9.4.11}$$
当 $i>j$ 时，
$$a_{ij}^{(k)} \to 0 \quad (k \to \infty). \tag{9.4.12}$$
当 $i<j$ 时，$a_{ij}^{(k)}$ 极限不一定存在.

**证明** 由于 $\boldsymbol{A}_{k+1}=\widetilde{\boldsymbol{Q}}_k^{\mathrm{T}}\boldsymbol{A}_1\widetilde{\boldsymbol{Q}}_k$ 且 $\widetilde{\boldsymbol{Q}}_k$ 为 $\boldsymbol{A}^k$ 的 QR 分解中的正交矩阵. 下面来确定 $\widetilde{\boldsymbol{Q}}_k$ 的表达式，进而考虑 $\boldsymbol{A}_{k+1}$ 的极限情况.

由于 $\boldsymbol{A}$ 为非奇异矩阵，所以存在非奇异矩阵 $\boldsymbol{X}$ 使 $\boldsymbol{X}^{-1}\boldsymbol{A}\boldsymbol{X}=\boldsymbol{D}$，则
$$\boldsymbol{A}^k = \boldsymbol{X}\boldsymbol{D}^k\boldsymbol{X}^{-1}, \tag{9.4.13}$$
又有假设 $\boldsymbol{X}^{-1}=\boldsymbol{L}\boldsymbol{U}$，于是式(9.4.13)为
$$\boldsymbol{A}^k=\boldsymbol{X}\boldsymbol{D}^k\boldsymbol{L}\boldsymbol{U}=\boldsymbol{X}(\boldsymbol{D}^k\boldsymbol{L}\boldsymbol{D}^{-k})\boldsymbol{D}^k\boldsymbol{U}.$$
显然
$$\boldsymbol{D}^k\boldsymbol{L}\boldsymbol{D}^{-k}=\boldsymbol{I}+\boldsymbol{E}_k,$$
其中
$$\boldsymbol{E}_k=\begin{pmatrix} 0 & & & & \\ \left(\frac{\lambda_2}{\lambda_1}\right)^k l_{21} & 0 & & & \\ \left(\frac{\lambda_3}{\lambda_1}\right)^k l_{31} & \left(\frac{\lambda_3}{\lambda_2}\right)^k l_{32} & 0 & & \\ \vdots & \vdots & \ddots & \ddots & \\ \left(\frac{\lambda_n}{\lambda_1}\right)^k l_{n1} & \left(\frac{\lambda_n}{\lambda_2}\right)^k l_{n2} & \cdots & \left(\frac{\lambda_n}{\lambda_{n-1}}\right)^k l_{n,n-1} & 0 \end{pmatrix}.$$
由假设条件 $|\lambda_i/\lambda_j|<1$(当 $i>j$ 时)，则 $\boldsymbol{E}_k \to \boldsymbol{O}\ (k\to\infty)$ 且
$$\|\boldsymbol{E}_k\|_\infty \leqslant c \max_{1\leqslant j\leqslant n-1} |\lambda_{j+1}/\lambda_j|^k \quad (c\text{ 为正的常数}, k\geqslant 1). \tag{9.4.14}$$
显然矩阵 $\boldsymbol{X}$ 有 QR 分解：$\boldsymbol{X}=\boldsymbol{Q}\boldsymbol{R}$，其中 $\boldsymbol{Q}$ 为正交阵，$\boldsymbol{R}$ 为非奇异上三角阵. 于是
$$\boldsymbol{A}^k = \boldsymbol{Q}\boldsymbol{R}(\boldsymbol{I}+\boldsymbol{E}_k)\boldsymbol{D}^k\boldsymbol{U} = \boldsymbol{Q}(\boldsymbol{I}+\boldsymbol{R}\boldsymbol{E}_k\boldsymbol{R}^{-1})\boldsymbol{R}\boldsymbol{D}^k\boldsymbol{U}. \tag{9.4.15}$$
由于 $\boldsymbol{R}(\boldsymbol{I}+\boldsymbol{E}_k)$(当 $k$ 充分大时)为非奇异，则 $\boldsymbol{I}+\boldsymbol{R}\boldsymbol{E}_k\boldsymbol{R}^{-1}$ 亦非奇异，于是$(\boldsymbol{I}+\boldsymbol{R}\boldsymbol{E}_k\boldsymbol{R}^{-1})$有 QR 分解(要求 $\boldsymbol{R}_k$ 对角元素均为正)
$$\boldsymbol{I}+\boldsymbol{R}\boldsymbol{E}_k\boldsymbol{R}^{-1} = \boldsymbol{Q}_k\boldsymbol{R}_k \quad \text{且} \quad \boldsymbol{Q}_k\boldsymbol{R}_k \to \boldsymbol{I} \quad (\text{当 } k\to\infty \text{ 时}),$$
由引理 2 有 $\boldsymbol{Q}_k\to\boldsymbol{I}$，$\boldsymbol{R}_k\to\boldsymbol{I}$(当 $k\to\infty$时). 由式(4.15)有
$$\boldsymbol{A}^k = (\boldsymbol{Q}\boldsymbol{Q}_k)(\boldsymbol{R}_k\boldsymbol{R}\boldsymbol{D}^k\boldsymbol{U}), \tag{9.4.16}$$
式(9.4.16)为 $\boldsymbol{A}^k$ 的 QR 分解式，但 $\boldsymbol{R}_k\boldsymbol{R}\boldsymbol{D}^k\boldsymbol{U}$(为上三角阵)对角元素不一定大于零，现引入对角阵
$$\boldsymbol{D}_k = \mathrm{diag}(\pm 1, \pm 1, \cdots, \pm 1),$$
以便保证 $\boldsymbol{D}_k(\boldsymbol{R}_k\boldsymbol{R}\boldsymbol{D}^k\boldsymbol{U})$对角元素都为正数. 从而得到 $\boldsymbol{A}^k$ 的 QR 分解式
$$\boldsymbol{A}^k = (\boldsymbol{Q}\boldsymbol{Q}_k\boldsymbol{D}_k)(\boldsymbol{D}_k\boldsymbol{R}_k\boldsymbol{R}\boldsymbol{D}^k\boldsymbol{U}),$$
由 $\boldsymbol{A}^k$ 矩阵 QR 分解的唯一性得到
$$\begin{cases} \widetilde{\boldsymbol{Q}}_k = \boldsymbol{Q}\boldsymbol{Q}_k\boldsymbol{D}_k, \\ \widetilde{\boldsymbol{R}}_k = \boldsymbol{D}_k\boldsymbol{R}_k\boldsymbol{R}\boldsymbol{D}^k\boldsymbol{U}, \end{cases} \tag{9.4.17}$$

从而 $\boldsymbol{A}_{k+1}=\widetilde{\boldsymbol{Q}}_k^{\mathrm{T}}\boldsymbol{A}\widetilde{\boldsymbol{Q}}_k=\boldsymbol{D}_k\boldsymbol{Q}_k^{\mathrm{T}}(\boldsymbol{RDR}^{-1})\boldsymbol{Q}_k\boldsymbol{D}_k$（注意 $\boldsymbol{Q}^{\mathrm{T}}\boldsymbol{AQ}=\boldsymbol{RDR}^{-1}$），

其中
$$\boldsymbol{R}_0\equiv\boldsymbol{RDR}^{-1}=\begin{pmatrix}\lambda_1 & \times & \cdots & \times\\ & \lambda_2 & \ddots & \vdots\\ & & \ddots & \times\\ & & & \lambda_n\end{pmatrix},$$

于是
$$\boldsymbol{A}_{k+1}=\boldsymbol{g}_k^{\mathrm{T}}\boldsymbol{R}_0\boldsymbol{g}_k,$$

其中
$$\begin{cases}\boldsymbol{g}_k=\boldsymbol{Q}_k\boldsymbol{D}_k,\\ \boldsymbol{R}_0=\boldsymbol{RDR}^{-1}\quad(\text{上三角阵}),\\ \boldsymbol{Q}_k\to\boldsymbol{I}\quad(k\to\infty),\\ \boldsymbol{D}_k\ \text{为对角阵,其元素为}+1\text{ 或}-1.\end{cases}$$

由此即证得式(9.4.11)、式(9.4.12).且收敛速度依赖于 $\boldsymbol{Q}_k\to\boldsymbol{I}$ 收敛速度，即依赖于式(9.4.14)的界.

**定理 9.19** 如果对称阵 $\boldsymbol{A}$ 满足定理 9.18 条件，则由 QR 算法产生的$\{\boldsymbol{A}_k\}$收敛于对角阵.

**证明** 由定理 9.18 即知.下面提一下关于 QR 算法收敛性的另一结果.

设 $\boldsymbol{A}\in\mathbf{R}^{n\times n}$，如果 $\boldsymbol{A}$ 的等模特征值中只有实重特征值或多重复的共轭特征值，则由 QR 算法产生$\{\boldsymbol{A}_k\}$本质收敛于分块上三角阵(对角块为一阶和二阶子块)且对角块每一个 $2\times2$ 子块给出 $\boldsymbol{A}$ 的一对共轭复特征值，每一个对角子块给出 $\boldsymbol{A}$ 的实特征值，即

$$\boldsymbol{A}_k\to\begin{pmatrix}\lambda_1 & \times\cdots\times & & \times\times\cdots\times\times\\ & \lambda_2\ddots\ \vdots & & \vdots\qquad\vdots\\ & \ddots\ \times & & \vdots\qquad\vdots\\ & \lambda_m & & \times\times\cdots\times\times\\ & & \boldsymbol{B}_l & \ddots\ \vdots\\ & & & \ddots\quad\times\times\\ & & & \boldsymbol{B}_l\end{pmatrix}.$$

其中 $m+2l=n$，$\boldsymbol{B}_i$ 为 $2\times2$ 子块给出 $\boldsymbol{A}$ 一对共轭特征值.

## 9.4.3 带原点位移的 QR 方法

在定理 9.18 证明中进一步分析可知，$a_{nn}^{(k)}\to\lambda_n\ (k\to\infty)$ 速度依赖于比值 $r_n=|\lambda_n/\lambda_{n-1}|$，当 $r_n$ 很小时，收敛较快，如果 $s$ 为 $\lambda_n$ 一个估计，且对 $\boldsymbol{A}-s\boldsymbol{I}$ 运用 QR 算法，则$(n,n-1)$元素将以收敛因子 $\left|\dfrac{\lambda_n-s}{\lambda_{n-1}-s}\right|$ 线性收敛于零，$(n,n)$元素将比在基本算法中收敛更快.

为此,为了加速收敛,选择数列$\{s_k\}$,按下述方法构造矩阵序列$\{\boldsymbol{A}_k\}$,称为**带原点位移的 QR 算法**.

**步 1** 设 $\boldsymbol{A}=\boldsymbol{A}_1\in\mathbf{R}^{n\times n}$.

**步 2** 将 $\boldsymbol{A}_k-s_k\boldsymbol{I}$ 进行 QR 分解,即 $\boldsymbol{A}_k-s_k\boldsymbol{I}=\boldsymbol{Q}_k\boldsymbol{R}_k$, $k=1,2,\cdots$.

**步 3** 构造新矩阵 $\boldsymbol{A}_{k+1}=\boldsymbol{R}_k\boldsymbol{Q}_k+s_k\boldsymbol{I}=\boldsymbol{Q}_k^{\mathrm{T}}\boldsymbol{A}_k\boldsymbol{Q}_k$.

**步 4** $\boldsymbol{A}_{k+1}=\widetilde{\boldsymbol{Q}}_k^{\mathrm{T}}\boldsymbol{A}\widetilde{\boldsymbol{Q}}_k$,其中 $\widetilde{\boldsymbol{Q}}_k=\boldsymbol{Q}_1\boldsymbol{Q}_2\cdots\boldsymbol{Q}_k$,$\widetilde{\boldsymbol{R}}_k=\boldsymbol{R}_k\cdots\boldsymbol{R}_2\boldsymbol{R}_1$.

**步 5** 矩阵$(\boldsymbol{A}-s_1\boldsymbol{I})(\boldsymbol{A}-s_2\boldsymbol{I})\cdots(\boldsymbol{A}-s_k\boldsymbol{I})\equiv\varphi(\boldsymbol{A})$有 QR 分解式 $\varphi(\boldsymbol{A})=\widetilde{\boldsymbol{Q}}_k\widetilde{\boldsymbol{R}}_k$.

**步 6** 带位移 QR 方法变换一步的计算:首先用正交变换(左变换)将 $\boldsymbol{A}_k-s_k\boldsymbol{I}$ 化为上三角阵,即

$$\boldsymbol{P}_{n-1}\cdots\boldsymbol{P}_2\boldsymbol{P}_1(\boldsymbol{A}_k-s_k\boldsymbol{I})=\boldsymbol{R}_k,$$

其中 $\boldsymbol{Q}_k^{\mathrm{T}}=\boldsymbol{P}_{n-1}\cdots\boldsymbol{P}_2\boldsymbol{P}_1$ 为一系列平面旋转矩阵的乘积. 于是

$$\boldsymbol{A}_{k+1}=\boldsymbol{P}_{n-1}\cdots\boldsymbol{P}_2\boldsymbol{P}_1(\boldsymbol{A}_k-s_k\boldsymbol{I})\boldsymbol{P}_1^{\mathrm{T}}\boldsymbol{P}_2^{\mathrm{T}}\cdots\boldsymbol{P}_{n-1}^{\mathrm{T}}+s_k\boldsymbol{I}.$$

下面考虑用 QR 算法计算上 Hessenberg 阵特征值.

设
$$\boldsymbol{A}=\boldsymbol{A}_1=\begin{pmatrix} a_{11} & a_{12} & \cdots & a_{1n} \\ a_{21} & a_{22} & \cdots & a_{2n} \\ & \ddots & \ddots & \vdots \\ & & a_{n,n-1} & a_{nn} \end{pmatrix},\quad \boldsymbol{A}\in\mathbf{R}^{n\times n}.$$

(1) 左变换计算. 选择平面旋转阵 $\boldsymbol{P}_{12},\boldsymbol{P}_{23},\cdots,\boldsymbol{P}_{n-1,n}$,使

$$\boldsymbol{P}_{n-1,n}\cdots\boldsymbol{P}_{23}\boldsymbol{P}_{12}(\boldsymbol{A}_1-s_1\boldsymbol{I})=\boldsymbol{R}.$$

首先
$$a_{ii}\leftarrow a_{ii}-s_1\quad(i=1,2,\cdots,n).$$

第一次左变换,选择平面旋转阵 $\boldsymbol{P}_{12}$,使第 2 行第 1 列元素为零.

$$\boldsymbol{P}_{12}(\boldsymbol{A}_1-s_1\boldsymbol{I})=\begin{pmatrix} v_1 & a_{12}^{(2)} & a_{13}^{(2)} & \cdots & a_{1n}^{(2)} \\ & \boxed{a_{22}^{(2)}} & a_{23}^{(2)} & \cdots & a_{2n}^{(2)} \\ & a_{32} & a_{33} & \cdots & a_{3n} \\ & & \ddots & \ddots & \vdots \\ & & & a_{n,n-1} & a_{nn} \end{pmatrix}.$$

设已完成第 $i-1$ 次左变换,则

$$\boldsymbol{P}_{i-1,i}\cdots\boldsymbol{P}_{23}\boldsymbol{P}_{12}(\boldsymbol{A}_1-s_1\boldsymbol{I})=\begin{pmatrix} v_1 & a_{12}^{(2)} & \cdots & \cdots & \cdots & \cdots & \cdots & a_{1n}^{(2)} \\ & v_2 & a_{23}^{(2)} & \cdots & \cdots & \cdots & \cdots & a_{2n}^{(2)} \\ & & \ddots & \ddots & & & & \vdots \\ & & & v_{i-1} & a_{i-1,i}^{(i-1)} & \cdots & \cdots & a_{i-1,n}^{(i-1)} \\ & & & & a_{ii}^{(i)} & \cdots & \cdots & a_{in}^{(i)} \\ & & & & a_{i+1,i} & \ddots & & a_{i+1,n} \\ & & & & & \ddots & \ddots & \vdots \\ & & & & & & a_{n,n-1} & a_{nn} \end{pmatrix}.$$

现进行第 $i$ 次左变换，选择 $\boldsymbol{P}_{i,i+1}$（常数 $c_i, s_i$）及 $v_k$ 使 $(i+1,i)$ 一元素为零，则有

$$\boldsymbol{P}_{i,i+1}\cdots\boldsymbol{P}_{23}\boldsymbol{P}_{12}(\boldsymbol{A}_1-s_1\boldsymbol{I})=\begin{pmatrix} v_1 & \times & \cdots & \cdots & \cdots & \cdots & \times \\ & v_2 & \times & \cdots & \cdots & \cdots & \times \\ & & \ddots & \ddots & & & \vdots \\ & & & v_i & \times & \cdots & \times \\ & & & \times & \times & \cdots & \times \\ & & & \times & \ddots & \ddots & \vdots \\ & & & & \ddots & \ddots & \times \\ & & & & & \times & \times \end{pmatrix},$$

继续这过程，最后

$$\boldsymbol{P}_{n-1,n}\cdots\boldsymbol{P}_{23}\boldsymbol{P}_{12}(\boldsymbol{A}_1-s_1\boldsymbol{I})=\boldsymbol{R}\ \text{（上三角阵）},$$

其中 $\boldsymbol{P}_{i,i+1}$ $(i=1,2,\cdots,n+1)$ 为平面旋转阵.

(2) 右变换计算. 计算 $\boldsymbol{R}\boldsymbol{P}_{12}^{\mathrm{T}}\boldsymbol{P}_{23}^{\mathrm{T}}\cdots\boldsymbol{P}_{n-1,n}^{\mathrm{T}}$，其中上三角阵 $\boldsymbol{R}$ 元素仍记作 $a_{ij}$ $(i\leqslant j)$，于是

$$\boldsymbol{R}\boldsymbol{P}_{12}^{\mathrm{T}}=\begin{pmatrix} a_{11}^{(2)} & a_{12}^{(2)} & a_{13} & \cdots & a_{1n} \\ a_{21}^{(2)} & a_{22}^{(2)} & a_{23} & \cdots & a_{2n} \\ & & a_{33} & \cdots & a_{3n} \\ & & & \ddots & \vdots \\ & & & & a_{nn} \end{pmatrix},\quad \boldsymbol{R}\boldsymbol{P}_{12}^{\mathrm{T}}\boldsymbol{P}_{23}^{\mathrm{T}}=\begin{pmatrix} a_{11}^{(2)} & a_{12}^{(3)} & a_{13}^{(3)} & a_{14} & \cdots \\ a_{21}^{(2)} & a_{22}^{(3)} & a_{23}^{(3)} & a_{24} & \cdots \\ & a_{32}^{(3)} & a_{33}^{(3)} & a_{34} & \cdots \\ & & a_{43}^{(3)} & a_{44} & \cdots \\ & & & \ddots & \ddots \end{pmatrix}.$$

继续这过程，最后

$$\boldsymbol{R}\boldsymbol{P}_{12}^{\mathrm{T}}\boldsymbol{P}_{23}^{\mathrm{T}}\cdots\boldsymbol{P}_{n-1,n}^{\mathrm{T}}=\begin{bmatrix} \times & \times & \cdots & \cdots & \times \\ \times & \times & \cdots & \cdots & \times \\ & \times & \ddots & & \vdots \\ & & \ddots & \ddots & \vdots \\ & & & \times & \times \end{bmatrix}\ \text{（为上 Hessenberg 阵）},$$

故 $\boldsymbol{A}_2=\boldsymbol{R}\boldsymbol{P}_{12}^{\mathrm{T}}\boldsymbol{P}_{23}^{\mathrm{T}}\cdots\boldsymbol{P}_{n-1,n}^{\mathrm{T}}+s_1\boldsymbol{I}$ 为上 Hessenberg 阵.

由上面的构造可知，如果 $\boldsymbol{A}$ 为上 Hessenberg 阵，则用 QR 算法产生的 $\boldsymbol{A}_2,\boldsymbol{A}_3,\cdots,\boldsymbol{A}_k,\cdots$ 亦是上 Hessenberg 阵. 显然，每一次左变换仅改变矩阵的两行，而每一次右变换仅改变矩阵的两列. 为了节省存储量，左变换和右变换可以同时进行，例如

$$\boldsymbol{P}_{23}\boldsymbol{P}_{12}(\boldsymbol{A}-s_1\boldsymbol{I})\to\boldsymbol{P}_{23}\boldsymbol{P}_{12}(\boldsymbol{A}-s_1\boldsymbol{I})\boldsymbol{P}_{12}^{\mathrm{T}}\to\boldsymbol{P}_{34}\boldsymbol{P}_{23}\boldsymbol{P}_{12}(\boldsymbol{A}-s_1\boldsymbol{I})\boldsymbol{P}_{12}^{\mathrm{T}}$$
$$\to\boldsymbol{P}_{34}\boldsymbol{P}_{23}\boldsymbol{P}_{12}(\boldsymbol{A}-s_1\boldsymbol{I})\boldsymbol{P}_{12}^{\mathrm{T}}\boldsymbol{P}_{23}^{\mathrm{T}}\to\cdots$$

实际计算时，用不同位移 $s_1,s_2,\cdots s_k,\cdots$ 反复应用上述变换就产生一正交相似于上 Hessenberg 阵 $\boldsymbol{A}$ 的序列 $\{\boldsymbol{A}_k\}$，如果选取 $s_k=a_{nn}^{(k)}$，那么当 $a_{n,n-1}^{(k)}$ 充分小，$\boldsymbol{A}_k$ 有形式

$$\begin{bmatrix} \times & \times & \times & \cdots & \times & \vdots & \times \\ & \times & \times & \cdots & \times & \vdots & \times \\ & & \ddots & \ddots & \vdots & \vdots & \vdots \\ & & & \times & \times & \vdots & \times \\ \hdashline & & & & & & \lambda_n \end{bmatrix}_{n \times n} \equiv \begin{bmatrix} & & \vdots & \times \\ & \boldsymbol{B} & \vdots & \times \\ & & \vdots & \vdots \\ & & & \times \\ \hdashline & \boldsymbol{O} & & \lambda_n \end{bmatrix},$$

则数 $\lambda_n = a_{nn}^{(k)}$ 为 $\boldsymbol{A}$ 的近似特征值. 采用收缩方法, 继续对 $\boldsymbol{B} \in \mathbf{R}^{(n-1) \times (n-1)}$ 应用 QR 算法, 就可逐步求出 $\boldsymbol{A}$ 其余近似特征值.

判别 $a_{n,n-1}^{(k)}$ 充分小的准则如下:

(1) $|a_{n,n-1}^{(k)}| \leqslant \varepsilon \|\boldsymbol{A}\|_{\infty}$;

(2) 或将 $a_{n,n-1}^{(k)}$ 与相邻元素进行比较 $|a_{n,n-1}^{(k)}| \leqslant \varepsilon \min(|a_{nn}^{(k)}|, |a_{n-1,n-1}^{(k)}|)$, 其中 $\varepsilon = 10^{-t}$, $t$ 是计算中有效数字的个数.

上述应用带位移的 QR 算法, 可计算上 Hessenberg 阵 $\boldsymbol{A}$ 所有特征值, 但不能计算 $\boldsymbol{A}$ 复特征值, 因为上述 QR 算法是在实数中进行计算的, 位移 $s_k = a_{nn}$ 不能逼近一个复特征值. 关于避免复数运算求上 Hessenberg 阵复特征值的 QR 算法——隐式位移的 QR 算法请参看有关文献.

一般来说位移 $s_k$ 常用的选取方法有两种:

(1) 选取 $s_k = a_{nn}^{(k)}$;

(2) 选取 $s_k$ 是 $2 \times 2$ 矩阵 $\begin{bmatrix} a_{n-1,n-1}^{(k)} & a_{n-1,n}^{(k)} \\ a_{n,n-1}^{(k)} & a_{nn}^{(k)} \end{bmatrix}$, 特征值 $\lambda$ 且 $|a_{nn}^{(k)} - \lambda|$ 为最小（记 $\boldsymbol{A}_k = (a_{ij}^{(k)})$).

**例 9.6**　用 QR 方法计算对称三对角阵的全部特征值

$$\boldsymbol{A} = \boldsymbol{A}_1 = \begin{bmatrix} 2 & 1 & 0 \\ 1 & 3 & 1 \\ 0 & 1 & 4 \end{bmatrix}.$$

**解**　采用第一种选位移方法, 即选 $s_k = a_{nn}^{(k)}$. 又 $s_1 = 4$.

$$\boldsymbol{P}_{23} \boldsymbol{P}_{12} (\boldsymbol{A}_1 - s_1 \boldsymbol{I}) = \boldsymbol{R} = \begin{bmatrix} 2.236\ 1 & -1.342 & 0.447\ 2 \\ & 1.095\ 4 & -0.365\ 1 \\ & & 0.816\ 50 \end{bmatrix},$$

$$\boldsymbol{A}_2 = \boldsymbol{R} \boldsymbol{P}_{12}^{\mathrm{T}} \boldsymbol{P}_{23}^{\mathrm{T}} + s_1 \boldsymbol{I} = \begin{bmatrix} 1.400\ 0 & 0.489\ 9 & 0 \\ 0.489\ 9 & 3.266\ 7 & 0.745\ 4 \\ 0 & 0.745\ 4 & 4.333\ 3 \end{bmatrix},$$

$$\boldsymbol{A}_3 = \begin{bmatrix} 1.291\ 5 & 0.201\ 7 & 0 \\ 0.201\ 7 & 3.020\ 2 & 0.272\ 4 \\ 0 & 0.272\ 4 & 4.688\ 4 \end{bmatrix}, \quad \boldsymbol{A}_4 = \begin{bmatrix} 1.273\ 7 & 0.099\ 3 & 0 \\ 0.099\ 3 & 2.994\ 3 & 0.007\ 2 \\ 0 & 0.007\ 2 & 4.732\ 0 \end{bmatrix},$$

$$A_5=\begin{pmatrix}1.2694 & 0.0498 & 0\\ 0.0498 & 2.9986 & 0\\ 0 & 0 & \boxed{4.7321}\end{pmatrix},\quad \widetilde{A}_5=\begin{pmatrix}1.2694 & 0.0498\\ 0.0498 & 2.9986\end{pmatrix}.$$

现在收缩，继续对 $A_5$ 的子矩阵 $\widetilde{A}_5\in\mathbf{R}^{2\times 2}$ 进行变换，得到

$$\widetilde{A}_6=P_{12}(\widetilde{A}_5-s_5I)P_{12}^{\mathrm{T}}+s_5I=\begin{pmatrix}\boxed{1.2680} & -4\times 10^{-5}\\ -4\times 10^{-5} & \boxed{3.0000}\end{pmatrix},$$

故求得 $A$ 近似特征值为

$$\lambda_1\approx 4.7321,\quad \lambda_2\approx 3.0000,\quad \lambda_3\approx 1.2680,$$

且 $A$ 的特征值是

$$\lambda_1=3+\sqrt{3}\approx 4.7321,\quad \lambda_2=3.0,\quad \lambda_3=3-\sqrt{3}\approx 1.2679.$$

## 小　　结

本章介绍了计算一般矩阵主特征值及对应特征向量的迭代法（幂法），这种方法在计算过程中原始矩阵 $A$ 始终不变．因此，这种方法适于求高阶稀疏矩阵的特征值问题．主特征值为复特征值情况可参看文献[11]．

反幂法是计算矩阵特征向量的一个有效方法，主要用来计算 Hessenberg 阵或三对角阵对应于一个给定的近似特征值的特征向量．

本章还介绍了正交相似变换的方法，例如正交相似约化一般矩阵 $A$ 为上 Hessenberg 阵的 Householder 方法，计算一般矩阵 $A$ 全部特征值问题的 QR 方法，这些方法都是利用矩阵的正交相似变换约化矩阵 $A$ 为某种简单形式，以期求 $A$ 的特征值的方法．这种方法将破坏原始矩阵．QR 方法（与 Householder 方法结合使用）收敛快，精度高，是求任意实矩阵（中、小型）特征值问题的最有效的方法之一．对计算矩阵特征值问题有兴趣的读者可参看文献[10]、[13]、[14]．

## 习　　题

**1.** 用幂法计算下列矩阵的主特征值及对应的特征向量：

(1) $A_1=\begin{pmatrix}7 & 3 & -2\\ 3 & 4 & -1\\ -2 & -1 & 3\end{pmatrix}$；　(2) $A_2=\begin{pmatrix}3 & -4 & 3\\ -4 & 6 & 3\\ 3 & 3 & 1\end{pmatrix}$，

当特征值有三位小数稳定时迭代终止．

**2.** 方阵 $T$ 分块形式为 $T=\begin{pmatrix}T_{11} & T_{12} & \cdots & T_{1n}\\ & T_{22} & \cdots & T_{2n}\\ & & \ddots & \vdots\\ & & & T_{nn}\end{pmatrix}$，其中 $T_{ii}\ (i=1,2,\cdots,n)$ 为方阵，$T$ 称为块上

三角阵，如果对角块的阶数至多不超过 2，则称 $\boldsymbol{T}$ 为准三角形形式. 用 $\sigma(\boldsymbol{T})$ 记矩阵 $\boldsymbol{T}$ 的特征值集合，证明 $\sigma(\boldsymbol{T})=\bigcup\limits_{i=1}^{n}\sigma(\boldsymbol{T}_{ii})$ .

**3.** 利用反幂法求矩阵 $\begin{pmatrix}6 & 2 & 1\\ 2 & 3 & 1\\ 1 & 1 & 1\end{pmatrix}$ 的最接近于 6 的特征值及对应的特征向量.

**4.** 求矩阵 $\begin{pmatrix}4 & 0 & 0\\ 0 & 3 & 1\\ 0 & 1 & 3\end{pmatrix}$ 与特征值 4 对应的特征向量.

**5.** (1) 设 $\boldsymbol{A}$ 是对称矩阵，$\lambda$ 和 $\boldsymbol{x}(\|\boldsymbol{x}\|_2=1)$ 是 $\boldsymbol{A}$ 的一个特征值及相应的特征向量，又设 $\boldsymbol{P}$ 为一个正交阵，使 $\boldsymbol{Px}=\boldsymbol{e}_1=(1,0,\cdots,0)^{\mathrm{T}}$，证明 $\boldsymbol{B}=\boldsymbol{PAP}^{\mathrm{T}}$ 的第 1 行和第 1 列除了 $\lambda$ 之外其余元素均为零.

(2) 对于矩阵 $\boldsymbol{A}=\begin{pmatrix}2 & 10 & 2\\ 10 & 5 & -8\\ 2 & -8 & 11\end{pmatrix}$，$\lambda=9$ 是其特征值，$\boldsymbol{x}=\left(\frac{2}{3},\frac{1}{3},\frac{2}{3}\right)^{\mathrm{T}}$ 是相应于 9 的特征向量，试求一初等反射阵 $\boldsymbol{P}$，使 $\boldsymbol{Px}=\boldsymbol{e}_1$，并计算 $\boldsymbol{B}=\boldsymbol{PAP}^{\mathrm{T}}$.

**6.** 利用初等反射阵将 $\boldsymbol{A}=\begin{pmatrix}1 & 3 & 4\\ 3 & 1 & 2\\ 4 & 2 & 1\end{pmatrix}$ 正交相似约化为对称三对角阵.

**7.** 设 $\boldsymbol{A}\in\mathbf{R}^{n\times n}$，且 $a_{i1},a_{j1}$ 不全为零，$\boldsymbol{P}_{ij}$ 为使 $a_{j1}^{(2)}=0$ 的平面旋转阵，试推导 $\boldsymbol{P}_{ij}\boldsymbol{A}$ 第 $i$ 行、第 $j$ 行元素的计算公式及 $\boldsymbol{AP}_{ij}^{\mathrm{T}}$ 第 $i$ 列、第 $j$ 列元素的计算公式.

**8.** 设 $\boldsymbol{A}_{n-1}$ 是由 Householder 方法得到的矩阵，又设 $\boldsymbol{y}$ 是 $\boldsymbol{A}_{n-1}$ 的一个特征向量.

(1) 证明矩阵 $\boldsymbol{A}$ 对应的特征向量是 $\boldsymbol{x}=\boldsymbol{P}_1\boldsymbol{P}_2\cdots\boldsymbol{P}_{n-2}\boldsymbol{y}$； (2) 对于给出的 $\boldsymbol{y}$ 应如何计算 $\boldsymbol{x}$？

**9.** 用带位移的 QR 方法计算下列矩阵的全部特征值：

(1) $\boldsymbol{A}=\begin{pmatrix}1 & 2 & 0\\ 2 & -1 & 1\\ 0 & 1 & 3\end{pmatrix}$； (2) $\boldsymbol{B}=\begin{pmatrix}3 & 1 & 0\\ 1 & 2 & 1\\ 0 & 1 & 1\end{pmatrix}$.

**10.** 试用初等反射阵将

$$\boldsymbol{A}=\begin{pmatrix}1 & 1 & 1\\ 2 & -1 & -1\\ 2 & -4 & 5\end{pmatrix}$$

分解为 $\boldsymbol{QR}$，其中 $\boldsymbol{Q}$ 为正交阵，$\boldsymbol{R}$ 为上三角阵.

# 下篇　高效算法设计

## *第 10 章　快速算法设计：快速 Walsh 变换

### 10.1　美的 Walsh 函数

随着大规模集成电路技术的广泛应用，信号普遍采取数字脉冲波形的形式．三角函数（即简谐波）不便于描述这类信号．为满足实际需要，人们考虑选用阶跃函数类的基函数．Walsh 函数就是阶跃函数类中一个完备的正交函数系．

Walsh 函数的一个显著特点是取值简单．它们仅取 $+1$ 和 $-1$ 两个值，因而可以方便地利用开关元件产生和处理数字信号．以 Walsh 函数为基底的线性变换称作 Walsh 变换．

与 Fourier 变换比较，Walsh 变换有其特点与优势．快速 Walsh 变换仅涉及加减运算而不含乘除操作，因而比快速 Fourier 变换更为迅捷．

Walsh 分析有着深刻的内涵．20 世纪 70 年代初，著名应用数学家 Harmuth 曾惊人地预言：**Walsh 分析的研究将导致一场数学革命，就像 17、18 世纪的微积分那样．**

这是一场什么样的"数学革命"呢？

#### 10.1.1　微积分的逼近法

经典数学的基础是微积分．从微积分的观点看，在一切函数中，以多项式最为简单．能否用简单的多项式来逼近一般函数呢？众所周知的 Taylor 分析（1715 年）肯定了这一事实．Taylor 级数

$$f(x) \sim \sum_{k=0}^{\infty} \frac{f^{(k)}(x_0)}{k!}(x-x_0)^k$$

表明，一般的光滑函数 $f(x)$ 可用多项式来近似地刻画．Taylor 分析是 18 世纪初的一项重大的数学成就．

然而 Taylor 分析存在严重的缺陷：它的条件很苛刻，要求 $f(x)$ 足够光滑并提供出它的各阶导数值 $f^{(k)}(x_0)$；此外，Taylor 分析的整体逼近效果差，它仅能保证在展开点 $x_0$ 的某个邻域内有效．

时移物换．百年之后 Fourier（1822 年）指出，"任何函数，无论怎样复杂，均可表示为三角级数的形式"：

$$f(x) \sim \frac{a_0}{2} + \sum_{k=1}^{\infty}(a_k\cos 2\pi kx + b_k\sin 2\pi kx), \quad 0 \leqslant x < 1.$$

这就是今日被称作“Fourier 分析”的数学方法. 著名数学家 M. Kline 评价这一数学成就是“19 世纪数学的第一大步，并且是真正极为重要的一步”.

Fourier 关于任意函数都可以表达为三角级数这一思想被誉为“数学史上最大胆、最辉煌的概念”.

Fourier 的成就使人们从 Taylor 分析的理想函数类中解放出来. Fourier 分析不仅放宽了光滑性的限制，还保证了整体的逼近效果.

从数学美的角度来看，Fourier 分析也比 Taylor 分析更美，其基函数系——三角函数系是个完备的正交函数系. 尤其值得注意的是，这个函数系可以视作是由一个简单函数 $\cos x$ 经过简单的伸缩平移变换加工生成的. Fourier 分析表明，任何复杂函数都可以借助于简单函数 $\cos x$ 来刻画，即

$$\cos x \xrightarrow{\text{伸缩}+\text{平移}} \text{三角函数系} \xrightarrow{\text{组合}} \text{任意函数 } f(x).$$

这是一个惊人的事实. 在这里，被逼近函数 $f(x)$ 的“繁”与逼近工具 $\cos x$ 的“简”两者反差很大，因此 Fourier 逼近很美. Fourier 分析在数学史上被誉“一首数学的诗”，Fourier 则有“数学诗人”的美称.

### 10.1.2 Walsh 函数的复杂性

1923 年，美国数学家 J. L. Walsh 又提出了一个完备的正交函数系，后人将其称作 **Walsh 函数系**. 第 $k$ 族 Walsh 函数含有 $2^k$ 个函数，其中第 $i$ 个函数 $W_{ki}$ 有如下解析表达式：

$$W_{ki}(x) = \prod_{r=0}^{k-1}\operatorname{sgn}[\cos i_r 2^r \pi x], \quad 0 \leqslant x < 1,$$
$$k = 0,1,2,\cdots, \quad i = 0,1,\cdots,2^k - 1,$$

式中，sgn 是**符号函数**，当 $x \geqslant 0$ 时 $\operatorname{sgn}[x]$ 取值 $+1$，而 $x<0$ 时取值 $-1$. 又 $i_r$ 取值 0 或 1是序数 $i$ 的二进制码：

$$i = \sum_{r=0}^{k-1} i_r 2^r.$$

图 10.1 列出前面 16 个 Walsh 函数的波形. 其中，第 1 个(标号 0)组成第 0 族，前两个(标号 0 与 1)组成第 1 族，前 4 个(标号 0,1,2,3)组成第 2 族，依此类推，前 16 个组成第 4 族 Walsh 函数.

Walsh 函数取值简单，它们仅取 $\pm 1$ 两个值，但其波形却很复杂，似乎比三角函数要复杂得多，以致依据定义很难作出它们的图形.

由于表达式中含有符号运算 sgn，Walsh 函数的波形频繁起伏，甚至“几乎处处”不连续(见图 10.1)，经典的微积分方法在这里难以施展身手，Walsh 函数系的形态

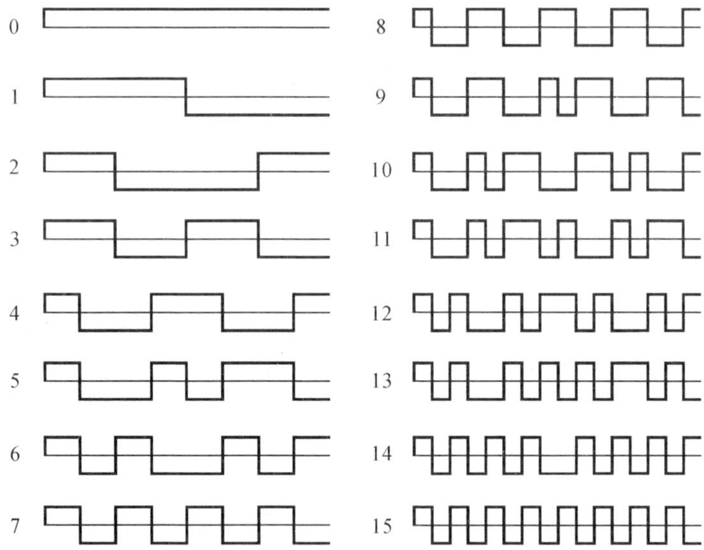


图 10.1

怪异与表达式复杂使人们对它望而却步，在提出后的许多年里，它一直默默无闻，不被人们所重视.

直到 20 世纪 60 年代末，人们才惊异地发现，Walsh 函数可应用于信号处理的众多领域，诸如通信、声呐、雷达、图像处理、语音识别、遥感遥测遥控、仪表、医学、天文、地质等等.

“真”是“美”的反光. 有着广泛应用的 Walsh 函数美在哪里呢？

### 10.1.3 Walsh 分析的数学美

后文将揭示出一个惊人的事实：表面看起来极其复杂的 Walsh 函数系，竟然是由一个简单得不能再简单的方波 $R(x)=1$ 演化生成的. 实际上，从方波 $R(x)$ 出发，经过伸缩、平移的二分手续，即可演化生成 Walsh 函数系. Walsh 函数系是个完备的正交函数系，它可以用来逼近一般的复杂函数. 这样，Walsh 逼近有下述路线图：

$$R(x)=1 \xrightarrow[\text{（二分手续）}]{\text{伸缩＋平移}} \text{Walsh 函数系} \xrightarrow{\text{组合}} \text{复杂函数 } f(x).$$

与 Fourier 分析相比，Walsh 分析更为简洁，它表明：在某种意义上，任何复杂函数 $f(x)$ 都是简单的方波 $R(x)=1$ 二分演化的结果.

综上所述，数学史上近三个世纪提出的三种逼近方法，即 18 世纪初（1715 年）的 Taylor 分析、19 世纪初（1822 年）的 Fourier 分析和 20 世纪初（1923 年）的 Walsh 分析，它们都是数学美的光辉典范，是“百年绝唱三首数学诗”.

这些逼近工具一个比一个更美. Fourier 分析具有深度的数学美，而 Walsh 分析则具有**极度的数学美**.

问题在于，为了撩开 Walsh 函数玄妙而神秘的面纱，必须换一种思维方式进行考察.

## 10.2 Walsh 函数代数化

本节将限定在区间[0,1)上考察 Walsh 函数. 由于自变量 $x$ 在实际应用中通常代表时间，因此称区间[0,1)为**时基**.

### 10.2.1 时基上的二分集

由图 10.1 可以看出，Walsh 函数是时基上的阶跃函数，每个 Walsh 函数在给定**分划**的每个子段上取定值+1 或−1. 怎样刻画 Walsh 函数所依赖的分划呢？

为便于刻画 Walsh 函数的跃变特征，首先引进二分集的概念. 设将时基 $E_1=[0,1)$对半二分，其左右两个子段合并为集 $E_2$，即

$$E_2=\left[0,\frac{1}{2}\right)\cup\left[\frac{1}{2},1\right).$$

再将 $E_2$ 的每个子段对半二分，又得含有 4 个子段的区间集 $E_4$，即

$$E_4=\left[0,\frac{1}{4}\right)\cup\left[\frac{1}{4},\frac{1}{2}\right)\cup\left[\frac{1}{2},\frac{3}{4}\right)\cup\left[\frac{3}{4},1\right).$$

如此二分下去，二分 $n$ 次所得的区间集含有 $N=2^n$ 个子段，即

$$E_N=\bigcup_{i=0}^{N-1}\left[\frac{i}{N},\frac{i+1}{N}\right),\quad n=0,1,2,\cdots.$$

这样得出的区间集 $E_N$，$N=1,2,4,\cdots$称作时基上的**二分集**(见图 10.2).

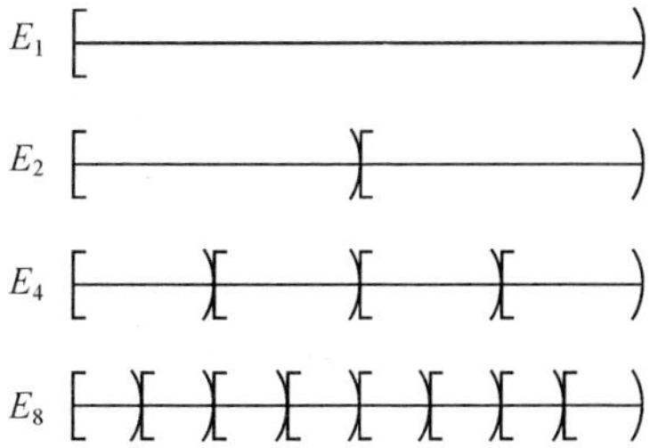


图 10.2

在二分集的每个子段上取定值的函数称作二分集上的**阶跃函数**. 阶跃函数在某一子段上的函数值称作**阶跃值**.

现在的问题是，如何在二分集的各个子段上布值+1 与−1 以设计出一个完备的正交函数系？实际上，这种函数系就是 Walsh 函数系.

为规范起见，约定 Walsh 函数第一个阶跃值(即最左侧的子段上的函数值)为+1，如图 10.1 所示.

在形形色色的 Walsh 函数中，最简单的自然是**方波**

$$R(x)=1,\quad 0\leqslant x<1.$$

然而这个函数过于平凡而显得“空虚”，其中似乎不含任何信息. “波”的含义是波动、起伏. 按这种理解，时基上的方波似乎不能算作真正的“波”. 具有波动性的最简单的

波形是下列 Haar 波：

$$H(x)=\begin{cases}+1, & 0\leqslant x<\dfrac{1}{2},\\ -1, & \dfrac{1}{2}\leqslant x<1.\end{cases}$$

由图 10.1 知，方波与 Haar 波是 Walsh 函数系的源头.

### 10.2.2 Walsh 函数的矩阵表示

Walsh 函数仅取＋1 与－1 两个值. 为简约起见，后文常将＋1 与－1 简记为“＋”与“－”.

由于 Walsh 函数在二分集的每个子段上取值＋或－，因而它们可表示为某个向量，而第 $n$ 族 Walsh 函数的全体则可表达为一个 $N=2^n$ 阶方阵，称作 Walsh **方阵**.

据图 10.1 容易看出，前面几个 Walsh 方阵分别是

$$\boldsymbol{W}_1=[\,+\,],$$

$$\boldsymbol{W}_2=\begin{pmatrix}+ & +\\ + & -\end{pmatrix},$$

$$\boldsymbol{W}_4=\begin{bmatrix}+ & + & + & +\\ + & + & - & -\\ + & - & - & +\\ + & - & + & -\end{bmatrix},$$

$$\boldsymbol{W}_8=\begin{bmatrix}+ & + & + & + & + & + & + & +\\ + & + & + & + & - & - & - & -\\ + & + & - & - & - & - & + & +\\ + & + & - & - & + & + & - & -\\ + & - & - & + & + & - & - & +\\ + & - & - & + & - & + & + & -\\ + & - & + & - & - & + & - & +\\ + & - & + & - & + & - & + & -\end{bmatrix}.$$

请读者据图 10.1 列出 Walsh 方阵 $\boldsymbol{W}_{16}$.

Walsh 方阵看上去是个复杂系统，这个复杂系统中究竟潜藏着怎样的规律性呢？

## 10.3 Walsh 阵的二分演化

现在的问题是，能否设计出某种简单的二分手续，以将方波 $\boldsymbol{W}_1=[+]$逐步演化

生成各阶 Walsh 方阵，即

$$\boldsymbol{W}_1 \Rightarrow \boldsymbol{W}_2 \Rightarrow \boldsymbol{W}_4 \Rightarrow \boldsymbol{W}_8 \Rightarrow \cdots.$$

这里箭头“⇒”表示所要设计的二分演化手续.

二分手续应当是简单而有效的. 对于矩阵演化，什么样的演化手续最为简单呢？

### 10.3.1 矩阵的对称性复制

就矩阵演化来说，最为简单的演化手续是对称性复制. 这种演化手续易于在计算机上实现，而且有丰富的文化内涵.

大自然的基本设计是美的，美意味着简单，美意味着对称. 本节所考察的对称性分镜像对称与平移对称两种，它们在某种意义上互为反对称. 镜像对称又分偶对称与奇对称，平移对称又分正对称与反对称. 此外，矩阵的复制对象分矩阵行与矩阵块两种情况，这样，Walsh 方阵的对称性复制可考虑表 10.1 所列的四种方案.

**表 10.1**

| 对　称　性 | 复制对象 | |
|---|---|---|
| | 矩阵行 | 矩阵块 |
| 镜像对称 | 镜像行复制 | 镜像块复制 |
| 平移对称 | 平移行复制 | 平移块复制 |

人们自然关心，矩阵的上述几种对称性复制技术能否充当二分演化技术，以逐步演化生成各种 Walsh 方阵呢？

答案是令人振奋的. 事实上，表 10.1 所列的四种对称性复制技术全能充当 Walsh 演化的二分手续. 后文将着重考察其中的两种.

### 10.3.2 Walsh 阵的演化生成

首先考察表 10.1 中镜像行复制的演化方式. 考察某个方阵 $\boldsymbol{A}$，用 $\boldsymbol{A}(i)$ 表示其第 $i$ 行，对 $\boldsymbol{A}(i)$ 施行偶复制与奇复制，分别生成向量 $[\boldsymbol{A}(i) \vdots \ddot{\boldsymbol{A}}(i)]$ 与 $[\boldsymbol{A}(i) \vdots \dot{\boldsymbol{A}}(i)]$.

例如，设 $\boldsymbol{A}(i)=[+\ -]$，则

$$[\boldsymbol{A}(i) \vdots \ddot{\boldsymbol{A}}(i)]=[+\ - \vdots -\ +],$$

$$[\boldsymbol{A}(i) \vdots \dot{\boldsymbol{A}}(i)]=[+\ - \vdots +\ -].$$

进一步，若 $\boldsymbol{A}(i)=[+\ - \vdots +\ -]$，则

$$[\boldsymbol{A}(i) \vdots \ddot{\boldsymbol{A}}(i)]=[+\ -\ +\ - \vdots -\ +\ -\ +],$$

$$[\boldsymbol{A}(i) \vdots \dot{\boldsymbol{A}}(i)]=[+\ -\ +\ - \vdots +\ -\ +\ -].$$

如果对方阵 $\boldsymbol{A}$ 的每一行先后施行偶复制与奇复制两种复制手续，即可生成一个阶数倍增的方阵 $\boldsymbol{B}$，这种演化手续称作**镜像行复制**，即

$$\boldsymbol{A}=\begin{pmatrix}\vdots\\ \boldsymbol{A}(i)\\ \vdots\end{pmatrix}\longrightarrow\boldsymbol{B}=\begin{pmatrix} & \vdots & \\ \boldsymbol{A}(i) & \vdots & \ddot{\boldsymbol{A}}(i)\\ \boldsymbol{A}(i) & \vdots & \dot{\boldsymbol{A}}(i)\\ & \vdots & \end{pmatrix}.$$

人们自然会问,如果对方波[+]反复施行镜像行复制的演化手续,使其阶数逐步倍增,将会生成什么样的方阵序列呢?

1 阶方阵[+]仅有一行(一列),对它施行偶复制与奇复制,分别生成[+ ⋮ +]与[+ ⋮ −],两者合成在一起,结果生成一个 2 阶方阵

$$[+]\longrightarrow\begin{pmatrix}+ & +\\ + & -\end{pmatrix}.$$

对所生成的 2 阶方阵的两行[+ +]与[+ −]分别施行镜像复制的偶复制与奇复制,进一步生成一个 4 阶方阵

$$\begin{pmatrix}+ & +\\ + & -\end{pmatrix}\longrightarrow\left(\begin{array}{cccc}+ & + & + & +\\ + & + & - & -\\ \hline + & - & - & +\\ + & - & + & -\end{array}\right).$$

继续对所生成的 4 阶方阵施行镜像行复制,获得如下 8 阶方阵,即

$$\begin{pmatrix}+ & + & + & +\\ + & + & - & -\\ + & - & - & +\\ + & - & + & -\end{pmatrix}\longrightarrow\left(\begin{array}{cccccccc}+ & + & + & + & + & + & + & +\\ + & + & + & + & - & - & - & -\\ \hline + & + & - & - & - & - & + & +\\ + & + & - & - & + & + & - & -\\ \hline + & - & - & + & + & - & - & +\\ + & - & - & + & - & + & + & -\\ \hline + & - & + & - & - & + & - & +\\ + & - & + & - & + & - & + & -\end{array}\right).$$

上述方阵与 10.2.2 小节列出的 Walsh 方阵相比较,两者完全一致. 可以证明,从方波[+]出发,运用镜像行复制的演化技术可以生成 Walsh 方阵序列. 这个 Walsh 方阵等价于 10.1.2 小节的原始定义.

Walsh 方阵有多种排序方式. 镜像行复制生成的 Walsh 方阵特别称作 **Walsh 阵**.

### 10.3.3 Walsh 阵的演化机制

Walsh 阵的演化方式从属于二分演化模式. 事实上,这里从初态 $\boldsymbol{W}_1=[+]$出发,将 $\boldsymbol{W}_{N/2}$加工成 $\boldsymbol{W}_N$ 的二分手续如下.

(1) 分裂手续。

对 $\boldsymbol{W}_{N/2}$ 的每一行 $\boldsymbol{W}_{N/2}(i)$ 分别施行偶复制与奇复制，生成两个 $N$ 维向量 $[\boldsymbol{W}_{N/2}(i) \vdots \ddot{\boldsymbol{W}}_{N/2}(i)]$ 与 $[\boldsymbol{W}_{N/2}(i) \vdots \dot{\boldsymbol{W}}_{N/2}(i)]$.

(2) 合成手续。

将 $\boldsymbol{W}_{N/2}$ 的每一行按上述分裂手续扩展为相邻的两个 $N$ 维向量，从而将 $\boldsymbol{W}_{N/2}$ 扩展成为一个 $N$ 阶方阵

$$\boldsymbol{W}_N = \begin{pmatrix} \vdots & \vdots \\ \boldsymbol{W}_{N/2}(i) & \ddot{\boldsymbol{W}}_{N/2}(i) \\ \boldsymbol{W}_{N/2}(i) & \dot{\boldsymbol{W}}_{N/2}(i) \\ \vdots & \vdots \end{pmatrix},$$

如此反复地做下去. 这种二分演化机制如图 10.3 所示. 如 10.1.2 小节所看到的，Walsh 函数的表达式很复杂，直接利用表达式生成 Walsh 函数很困难. 然而依据上述镜像行复制的演化方式，一蹴而就地派生出一个又一个 Walsh 方阵，从而得到一族又一族 Walsh 函数. Walsh 函数的数目是逐族倍增的，这是一种快速生成算法.

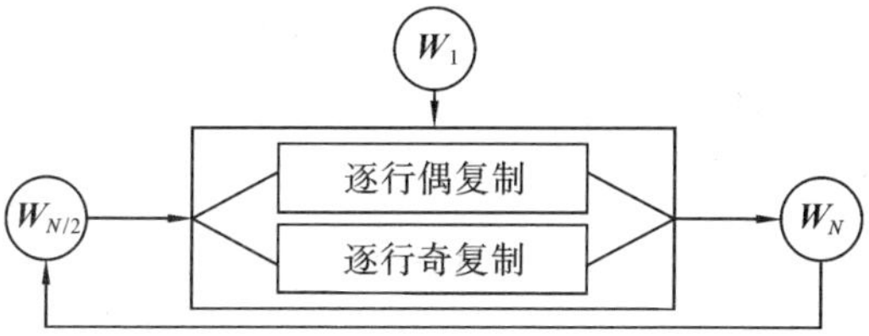


图 10.3

## 10.3.4　Hadamard 阵的演化生成

上述镜像行复制的演化方式能否进一步简化呢？

从研究者的角度来说，平移对称比镜像对称更易于接受，而矩阵块比矩阵行更易于把握，现在进一步考察表 10.1 所列的平移块复制的演化方式.

考察某个方阵 $\boldsymbol{A}$，直接对它施行平移正复制与平移反复制，分别生成 $[\boldsymbol{A} \vdots \boldsymbol{A}]$ 与 $[\boldsymbol{A} \vdots -\boldsymbol{A}]$，两者合成在一起，得阶数倍增的方阵

$$\boldsymbol{B} = \begin{pmatrix} \boldsymbol{A} & \boldsymbol{A} \\ \boldsymbol{A} & -\boldsymbol{A} \end{pmatrix}.$$

这种演化方式称作**平移块复制**.

仍然从方波[+]出发，反复施行平移块复制的演化方式，所生成的一系列方阵称作 Hadamard **阵**. $N$ 阶 Hadamard 阵记作 $\boldsymbol{H}_N$. 特别地，$\boldsymbol{H}_1=[+]$.

显然，Hadamard 阵的演化机制同样从属于二分演化模式，如图 10.4 所示.

按平移块复制的演化方式，如果将 $\boldsymbol{H}_N$ 对分为 4 块，则其左上、右上与左下三块均为 $\boldsymbol{H}_{N/2}$，而其右下则为 $-\boldsymbol{H}_{N/2}$，即 Hadamard 阵有形式简单的递推表达式

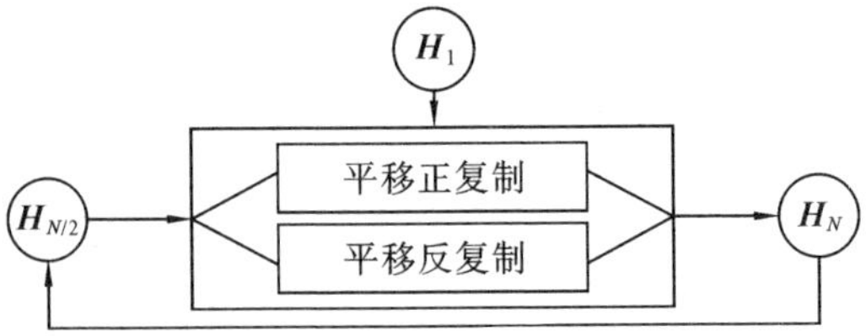


图 10.4

$$\boldsymbol{H}_N=\begin{pmatrix}\boldsymbol{H}_{N/2} & \boldsymbol{H}_{N/2}\\ \boldsymbol{H}_{N/2} & -\boldsymbol{H}_{N/2}\end{pmatrix},\quad N=2,4,8,\cdots. \tag{10.3.1}$$

可见，Hadamard 阵的演化过程是简单的. 事实上，从方波[+]出发，按式(10.3.1)反复施行演化手续，有

$$\boldsymbol{H}_1=[+],$$

$$\boldsymbol{H}_2=\begin{pmatrix}\boldsymbol{H}_1 & \boldsymbol{H}_1\\ \boldsymbol{H}_1 & -\boldsymbol{H}_1\end{pmatrix}=\begin{pmatrix}+ & +\\ + & -\end{pmatrix},$$

$$\boldsymbol{H}_4=\begin{pmatrix}\boldsymbol{H}_2 & \boldsymbol{H}_2\\ \boldsymbol{H}_2 & -\boldsymbol{H}_2\end{pmatrix}=\left(\begin{array}{cc:cc}+ & + & + & +\\ + & - & + & -\\ \hdashline + & + & - & -\\ + & - & - & +\end{array}\right),$$

$$\boldsymbol{H}_8=\begin{pmatrix}\boldsymbol{H}_4 & \boldsymbol{H}_4\\ \boldsymbol{H}_4 & -\boldsymbol{H}_4\end{pmatrix}=\left(\begin{array}{cccc:cccc}+ & + & + & + & + & + & + & +\\ + & - & + & - & + & - & + & -\\ + & + & - & - & + & + & - & -\\ + & - & - & + & + & - & - & +\\ \hdashline + & + & + & + & - & - & - & -\\ + & - & + & - & - & + & - & +\\ + & + & - & - & - & - & + & +\\ + & - & - & + & - & + & + & -\end{array}\right).$$

如此继续下去，可以证明，这样演化生成的 Hadamard 阵同样是一种 Walsh 方阵. 这里的 Hadamard 阵同 Walsh 阵相比较，两者只是行(列)的排序方式不同而已.

进一步考察矩阵元素的递推关系. 前已指出，如果将矩阵 $\boldsymbol{H}_N$ 对分为 4 块，则其左上、右上与左下 3 块均为 $\boldsymbol{H}_{N/2}$，而右下块则为 $-\boldsymbol{H}_{N/2}$. 记 $\boldsymbol{H}_N(i,j)$ 为矩阵 $\boldsymbol{H}_N$ 第 $i$ 行第 $j$ 列的元素，则上下两组**平移对** $(i,j)$，$(i,N/2+j)$ 与 $(N/2+i,j)$，$(N/2+i,N/2+j)$ 的矩阵元素有定理 10.1 所述的关系.

**定理 10.1** 对于 $0\leqslant i,j\leqslant N/2-1$，有

$$\begin{aligned}\boldsymbol{H}_N(i,j)&=\boldsymbol{H}_N(i,N/2+j)=\boldsymbol{H}_N(N/2+i,j)\\ &=-\boldsymbol{H}_N(N/2+i,N/2+j)=\boldsymbol{H}_{N/2}(i,j).\end{aligned}$$

现在基于 Hadamard 阵的上述表达式设计 Walsh 变换的快速算法 FWT. FWT 的设计同样从属于二分演化模式.

## 10.4 快速变换 FWT

不同排序方式的 Walsh 变换，其快速算法的设计方法彼此类同. 本节将着重考察 Hadamard 序的 Walsh 变换 $N$-WT

$$X(i)=\sum_{j=0}^{N-1}x(j)\boldsymbol{H}_N(i,j),\quad i=0,1,\cdots,N-1,\tag{10.4.1}$$

式中，$\boldsymbol{H}_N$ 为 $N$ 阶 Hadamard 阵，$\{x(j)\}_0^{N-1}$ 为输入数据，输出数据$\{X(i)\}_0^{N-1}$ 待求. 这里仍然假定 $N=2^n$，$n$ 为正整数.

由于 Hadamard 阵是对称正交阵，Walsh 变换(10.4.1)同它的逆变换

$$x(j)=\frac{1}{N}\sum_{i=0}^{N-1}X(i)\boldsymbol{H}_N(i,j),\quad j=0,1,\cdots,N-1$$

仅仅相差一个常数因子，因此两者可以统一加以考察.

本节将基于定理 10.1 设计 Walsh 变换(10.4.1)的快速算法 FWT.

### 10.4.1 FWT 的设计思想

在具体设计快速算法 FWT 之前，首先考察两种简单情形. 由于 1 阶和 2 阶 Hadamard 阵为

$$\boldsymbol{H}_1=[\ +\ ],$$

$$\boldsymbol{H}_2=\begin{pmatrix}+ & +\\ + & -\end{pmatrix},$$

因而 1-WT 具有极其简单的形式

$$X(0)=x(0).$$

这里输入数据即为所求结果，因而不需要做任何计算. 此外，2-WT 为

$$\begin{cases}X(0)=x(0)+x(1),\\ X(1)=x(0)-x(1).\end{cases}$$

这项计算也很平凡，不存在算法设计问题.

可见，1-WT 与 2-WT 都是极为简单的.

**快速算法 FWT 的设计思想是，基于规模减半的二分手续，通过 2-WT 的反复计算，将所给 $N$-WT 逐步加工成 1-WT，从而得出所求的结果.**

快速算法 FWT 是优秀算法的一朵奇葩，它鲜明地展现了“简单的重复生成复杂”这一算法设计的基本理念. 此外，它可以充当一个样板，示范运用二分演化机制设

计快速变换的全过程.

### 10.4.2 FWT 的演化机制

前已反复指出，二分技术是快速算法设计的基本技术. 二分技术的基本点是运用某种二分手续，将所给计算问题化归为规模减半的同类问题.

对于 $N$ 点 Walsh 变换 $N$-WT(10.4.1)，即

$$X(i)=\sum_{j=0}^{N-1}x(j)\boldsymbol{H}_N(i,j),\quad i=0,1,\cdots,N-1.$$

将其右端的和式**对半**拆开，有

$$\begin{aligned}X(i)&=\sum_{j=0}^{N/2-1}x(j)\boldsymbol{H}_N(i,j)+\sum_{j=N/2}^{N-1}x(j)\boldsymbol{H}_N(i,j)\\&=\sum_{j=0}^{N/2-1}[x(j)\boldsymbol{H}_N(i,j)+x(N/2+j)\boldsymbol{H}_N(i,N/2+j)],i=0,1,\cdots,N-1.\end{aligned}$$

然后再将这组算式**对半**分为两组算式，有

$$\begin{cases}X(i)=\displaystyle\sum_{j=0}^{N/2-1}[x(j)\boldsymbol{H}_N(i,j)+x(N/2+j)\boldsymbol{H}_N(i,N/2+j)],\\X(N/2+i)=\displaystyle\sum_{j=0}^{N/2-1}[x(j)\boldsymbol{H}_N(N/2+i,j)+x(N/2+j)\boldsymbol{H}_N(N/2+i,N/2+j)],\end{cases}$$

$$i=0,1,\cdots,N/2-1.$$

利用定理 1 的递推关系将上述算式化简，得

$$\begin{cases}X(i)=\displaystyle\sum_{j=0}^{N/2-1}[x(j)+x(N/2+j)]H_{N/2}(i,j),\\X(N/2+i)=\displaystyle\sum_{j=0}^{N/2-1}[x(j)-x(N/2+j)]H_{N/2}(N/2+i,j),\end{cases}\quad i=0,1,\cdots,N/2-1.$$

这样，所给 $N$-WT(10.4.1) 被加工成下列两个 $N/2$-WT：

$$\begin{cases}X(i)=\displaystyle\sum_{j=0}^{N/2-1}x_1(j)\boldsymbol{H}_{N/2}(i,j),\\X(N/2+i)=\displaystyle\sum_{j=0}^{N/2-1}x_1(N/2+j)\boldsymbol{H}_{N/2}(N/2+i,j),\end{cases}\quad i=0,1,\cdots,N/2-1.$$

为此所要施行的二分手续是

$$\begin{cases}x_1(j)=x(j)+x(N/2+j),\\x_1(N/2+j)=x(j)-x(N/2+j),\end{cases}\quad j=0,1,\cdots,N/2-1\tag{10.4.2}$$

上述二分手续将所给 $N$-WT 加工成 2 个 $N/2$-WT. 每个 $N/2$-WT 通过二分手续可进一步加工成 2 个 $N/4$-WT. 如此反复二分，使问题的规模逐次减半，最终可将

$N$-WT 加工成 $N$ 个 1-WT，从而得出所求的结果．这种演化过程

$$N\text{-WT} \Rightarrow 2\text{ 个 } N/2\text{-WT} \Rightarrow 4\text{ 个 } N/4\text{-WT} \Rightarrow \cdots \Rightarrow N\text{ 个 1-WT}$$

（计算模型）　　　　　　　　　　　　　　　　　　（计算结果）

称作**快速 Walsh 变换**．这里箭头"⇒"表示二分手续(10.4.2)．

进一步剖析二分手续(10.4.2)的内涵．计算模型 $N$-WT 所要加工的数据 $\{x(j)\}$ 是个 $N$ 维向量，将它对半二分，得 $N/2$ 个**平移对** $(x(j), x(N/2+j))$．可见二分手续(10.4.2)的含义是，将平移对的两个数据相加减，因而 FWT 从属于图 10.5 的二分演化模式．

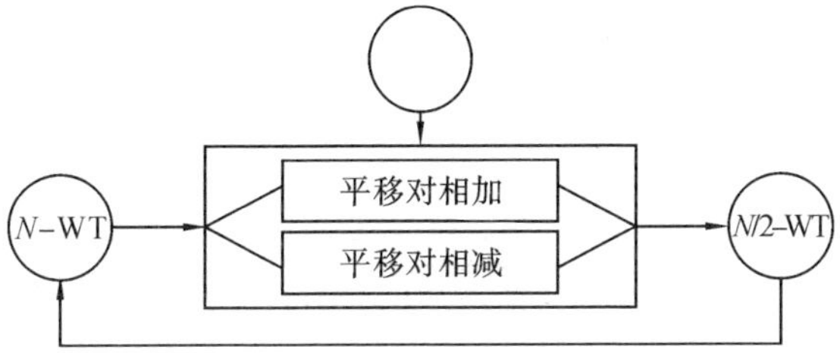


图 10.5

最后统计 FWT 的运算量．由于 FWT 的每一步使问题的的规模减半，欲将所给 $N$-WT，$N=2^n$ 加工成 $N$ 个 1-WT，二分演化需做 $n=\log_2 N$ 步，又形如式(10.4.2)的二分手续的每一步要做 $N$ 次加减操作，因而 FWT 的总运算量为 $N\log_2 N$ 次加减操作．另一方面，如果直接计算 $N$-WT(10.4.1)要做 $N^2$ 次加减操作，故 FWT 是快速算法，其加速比

$$\frac{N^2}{N\log_2 N} \to \infty \quad (\text{当 } N\to\infty \text{时}).$$

## 10.4.3 FWT 的计算流程

二分手续(10.4.2)采取两两加工的处理方式，即将一对数据 $(x(j), x(N/2+j))$ 加工成一对新的数据 $(x_1(j), x_1(N/2+j))$，其计算格式如图 10.6 所示．这里分别用实线与虚线区分数据的相加与相减两种运算．

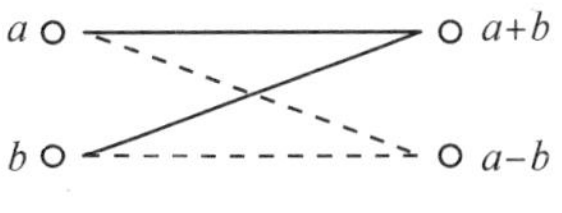


图 10.6

现在运用二分技术针对 8-WT：

$$X(i) = \sum_{j=0}^{7} x(j) H_8(i,j), \quad i = 0,1,\cdots,7. \tag{10.4.3}$$

具体显示前述 FWT 的计算流程．

**步 1**　施行 $N=8$ 的二分手续(10.4.2)，即

$$x_1(0)=x(0)+x(4), \quad x_1(4)=x(0)-x(4),$$

$$x_1(1)=x(1)+x(5),\quad x_1(5)=x(1)-x(5),$$
$$x_1(2)=x(2)+x(6),\quad x_1(6)=x(2)-x(6),$$
$$x_1(3)=x(3)+x(7),\quad x_1(7)=x(3)-x(7).$$

将所给 8-WT 加工成 2 个 4-WT. 借助于图 10.6 的计算格式，这一演化步骤如图 10.7 所示.

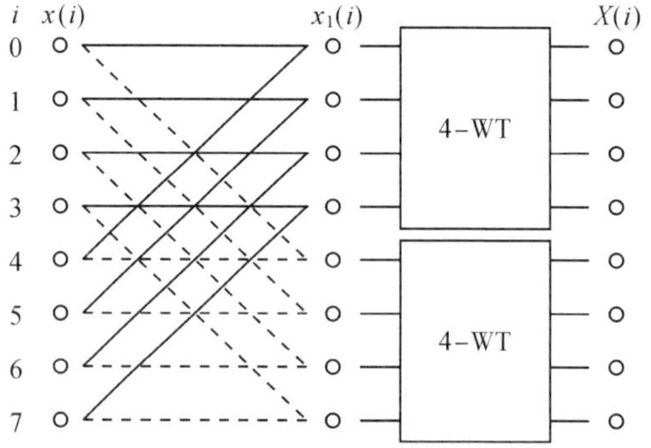


图 10.7

**步 2** 对 2 个 4-WT 分别施行 $N=4$ 的二分手续(10.4.2)，即

$$x_2(0)=x_1(0)+x_1(2),\quad x_2(2)=x_1(0)-x_1(2),$$
$$x_2(1)=x_1(1)+x_1(3),\quad x_2(3)=x_1(1)-x_1(3)$$

与

$$x_2(4)=x_1(4)+x_1(6),\quad x_2(6)=x_1(4)-x_1(6),$$
$$x_2(5)=x_1(5)+x_1(7),\quad x_2(7)=x_1(5)-x_1(7).$$

进一步加工出关于数据$\{x_2(j)\}$的 4 个 2-WT. 这一演化步如图 10.8 所示.

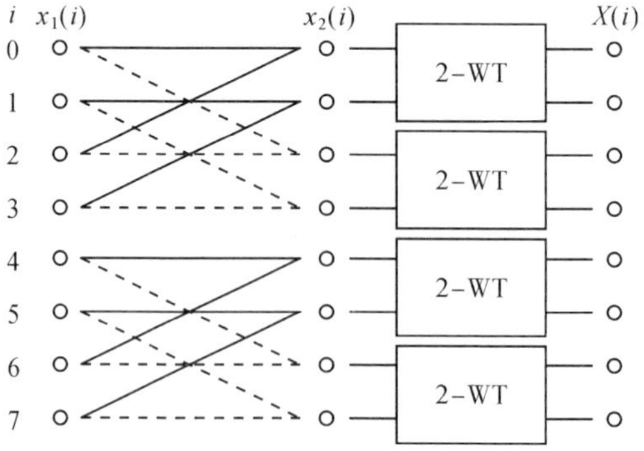


图 10.8

**步 3** 再对每个 2-WT 分别施行二分手续，即

$$x_3(0)=x_2(0)+x_2(1),\quad x_3(1)=x_2(0)-x_2(1),$$
$$x_3(2)=x_2(2)+x_2(3),\quad x_3(3)=x_2(2)-x_2(3),$$
$$x_3(4)=x_2(4)+x_2(5),\quad x_3(5)=x_2(4)-x_2(5),$$
$$x_3(6)=x_2(6)+x_2(7),\quad x_3(7)=x_2(6)-x_2(7).$$

加工得出关于数据$\{x_3(i)\}$的 8 个 1-WT,即得所求结果：

$$X(i)=x_3(i),\quad i=0,1,\cdots,7.$$

上述算法 FWT,其计算模型与输入数据同步进行加工,在将计算模型从 8-WT 加工成 1-WT 的同时,输入数据被加工成输出结果$\{X(i)\}$.综合上述各步即得 FWT 的数据加工流程图 10.9.

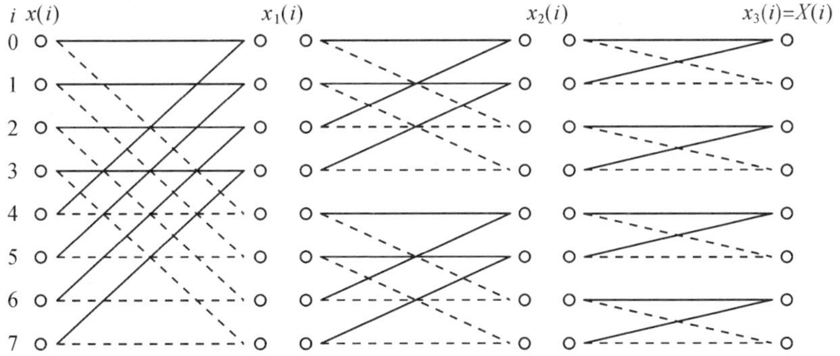


图 10.9

## 10.4.4　FWT 的算法实现

回头考察一般形式的 Walsh 变换 $N$-WT(10.4.1).仍设 $N=2^n$,$n$ 为正整数.前已指出,其快速算法设计分 $n=\log_2 N$ 步,每一步将计算问题的规模减半.记 $N_k=N/2^k$.快速 Walsh 变换 FWT 的第 $k$ 步将所给 $N$-WT 化归为 $2^k$ 个 $N_k$-WT,其输入数据 $x_k(i)$被分割成 $2^k$ 段,每段含有 $N_k$ 个数据,具体地说,其 $l$ $(l=1,2,\cdots,2^k)$段数据为

$$x_k((l-1)N_k+j),\quad j=0,1,\cdots,N_k-1.$$

这样,二分过程的第 $k$ 步是先将 $k-1$ 步生成的数据段

$$x_{k-1}((l-1)N_{k-1}+j),\quad j=0,1,\cdots,N_{k-1}-1$$

再对半切成两部分,其前半部分与后半部分分别是

$$x_{k-1}((l-1)N_{k-1}+j);\quad x_{k-1}((l-1)N_{k-1}+N_k+j),\quad j=0,1,\cdots,N_k-1.$$

然后将这两组数据按式(10.4.2)进行加工,结果有

$$\begin{cases} x_k((l-1)N_{k-1}+j)=x_{k-1}((l-1)N_{k-1}+j)+x_{k-1}((l-1)N_{k-1}+N_k+j), \\ x_k((l-1)N_{k-1}+N_k+j)=x_{k-1}((l-1)N_{k-1}+j)-x_{k-1}((l-1)N_{k-1}+N_k+j), \end{cases}$$
$$j=0,1,\cdots,N_k-1;\quad l=1,2,\cdots,2^k. \tag{10.4.4}$$

这就是第 $k$ 步所要施行的二分手续. 反复施行这种二分手续即得所求的结果. 于是有下列快速 Walsh 变换 FWT(算法 10.1).

> **算法 10.1** 令 $x_0(i)=x(i)$, $i=0,1,\cdots,N-1$, 对 $k=1,2,\cdots$ 直到 $n=\log_2 N$ 执行算式(10.4.4),结果有
> $$X(i)=x_n(i),\quad i=0,1,\cdots,N-1.$$

## 小　　结

本章阐述快速 Walsh 变换 FWT 的设计机理与设计方法. 可以看到,FWT 本质上是一类二分法,其设计思想是,逐步二分所给计算模型 $N$-WT,令其规模 $N$ 逐次减半,直到规模为 1 时,所归结出的 1-WT 即为所要的结果:

$$\underset{\text{(计算模型)}}{N\text{-WT}} \Rightarrow 2\text{ 个 } N/2\text{-WT} \Rightarrow 4\text{ 个 } N/4\text{-WT} \Rightarrow \cdots \Rightarrow \underset{\text{(所求结果)}}{N\text{ 个 }1\text{-WT}}.$$

注意到 $N$-WT 的变换矩阵是 Hadamard 阵 $\boldsymbol{H}_N$,上述 FWT 的设计过程本质上是 Hadamard 阵的加工过程

$$\boldsymbol{H}_N \Rightarrow \boldsymbol{H}_{N/2} \Rightarrow \boldsymbol{H}_{N/4} \Rightarrow \cdots \Rightarrow \boldsymbol{H}_1.$$

再对比 Hadamard 阵的生成过程(10.3.4 小节)

$$\boldsymbol{H}_1 \Rightarrow \boldsymbol{H}_2 \Rightarrow \boldsymbol{H}_4 \Rightarrow \cdots \Rightarrow \boldsymbol{H}_N,$$

可以看到,快速 Walsh 变换的演化过程同 Hadamard 阵的生成过程,它们两者互为反过程. 如果后者视为**进化过程**(矩阵阶数逐步倍增),那么前者则是**退化过程**(矩阵阶数逐次减半). 在适当定义"规模"的前提下,它们两者全都从属于二分演化模式.

Walsh 分析处处都渗透了对立统一的辩证思维.

正因为 Walsh 函数具有极度的数学美,正由于 Walsh 分析展现了一种新的思维方式,因而在 Walsh 分析的基础上可以开展许多重要的研究.

快速 Walsh 变换是快速变换的一个重要的组成部分. 运用变异技术,基于 Walsh 变换可以派生出其他种种快速变换,诸如 Haar 变换、斜变换、Hartly 变换等等,从而实现快速变换方法的大统一.

Walsh 分析有着广泛的应用前景,然而更为重要的是,它展现了一种新的数学方法——**演化数学方法**.

宇宙是演化的. 生物是演化的. 时至今日,辩证法关于发展变化的观点,即事物从低级到高级不断演化的观点,已经被科学界认为是无须论证的常识了.

Walsh 函数的演化分析用数学语言表述了这种"常识".

Walsh 函数的演化分析无疑是新的数学革命即将爆发的先兆. 还是 Harmuth 有远见:Walsh **分析的研究将导致一场数学革命,就像** 17、18 **世纪的微积分那样**.

# *第 11 章　并行算法设计:递推计算并行化

从世界上第一台电子计算机的问世至今仅有六七十年,在这短短的时间里,计算机的基本元件从电子管、晶体管发展到了大规模集成电路,计算机的运算速度以指数形式迅速增长.然而人们对**高性能计算**的需求是永无止境的,在诸如能源、气象、军事、人工智能和生命科学等许多领域,都迫切要求提供性能更高、速度更快的新型计算机系统.

今天,计算机系统正面临深刻的变革,传统的 von Neumann 格局已经被突破,采用并行化结构的并行机正日益普及,并且在科学与工程计算中正发挥着越来越重要的作用.计算机系统结构的并行化蕴涵着提高运算速度和增加信息存储量的巨大潜力.计算机的更新换代展现出无限美好的前景.

新一代的计算机——并行机系统迫切要求提供算法上的支持.并行机与传统计算机的数据加工方式不同,因而传统算法往往不适于在并行机上运用.科学计算的实践表明,如果一个算法的并行性差,就会使并行机的效率大幅度下降,甚至从亿次机降为百万次机.

需要强调的是,并行算法的设计与并行机的研制具有同等重要性.正如一位著名学者所尖锐指出的:没有好的并行算法的支撑,超级计算机只是一堆"超级废铁".

计算机发展的并行化趋势,必然会促使算法设计的并行化.随着并行机系统的日益普及,学习和研究适应并行机系统的并行算法,已是科学计算工作者的当务之急.

## 11.1　什么是并行计算

### 11.1.1　一则寓言故事

20 世纪 80 年代初国产银河巨型机问世,国内掀起一股并行算法热.究竟什么是并行计算呢? 这里先讲一个生动的寓言故事.

相传很久很久以前,有一个年轻的国王名叫川行,是个数学天才.川行爱上了邻国聪颖美丽且爱好数学的公主邱比郑南.

川行差人前往邻国求婚.公主答应了这桩婚事,但提出了一项先决条件,她要亲自考核一下川行的数学才能.公主的考题是,针对一个 15 位数求出它的真因子.

接到试题之后,川行立即忙碌起来,一个数接一个数地试算.川行有数学才能,算得很快,然而由于 15 位数的真因子可能是个 8 位数,找出全部真因子要花费上亿次整数除法，总的计算量大得惊人.

川行感到很为难.这是一道“大数分解”的数学难题，如何才能尽快地找出它的答案呢？

川行有个足智多谋的宰相名叫孔幻士.孔幻士提出了一个计谋：将全国老百姓按军、师、团、营、连、排、班、兵 8 个等级编号，每 10 个兵组成 1 班，10 个班为 1 排，10 个排为 1 连……10 个师为 1 军，10 个军全归川行统帅.这样，在编的每个老百姓都有一个 8 位十进制的编号.完成这种编制以后，通知全国老百姓用自己的编号去除公主给出的 15 位数，能除尽的立即上报，给予重奖.这样很快找出了所有的真因子，而川行则依靠全国老百姓的帮助赢得了公主的爱情.

这则寓言浅显易懂，但意味深长.公主“邱比郑南”是“求比证难”的谐音.大数分解问题的可解性不言而喻，但具体求解却很困难.国王“川行”是“串行”的谐音.串行计算的效率很低，往往不能承担大规模的计算工程.宰相“孔幻士”则是“空换时”的谐音，其含义是，并行计算的设计思想是用扩大空间、增加处理机台数为代价来换取计算时间的节省.“空换时”是并行计算的基本策略.

这则故事所涉及的**大数分解问题**有重大的学术价值，求解这类问题的计算量随着“大数”的增大而急剧增长.譬如，计算一个 155 位数的真因子，如果用串行算法进行计算，即使用每秒亿次的巨型机去承担，也得要连续工作上万年.当然这是没有实际意义的.1990 年 6 月 20 日美国报道了一则消息：贝尔实验室用1 000台处理机并行计算，仅仅花费了几个月的时间，就成功地找出一个 155 位数的 3 个真因子，它们分别是 7 位数、49 位数和 99 位数.这是科学计算的一项重大突破.当年我国《科技日报》评价这项成就为“1990 年世界十大科技成就之一”.

### 11.1.2 同步并行算法的设计策略

采取并行处理方式运行的计算机系统称作**并行机系统**，简称**并行机**.

并行机出现于20 世纪的 70 年代初，至今仅有近 50 年的历史.1972 年，美国研制成功阵列机 Illiac IV，此后于 1976 年又进一步研制出向量机 Cray-1.并行机的更新换代和商业化开发强有力地推动了并行计算的蓬勃发展.

并行机的体系结构各不相同，但大致可分为两类：一类是**单指令流多数据流** SIMD(single instruction stream，multiple data stream)型，如阵列机、向量机；另一类是**多指令流多数据流** MIMD(multiple instruction stream，multiple data stream)型，称作多处理机.

针对 SIMD 与 MIMD 两类并行机系统，并行算法大致分为同步与异步两类.本章仅研究**同步并行算法**.

所谓**同步性**，是指不同处理机在同一时刻针对不同数据执行同一种操作.同步并行计算的典型例子是向量计算.

同步并行计算的基本策略是“分而治之”.所谓分而治之，就是将所考察的计算问题分裂成若干较小的子问题，并将这些子问题映射到多台处理机上去各自完成，然后再将分散的结果拼装成所求的解.

**值得指出的是，在同步并行算法设计时，“分而治之”的设计原则往往被误解为整体上的先分后治，而将“分”与“治”两个环节截然分开.这种算法设计技术就是所谓的倍增技术.**

**其实，在并行计算过程中，“分”与“治”是矛盾的两个方面，它们既是对立的，又是统一的.基于这种理解我们推荐了同步并行算法设计的二分技术.**

需要强调的是，为避免局限于具体的机器特征而束缚了并行算法的研究，人们提出了**理想计算机**的概念.“理想化”的假设包括：任何时刻可以使用任意多台处理机，任何时刻有任意多个主存单元可供使用，处理机同主存间的数据通信时间可以忽略不计.

## 11.2 叠加计算

叠加计算是一类最简单、最基本的计算模型.本章所研究的叠加计算包括数列求和

$$S=\sum_{i=0}^{N-1}a_i \tag{11.2.1}$$

与多项式求值

$$P=\sum_{i=0}^{N-1}a_ix^i. \tag{11.2.2}$$

上述两种叠加计算模型之间有着紧密的联系.事实上，和式(11.2.1)是式(11.2.2)取 $x=1$ 的具体情形.

在着手具体设计算法之前，首先引进问题的规模的概念.所谓**规模**是用来刻画问题“大小”的某个正整数.譬如，上述叠加计算问题的规模均可规定为它们的项数 $N$.

不言而喻，并行计算所要求解的问题，其重要特点是规模很大，即为**大规模或超大规模的科学计算**.为简化叙述，今后将假定计算问题的**规模** $N$ **为** 2 **的幂**，即

$$N=2^n,$$

式中，$n=\log_2 N$ 是正整数.这种限制通常是非实质性的，譬如，对于上述两种叠加计算，只要适当地补充几个零系数 $a_i$，总可以将规模 $N$ 扩充为 $N=2^n$ 的形式.后文将会看到，这种扩充对于算法运行时间的影响几乎可以忽略不计.本章所考察的其他计算问题也可作类似的处理.

### 11.2.1 倍增技术

有些学者认为，**倍增技术**是设计同步并行算法的一项基本技术.这项设计技术反

复地将计算问题**分裂**成具有同等规模的两个**子问题**. 在问题逐步分裂的过程中，子问题的个数是逐步倍增的，倍增法因此而得名.

倍增法的设计基于这样的考虑，如果将各个子问题适当地映射到多台处理机上，即可实现计算过程的并行化.

现在就用简单的数列求和问题(11.2.1)考察倍增技术的设计原理和设计方法. 为此，引进和式

$$S(i,j)=\sum_{k=j}^{i}a_k.$$

显然，问题(11.2.1)的已给数据与所求结果均可用这种和式来表达：

$$a_i=S(i,i),\quad i=0,1,\cdots,N-1;$$
$$S=S(N-1,0).$$

倍增法的设计过程含分裂与合成两个环节. **分裂过程**将所给和式 $S(N-1,0)$ 逐步“一分为二”，从而拆成若干个子和式. 这种分裂过程的特点是，子和式的个数是逐步倍增的.

$$\begin{aligned}S(N-1,0)&=S\left(N-1,\frac{N}{2}\right)+S\left(\frac{N}{2}-1,0\right)\\&=S\left(N-1,\frac{3}{4}N\right)+S\left(\frac{3}{4}N-1,\frac{N}{2}\right)+S\left(\frac{N}{2}-1,\frac{N}{4}\right)+S\left(\frac{N}{4}-1,0\right)\\&=\cdots.\end{aligned}$$

由于在和式二分的上述过程中，每个子和式的项数逐次减半，因而最终可拆成每段仅含两项的最简形式

$$S(N-1,0)=S(N-1,N-2)+S(N-3,N-4)+\cdots+S(1,0)$$

图 11.1 取 $N=8$ **自顶向下**地描述了倍增法的分裂过程.

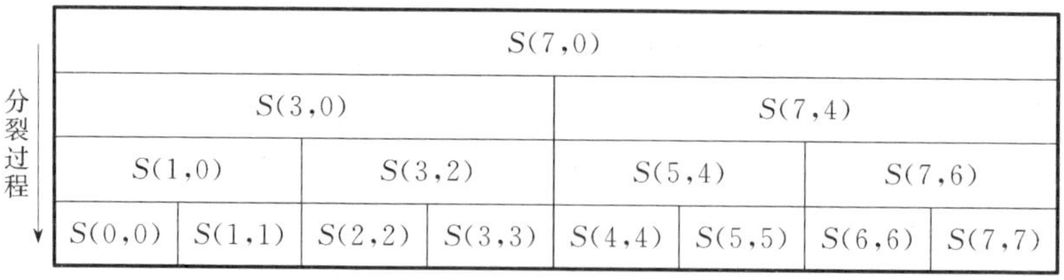
分裂过程
S(7,0)
S(3,0)
S(7,4)
S(1,0)
S(3,2)
S(5,4)
S(7,6)
S(0,0)
S(1,1)
S(2,2)
S(3,3)
S(4,4)
S(5,5)
S(6,6)
S(7,7)

图 11.1

将所给和式拆成若干个子和式后，可将这些子和式分配给各台处理机去并行计算. 问题在于，基于这些子和式的计算，如何得出所求的结果呢？

倍增法的**合成过程**是将所拆出的各个子和式的值再逐步“合二为一”，最后归并出所给和式的值. 这种归并过程的特点是数据量逐次减半. 图 11.2 **自底向上**地描述了倍增法的合成过程.

<table>
<tr><td colspan="8">S(7,0)</td><td rowspan="4">↑ 合成过程</td></tr>
<tr><td colspan="4">S(3,0)</td><td colspan="4">S(7,4)</td></tr>
<tr><td colspan="2">S(1,0)</td><td colspan="2">S(3,2)</td><td colspan="2">S(5,4)</td><td colspan="2">S(7,6)</td></tr>
<tr><td>S(0,0)</td><td>S(1,1)</td><td>S(2,2)</td><td>S(3,3)</td><td>S(4,4)</td><td>S(5,5)</td><td>S(6,6)</td><td>S(7,7)</td></tr>
</table>

图 11.2

现在列出倍增法的算法步骤(图 11.2).

倍增法的第 1 步是利用所给的 $N$ 个数据(它们均可视为一项和式)$a_i=S(i,i)$求出 2 项和式的值,而得出 $N_1=N/2$ 个中间结果:

$$S(2i+1,2i)=S(2i+1,2i+1)+S(2i,2i),\quad i=0,1,\cdots,N_1-1.$$

第 2 步再用两项和式求出 4 项和式的值,而有 $N_2=N/4$ 个中间结果:

$$S(4i+3,4i)=S(4i+3,4i+2)+S(4i+1,4i),\quad i=0,1,\cdots,N_2-1.$$

保持和式项数逐步倍增,而数据量则为逐次减半这个特征,其第 $k$ 步所承担的工作是,用 $2^{k-1}$ 项和式求出 $2^k$ 项和式的值,从而得出 $N_k=N/2^k$ 个中间结果:

$$S(2^ki+2^k-1,2^ki)=S(2^ki+2^k-1,2^ki+2^{k-1})+S(2^ki+2^{k-1}-1,2^ki),$$
$$i=0,1,\cdots,N_k-1.\quad (11.2.3)$$

如此做 $n=\log_2 N$ 步即可得出所求的和值:

$$S(N-1,0)=S(N-1,N_1)+S(N_1-1,0).$$

综上所述,数列求和(11.2.1)的倍增法可表述为算法 11.1.

**算法 11.1** 对 $k=1,2,\cdots$直到 $n=\log_2 N$ 执行算式(11.2.3),则所求的和值为 $S=S(N-1,0)$.

倍增法的分裂过程是反复将和式一分为二,在这一过程中,子和式的个数是逐步倍增的;与此相反,其合成过程是反复将数据合二为一,在合成过程中,数据量则为逐次减半.正是由于倍增法的分裂过程与合成过程相对峙,这种技术不便于实际运用.

## 11.2.2 二分手续

为使并行算法设计的原理与方法简单而和谐,这里推荐一种设计技术——二分技术.

**二分技术的设计原理是,反复地将所给计算问题加工成规模减半的同类问题,直到规模足够小(通常当规模为 1)时直接得出问题的解.**

**需要强调的是,与倍增技术不同,二分技术不是着眼于问题的分裂,而是立足于问题的加工.今后所说的二分手续,是指将问题规模减半的加工手续.**

譬如,对于 $N$ 项和式

$$S=\sum_{i=0}^{N-1}a_i,$$

若将其前后对应项两两合并，即可加工成一个规模减半的 $N_1=N/2$ 项和式

$$S=(a_0+a_{N-1})+(a_1+a_{N-2})+\cdots+(a_{N/2-1}+a_{N/2}).$$

这种二分手续联系着大数学家Gauss幼年时代的一个小故事.

有一天，算术课老师要小学生们计算前100个自然数的和 $S=1+2+\cdots+99+100$. 当班上其他同学忙于逐项累加而头昏脑胀的时候，小Gauss却机智地发现，所给和式前后对应项的和均等于101，因而所求和值为 $S=101\times50=5\ 050$. 这种简捷的快速算法可以视作二分手续的巧妙应用.

## 11.2.3 数列求和的二分法

再考察所给和式(10.2.1)，容易看出，如果将其奇偶项两两合并，即可使其规模变成 $N_1=N/2$，即

$$S=\sum_{i=0}^{N_1-1}(a_{2i}+a_{2i+1})=\sum_{i=0}^{N_1-1}a_i^{(1)}.$$

为此，所要施行的运算手续是

$$a_i^{(1)}=a_{2i}+a_{2i+1},\quad i=0,1,\cdots,N_1-1.$$

注意到这样加工出的求和问题

$$S=\sum_{i=0}^{N_1-1}a_i^{(1)}$$

与所给问题(10.2.1)属于同一类型，所不同的只是规模缩减了一半，因此上述加工手续是一种二分手续.

反复施行这种二分手续，二分 $k$ 次后和式的项数压缩成 $N_k=N/2^k$，即

$$S=\sum_{i=0}^{N_k-1}a_i^{(k)},$$

式中

$$a_i^{(k)}=a_{2i}^{(k-1)}+a_{2i+1}^{(k-1)},\quad i=0,1,\cdots,N_k-1. \tag{11.2.4}$$

这样二分 $n=\log_2 N$ 次后，所给和式最终退化为一项，从而直接得出所求的和值 $S$. 于是有数列求和的二分算法11.2.

**算法11.2** 对 $k=1,2,\cdots$ 直到 $n=\log_2 N$ 执行算式(11.2.4)，结果有

$$S=a_0^{(n)}.$$

这一算法显然可以向量化，事实上，算式(11.2.4)可以表为向量形式：

$$\begin{pmatrix}a_0^{(k)}\\a_1^{(k)}\\\vdots\\a_{N_k-1}^{(k)}\end{pmatrix}=\begin{pmatrix}a_0^{(k-1)}\\a_2^{(k-1)}\\\vdots\\a_{N_{k-1}-2}^{(k-1)}\end{pmatrix}+\begin{pmatrix}a_1^{(k-1)}\\a_3^{(k-1)}\\\vdots\\a_{N_{k-1}-1}^{(k-1)}\end{pmatrix}.$$

反复运用二分手续加工所考察的求和问题，逐步压缩和式的规模，最终加工成规模为 1 的最简形式，即可直接得出所求的解. 由此可见，数列求和二分法的设计过程简洁而明快，如图 11.3 所示.

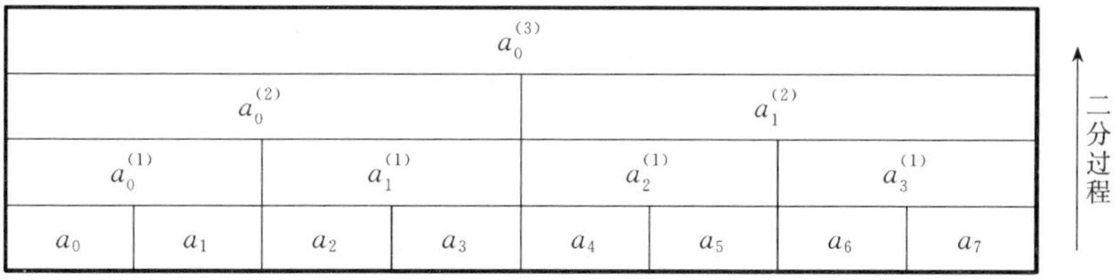


图 11.3

应当指出的是，上面提供的两个算法——算法 11.1 和算法 11.2，尽管思路不同，繁简互异，但却是殊途同归. 事实上，式(11.2.4)与式(11.2.3)得出的是同样的结果：

$$a_i^{(k)}=S(2^k i+2^k-1,2^k i).$$

## 11.2.4 多项式求值的二分法

进一步讨论多项式求值问题. 仿照数列求和的做法，将所给多项式(11.2.2)的奇偶项两两合并，得

$$P=\sum_{i=0}^{N_1-1}(a_{2i}+a_{2i+1}x)x^{2i}.$$

若令

$$\begin{cases} a_i^{(1)}=a_{2i}+a_{2i+1}x, & i=0,1,\cdots,N_1-1, \\ x_1=x^2, \end{cases}$$

则有

$$P=\sum_{i=0}^{N_1-1}a_i^{(1)}x_1^i.$$

这样加工得出的是一个以 $x_1$ 为变元的多项式，它与所给多项式(11.2.2)的类型相同，只是规模压缩了一半，因此上述手续是一项二分手续.

重复这种手续，二分 $k$ 次后所给多项式被加工成

$$P=\sum_{i=0}^{N_k-1}a_i^{(k)}x_k^i,$$

这里

$$\begin{cases} a_i^{(k)}=a_{2i}^{(k-1)}+a_{2i+1}^{(k-1)}x_{k-1}, & i=0,1,\cdots,N_k-1, \\ x_k=x_{k-1}^2. \end{cases} \tag{11.2.5}$$

这样二分 $n=\log_2 N$ 次，最终得出的系数 $a_0^{(n)}$ 即为所求多项式的值 $P$. 于是，多项式求值问题(11.2.2)有多项式求值的二分算法 11.3.

**算法 11.3** 对 $k=1,2,\cdots$ 直到 $n=\log_2 N$ 执行算式(11.2.5)，结果有

$$P=a_0^{(n)}.$$

上述算法同样可以向量化，事实上，算式(11.2.5)可表为向量化形式：

$$\begin{pmatrix} a_0^{(k)} \\ a_1^{(k)} \\ \vdots \\ a_{N_k-1}^{(k)} \\ x_k \end{pmatrix} = \begin{pmatrix} a_0^{(k-1)} \\ a_2^{(k-1)} \\ \vdots \\ a_{N_{k-1}-2}^{(k-1)} \\ 0 \end{pmatrix} + \begin{pmatrix} a_1^{(k-1)} \\ a_3^{(k-1)} \\ \vdots \\ a_{N_{k-1}-1}^{(k-1)} \\ x_{k-1} \end{pmatrix} \cdot x_{k-1}$$

### 11.2.5 二分算法的效能分析

评价一种并行算法，人们首先关心的是它的算法复杂性，即算法的运行时间(时间复杂性)与所要提供的处理机台数(空间复杂性).并行算法设计的基本思想是用增加处理机台数的办法来换取算法运行时间的节省.处理机台数充分多时的最少运行时间称作算法的**时间界**，而算法的运行时间达到时间界时所需提供的(最少的)处理机台数则称作**处理机台数界**.

为简化分析，今后将假定每台处理机的算术运算(无论是加减还是乘除)的操作时间相同，均取单位时间.这样，在估算算法的运行时间时，只要针对各并行步骤统计运算次数即可.

对于所考察的某个并行算法，记 $T^*$ 为算法的时间界，$P^*$ 为处理机台数界，另记 $T_1$ 为串行算法的运行时间，将

$$S=\frac{T_1}{T^*}$$

称作该并行算法的**加速比**，而将

$$E=\frac{T_1}{P^*T^*}$$

称作其**效率**.

加速比与效率是评估一种并行算法的"得"与"失"的两项重要指标.加速比 $S$ 表示该并行算法在运行时间方面的节省；注意到 $P^*T^*$ 表示并行算法的总计算量，而 $T_1$ 则表示串行算法的计算量，因而效率 $E$ 刻画了该并行算法在计算量方面的损耗.

现在分析前述几种二分算法的时间界与处理机台数界.

首先考察数列求和的二分算法——算法 11.2.令式(11.2.4)的各个系数 $a_i^{(k)}$ 并行计算，则其每一步含一次运算(加法)，故其时间界为

$$T^*=n=\log_2 N.$$

然而，为使每个 $a_i^{(k)}$ 能并行计算，第 $k$ 步按式(11.2.4)需提供 $N_k=N/2^k$ 台处理机，因此算法 11.2 的处理机台数界为

$$P^*=\max_{1\leqslant k\leqslant n}\frac{N}{2^k}=\frac{N}{2}.$$

注意到数列求和问题(11.2.1)的串行算法的运行时间 $T_1=N-1$,算法 11.2 的加速比

$$S\approx\frac{N}{\log_2 N},$$

而其效率

$$E\approx\frac{2}{\log_2 N}.$$

不难看出,上述并行求和的二分法是最优的,即其时间界为最小.

再分析多项式求值的二分算法——算法 11.3. 首先注意一个事实:算式(11.2.5)中的 $x_k$ 可与 $a_i^{(k)}$ 并行计算,为此只要将式 $x_k=x_{k-1}^2$ 改写成

$$x_k=0+x_{k-1}\cdot x_{k-1}$$

的形式. 这样,算法 11.3 的每一步需做 2 次运算(一次乘法与一次加法),因而其时间界为

$$T^*=2\log_2 N.$$

此外,为使 $a_i^{(k)}$ 与 $x_k$ 按式(11.2.5)并行计算,第 $k$ 步需处理机 $N/2^k$ 台,因此算法 11.3 的处理机台数界为

$$P^*=\max_{1\leqslant k\leqslant n}\frac{N}{2^k}=\frac{N}{2}.$$

注意到多项式求值的串行算法(秦九韶-Horner 算法)需做 $T_1=2(N-1)$ 次运算,易知算法 11.3 的加速比及效率均与算法 11.2 相同,仍为

$$S\approx\frac{N}{\log_2 N},\quad E\approx\frac{2}{\log_2 N}.$$

### 11.2.6 二分算法的基本特征

本小节从最简单的计算模型——叠加计算入手,考察并行计算的二分算法的基本特征.

在设计原理上,并行的二分算法与串行的递推算法,两者的设计过程都是计算模型不断演化的过程,其区别在于,串行递推算法的规模逐次减 1,而并行二分算法的规模则为逐次减半. 例如,累加求和算法的加工过程为

$$N\text{ 项和式}\rightarrow N-1\text{ 项和式}\rightarrow N-2\text{ 项和式}\rightarrow\cdots\rightarrow 1\text{ 项和式},$$

而二分求和算法的加工过程是

$$N\text{ 项和式}\Rightarrow N/2\text{ 项和式}\Rightarrow N/4\text{ 项和式}\Rightarrow\cdots\Rightarrow 1\text{ 项和式}.$$

可见,串行算法与并行算法的设计思想是一脉相承的,后者可以视作是前者的延伸与发展.

从算法的结构来看,并行的二分算法与串行递推算法均具有递归结构,即将复杂

计算归结为简单计算的重复.譬如数列求和计算，是将多项求和归结为简单的二项求和的重复，而多项式求值是将高次式求值归结为简单的一次式求值的重复，等等.对串行算法这里所谓"重复"意味着循环，而并行算法所指的"重复"则综合采取串行与并行两种处理方式.

从算法效能的角度来看，串行算法与并行算法各有所长，前者拥有高效率，而后者则具有高速度.不过，并行算法的高速度是以处理机台数的增加为代价的.

## 11.3 一阶线性递推

设计串行算法的一项基本技术是递推化.递推计算采取逐步推进的方式，其每一步计算都要用到前面几步的信息.正是由于这种时序性，递推计算的并行化似乎存在实质性的困难.

设计递推计算问题的并行算法，有些学者采用了倍增技术，这种设计技术从展开式入手展示了递推问题内在的并行性.

与倍增技术不同，本节所推荐的二分技术将直接开发递推算式本身的并行性，因而设计思想更简明，使用方法更简便.这种算法设计技术可广泛应用于众多类型的递推问题.

本小节着重研究一阶线性递推问题，即寻求数列 $x_i$，$i=0,1,\cdots,N-1$，使之满足

$$\begin{cases} x_0=b_0, \\ x_i=a_i x_{i-1}+b_i, \quad i=1,2,\cdots,N-1, \end{cases} \tag{11.3.1}$$

式中，系数 $a_i$，$b_i$ 为已给.

值得指出的是，只要引进矩阵和向量的记号，总可以将高阶线性递推归结为上述一阶线性递推的情形.

### 11.3.1 相关链的二分手续

为了便于刻画二分法的设计思想，首先引进相关链的概念.由于递推关系式反映了变元之间的相关性和时序性，一组有序的相关变元可抽象地表述为如下形式的**相关链**：

$$\cdots \rightarrow x_{i-j} \rightarrow x_i \rightarrow \cdots,$$

其中相邻两元素 $x_i$ 与 $x_{i-j}$ 的下标之差 $j$ 称作**间距**.如果相关链各节的间距为定值，则将其称作**步长**.

对应于递推问题(11.3.1)的相关链有 $N$ 节，即

$$x_0 \rightarrow x_1 \rightarrow \cdots \rightarrow x_{N-1},$$

这里步长等于 1.

设将上述相关链按其下标的奇偶拆成两条，则每条子链含 $N_1=N/2$ 节，即

$$\begin{cases} x_0 \to x_2 \to \cdots \to x_{N-2}, \\ x_1 \to x_3 \to \cdots \to x_{N-1}. \end{cases} \tag{11.3.2}$$

这样加工得出的递推问题有两个结果 $x_0$，$x_1$，且其步长等于 2. 这是一种二分手续.

在保持**结果数逐步倍增**及**步长逐步倍增**两项基本特征的前提下反复施行这一手续，则二分 $k$ 次后得出 $2^k$ 个结果 $x_i$，$i=0,1,\cdots,2^k-1$，且步长增至 $2^k$，相应地，所给相关链被加工成 $2^k$ 条子链，每条子链含 $N_k=N/2^k$ 节，即

$$\begin{cases} x_0 \to x_{2^k} \to \cdots \to x_{N-2^k}, \\ x_1 \to x_{2^k+1} \to \cdots \to x_{N-2^k+1}, \\ \quad\vdots \\ x_{2^k-1} \to x_{2^{k+1}-1} \to \cdots \to x_{N-1}. \end{cases} \tag{11.3.3}$$

如此二分 $n=\log_2 N$ 次后，所给相关链最终退化为每条仅含一节的最简形式

$$x_0,\ x_1,\ \cdots,\ x_{N-1},$$

从而得出所求的解.

这种以下标的奇偶分离为特征的二分手续称作**奇偶二分**. 这是最基本的一种二分手续.

对于 $N=8$ 的具体情形，相关链的奇偶二分过程如图 11.4 所示，图中用波纹线标出每一步的新结果.

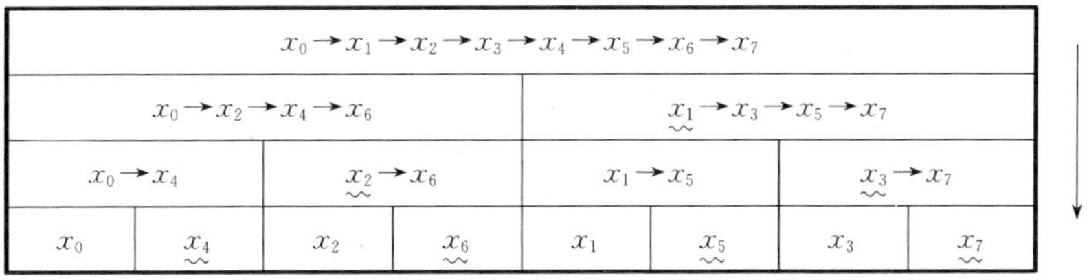


图 11.4

## 11.3.2　算式的建立

现在运用消元手续具体建立上述奇偶二分法的算式. 回到递推问题(11.3.1)，利用它的第 $i-1$ 式从其第 $i$ 式中消去 $x_{i-1}$，得

$$\begin{cases} x_i = b_i^{(1)}, & i=0,1, \\ x_i = a_i^{(1)} x_{i-2} + b_i^{(1)}, & i=2,3,\cdots,N-1, \end{cases} \tag{11.3.4}$$

式中

$$a_i^{(1)} = a_i a_{i-1}, \quad i=2,3,\cdots,N-1, \tag{11.3.5}$$

$$b_i^{(1)}=\begin{cases} b_i, & i=0, \\ b_i+a_ib_{i-1}, & i=1,2,\cdots,N-1. \end{cases} \tag{11.3.6}$$

容易看出，式(11.3.4)可按下标的奇偶拆成两个规模减半的子问题，即

$$\begin{cases} x_0=b_0^{(1)}, \\ x_{2i}=a_{2i}^{(1)}x_{2i-2}+b_{2i}^{(1)}, & i=1,2,\cdots,N_1-1; \end{cases}$$

$$\begin{cases} x_1=b_1^{(1)}, \\ x_{2i+1}=a_{2i+1}^{(1)}x_{2i-1}+b_{2i+1}^{(1)}, & i=1,2,\cdots,N_1-1. \end{cases}$$

它们分别对应于形如式(11.3.2)的奇偶相关链.

前已指出，二分 $k$ 步后加工得出的相关链式(11.3.3)含有 $2^k$ 个结果 $x_i$，$i=0,1,\cdots,2^k-1$，且其步长增至 $2^k$，因此其相应的递推问题具有如下形式：

$$\begin{cases} x_i=b_i^{(k)}, & i=0,1,\cdots,2^k-1, \\ x_i=a_i^{(k)}x_{i-2^k}+b_i^{(k)}, & i=2^k,2^k+1,\cdots,N-1. \end{cases} \tag{11.3.7}$$

为了导出系数 $a_i^{(k)}$，$b_i^{(k)}$ 的计算公式，回到前一步加工得出的递推问题：

$$\begin{cases} x_i=b_i^{(k-1)}, & i=0,1,\cdots,2^{k-1}-1, \\ x_i=a_i^{(k-1)}x_{i-2^{k-1}}+b_i^{(k-1)}, & i=2^{k-1},2^{k-1}+1,\cdots,N-1. \end{cases} \tag{11.3.8}$$

显然，据此可得出 $2^{k-1}$ 个新结果

$$x_i=a_i^{(k-1)}b_{i-2^{k-1}}^{(k-1)}+b_i^{(k-1)}, \quad i=2^{k-1},2^{k-1}+1,\cdots,2^k-1,$$

与式(11.3.7)比较系数，有

$$b_i^{(k)}=\begin{cases} b_i^{(k-1)}, & i=0,1,\cdots,2^{k-1}-1, \\ b_i^{(k-1)}+a_i^{(k-1)}b_{i-2^{k-1}}^{(k-1)}, & i=2^{k-1},2^{k-1}+1,\cdots,2^k-1. \end{cases} \tag{11.3.9}$$

又将式(11.3.8)直接代入，得

$$\begin{aligned} x_i &=a_i^{(k-1)}(a_{i-2^{k-1}}^{(k-1)}x_{i-2^k}+b_{i-2^{k-1}}^{(k-1)})+b_i^{(k-1)} \\ &=(a_i^{(k-1)}a_{i-2^{k-1}}^{(k-1)})x_{i-2^k}+(a_i^{(k-1)}b_{i-2^{k-1}}^{(k-1)}+b_i^{(k-1)}). \end{aligned}$$

再与式(11.3.7)比较系数，知

$$\begin{cases} a_i^{(k)}=a_i^{(k-1)}a_{i-2^{k-1}}^{(k-1)}, \\ b_i^{(k)}=b_i^{(k-1)}+a_i^{(k-1)}b_{i-2^{k-1}}^{(k-1)}, \end{cases} \quad i=2^k,2^k+1,\cdots,N-1.$$

将计算 $b_i^{(k)}$ 的上述两组算式归并在一起，即可归纳出求解递推问题的奇偶二分算法 11.4.

**算法 11.4** 对 $k=1,2,\cdots$ 直到 $n=\log_2 N$ 执行算式

$$a_i^{(k)}=a_i^{(k-1)}a_{i-2^{k-1}}^{(k-1)}, \quad i=2^k,2^{k+1},\cdots,N-1; \tag{11.3.10}$$

$$b_i^{(k)}=\begin{cases} b_i^{(k-1)}, & i=0,1,\cdots,2^{k-1}-1, \\ b_i^{(k-1)}+a_i^{(k-1)}b_{i-2^{k-1}}^{(k-1)}, & i=2^{k-1},2^{k-1}+1,\cdots,N-1, \end{cases} \tag{11.3.11}$$

则 $x_i=b_i^{(n)}$，$i=0,1,\cdots,N-1$ 即为所求.

### 11.3.3 二分算法的效能分析

考察奇偶二分法的算法 11.4. 按式(11.3.10)、式(11.3.11)，每一步需做两次运算(乘法、加法各一次)，共做 $n=\log_2 N$ 步，故其时间界为

$$T^*=2\log_2 N.$$

再考察该算法的第 $k$ 步. 为使每个系数 $a_i^{(k)}$，$b_i^{(k)}$ 各有一台处理机去独立计算，则按式(11.3.10)、式(11.3.11)计算所需的处理机台数为

$$P_k=(N-2^k)+(N-2^{k-1})=2N-3\times 2^{k-1}.$$

因此，该算法的处理机台数界为

$$P^*=\max_{1\leqslant k\leqslant n} P_k\approx 2N.$$

注意到一阶线性递推问题串行计算的运行时间 $T_1=2(N-1)$，可知奇偶二分法的加速比

$$S=\frac{T_1}{T^*}\approx\frac{N}{\log_2 N},$$

而其效率

$$E=\frac{S}{P^*}\approx\frac{1}{2\log_2 N}.$$

这一算法同叠加计算的二分法(11.2.5 小节)具有相同的加速比，只是效率降低了.

## 11.4 三对角方程组

科学与工程计算往往归结为求解大规模的带状方程组，譬如下列形式的三对角方程组：

$$\begin{cases} b_0x_0+c_0x_1=f_0, \\ a_ix_{i-1}+b_ix_i+c_ix_{i+1}=f_i, \qquad i=1,2,\cdots,N-2, \\ a_{N-1}x_{N-2}+b_{N-1}x_{N-1}=f_{N-1}, \end{cases} \tag{11.4.1}$$

由于其具有实用背景，这类方程组的求解一直是并行算法研究的热门课题，受到人们的广泛关注.

众所周知，求解三对角方程组的一种行之有效的方法是追赶法. 早期并行算法研究的热点是直接将追赶法并行化，发掘出隐含在递推算式中的内在并行性，然而这样设计出的算法稳定性差，效果不理想.

以下运用二分技术设计求解三对角方程(11.4.1)的并行算法. 为便于描述算法，仍然假定 $N=2^n$，$n$ 为正整数.

### 11.4.1 相关链的二分手续

对于所给方程组(11.4.1)，其每个变元 $x_i$ 与“左邻”$x_{i-1}$“右舍”$x_{i+1}$相关联，设将其相关性

$$a_i x_{i-1}+b_i x_i+c_i x_{i+1}=f_i$$

抽象地表达为如下形式的相关链：

$$x_{i-1}\leftrightarrow x_i\leftrightarrow x_{i+1}.$$

这样，所给方程组(11.4.1)可抽象地表达为

$$x_0\leftrightarrow x_1\leftrightarrow\cdots\leftrightarrow x_{N-1},$$

其步长等于 1.

假设通过某种手续，可将上列相关链按下标的奇偶拆成两条，即

$$x_0\leftrightarrow x_2\leftrightarrow\cdots\leftrightarrow x_{N-2},$$

$$x_1\leftrightarrow x_3\leftrightarrow\cdots\leftrightarrow x_{N-1},$$

则这样加工出的两条子链，其步长均等于 2. 在保持**链数逐步倍增**及**步长逐步倍增**两项基本特征的前提下反复施行这一手续，则二分 $k$ 步后加工出 $2^k$ 条子链，其步长均等于 $2^k$，即

$$\begin{cases} x_0 \leftrightarrow x_{2^k} \leftrightarrow\cdots\leftrightarrow x_{N-2^k}, \\ x_0 \leftrightarrow x_{2^k+1} \leftrightarrow\cdots\leftrightarrow x_{N-2^k+1}, \\ \quad\vdots \\ x_{2^k-1} \leftrightarrow x_{2^{k+1}-1} \leftrightarrow\cdots\leftrightarrow x_{N-1}. \end{cases}\tag{11.4.2}$$

如此二分 $n=\log_2 N$ 次，所给相关链最终被加工成每条仅含一节的最简形式

$$x_0,\ x_1,\ \cdots,\ x_{N-1},$$

从而得出所求的解.

下面再就 $N=8$ 的情形具体描述上述加工方案. 对于方程组

$$\begin{cases} b_0x_0+c_0x_1=f_0, \\ a_ix_{i-1}+b_ix_i+c_ix_{i+1}=f_i,\quad i=1,2,\cdots,6, \\ a_7x_6+b_7x_7=f_7, \end{cases}\tag{11.4.3}$$

其相关链的加工过程如图 11.5 所示.

<table>
<tr><td>步 0</td><td colspan="8">$x_0\leftrightarrow x_1\leftrightarrow x_2\leftrightarrow x_3\leftrightarrow x_4\leftrightarrow x_5\leftrightarrow x_6\leftrightarrow x_7$</td></tr>
<tr><td>步 1</td><td colspan="4">$x_0\leftrightarrow x_2\leftrightarrow x_4\leftrightarrow x_6$</td><td colspan="4">$x_1\leftrightarrow x_3\leftrightarrow x_5\leftrightarrow x_7$</td></tr>
<tr><td>步 2</td><td colspan="2">$x_0\leftrightarrow x_4$</td><td colspan="2">$x_2\leftrightarrow x_6$</td><td colspan="2">$x_1\leftrightarrow x_5$</td><td colspan="2">$x_3\leftrightarrow x_7$</td></tr>
<tr><td>步 3</td><td>$x_0$</td><td>$x_4$</td><td>$x_2$</td><td>$x_6$</td><td>$x_1$</td><td>$x_5$</td><td>$x_3$</td><td>$x_7$</td></tr>
</table>

图 11.5

具体地说，其第 1 步将所给方程组(11.4.3)加工成两个子系统：

$$\begin{cases} b_0^{(1)}x_0+c_0^{(1)}x_2=f_0^{(1)}, \\ a_2^{(1)}x_0+b_2^{(1)}x_2+c_2^{(1)}x_4=f_2^{(1)}, \\ a_4^{(1)}x_2+b_4^{(1)}x_4+c_4^{(1)}x_6=f_4^{(1)}, \\ a_6^{(1)}x_4+b_6^{(1)}x_6=f_6^{(1)}; \end{cases}$$

$$\begin{cases} b_1^{(1)}x_1+c_1^{(1)}x_3=f_1^{(1)}, \\ a_3^{(1)}x_0+b_3^{(1)}x_3+c_3^{(1)}x_4=f_3^{(1)}, \\ a_5^{(1)}x_2+b_5^{(1)}x_5+c_5^{(1)}x_6=f_5^{(1)}, \\ a_7^{(1)}x_4+b_7^{(1)}x_7=f_7^{(1)}. \end{cases}$$

它们分别对应于相关链 $x_0\leftrightarrow x_2\leftrightarrow x_4\leftrightarrow x_6$ 与 $x_1\leftrightarrow x_3\leftrightarrow x_5\leftrightarrow x_7$（见图 11.5）. 重复这种二分手续，第 2 步进一步加工出 4 个子系统：

$$\begin{cases} b_0^{(2)}x_0+c_0^{(2)}x_4=f_0^{(2)}, \\ a_4^{(2)}x_0+b_4^{(2)}x_4=f_4^{(2)}; \end{cases} \quad \begin{cases} b_2^{(2)}x_2+c_2^{(2)}x_6=f_2^{(2)}, \\ a_6^{(2)}x_2+b_6^{(2)}x_6=f_6^{(2)}; \end{cases}$$

$$\begin{cases} b_1^{(2)}x_1+c_1^{(2)}x_5=f_1^{(2)}, \\ a_5^{(2)}x_1+b_5^{(2)}x_5=f_5^{(2)}; \end{cases} \quad \begin{cases} b_3^{(2)}x_3+c_3^{(2)}x_7=f_3^{(2)}, \\ a_7^{(2)}x_3+b_7^{(2)}x_7=f_7^{(2)}. \end{cases}$$

它们分别对应于相关链 $x_0\leftrightarrow x_4$，$x_2\leftrightarrow x_6$，$x_1\leftrightarrow x_5$，$x_3\leftrightarrow x_7$. 最后，第 3 步将所给方程组(11.4.3)加工成如下形式：

$$b_i^{(3)}x_i=f_i^{(3)}, \quad i=0,1,\cdots,7.$$

它对应于 8 条仅含一节的子链

$$x_0,\ x_1,\ \cdots,\ x_7,$$

从而立即得出所求的解

$$x_i=f_i^{(3)}/b_i^{(3)}, \quad i=0,1,\cdots,7.$$

## 11.4.2 算式的建立

现在运用消元手续具体建立上述奇偶二分法的算式.

回到一般形式的三对角方程组(11.4.3)，利用它的第 $i-1$ 个方程和第 $i+1$ 个方程从其第 $i$ 个方程中消去变元 $x_{i-1}$ 和 $x_{i+1}$（不言而喻，其首尾两个方程需做特殊处理），结果加工得出

$$\begin{cases} b_i^{(1)}x_i+c_i^{(1)}x_{i+2}=f_i^{(1)}, & i=0,1, \\ a_i^{(1)}x_{i-2}+b_i^{(1)}x_i+c_i^{(1)}x_{i+2}=f_i^{(1)}, & i=2,3,\cdots,N-3, \\ a_i^{(1)}x_{i-2}+b_i^{(1)}x_i=f_i^{(1)}, & i=N-2,N-1, \end{cases}$$

式中

$$a_i^{(1)}=-a_ia_{i-1}/b_{i-1}, \quad i=2,3,\cdots,N-1,$$

$$b_i^{(1)}=\begin{cases} b_i-c_ia_{i+1}/b_{i+1}, & i=0,1, \\ b_i-a_ic_{i-1}/b_{i-1}-c_ia_{i+1}/b_{i+1}, & i=2,3,\cdots,N-3, \\ b_i-a_ic_{i-1}/b_{i-1}, & i=N-2,N-1, \end{cases}$$

$$c_i^{(1)}=-c_ic_{i+1}/b_{i+1},\quad i=0,1,\cdots,N-3,$$

$$f_i^{(1)}=\begin{cases} f_i-c_if_{i+1}/b_{i+1}, & i=0,1, \\ f_i-a_if_{i-1}/b_{i-1}-c_if_{i+1}/b_{i+1}, & i=2,3,\cdots,N-3, \\ f_i-a_if_{i-1}/b_{i-1}, & i=N-2,N-1. \end{cases}$$

可以看出，上述消元手续的特点在于，它从奇(偶)数编号的方程中消去偶(奇)数编号的变元，从而将下标为奇、偶的变元相互分离开来. 也就是说，将所给方程组(11.4.3)加工成下标分别为奇、偶的两个子系统：

$$\begin{cases} b_0^{(1)}x_0+c_0^{(1)}x_2=f_0^{(1)}, \\ a_{2i}^{(1)}x_{2i-2}+b_{2i}^{(1)}x_{2i}+c_{2i}^{(1)}x_{2i+2}=f_{2i}^{(1)}, \quad i=1,2,\cdots,N/2-1, \\ a_{N-2}^{(1)}x_{N-4}+b_{N-2}^{(1)}x_{N-2}=f_{N-2}^{(1)}; \end{cases}$$

$$\begin{cases} b_1^{(1)}x_1+c_1^{(1)}x_3=f_1^{(1)}, \\ a_{2i+1}^{(1)}x_{2i-1}+b_{2i+1}^{(1)}x_{2i+1}+c_{2i+1}^{(1)}x_{2i+3}=f_{2i+1}^{(1)}, \quad i=1,2,\cdots,N/2-1, \\ a_{N-1}^{(1)}x_{N-3}+b_{N-1}^{(1)}x_{N-1}=f_{N-1}^{(1)}. \end{cases}$$

可见，上述消元手续是一项奇偶二分手续. 反复施行这种二分手续加工 $k$ 步，其相关链如式(11.4.2)所示，相应地，所给方程组(11.4.3)被加工成如下形式：

$$\begin{cases} b_i^{(k)}x_0+c_i^{(k)}x_{i+2^k}=f_i^{(k)}, & i=0,1,\cdots,2^k-1, \\ a_i^{(k)}x_{i-2^k}+b_i^{(k)}x_i+c_i^{(k)}x_{i+2^k}=f_i^{(k)}, & i=2^k,2^k+1,\cdots,N-2^k-1, \\ a_i^{(k)}x_{i-2^k}+b_i^{(k)}x_i=f_i^{(k)}, & i=N-2^k,N-2^k+1,\cdots,N-1. \end{cases}$$

仿照10.3.2小节关于一阶线性递推的处理方法，不难导出如下算式：

$$a_i^{(k)}=-a_i^{(k-1)}a_{i-2^{k-1}}^{(k-1)}/b_{i-2^{k-1}}^{(k-1)},\quad i=2^k,2^k+1,\cdots,N-1,$$

$$b_i^{(k)}=\begin{cases} b_i^{(k-1)}-c_i^{(k-1)}a_{i+2^{k-1}}^{(k-1)}/b_{i+2^{k-1}}^{(k-1)}, \quad i=0,1,\cdots,2^k-1, \\ b_i^{(k-1)}-a_i^{(k-1)}c_{i-2^{k-1}}^{(k-1)}/b_{i-2^{k-1}}^{(k-1)}-c_i^{(k-1)}a_{i+2^{k-1}}^{(k-1)}/b_{i+2^{k-1}}^{(k-1)}, \\ \qquad\qquad i=2^k,2^k+1,\cdots,N-2^k-1, \\ b_i^{(k-1)}-a_i^{(k-1)}c_{i-2^{k-1}}^{(k-1)}/b_{i-2^{k-1}}^{(k-1)}, \\ \qquad\qquad i=N-2^k,N-2^k+1,\cdots,N-1, \end{cases}$$

$$c_i^{(k)}=-c_i^{(k-1)}c_{i+2^{k-1}}^{(k-1)}/b_{i+2^{k-1}}^{(k-1)},\quad i=0,1,\cdots,N-2^k-1,$$

$$f_i^{(k)}=\begin{cases} f_i^{(k-1)}-c_i^{(k-1)}f_{i+2^{k-1}}^{(k-1)}/b_{i+2^{k-1}}^{(k-1)}, & i=0,1,\cdots,2^k-1,\\ f_i^{(k-1)}-a_i^{(k-1)}f_{i-2^{k-1}}^{(k-1)}/b_{i-2^{k-1}}^{(k-1)}-c_i^{(k-1)}f_{i+2^{k-1}}^{(k-1)}/b_{i+2^{k-1}}^{(k-1)}, & \\ \qquad i=2^k,2^k+1,\cdots,N-2^k-1, & \\ f_i^{(k-1)}-a_i^{(k-1)}f_{i-2^{k-1}}^{(k-1)}/b_{i-2^{k-1}}^{(k-1)}, & \\ \qquad i=N-2^k,N-2^k+1,\cdots,N-1. & \end{cases}$$

容易看出，按照上述二分消元手续加工 $n=\log_2 N$ 步，所给方程组最终退化为下列形式：

$$b_i^{(n)}x_i=f_i^{(n)},\quad i=0,1,\cdots,N-1,$$

因此有算法 10.5.

**算法 10.5** 对 $k=1,2,\cdots$ 直到 $n=\log_2 N$ 执行上述算式，则

$$x_i=f_i^{(n)}/b_i^{(n)},\quad i=0,1,\cdots,N-1$$

即为方程组(11.4.1)的解.

## 小　结

我们生活在一个巨变的时代. 并行机的出现，使科学计算领域发生了翻天覆地的变化. 一个并行机系统可能拥有成千上万台处理机. 面对这样一个全新的计算平台，人们感到迷茫. 国外一些权威专家强调，并行算法是一门"全新"的算法，在设计过程中必须彻底摆脱传统算法设计思想的"束缚". "串行"与"并行"难道是水火不容、不可调和的吗？

本章侧重于同步并行算法的研究. 所展示的研究成果表明，串行算法与并行算法是一脉相承的.

在众多形形色色的计算模型中，数列求和无疑是最简单的. 本章以这种简单模型作为并行算法设计的源头，透过它阐述并行算法设计的基本策略与基本特征.

数列求和是一个累加过程，它具有时序性与递推性. 事实上，累加求和

$$\begin{cases} S_0=a_0,\\ S_i=S_{i-1}+a_i,\quad i=1,2,\cdots,N-1, \end{cases}$$

本质上是个递推过程

$$S_0\rightarrow S_1\rightarrow\cdots\rightarrow S_{N-1}.$$

我们看到，数列求和的二分算法将这种递推过程加工成如图 11.3 所示的递推结构. 由此可见，递推不是串行算法的专利，并行算法进一步强化了递推结构.

然而无可非议的是，递推计算是并行算法设计的困难所在. 前人提出的倍增技术试图绕开这个难点，而将递推关系式转化为某种累算形式的展开式来处理. 这种"节外生枝"的处理方法增加了问题的复杂性.

与此不同，本章所推荐的二分技术直接开发递推算式内在的并行性. 借助于形象

直观的相关链,二分法着眼于二分手续的设计.

需要指出的是,在介绍并行算法时,本章尽量回避算法的简单罗列,力图通过一些典型算法揭示同步并行算法的二分技术的有效性.运用二分技术可以设计出一系列优秀的并行算法.笔者所在的华中科技大学并行计算研究所,在20世纪80年代中期曾针对国产银河巨型机研制成功了一个“线性代数二分法软件包”.

# *第 12 章　加速算法设计:重差加速技术

## 12.1　千古疑案

### 12.1.1　阿基米德的“穷竭法”

在数学史上,圆周率这个奇妙的数字牵动着一代又一代数学家的心,不少人为之耗费了毕生的精力.据文献记载,在这方面做出过突出贡献的,当首推古希腊的阿基米德.在公元前 3 世纪,阿基米德求出了 $\pi$ 的近似值 3.14,突破了古率 $\pi=3$ 的传统观念.阿基米德开创了圆周率科学计算的新纪元.

被誉为“古代数学之神”的阿基米德,其重大数学成就之一,是用所谓“穷竭法”计算一些曲边图形的面积,例如用内接与外切正多边形的周长来“穷竭”圆周,当多边形边数足够多时,作为正多边形的周长获得圆周率的近似值.他从正 6 边形做起,割到 12 边形、24 边形、48 边形,一直割到内接与外切正 96 边形,得到 $\pi$ 的弱近似值 $\frac{223}{71}$ 与强近似值 $\frac{22}{7}$,据此得知 $\pi$ 约等于 3.14.

此后一直到 17 世纪,在长达两千年的漫长岁月中,许多数学家都效仿阿基米德的做法,用内接与外切多边形的周长逼近圆周长,令边数逐步增多,从而获得越来越准确的圆周率.

譬如,在 15 世纪,阿拉伯数学家阿尔·卡西从正 6 边形、正 12 边形一直割到正 $6\times2^{27}$(8 亿多)边形,求得准确到小数点后 17 位的圆周率

$$\pi=3.141\ 592\ 653\ 589\ 793\ 23.$$

17 世纪初,德国人鲁道夫从圆的内接与外切正方形做起,用正 $2^{64}$(1800 多亿亿)边形的周长逼近圆周长,得出准确到小数点后 35 位的圆周率.鲁道夫为此感到自豪,要求在他的墓碑上铭刻这项成就.因此德国人常称 $\pi$ 为“鲁道夫数”.

总之,为了计算圆周率,从阿基米德到鲁道夫,西方人孜孜不倦地探索了两千年,除了阿基米德的穷竭法以外,再没有找到更好的方法和途径.然而这种方法由于收敛速度缓慢,在近代科学计算中已被人们摈弃了.

### 12.1.2　祖冲之“缀术”之谜

祖冲之是公元 5 世纪南北朝时期的数学家.

祖冲之在数学方面的重大成就，当首推关于圆周率的计算. 据《隋书·律历志》记载：

“祖冲之更造密法，以圆径一亿为一丈，圆周盈数三丈一尺四寸一分五厘九毫二秒七忽，朒数三丈一尺四寸一分五厘九毫二秒六忽，正数在盈朒二限之间.”

这就是说，祖冲之定出了圆周率的取值范围为

$$3.1415926<\pi<3.1415927$$

这个惊人的纪录领先世界一千多年.

此后一直到15世纪，再没有出现比这更好的结果. 这项辉煌的数学成就，在千年漫长岁月中一直处于世界领先的地位.

祖冲之的$\pi$值究竟是怎样求出来的呢？据考证祖冲之的算法载于他的《缀术》一书中，可惜该书久已失传，致使这一奇妙算法成了数学史上一桩千古疑案.

后人提出了诸多猜测和假说.

华罗庚先生在《高等数学引论》一书中，以“祖冲之计算圆周率的方法”为题提出了自己的见解，他说：“祖冲之证明了圆周率$\pi$落在

$$3.1415926<\pi<3.1415927$$

之间，这是数学史上的一个光辉成就. 他的算法也是极限的最好说明. 他从单位圆的内接的和外切的正六边形出发，显然圆夹在这两个六边形之间，再作内接的和外切的正12边形、正24边形、……、正$6\cdot 2^{n-1}$边形等等，边数愈多，内接的和外切的正$6\cdot 2^{n-1}$边形的面积就愈接近圆的面积，由此可以逐步地精确地算出圆周的长度.”

钱宝琮先生主编的《中国数学史》指出，“缀术失传，祖冲之推算圆周率的方法难以详考.”不过，如果用多边形逼近实现如此高的精度，需要割到24 576边形. 在筹算的古代，完成如此繁浩的计算量是极为困难的.

一个无可置疑的事实是，祖冲之计算圆周率肯定使用了某种“绝技”.

祖冲之称他的计算技术为“缀术”. 据史书记载，缀术“时人称之精妙”，赞扬它“指要精密，算氏之最”.《隋书·律历志》说，祖冲之所著之书名《缀术》，“学官莫能究其深奥”. 传说唐代指定《缀术》一书为朝廷钦定的数学教材.

“缀术”是什么？

祖冲之的原著《缀术》已千年失传，无从查察，人们还能还原其“真面目”吗？

## 12.2 神来之笔

### 12.2.1 数学史上一篇千古奇文

成书于汉代的《九章算术》是我国古代最重要的数学经典. 该书“圆田术”给出了

圆面积的计算公式：

“半周半径相乘得积步.”

即圆面积等于半圆周长与半径的乘积.

这一事实是人们所熟知的，然而由于圆是曲边图形，对古人来说，计算圆面积是个数学难题.

刘徽在注《九章算术》时撰写了《圆田术注》，约 1 800 字，后人称之为《割圆术》. 割圆术证明了圆面积公式，并且提供了一个计算圆周率的优秀算法.

**刘徽的《割圆术》是一篇千古奇文. 书中有许多亮点，譬如，早在 1800 年前，刘徽就在人类数学史上首次提出了极限观念.**

刘徽从圆的内接正六边形做起，令边数逐步倍增，计算圆内接正 $n$ 边形面积 $S_n$ ($n=6,12,24,\cdots$)，并建立了圆面积 $S^*$ 的一个逼近序列

$$S_6 \to S_{12} \to S_{24} \to S_{48} \to \cdots \to S^*.$$

**这种加工手续开创了极限计算的先河.**

相比之下，古希腊人畏惧无穷，阿基米德的穷竭法同极限思想毫不相干，因而与刘徽的“割圆术”不可同日而语.

其次，刘徽的割圆术中提出了一种高明的逼近策略，建立了下列**双侧逼近公式**

$$S_{2n} < S^* < S_{2n} + (S_{2n} - S_n).$$

**在逼近过程中，刘徽直接用数据的偏差 $S_{2n}-S_n$ 作为校正量，生成圆面积 $S^*$ 的强近似值，从而舍弃了圆的外切多边形的计算，相比阿基米德的穷竭法显著地节省了计算量.**

最后，特别值得指出的是，**刘徽的割圆术提出了一种逼近加速技术，在《割圆术》末尾，刘徽突然发力给出了一个神奇的精加工算式——我们称之为“刘徽神算”.**

**本章推荐的逼近加速技术正是从刘徽神算中感悟并提炼出来的.**

### 12.2.2 “一飞冲天”的“刘徽神算”

前已指出，阿基米德用穷竭法割到内接与外切正 96 边形，获得圆周率 $\pi=3.14$，这项成就开创了圆周率科学计算的新纪元.

人们自然会问，阿基米德为什么割到正 96 边形就终止了呢？他为什么不再继续割下去？显然更高精度的圆周率是诱人的.

这个问题的原因很简单，实际计算就会明白，在割圆过程中，每二分一次都要**耗费相当大的计算量**(对于古人来说，这种计算量是很大的)，而且，少数几次割圆对改善精度意义不大. 面对这种现实，阿基米德终止于正 96 边形得出圆周率3.14，这种做法是明智的.

然而刘徽却不满足这个现状. 他取圆半径 $r=10$ 寸(即 1 尺)进行计算，发现正 96 边形二分割圆前后的两个结果

$$S_{96}=313\frac{584}{625},\quad S_{192}=314\frac{64}{625}$$

都相当于 $\pi=3.14$，它们太粗糙了. 面对这种情况，刘徽突发奇想：在几乎不耗费计算量的前提下，能否通过某种简单的加工手续，将两个粗糙的近似值 $S_{96}$，$S_{192}$ 加工成高精度的结果呢？

又想化粗为精，又不愿耗费计算量，这似乎有点异想天开.

《割圆术》下篇一开头，刘徽突然"发力"，他将偏差值

$$\Delta=S_{192}-S_{96}=\frac{105}{625}$$

乘以因子

$$\omega=\frac{36}{105} \tag{12.2.1}$$

作为 $S_{192}$ 的校正量，求得

$$\begin{aligned}\hat{S}&=S_{192}+\frac{36}{105}(S_{192}-S_{96})\\&=314\frac{64}{625}+\frac{36}{105}\left(314\frac{64}{625}-313\frac{584}{625}\right)=314\frac{4}{25}.\end{aligned} \tag{12.2.2}$$

**刘徽指出，这样加工的结果 $314\frac{4}{25}$ 相当于正 3 072 边形的面积.**

**这样得出的结果** $S_{3\,072}=314\frac{4}{25}$ **相当于圆周率** $\pi=3.141\,6$，比 $\pi=3.14$ 一下子提高了两个数量级. 真是一跃千里，一飞冲天.

我们称这个数学案例为"刘徽神算".

**刘徽神算化粗为精的加工效果太神奇了. 它的设计机理已大大地超出了人们想象力的限度，因而虽历经千年，至今尚未获得人们的理解和接纳，而一直被禁锢在数学古籍之中.**

该怎样破解刘徽神算的玄机呢？

"探赜索隐，钩深致远."(《周易·系辞》)本章试图直面这样的课题：探究刘徽神算的隐秘事理，钩取深沉的规律和法则，以破解长期困扰数学界的逼近加速问题.

探索将针对刘徽神算围绕下列三个问题展开：

(1) 刘徽神算的校正因子 $\omega=\frac{36}{105}$ 是从哪里来的？

(2) 感悟刘徽神算，校正因子应当具有怎样的特质？

(3) 推广刘徽神算，归纳出一类普适性的逼近加速法则.

## 12.3 奇光异彩

我们看到，尽管二分割圆生成的多边形面积 $S_n$ 逼近于圆面积 $S^*$，但逼近过程收

敛缓慢，为了获得高精度的圆周率，所要耗费的计算量可能变得很大.譬如，需要割到 24 576 边形，才能得出祖冲之的“密率”3.141 592 6.在古代用算筹一类简单的计算工具，实现如此浩大的计算工程是难以想象的.

### 12.3.1 刘徽的新视野

面对这个现实，刘徽独具慧眼地提出了这样一个挑战性的课题：设法将已经获得的数据进行“再加工”，希望以尽量少的计算量为代价获得高精度的结果.

刘徽用一个具体的算例

$$\hat{S}=S_{192}+\frac{36}{105}(S_{192}-S_{96})\approx S_{3\,072}$$

演示了这种设计方案的可行性.

被称为“刘徽神算”的这个数学案例，实际上表达了一种数据精加工的方法.推广刘徽神算，自然可提出下述**校正技术**：

设法寻求某个**松弛因子** $\omega$，将偏差 $\Delta_n=S_{2n}-S_n$ 的 $\omega$ 倍作为数据 $S_{2n}$ 的**校正量**，而使**校正值**

$$\hat{S}=S_{2n}+\omega(S_{2n}-S_n),\quad 0<\omega<1 \tag{12.3.1}$$

比 $S_n$ 和 $S_{2n}$ 具有更高的精度.

自然会问，作为校正技术的式(12.3.1)，为什么要选取形如 $\omega(S_{2n}-S_n)$ 的校正项呢？

前已指出刘徽在《割圆术》中导出了圆面积的双侧挤压公式

$$S_{2n}<S^*<S_{2n}+(S_{2n}-S_n),$$

借助于偏差 $\Delta_n=S_{2n}-S_n$ 这个公式可表达为

$$0\cdot\Delta_n<S^*-S_{2n}<1\cdot\Delta_n,$$

即误差 $S^*-S_{2n}$ 被夹在系数分别为 0 和 1 的左右两极之间.

中华文化崇尚“中庸之道”.无论处理什么事情都要避免走极端，尽量不左不右，不偏不倚，执中致和.因此，依据上述挤压公式，应令

$$S^*-S_{2n}\approx\omega\Delta_n,$$

式中 $0<\omega<1$，即取式(12.3.1)作为校正公式.

另一方面，校正公式(12.3.1)亦可改写成两个数据 $S_n$ 与 $S_{2n}$ 的组合形式：

$$\hat{S}=(1+\omega)S_{2n}-\omega S_n.$$

按这种理解，所述精加工方法也是一种**组合技术**.

问题在于，这里组合系数为什么采取一正一负的逆反形式呢？

事实上，比较 $S_n$ 和 $S_{2n}$ 两个近似值，虽然它们都很粗糙，但 $S_{2n}$ 总比 $S_n$ 更为精确，即 $S_{2n}$ 为“优”值而 $S_n$ 则为“劣”值，所以加权平均应采取“激浊扬清”的态势，充分激发 $S_{2n}$ 的“优”势而抑制 $S_n$ 的“劣”势，为此令 $S_n$ 的权系数 $-\omega<0$，而令 $S_{2n}$ 的权系数 $1+\omega>1$.

激浊扬清、优劣互补的态势，标志着这种技术从属于高效算法设计的二分演化模式.

总之，**作为刘徽神算推广的校正公式**(12.3.1)，**是校正技术与组合技术两种技术的综合**. 为使这类技术真正保证提高精度的要求，该怎样具体地选取松弛因子 $\omega$ 呢?

## 12.3.2 偏差比中传出好“消息”

再换一种视角考察前述数据校正技术. 针对无穷逼近过程 $\{S_n\}$，能否设计更“好”的逼近过程 $\{\hat{S}_n\}$，使之具有更快的收敛速度呢? 这就是逼近加速问题.

欲使**校正公式**(12.3.1)成为逼近加速公式，校正因子 $\omega$ 应当是驾驭逼近过程的某个数学不变量，即与逼近过程相关的某个普适常数，称之为**加速因子**. 前已指出，这个常数 $\omega$ 应当在 0 与 1 之间，即 $0<\omega<1$.

数学常数通常采取比率的形式，刘徽指出，比率的本意是相关事物的比例关系.

在二分割圆过程中，需要考虑什么样的“相关量”呢?

《割圆术》称偏差 $\Delta_n=S_{2n}-S_n$ 为**差幂**，刘徽特别关注**幂率** $\delta_n=\Delta_n/\Delta_{2n}$. 在割圆计算过程中，利用差幂 $\Delta_n$ 计算幂率 $\delta_n$，割圆术实际上已造出下列数据表 12.1.

**表 12.1**

| $n$ | $S_n$ | $\Delta_n$ | $\delta_n$ |
|---|---|---|---|
| 12 | 300 | $10\frac{364}{625}$ | 3.95 |
| 24 | $310\frac{364}{625}$ | $2\frac{425}{625}$ | 3.99 |
| 48 | $313\frac{164}{625}$ | $\frac{420}{625}$ | 4.00 |
| 96 | $313\frac{584}{625}$ | $\frac{105}{625}$ | |
| 192 | $314\frac{64}{625}$ | | |

从这些数据中能获得什么样的信息呢? 无需用高深的数学知识进行理论分析，**直接观察幂率 $\delta_n$ 的数据表(见表 12.1)即可发现，幂率几乎为定值 4.**

**刘徽由此发现了一个奇妙的事实：表面上杂乱无章的数据 $S_n$ 中竟蕴藏着极其鲜明的规律性.**

## 12.3.3 只要做一次“俯冲”

偏差比几乎是个定值，基于这个奇妙的规律，分析误差只是一蹴而就的事，据此只要做一次“俯冲”便能捕捉到所要的校正公式.

事实上，由于在割圆计算过程中偏差比近似等于 4，从而得出一系列近似关系式：

$$S_{2n}-S_n\approx 4(S_{4n}-S_{2n}),$$
$$S_{4n}-S_{2n}\approx 4(S_{8n}-S_{4n}),$$
$$S_{8n}-S_{4n}\approx 4(S_{16n}-S_{8n}),$$
$$\vdots$$
$$S_{2N}-S_N\approx 4(S_{4N}-S_{2N}),$$

式中，$N$ 是某个远大于 $n$ 的正整数.

将这些式子累加在一起，其中间项相互抵消，得

$$S_{2N}-S_n\approx 4(S_{4N}-S_{2n}).$$

这样，若取 $S_{4N}$ 和 $S_{2N}$ 作为 $S_{2n}$ 的校正值 $\hat{S}$，则有

$$\hat{S}-S_n=4(\hat{S}-S_{2n}), \tag{12.3.2}$$

即有

$$\frac{\hat{S}-S_n}{\hat{S}-S_{2n}}\approx 4.$$

如果称近似值 $S_n$ 与校正值 $\hat{S}$ 两者之差为**残差**，则上式说明，**若偏差比几乎为定值 4，那么残差比也近似等于 4.**

这样一来，精加工方法的设计就水到渠成了. 事实上，从式(12.3.2)解出未知的 $\hat{S}$，有

$$\hat{S}=S_{2n}+\frac{1}{3}(S_{2n}-S_n). \tag{12.3.3}$$

这个式子的含义是，在偏差比“几乎”为定值 4 的情况下，近似值的残差比也近似等于 4，因而残差 $\hat{S}-S_{2n}$ 几乎等于偏差 $S_{2n}-S_n$ 的 $\frac{1}{3}$，从而立即导出所求的加速公式(12.3.3).

值得指出的是，刘徽神算(12.2.2)即

$$\hat{S}=S_{192}+\frac{36}{105}(S_{192}-S_{96})$$

中的校正因子 $\omega=\frac{36}{105}$ 非常接近实际精加工公式(12.3.3)中的校正因子 $\omega=\frac{1}{3}=\frac{35}{105}$. 至于刘徽为什么这样处理，**一个明显的理由是，刘徽过于偏爱计算公式与计算结果的简洁美.**

### 12.3.4 差之毫厘，失之千里

加速因子究竟怎样选取才算合适呢？循着刘徽割圆术的思路，精确地计算直

到正 3 072 边形的面积，直接选取加速因子 $\omega=\frac{1}{3}$，再按式(12.3.3)计算，计算结果列于表 12.2 中，表中括弧〈·〉标明数据准确到小数点后第几位. $\pi$ 的真值为 3.141 592 653 5….

表 12.2

| $n$ | $S_n$ | $\hat{S}_n$ |
|---|---|---|
| 12 | 3.000 000 000 〈0〉 | |
| 24 | 3.105 828 541 〈1〉 | 3.141 104 722 〈3〉 |
| 48 | 3.132 628 613 〈1〉 | 3.141 561 971 〈4〉 |
| 96 | 3.139 350 203 〈1〉 | 3.141 590 733 〈5〉 |
| 192 | 3.141 031 951 〈3〉 | 3.141 592 534 〈6〉 |
| 384 | 3.141 452 472 〈3〉 | 3.141 592 646 〈7〉 |
| 768 | 3.141 557 608 〈4〉 | 3.141 592 653 〈8〉 |
| 1 536 | 3.141 583 892 〈4〉 | 3.141 592 654 〈8〉 |
| 3 072 | 3.141 590 463 〈5〉 | 3.141 592 654 〈8〉 |

在割圆计算中，刘徽已获知直到正 3 072 边形的数据. 以上数据表显示，利用这些数据按照刘徽加速技术进行精加工，即可获得祖冲之的“密率”3.141 592 65.

刘徽如果这样做，那么中华数学史乃至世界数学史上有关圆周率科学计算部分就要彻底改写了.

**差之毫厘，失之千里. 刘徽的校正技术极为精彩，只是由于校正因子的处理稍欠精细，从而失之交臂，把一项千年称雄的数学成就留给了两百年后的祖冲之.**

## 12.3.5 “缀术”再剖析

本章一开头指出，南北朝数学家祖冲之给出了高精度的圆周率，这项成就领先世界一千多年.

祖冲之的圆周率是怎样得出来的？如果直接用内接正多边形来逼近，要一直算到正 $24\ 576=6\times 2^{12}$ 边形. 耗费如此巨大的计算量，在筹算的古代是难以想象的.

中华民族是个智慧的民族，是个善于创新的民族. **刘徽的加速技术是中华文明前瞻性思维的一个明证.**

据隋唐古书记载，祖冲之的算法设计技术称为“缀术”. 史书盛赞缀术“指要精密，算氏之最”.但关于缀术的具体内容已无从考证,仅仅靠“缀术”这个名词能够窥探出其中的奥秘吗?

查看汉语词典,**“缀”字有两个含义:一是“缀合”,即组合,因此“缀术”就是组合技术;另一个含义是“缀补”,即修补和校正,在这个意义上,“缀术”亦可理解为校正技术.**

**这样,所谓“缀术”其实就是组合技术与校正技术.**本节一开头就指出,刘徽的精加工技术正是这种技术.也许,据此可以断定,**祖冲之的“缀术”正是继承了刘徽的“衣钵”——特别是刘徽的割圆术,归纳总结出来的.**

数学史先辈钱宝琮先生早就猜测过祖冲之与刘徽之间的传承关系.我们深信,**祖冲之将自己的算法设计技术命名为“缀术”,目的也是试图向世人表白:自己的数学成就,只是前人特别是刘徽的研究工作的缀补和修正.因此,“缀术”实质上只是《九章算术》刘徽注的祖冲之注.**

也许这就是历史的真相.

### 12.3.6 平庸的新纪录

前已指出,祖冲之于公元5世纪所获得的准确到小数点后7位的圆周率3.141 592 6…千年称雄于世界.这项纪录直到15世纪才被打破.阿拉伯人阿尔·卡西于1424年写成《圆周论》,发表了当时世界上最为精确的圆周率.

阿尔·卡西的割圆过程袭用阿基米德的做法:从正六边形做起,逐步计算圆的内接与外切多边形的周长.每分割一次,令多边形的边数倍增.到了15世纪,阿拉伯数字和十进小数记数法的使用,给实际计算提供了很大方便.阿尔·卡西反复割圆,一直算到

$$6\times2^{27}=805\ 306\ 368$$

即正8亿多多边形,得出准确到小数点后17位的圆周率

$$\pi=3.141\ 592\ 653\ 589\ 793\ 23,$$

从而打破了祖冲之千年称雄的世界纪录.

阿尔·卡西的这项计算其实是平庸的.其一,他所使用的其实就是刘徽公式;其二,后文将会看到,运用刘徽的加速技术,用正24 576边形的数据就能加工出阿尔·卡西正8亿多多边形的结果.

这里再现阿尔·卡西所获得的数据.令直径为1,则内接正$n$边形的边长

$$L_n=n\cdot\sin\frac{\pi}{n}.$$

设取$n=6,12,24,\cdots$反复进行计算,计算结果列于表12.3中.表中数据是借助于数学软件Mathematica获得的,计算过程避开了舍入误差的积累.

表 12.3

| $n$ | $L_n$ | $\delta_n$ |
|---|---|---|
| 6 | 3.000 000 000 000 000 000 〈0〉 | 3.948 815 549 036 689 1 |
| 12 | 3.105 828 541 230 249 148 〈1〉 | 3.987 162 707 851 017 4 |
| 24 | 3.132 628 613 281 238 197 〈1〉 | 3.996 788 098 191 334 7 |
| 48 | 3.139 350 203 046 867 207 〈1〉 | 3.999 196 863 295 489 2 |
| 96 | 3.141 031 950 890 509 638 〈3〉 | 3.999 799 205 744 363 9 |
| 192 | 3.141 452 472 285 462 075 〈3〉 | 3.999 949 800 806 102 4 |
| 384 | 3.141 557 607 911 857 645 〈4〉 | 3.999 987 450 162 151 0 |
| 768 | 3.141 583 892 148 318 408 〈4〉 | 3.999 996 862 538 076 8 |
| 1 536 | 3.141 590 463 228 050 095 〈5〉 | 3.999 999 215 634 365 4 |
| 3 072 | 3.141 592 105 999 271 550 〈6〉 | 3.999 999 803 908 581 7 |
| 6 144 | 3.141 592 516 692 157 447 〈6〉 | 3.999 999 950 977 144 8 |
| 12 288 | 3.141 592 619 365 383 955 〈7〉 | 3.999 999 987 744 286 1 |
| 24 576 | 3.141 592 645 033 690 896 〈7〉 | 3.999 999 996 936 071 5 |
| 49 152 | 3.141 592 651 450 767 651 〈8〉 | 3.999 999 999 234 017 8 |
| 98 304 | 3.141 592 653 055 036 841 〈9〉 | 3.999 999 999 808 504 4 |
| 196 608 | 3.141 592 653 456 104 139 〈9〉 | 3.999 999 999 952 126 1 |
| 393 216 | 3.141 592 653 556 370 963 〈10〉 | 3.999 999 999 988 031 5 |
| 786 432 | 3.141 592 653 581 437 669 〈11〉 | 3.999 999 999 997 007 8 |
| 1 572 864 | 3.141 592 653 587 704 346 〈11〉 | 3.999 999 999 999 251 9 |
| 3 145 728 | 3.141 592 653 589 271 015 〈12〉 | 3.999 999 999 999 812 9 |
| 6 291 456 | 3.141 592 653 589 662 682 〈12〉 | 3.999 999 999 999 953 2 |
| 12 582 912 | 3.141 592 653 589 760 599 〈13〉 | 3.999 999 999 999 988 3 |
| 25 165 824 | 3.141 592 653 589 785 078 〈13〉 | 3.999 999 999 999 997 0 |
| 50 331 648 | 3.141 592 653 589 791 198 〈14〉 | 3.999 999 999 999 999 2 |
| 100 663 296 | 3.141 592 653 589 792 728 〈14〉 | 3.999 999 999 999 999 8 |
| 201 326 592 | 3.141 592 653 589 793 110 〈15〉 | 3.999 999 999 999 999 9 |
| 402 653 184 | 3.141 592 653 589 793 206 〈16〉 | |
| 805 306 368 | 3.141 592 653 589 793 230 〈17〉 | |

表 12.3 所列的计算结果表明，在二分逼近过程中，反复计算内接正 $n$ 边形的周长 $L_n$，发现阿尔・卡西的“新纪录”果然是对的.

为了运用刘徽方法进行精加工，首先需要澄清偏差比是否“几乎”为定值. 利用逼近数据 $L_n$ 计算偏差 $\Delta_n = L_{2n} - L_n$，进而求出偏差比 $\delta_n = \Delta_n / \Delta_{2n}$. 计算结果 $\delta_n$ 列于表 12.3 的右侧. 我们看到，这里偏差比 $\delta_n$ 越来越逼近定值 4，因此加速公式仍具有式(12.3.3)的形式：

$$\hat{L}_n = L_{2n} + \frac{1}{3}(L_{2n} - L_n).$$

依这一公式加工表 12.3 的数据 $L_n$，加工结果 $\hat{L}_n$ 列于表 12.4 中. 数据尾部依然标明准确到小数第几位.

**表 12.4**

| $n$ | $\hat{L}_n$ | $n$ | $\hat{L}_n$ |
|---|---|---|---|
| 6 | 3.141 104 721 640 332 197 〈3〉 | 768 | 3.141 592 653 587 960 658 〈11〉 |
| 12 | 3.141 561 970 631 567 880 〈4〉 | 1 536 | 3.141 592 653 589 678 702 〈12〉 |
| 24 | 3.141 590 732 968 743 543 〈5〉 | 3 072 | 3.141 592 653 589 786 079 〈13〉 |
| 48 | 3.141 592 533 505 057 115 〈6〉 | 6 144 | 3.141 592 653 589 792 791 〈14〉 |
| 96 | 3.141 592 646 083 779 554 〈7〉 | 12 288 | 3.141 592 653 589 793 210 〈16〉 |
| 192 | 3.141 592 653 120 656 168 〈9〉 | 24 576 | 3.141 592 653 589 793 236 〈17〉 |
| 384 | 3.141 592 653 560 471 996 〈10〉 | | |

对照表 12.3 和表 12.4 可以看出，**为了获得阿尔・卡西割到正 8 亿多多边形所创造的新纪录，运用刘徽的精加工方法只要割到正 24 576 边形，后者相当于祖冲之已经掌握的逼近数据.**

**刘徽加速技术的效果简直令人难以置信！**

## 12.4　万能引擎

数学研究中常常碰到复杂的数学对象. 面对复杂，数学家往往不是进行正面的“攻击”，而是设法用某种简单去逼近它. 例如用正多边形逼近圆周计算圆周长与圆面积. 通常这种化繁为简、以简御繁的逼近过程是个无穷过程.

无穷逼近过程的收敛速度决定逼近方法的成败和优劣，一个过于缓慢的逼近过程是没有实用价值的，因此人们特别关注逼近过程的加速技术.

### 12.4.1 逼近加速的重差公设

**逼近加速是个难题，如果没有一个深邃的思想作为指导是很难圆满解决的.** 重差术是刘徽学说又一亮点. 限于篇幅，这里避开重差术的历史渊源以及它在测高望远领域中的广泛应用，而仅仅着眼于它同逼近加速技术的联系.

讨论一般形式的逼近过程

$$\{a_n\}: a_0, a_1, a_2, \cdots.$$

设逼近数列$\{a_n\}$单调有界，则它必有极限 $a^*$. 记其**偏差** $\Delta_n = a_{n+1} - a_n$，相邻偏差的比值

$$\delta_n = \frac{\Delta_n}{\Delta_{n+1}} = \frac{a_{n+1} - a_n}{a_{n+2} - a_{n+1}}$$

称为**重差**.

**顾名思义，重差就是差数的重叠，即偏差比.**

如果逼近过程的重差 $\delta_n$“几乎”是个定值 $\delta$，则称它满足**重差公设**. 容易想象，重差公设是逼近数列的一个本质属性. 我们将会看到，重差公设是保证逼近加速的一台万能引擎.

### 12.4.2 重差加速法则

考察收敛的逼近数列$\{a_n\}$：

$$a_1, a_2, \cdots, a_n \to a^*.$$

假设它满足重差公设，即其偏差比 $\delta_n = \Delta_n / \Delta_{n+1}$，$\Delta_n = a_{n+1} - a_n$“几乎”为定值 $\delta$，亦即

$$\frac{a_{n+1} - a_n}{a_{n+2} - a_{n+1}} \approx \delta, \quad \delta > 1, \tag{12.4.1}$$

则所生成的数列

$$\begin{aligned} \hat{a}_n &= a_{n+1} + \frac{1}{\delta - 1}(a_{n+1} - a_n) \\ &= \left(1 + \frac{1}{\delta - 1}\right) a_{n+1} - \frac{1}{\delta - 1} a_n \end{aligned} \tag{12.4.2}$$

远比原先的数列$\{a_n\}$收敛得更快，即$\hat{a}_n$ 比 $a_n$ 具有更高的精度.

这一加速方法称作**重差加速法则**. 式(12.4.2)称作**重差加速公式，或称精加工公式.** $\hat{a}_n$ 称作 $a_n$ 的**改进值.**

重差加速的提出显然是前述刘徽加速的推广. 仿照上一节的讨论不难证明重差加速的合理性. 这里无需赘述.

**值得强调指出的是，刘徽重差加速技术是极度并行的. 因为松弛因子 $\delta$ 是整个逼近过程$\{a_n\}$的普适常数，所以精加工公式(12.4.2)对任何数据$\{a_n\}$均有效.**

### 12.4.3 重差加速的逻辑推理

假定所给逼近数列$\{a_n\}$由迭代公式

$$a_{n+1}=\Phi(a_n)$$

所生成，则有

$$\begin{aligned}a^*-a_{n+1}&=\Phi(a^*)-\Phi(a_n)\\&=\Phi'(\xi_1)(a^*-a_n).\end{aligned}$$

又

$$\begin{aligned}a_{n+2}-a_{n+1}&=\Phi(a_{n+1})-\Phi(a_n)\\&=\Phi'(\xi_2)(a_{n+1}-a_n),\end{aligned}$$

假定导数$\Phi'(\xi)$在所考察的范围内改变不大，则据上式得知

$$\frac{a^*-a_{n+1}}{a^*-a_n}\approx\frac{a_{n+2}-a_{n+1}}{a_{n+1}-a_n}.$$

这样，利用重差公设(12.4.1)可以断定

$$\frac{a^*-a_{n+1}}{a^*-a_n}\approx\frac{1}{\delta},$$

即有

$$a^*\approx\frac{\delta}{\delta-1}a_{n+1}-\frac{1}{\delta-1}a_n,$$

因而有加速公式(12.4.2)，重差加速法则得证.

上述推理过程自然会令人联想起经典数值分析中的松弛技术(参看第4章4.3节)，两种加速公式的形式相同.

不过，更要区分传统的松弛技术与刘徽的重差技术两者的差异：

其一，松弛技术的前提是给出了具体的迭代函数$\Phi$，并且要求函数$\Phi$具有一定的光滑性，而重差加速的理论分析所针对的迭代函数$\Phi$是虚构的，实际问题中并不存在. 前述理论分析只是“借题发挥”而已.

其二，传统的松弛技术是近代学者的研究成果，而重差加速是中华先贤刘徽在两千年前提出的大智慧，两者不可同日而语.

其三，传统的松弛技术仅仅解决一些简单的数值分析例题，而刘徽的重差加速普遍适用于形形色色的大规模的计算工程，两者相比，真是“小巫见大巫”了.

值得指出的是，这里关于刘徽加速的讨论其实不能算作证明，充其量只是一种“说明”而已. 逼近过程的收敛性与逼近加速的关系能否给出严格的逻辑证明，有待人们进一步深入研究.

# *第 13 章　总　　览

## 13.1　算法重在设计

电子计算机的问世开创了现代科学的新时代.随着计算机的广泛应用,科学计算正成为一种新的科学方法,它与科学实验、科学理论并列,构成科学方法论的三大组成部分.

今天,随着科学技术的蓬勃发展,实际课题的规模空前扩大,大型乃至超大型科学计算日益为人们所重视.与此相适应,巨型计算机在科学计算中正扮演着越来越重要的角色.计算机的更新换代强有力地推动着算法研究的深入,科学计算正面临蓬勃发展的新机遇.

### 13.1.1　算法设计关系到科学计算的成败

计算机是一种功能很强的计算工具.现代超级计算机的运算速度已高达每秒亿亿次.计算机运算速度如此之快,是否意味着计算机上的算法可以随意选择呢?

举个简单的例子.

众所周知,Cramer 法则原则上可用来求解线性方程组.用这种方法求解一个 $n$ 阶方程组,要计算 $n+1$ 个 $n$ 阶行列式的值,总共要做 $(n+1)n!(n-1)$ 次乘除操作.当 $n$ 充分大时,这个计算量是惊人的.譬如一个不算太大的 20 阶线性方程组,大约要做 $10^{21}$ 次乘除操作,这项计算即使用每秒 30 万亿次的超级计算机来承担,也得要连续工作

$$\frac{10^{21}}{3\times10^{13}\times60\times60\times24\times365}\approx1\ (\text{年})$$

才能完成.当然这是完全没有实际意义的.

其实,求解线性方程组有许多实用解法.譬如,运用人们熟悉的消元技术,一个 20 阶的线性方程组即使用普通的计算器也能很快地解出来.这个简单的例子说明,**能否合理地选择算法是科学计算成败的关键**.

随着计算机的广泛应用与日益普及,算法设计的重要性正越来越为人们所认识.《计算机大百科全书》在其“算法学”词条中指出:“凡与计算机打交道,无不研究各种类型的算法.”“**算法学是计算机科学最重要的内容,有的计算机学者甚至称,计算机科学就是算法的科学.**”

### 13.1.2 算法设计追求简单与统一

在知识“大爆炸”的今天，算法的数量也正以“大爆炸”的速度与日俱增，所涉及的文献著作数以千万计，形成浩繁的卷帙. 面对这知识的汪洋大海，该如何进行有效的学习呢？许多有志于从事科学计算的青年工作者正为这门学科的知识庞杂所困扰.

**学习和研究算法，应当从最简单的做起.** 每学一个专题，首先剖析一两个最简单、最初等的范例. 基于这些极其简单的范例可以提炼出一般性的设计技术，**这是个“点石成金”的过程.**

**要学好算法，关键在于将各种各样的具体算法进行归纳分类，并触类旁通.** 据我国最古老的一部算书《周髀算经》记载，上古先贤陈子教导后人，**学习算法要有“智类之明”，“问一类而以万事达”.** 陈子这种“问一知万”的大智慧，是一服解读各种算法的灵丹妙药.

1976 年，英国著名数学家、菲尔兹奖获得者 Atiyah 在题为“数学的统一性”的演讲中，突出地强调了数学的简单性和统一性. 他说：**“数学的目的，就是用简单而基本的词汇去尽可能地解释世界. ……如果我们积累起来的经验要一代一代传下去的话，我们就必须不断地努力把它们加以简化和统一.”**

算法设计追求简单和统一. 后文将基于几个有趣的范例，提炼出算法设计的一条基本原理，进而概括出算法设计的几种基本技术.

## 13.2 直接法的缩减技术

**所谓直接法是这样一类算法，它通过有限步计算可以直接得出问题的精确解**（如果不考虑舍入误差的话）.

### 13.2.1 数列求和的累加算法

下述数列求和问题是人们所熟知的：

$$S=a_0+a_1+\cdots+a_n. \tag{13.2.1}$$

这个计算模型有两个简单的特例. 当 $n=0$ 即为一项和式 $S=a_0$ 时，所给计算模型就是它的解，这时不需要做任何计算. 这表明，对于数列求和问题，它的解是计算模型**退化**的情形. 又当 $n=1$ 即计算两项和式 $S=a_0+a_1$ 时，计算过程是**平凡**的，这时不存在算法设计问题.

现在基于这两种简单情形考察所给和式(13.2.1)的累加求和算法. 设 $b_k$ 表示前 $k+1$ 项的部分和 $a_0+a_1+\cdots+a_k$，则有

$$\begin{cases} b_0=a_0, \\ b_k=b_{k-1}+a_k, \quad k=1,2,\cdots,n, \end{cases} \tag{13.2.2}$$

而计算结果 $b_n$ 即为所求的和值

$$S=b_n. \tag{13.2.3}$$

上述**数列求和的累加算法，其设计思想是将多项求和（式**(13.2.1)**）化归为两项求和（式**(13.2.2)**）的重复**. 而依式(13.2.2)重复加工若干次，最终即可将所给和式(13.2.1)加工成一项和式(13.2.3)的退化情形，从而得出和值 $S$.

再剖析计算模型自身的演变过程. 按式(13.2.2)每加工一次，所给和式(13.2.1)便减少一项，而所生成的计算模型依然是数列求和. 反复施行这种加工手续，计算模型不断变形为

$$\underset{\text{（计算模型）}}{n+1\text{ 项和式}} \Rightarrow n\text{ 项和式} \Rightarrow n-1\text{ 项和式} \Rightarrow \cdots \Rightarrow \underset{\text{（所求结果）}}{1\text{ 项和式}},$$

这里，符号“⇒”表示重复施行两项求和的加工手续.

这样，如果定义和式的项数为数列求和问题的**规模**，则所求和值可以视作规模为1的退化情形. 因此，只要令和式的规模（项数）逐次减1，最终当规模为1时即可直接得出所求的和值. 这样设计出的算法就是累加求和算法.

上述累加求和算法可以视作规模缩减技术的一个范例.

## 13.2.2 缩减技术的设计机理

许多数值计算问题可以引进某个实数——所谓问题的**规模**来刻画其“大小”，而问题的解则是其规模为足够小，譬如规模为1或0的退化情形. 求解这类问题，一种行之有效的办法是通过某种简单的运算手续逐步缩减问题的规模，直到加工得出所求的解. 算法设计的这种技术称作**规模缩减技术**，简称**缩减技术**.

**缩减技术适用的一类问题是，求解这类问题的困难在于它的规模（适当定义）比较大. 针对这类问题运用缩减技术，就是设法逐步缩减计算问题的规模，直到规模变得足够小时直接生成或方便地求出问题的解.**

缩减技术的设计机理可用“**大事化小，小事化了**”这句俗话来概括.

**所谓“大事化小”意即逐步压缩问题的规模**. 在运用缩减技术时，“大事”是如何“化小”的呢？这个处理过程具有如下两项基本特征.

(1) **结构递归**：“大事化小”是逐步完成的，其每一步将所考察的计算模型加工成同样类型的计算模型，因而这类算法具有明晰的递归结构.

(2) **规模递减**：每一步加工前后的计算模型虽然从属于同一类型，但其规模已被压缩了. 压缩系数愈小，算法的效率愈高.

再考察“小事化了”的处理过程. **所谓“小事化了”，是指当问题的规模变得足够小时即可直接或方便地得出问题的解.**

“小事”是如何“化了”的呢？

对于某些计算模型，如前面讨论过的数列求和问题，它们的规模为正整数，而其解则是规模为 0 或 1 的退化情形. 这时只要设法使规模逐次减 1，加工若干步后即可直接得出所求的解. 这里“小事化了”是直截了当的.

这样设计出的一类算法统称**直接法**. 前述数列求和的累加算法以及下面将要讲到的多项式求值的秦九韶算法都是直接法.

### 13.2.3 多项式求值的秦九韶算法

微积分方法的核心是逼近法. 多项式是微积分学中最为基本的一种逼近工具，因而多项式求值算法在微积分计算中具有重要意义.

设要对给定的 $x$ 计算下列多项式的值：

$$P = a_0x^n + a_1x^{n-1} + \cdots + a_{n-1}x + a_n = \sum_{k=0}^{n} a_kx^{n-k}. \tag{13.2.4}$$

由于计算每一项 $a_kx^{n-k}$ 需做 $n-k$ 次乘法，如果先逐项计算 $a_kx^{n-k}$，然后再累加求和得出多项式的值 $P$，这种**逐项生成算法**所要耗费的乘法次数为

$$Q = \sum_{k=0}^{n}(n-k) \approx \frac{n^2}{2}.$$

当 $n$ 充分大时，这个计算量是相当大的.

现在设法改进这一算法. 类似于数列求和计算，首先考察两个特例：当 $n=0$ 时，所给计算模型即为所求的解

$$P=a_0,$$

这时不需要做任何计算；又当 $n=1$ 时，计算模型

$$P=a_0x+a_1$$

为简单的一次式，这时虽然需要进行计算，但不存在算法设计问题.

注意，当 $x=1$ 时多项式(13.2.4)便退化为和式(13.2.1)，可以类比数列求和算法的设计过程讨论多项式求值算法的设计问题.

设将多项式的次数规定为多项式求值问题的规模，如果从式(13.2.4)的前两项中提出公因子 $x^{n-1}$，则有

$$P = (a_0x + a_1)x^{n-1} + \sum_{k=2}^{n} a_kx^{n-k}.$$

这样，如果算出一次式

$$v_1=a_0x+a_1$$

的值，则所给 $n$ 次式的计算模型(13.2.4)便化归为 $n-1$ 次式

$$P = v_1x^{n-1} + \sum_{k=2}^{n} a_kx^{n-k}$$

的计算，从而使问题的规模减少了1次．不断地重复这种加工手续，使计算问题的规模逐次减1，则经过 $n$ 步即可将所给多项式的次数降为0，从而获得所求的解．

**算法13.1**（秦九韶算法） 令 $v_0=a_0$，对 $k=1,2,\cdots,n$ 计算

$$v_k=xv_{k-1}+a_k, \tag{13.2.5}$$

则结果 $P=v_n$ 即为所给多项式(13.2.4)的值．

容易看出，按递推算式(13.2.5)计算多项式(13.2.4)的值，总共只要做 $n$ 次乘法，其计算量远比前述逐项生成算法的计算量小．这是一种优秀算法．

这一优秀算法称作**秦九韶算法**．它是公元13世纪我国南宋大数学家秦九韶(1208—1261)最先提出来的．需要注意的是，国外文献常称这一算法为Horner**算法**，其实Horner的工作比秦九韶晚了五六百年．

**秦九韶算法说明，$n$ 次式**(13.2.4)**的求值问题可化归为一次式**(13.2.5)**求值计算的重复**．设以符号"⇒"表示一次式的求值手续，则秦九韶算法的模型加工流程如下：

$$\underset{\text{(计算模型)}}{n\text{ 次式求值}}\Rightarrow n-1\text{ 次式求值}\Rightarrow n-2\text{ 次式求值}\Rightarrow\cdots\Rightarrow\underset{\text{(计算结果)}}{0\text{ 次式求值}}.$$

## 13.3 迭代法的校正技术

上一节介绍了设计直接法的缩减技术．缩减技术针对这样的问题，它的规模为正整数，而解则是规模足够小(通常规模为0或1)的退化情形．这样，只要设法令规模逐次减1，即可将计算模型逐步加工成解的形式．这种加工过程可用"大事化小，小事化了"这句俗话来概括．

有些问题的"大事化小"过程似乎无法了结，这是一类无限的逼近过程，计算问题的规模通常是实数．如果逼近过程的规模(适当定义)按某个比例常数一致地缩减，那么适当提供某个精度即可控制计算过程的终止．这样设计出的算法通常称作**迭代法**．

### 13.3.1 开方算法

四千多年以前，在亚洲西南部的古巴比伦地区(现伊拉克境内)就已经萌发出数学智慧的幼芽．古巴比伦数学取得了一系列重要成就，譬如制成了有关开方值的数表．古巴比伦人制造开方表的方法难以考证，不过可以想象其计算方法必定相当简单．

现代电子计算机上又是怎样计算开方值的呢？

相对于加减乘除四则运算来说，开方运算无疑是复杂的．人们自然希望将复杂的开方运算归结为四则运算的重复，为此需要设计某种算法．

给定 $a>0$，求开方根$\sqrt{a}$的问题就是要解方程

$$x^2-a=0. \tag{13.3.1}$$

这是个非线性的二次方程，从初等数学的角度来看，它的求解有难度. 该如何化难为易呢?

设给定某个预报值 $x_0$，我们希望借助于某种简单方法确定校正量 $\Delta x$，使校正值 $x_1=x_0+\Delta x$ 能够比较准确地满足所给方程(13.3.1)，即有

$$(x_0+\Delta x)^2\approx a.$$

假设校正量 $\Delta x$ 是个小量，为简化计算，舍弃上式中的高阶小量$(\Delta x)^2$，而令

$$x_0^2+2x_0\Delta x=a.$$

这是关于 $\Delta x$ 的一次方程，据此定出 $\Delta x$，从而对校正值 $x_1=x_0+\Delta x$ 有

$$x_1=\frac{1}{2}\left(x_0+\frac{a}{x_0}\right).$$

反复施行这种预报校正手续，即可导出**开方公式**

$$x_{k+1}=\frac{1}{2}\left(x_k+\frac{a}{x_k}\right),\quad k=0,1,2,\cdots. \tag{13.3.2}$$

从给定的某个初值 $x_0>0$ 出发，利用上式反复迭代，即可获得满足精度要求的开方值$\sqrt{a}$.

**算法 13.2**(开方算法)　任给 $x_0>0$，对 $k=0,1,2,\cdots$执行算式(13.3.2)，直到偏差$|x_{k+1}-x_k|<\varepsilon$ ($\varepsilon$ 为给定精度)为止，最终获得的近似值 $x_k$ 即为所求.

## 13.3.2 校正技术的设计机理

开方算法虽然结构简单，但它深刻地揭示了校正技术的设计思想. 前已指出，**算法设计的基本原则是将复杂计算化归为一系列简单计算的重复**. 迭代法突出地体现了这一原则，其设计机理可概括为“**以简御繁，逐步求精**”.

**所谓“以简御繁”是指构造某个简化方程近似替代原先比较复杂的方程，以确定所给预报值的校正量**. 这种用于计算校正量的简化方程称作**校正方程**. 关于校正方程有以下两项基本要求.

(1) **逼近性**：它与所给方程是近似的. 逼近程度越高，所获得的校正量越准确.

(2) **简单性**：校正方程越简单，所需计算越小. 求校正量通常采取显式计算.

应当指出的是，在设计校正方程时，上述逼近性与简单性两项要求往往会顾此失彼. 逼近性高会导致校正方程的复杂化，使计算量显著增加. 在具体设计校正方程时需要权衡得失.

如何利用简单的校正方程获得原方程的解呢? 为使简单转化为复杂，一种行之有效的方法是递推. 对于给定的某个预报值 $x_0$，利用校正方程计算校正量，从而得出校正值 $x_1$，这就完成了迭代过程的一步. 是否需要继续迭代取决于校正量是否满足

精度要求.如果不满足精度要求,则用老的校正值充当新的预报值重复上述步骤.如此继续下去,直到获得的校正值满足精度要求为止.由此可见,**迭代过程是个“逐步求精”的递归过程.**

## 13.4 迭代优化的超松弛技术

### 13.4.1 超松弛技术的设计机理

在实际计算中常常可以获得与目标值 $F^*$ 相伴随的两个近似值 $F_0$ 与 $F_1$,如何将它们加工成更高精度的结果呢?改善精度的一种简便而有效的办法是,取两者的某种加权平均作为近似值,即令

$$\begin{aligned}\hat{F}&=(1-\omega)F_0+\omega F_1\\&=F_0+\omega(F_1-F_0).\end{aligned}$$

也就是说,适当选取权系数 $\omega$ 来调整校正量 $\omega(F_1-F_0)$,以将近似值 $F_0$,$F_1$ 加工成更高精度的结果 $\hat{F}$.正是由于基于校正量的调整与松动,故这种方法称作**松弛技术**.权系数 $\omega$ 称作**松弛因子**.

有一种情况特别引人注目.如果所提供的一对近似值有优劣之分,譬如 $F_1$ 为优而 $F_0$ 为劣,这时往往采取如下松弛方式:

$$\hat{F}=(1+\omega)F_1-\omega F_0,\quad \omega>0.$$

这种设计策略称作**超松弛**.

**超松弛技术在提高精度方面的效果是奇妙的.数据的加权平均几乎不需要耗费计算量,然而超松弛的结果往往能显著地提高精度.这种方法在将优劣互异(精度不同)的两类近似值进行松弛时,能最大限度地张扬优值而抑制劣值,从而获得高精度的松弛值,其设计机理可概括为“优劣互补,激浊扬清”.**

需要指出的是,**使超松弛技术真正实现提高精度的效果的关键在于松弛因子 $\omega$ 的选择,而这往往是极其困难的.不可思议的是,早在两千年以前,智慧的中华先贤已掌握了这门精湛的算法设计技术.**

### 13.4.2 刘徽的“割圆术”

在数学史上,圆周率这个奇妙的数字牵动着一代又一代数学家的心,不少人为之耗费了毕生精力.据现存文献记载,在这方面作出过突出贡献的,当首推古希腊的 Archimedes.公元前 3 世纪,他用圆内接与外切正 96 边形逼近圆周,得出 $\pi$ 的近似值

为 3.14. 这是公元前最好的结果.

关于圆周率的计算问题,我国古代数学家也作出过杰出的贡献.魏晋大数学家刘徽(公元 3 世纪)曾提出过"割圆术",他从内接正 6 边形割到正 12 边形,再割到正 24 边形,如此一直割到内接正 3 072 边形,得出 $\pi$ 的近似值 3.141 6. 这是当时最好的结果.

刘徽不但提供了一种圆周率计算的迭代算法,而且还给出了一个加速逼近公式.这是刘徽割圆术中最为精彩的部分.

刘徽用内接正 $n$ 边形的面积 $S_n$ 来逼近面积 $S$,并取半径 $r=10$ 进行实际计算.这时 $S=100\pi$. 他利用 $S_{96}=313\,\frac{584}{625}$ 与 $S_{192}=314\,\frac{64}{625}$ 两个粗糙的数据进行加工,并提供了如下加工过程:

$$\begin{aligned} S_{192}+\frac{36}{105}(S_{192}-S_{96}) &= 314\,\frac{64}{625}+\frac{36}{105}\times\frac{105}{625} \\ &= 314\,\frac{100}{625}=314\,\frac{4}{25}\approx S_{3\,072}. \end{aligned}$$

据此获知 $\pi=3.141\,6$.

就这样,**刘徽利用两个粗糙的近似值 $S_{96}$,$S_{192}$ 进行松弛,结果获得了高精度的近似值 $S_{3\,072}$,从而实现了圆周率计算的一次革命性飞跃.**

**刘徽的"割圆术"在数学史上占有重要的地位,它开创了加速算法设计的先河.直到 1700 多年后的 20 世纪,西方数学家才基于余项展开式获知逼近过程的加速方法.**

## 13.5　递推加速的二分技术

### 13.5.1　"结绳记数"的快速算法

考古发现,上古没有文字,中华先民靠在绳索上打结的办法来记录数字,这就是所谓的"结绳记数".

结绳记数有许多优点:绳结容易制作,造价低廉;打结方法简单,无需附加工具;绳结可随意变形,保管携带都很方便.绳结是个理想的"数字存储器".

绳结可以用来记数,这是古人早就认识到的.问题在于,如果一条绳结上存有大量结点,逐个累加不但枯燥乏味,而且效率低下,那么该怎样快速地求出结点总数呢?熟知"刚柔相推,变在其中"(《周易·系辞》)的中华先贤自然早就知道,"软硬兼施"的绳结有一种快速计数方法.

设绳结上的结点是等距排列的.试将它对折为两半,并令其首尾两个结点对齐

（见图 13.1）. 设用阴阳二分点来刻画结点数是偶数还是奇数：若结点数为偶数，则二分点是个虚的结点，记作"●"；若结点数为奇数，则二分点是个实的结点，记作"○". 这种**二分手续**取得了"大事化小"的效果.

对二分后的子段又可继续施行上述二分手续，从而产生一个新的二分点●或○. 这样反复做下去，直到子段上仅含一个结点为止. 最终留下的一个结点自然视为二分点○. 这样，二分过程最终实现了"小事化了"的目标.

绳结的这种二分演化过程如图 13.1 所示.

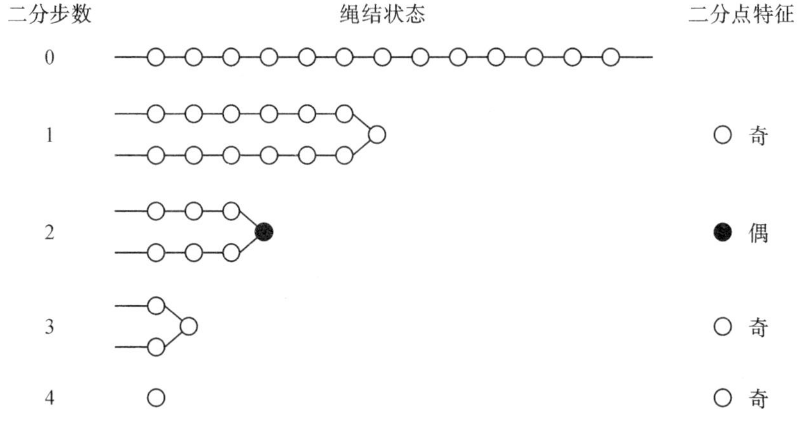


图 13.1

在上述二分演化过程中，逐步生成了一个二分点的序列. 设将先后生成的二分点从右往左顺序排列，即可生成一个有方向、有层次的**虚拟绳结**（见图 13.2）. 这个虚拟绳结同原先的绳结（见图 13.1）的含义一致，但信息量被大大地压缩了.

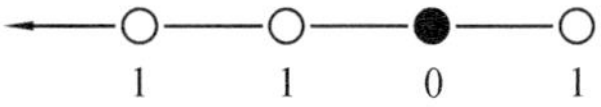


图 13.2

设原先的绳结数为 $N$，则二分过程的信息压缩比

$$\frac{N}{\log_2 N} \to +\infty.$$

一个出人意料的结论是，如果将虚拟绳结的虚实结点●与○分别赋值 0 与 1，即可得到所求绳结数的二进制数 $(1\ 1\ 0\ 1)_2=13$.

**摆弄绳结可以孕育出二进制，这是一个奇妙的事实. 这一事实表现了中华古算的博大精深.**

### 13.5.2 二分技术的设计机理

二分技术是缩减技术的延伸.

前已看到，在逐步推进过程中，缩减技术将所给计算问题加工成同类问题，每做一步其规模减 1，即其规模按等差级数(公差为 1)递减，直到规模为 1 或 0 结束.

二分技术所面对的是规模 $N=2^n$ ($n$ 为正整数)的大规模计算问题. 对于较大的 $n$，数值 $N=2^n$ 之“大”往往是人们无法想象的. 譬如，1 s 只是短短的一瞬间，而 $2^{64}$ s 等于 5 849 亿年，这个数字远远超过宇宙的“年龄”200 亿年. 对于这些“可怕的”大数 $N=2^n$，运用每做一步规模减 1 的缩减技术实在太慢了.

作为缩减技术的优化，二分技术仍然是将计算问题加工成同类问题，不过，**二分技术的每一步使问题的规模减半，即其规模按等比级数(公比为 1/2)递减，直到规模变为 1 时终止计算**. 这样，对于规模为 $N=2^n$ ($n$ 为正整数)的大规模计算问题，只要二分 $n=\log_2 N$ 次即可使其规模变为 1，从而得出所求的解. 与缩减技术相比，二分技术的加速比为

$$\frac{N}{\log_2 N} \longrightarrow \infty.$$

可见，二分技术是一类高效算法的设计技术.

二分演化机制所涵盖的领域极为宽泛. 不言而喻，近似值的优与劣自然是一对矛盾，因此，前述超松弛技术同样从属于二分演化机制的范畴. 事实上，超松弛技术与二分技术是高效算法设计包括加速算法设计、快速算法设计及并行算法设计的基本技术.

## 小　　结

学习计算机上的数值算法，要领悟一条基本原理，区分两类基本方法，掌握四种基本技术.

计算机上数值算法设计技术大致有四种：缩减技术、校正技术、超松弛技术和二分技术，其设计机理与设计思想如表 13.1 所述.

**表 13.1**

| 设计技术 | 设计机理 | | 设计思想 |
|---|---|---|---|
| 缩减技术 | 大事化小 | 小事化了 | 化大为小 |
| 校正技术 | 以简御繁 | 逐步求精 | 化难为易 |
| 超松弛技术 | 优劣互补 | 激浊扬清 | 变粗为精 |
| 二分技术 | 刚柔相推 | 变在其中 | 变慢为快 |

这四种技术并不是孤立的，它们彼此有着深刻的联系. 二分技术是缩减技术的加速，而超松弛技术则是校正技术的优化. 它们分别是直接法与迭代法的设计技术.

值得指出的是，直接法与迭代法这两类方法是相通的. 如前所述，这两类算法本

质上都是按照规模缩减的原则演化的，不过，直接法的规模是正整数，其规模缩减是个有限过程；而迭代法的规模（某种事先定义的误差）是实数，其规模缩减本质上是个无穷过程．前面已讲过，对于某些计算问题，所设计出的迭代法与直接法互为反方法．

计算机上的算法形形色色，但万变不离其宗．不管哪一种数值算法，其设计原理都是将复杂转化为简单的重复，或者说，通过简单的重复生成复杂．在算法设计与算法实现过程中，重复就是力量！

# 部分习题答案

## 第 1 章

**1.** $\delta$.

**2.** $0.02n$.

**4.** $1.05\times10^{-3}$，$0.215$，$10^{-5}$.

**6.** $\frac{1}{2}\times10^{-3}$.

**9.** 边长误差小于 0.005 cm.

**11.** 不稳定，$\varepsilon^*(y_{10})\approx\frac{1}{2}\times10^{8}$.

**13.** $0.3\times10^{-2}$，$0.834\times10^{-6}$.

## 第 2 章

**2.** $5x^2/6+3x/2-7/3$.

**3.** $-0.620\ 219$，$-0.616\ 707$.

**4.** $1.06\times10^{-8}$.

**5.** $(10+7\sqrt{7})/27$.

**8.** $h\leqslant0.006$.

**9.** $\Delta^4y^n=2^n$，$\delta^4y_n=2^{n-2}$.

**16.** 1，0.

**18.** $P(x)=x^2(x-1)^2/4$.

**21.** $|R_1(x)|\leqslant h^2/4$.

**22.** $|R_4(x)|\leqslant h^4/16$.

## 第 3 章

**3.** $P_6(x)=0$.

**4.** $P(x)=(M+m)/2$.

**5.** $a=3/4$.

**6.** $P_1(x)=\frac{2}{\pi}x+0.105\ 256\ 8$.

**8.** $r=-1/2$.

**9.** $P_3(x)=5x^3-\frac{5}{4}x^2+\frac{1}{4}x-\frac{129}{128}$.

**13.** $a=0.664\ 438\ 9$，$b=0.114\ 770\ 7$.

**15.** 0.196 116 1，用中值定理$\frac{1}{14}<\int_0^1\frac{x^6}{1+x}dx<\frac{1}{7}$.

**16.** $a=0$，$|a|\leqslant1$.

**18.** $S(x)=0.117\ 187\ 5+1.640\ 625x^2-0.820\ 312\ 5x^4$.

## 第 4 章

**1.** (1) $A_{-1}=A_1=h/3$，$A_0=4h/3$，三次代数精度；

(2) $A_{-1}=A_1=8h/3$，$A_0=-4h/3$，三次代数精度；

(3) $x_1=-0.289\ 90$，$x_2=0.626\ 60$ 或 $x_1=0.689\ 90$，$x_2=-0.126\ 60$，二次代数精度；

(4) $a=1/12$，三次代数精度.

**2.** (1) $T_8=0.111\ 40$，$S_4=0.111\ 57$； (2) $T_1=1.391\ 48$，$S_5=1.454\ 71$；

(3) $T_4=17.227\ 74$，$S_2=17.322\ 22$； (4) $T_6=1.035\ 62$，$S_3=1.035\ 77$.

**4.** $S_1=0.632\ 33$，误差 0.000 35.

**7.** $n>\sqrt{\frac{(b-a)^3M}{12\varepsilon}}$，$M=\max\limits_{a\leqslant x\leqslant b}|f''(x)|$.

**8.** 0.713 27.

**9.** 48 708 km.

**11.** (1) 1.098 63； (2) 1.089 40，1.098 62； (3) 1.098 54.

**12.** 用三点公式求得一阶导数值－0.247，－0.217，－0.189，用五点公式得－0.248 3，－0.216 3，－0.188 3.

## 第 5 章

**2.** 1.11，1.242 05，1.398 47，1.581 81，1.794 90，2.040 86，2.323 15，2.645 58，3.012 37，3.428 17.

**3.** 0.145.

**5.** 0.500，1.142，2.501，7.245.

**6.** (1) 1.242 8，1.583 6，2.044 2，2.651 0，3.436 5；

(2) 1.727 6，2.743 0，4.094 2，5.829 2，7.996 0.

**9.** 显式 0.626，隐式 0.633，真值 0.632 1.

**11.** $a_0+a_1+a_2=1$，$-a_1-2a_2+b_0+b_1+b_2=1$，$a_1+4a_2-2b_1-4b_2=1$，$-a_1-8a_2+3b_1+12b_2=1$.

**14.** 0.49，0.96，1.36.

**15.** 1.014 87，1.017 85，1.070 10，1.210 30，1.513 29.

## 第 6 章

**2.** 0.512.

**3.** (1)和(2)收敛；(3)发散.

**4.** (1) 二分十四次得 0.090 545 6；(2) 迭代五次得 0.090 526 4.

**6.** (2) 4.493 42.

**11.** (1) 发散；(2) 一阶收敛.

**14.** $-\dfrac{n-1}{2\sqrt[n]{a}},\dfrac{n+1}{2\sqrt[n]{a}}$.

**15.** $\dfrac{1}{4a}$.

## 第 7 章

**1.** 计算中每步 4 位小数. 结果为

(1) $\boldsymbol{x}=(-0.167\,0,\ -1.650\,4,\ 2.196\,7,\ -0.446\,8)^{\mathrm{T}}$；

(2) $\boldsymbol{x}=(-0.183\,3,\ -1.663\,8,\ 2.218\,5,\ -0.446\,3)^{\mathrm{T}}$.

计算机上用列主元素消去法计算结果为

$$\boldsymbol{x}=(-0.181\,918\,7,\ -1.663\,031,\ 2.217\,229,\ -0.446\,704\,1)^{\mathrm{T}}.$$

**9.**
$$\begin{cases} l_{i1}=a_{i1} \quad (i=1,2,\cdots,n), \\ u_{1j}=a_{1j}/l_{11} \quad (j=2,3,\cdots,n), \\ l_{ik}=a_{ik}-\sum\limits_{r=1}^{k-1} l_{ir}u_{rk} \quad (i=k,k+1,\cdots,n), \\ u_{kj}=(a_{kj}-\sum\limits_{r=1}^{k-1} l_{kr}u_{rj})/l_{kk} \quad (j=k+1,k+2,\cdots,n). \end{cases}$$

**10.** (1) 设 $\boldsymbol{U}$ 为上三角阵

$$x_n=b_n/u_{nn},\quad x_i=\left(b_i-\sum_{j=i+1}^{n}u_{ij}x_j\right)\Big/u_{ii} \quad (i=n-1,n-2,,\cdots,1);$$

（2）$n(n+1)/2$；（3）记 $\boldsymbol{U}^{-1}$ 的元素为 $s_{ij}$，$\boldsymbol{U}$ 的元素记作 $u_{ij}$，有

$$\begin{cases} s_{ii} = 1/u_{ii} \quad (i = 1,2,\cdots,n), \\ s_{ij} = -\sum_{k=i+1}^{j} u_{ik}s_{kj}/u_{ii} \quad (i = n-1,n-2,\cdots,1; j = i+1,i+2,\cdots,n). \end{cases}$$

**11.** $$\boldsymbol{A}^{-1} = \begin{pmatrix} -0.047\,058\,85 & 0.588\,235\,3 & -0.270\,588\,2 & -0.941\,176\,4 \\ 0.388\,235\,3 & -0.352\,941\,2 & 0.482\,352\,9 & 0.764\,705\,8 \\ -0.223\,529\,4 & 0.294\,117\,7 & -0.035\,294\,12 & -0.470\,588\,2 \\ -0.035\,294\,12 & -0.058\,823\,53 & 0.047\,058\,82 & 0.294\,117\,6 \end{pmatrix}.$$

**13.** （1）$\beta_1=-1/2$，$\beta_2=-2/3$，$\beta_3=-3/4$，$\beta_4=-4/5$；

（2）解 $\boldsymbol{L}\boldsymbol{y}=f$，$\boldsymbol{y}=(1/2,\ 1/3,\ 1/4,\ 1/5,\ 1/6)^{\mathrm{T}}$；

（3）解 $\boldsymbol{U}\boldsymbol{x}=\boldsymbol{y}$，$\boldsymbol{x}=(5/6,\ 2/3,\ 1/2,\ 1/3,\ 1/6)^{\mathrm{T}}$.

**14.** $\boldsymbol{x}=(1.111\,11,\ 0.777\,78,\ 2.555\,56)^{\mathrm{T}}$.

**15.** （1）$\boldsymbol{A}$ 不能分解为三角阵的乘积，但换行后可以；（2）$\boldsymbol{B}$ 可以但不唯一，$\boldsymbol{C}$ 可以且唯一.

**18.** $\|\boldsymbol{A}\|_\infty=1.1$，$\|\boldsymbol{A}\|_1=0.8$，$\|\boldsymbol{A}\|_2=0.825$，$\|\boldsymbol{A}\|_F=0.842\,6$.

**31.** $\mathrm{cond}(\boldsymbol{A})_\infty=39\,601$，$\mathrm{cond}(\boldsymbol{A})_2=39\,206$.

## 第 8 章

**1.** （1）两种方法均收敛；

（2）用 Jacobi 迭代法迭代 18 次，$\boldsymbol{x}^{(18)}=(-3.999\,996\,4, 2.999\,973\,9, 1.999\,999\,9)^{\mathrm{T}}$，用 Gauss-Seidel 迭代法迭代 8 次，$\boldsymbol{x}^{(8)}=(-4.000\,036, 2.999\,985, 2.000\,003)^{\mathrm{T}}$.

**5.** （1）Jacobi 迭代法不收敛，Gauss-Seidel 迭代法收敛；

（2）Jacobi 迭代法收敛，Gauss-Seidel 迭代法不收敛.

**8.** （1）$\rho(\boldsymbol{B}_0)=0.5$；（2）$\rho(\boldsymbol{G})=0.25$；（3）两种方法均收敛.

**9.** $\omega=1.03$ 时迭代五次达到精度要求 $\boldsymbol{x}^{(5)}=(0.500\,004\,3, 0.100\,000\,1, -0.499\,999\,9)^{\mathrm{T}}$，$\omega=1$ 时迭代 6 次达到精度要求 $\boldsymbol{x}^{(6)}=(0.500\,003\,8, 0.100\,000\,2, -0.499\,999\,5)^{\mathrm{T}}$，$\omega=1.1$ 时迭代 6 次达到精度要求，$\boldsymbol{x}^{(6)}=(0.500\,003\,5, 0.999\,998\,9, -0.500\,000\,3)^{\mathrm{T}}$.

**10.** $\omega=0.9$，迭代 8 次时达到精度要求，$\boldsymbol{x}^{(8)}=(-4.000\,027, 0.299\,998\,9, 0.200\,000\,3)^{\mathrm{T}}$.

**13.** （1）$\rho(\boldsymbol{A}^{-1}\boldsymbol{B})<1$；（2）$\rho((\boldsymbol{A}^{-1}\boldsymbol{B})^2)<1$；（3）迭代法收敛速度是 $a$ 的 2 倍.

## 第 9 章

**1.** （1）取 $v_0=(1,1,1)^{\mathrm{T}}$，$\lambda_1\approx 9.605\,8$，$\boldsymbol{x}_1\approx(1, 0.605\,6, -0.394\,5)^{\mathrm{T}}$；

（2）取 $v_0=(1,1,1)^{\mathrm{T}}$，$\lambda_1\approx 8.869\,51$，$\boldsymbol{x}_1\approx(-0.604\,22, 1, 0.150\,94)^{\mathrm{T}}$.

**9.** （2）$\boldsymbol{A}$ 的特征值为 $\lambda_1=2+\sqrt{3}$，$\lambda_2=2$，$\lambda_3=2-\sqrt{3}$. 选取位移 $s_k=a_{33}^{(k)}$，

$$\boldsymbol{A}_s = \begin{pmatrix} 3.731\,692\,597\,4 & 0.024\,906\,021\,0 & 0.0 \\ 0.024\,906\,021\,0 & 2.000\,358\,210\,2 & \varepsilon \\ 0.0 & \varepsilon & 0.267\,949\,192\,4 \end{pmatrix},$$

其中 $|\varepsilon|<5\times10^{-11}$.

# 参考文献


[1] WILKINSON J H. Rounding Errors in Algebraic Process[M]. London: H M Stationery Office, 1963.

[2] MOORE R E. Interval Analysis[M]. New Jersey: Prentice-Hall, 1966.

[3] 李岳生,齐东旭. 样条函数方法[M]. 北京:科学出版社,1979.

[4] 纳唐松 И П. 函数构造论:上册[M]. 徐家福,郑维行,译. 北京:科学出版社,1958.

[5] 纳唐松 И П. 函数构造论:下册[M]. 何旭初,唐述钊,译. 北京:科学出版社,1959.

[6] 王仁宏. 数值有理逼近[M]. 上海:上海科技出版社,1980.

[7] 赵访熊,李庆扬. 傅里叶变换滤波在地震勘探数字处理中的应用[J]. 清华大学学报,1978(4):1-14.

[8] 黄友谦,李岳生. 数值逼近[M]. 2 版. 北京:高等教育出版社,1987.

[9] 徐利治,周蕴时. 高维数值积分[M]. 北京:科学出版社,1980.

[10] 清华大学、北京大学计算方法编写组. 计算方法[M]. 北京:科学出版社,1980.

[11] 斯图尔特 G W. 矩阵计算引论[M]. 王国荣,黄丽萍,译. 上海:上海科学技术出版社,1980.

[12] 冯康,等. 数值计算方法[M]. 北京:国防工业出版社,1978.

[13] STOER J, BULIRSCH R. Introduction to Numerical Analysis[M]. New York: Springer-verlag, 1980.

[14] 拉尔斯登 A,维尔夫 H S. 数字计算机上用的数学方法:第二卷[M]. 本书翻译组,译. 上海:上海人民出版社,1976.

[15] 高尔腊依 A R,瓦特桑 G A. 矩阵特征问题的计算方法[M]. 唐焕文,等,译. 上海:上海科学技术出版社,1980.

[16] 奥特加 J M. 数值分析[M]. 张丽君,张乃玲,译. 北京:高等教育出版社,1983.

[17] 瓦格 R S. 矩阵迭代分析[M]. 蒋尔雄,游兆永,张玉德,译. 上海:上海科学技术出版社,1966.

[18] 王能超. 千古绝技"割圆术"——刘徽的大智慧[M]. 2 版. 武汉:华中科技大学出版社,2003.

[19] 王能超. 算法演化论[M]. 北京:高等教育出版社,2008.

[20] 王能超,王学东. 简易数值分析[M]. 武汉:华中科技大学出版社,2017.